铸造实用技术丛书

铸 钢 及 其 熔 炼

中国机械工程学会铸造分会　组编
袁军平　李　卫　编著

机 械 工 业 出 版 社

本书系统地介绍了铸钢及其熔炼的相关技术，主要内容包括铸钢基本知识、铸造碳钢、铸造中低合金钢、铸造不锈钢、铸造耐热钢、铸造耐磨钢、铸钢熔炼基本知识、铸钢的感应炉熔炼工艺、铸钢的电弧炉熔炼工艺、铸钢的炉外精炼工艺。本书反映了当前铸钢材质和熔炼现状，并阐述了国内外在该领域的先进技术和发展趋势。本书注重理论联系实际，突出实用性，在深入浅出地阐明基础理论和基本技术的同时，列举了丰富的实际案例，以便读者对技术内容的理解和掌握，并提高解决实际工程技术问题的能力。

本书可供铸造工程技术人员、工人使用，也可作为铸造技术培训班的教材，同时也可供相关专业的在校师生参考。

图书在版编目（CIP）数据

铸钢及其熔炼/中国机械工程学会铸造分会组编；袁军平，李卫编著. —北京：机械工业出版社，2024.6
（铸造实用技术丛书）
ISBN 978-7-111-75764-1

Ⅰ.①铸…　Ⅱ.①中…　②袁…　③李…　Ⅲ.①铸钢-熔炼　Ⅳ.①TG26　②TG243

中国国家版本馆 CIP 数据核字（2024）第 092393 号

机械工业出版社（北京市百万庄大街22号　邮政编码100037）
策划编辑：陈保华　　　　　　责任编辑：陈保华　贺　怡
责任校对：贾海霞　李　杉　　封面设计：马精明
责任印制：常天培
北京机工印刷厂有限公司印刷
2024 年 6 月第 1 版第 1 次印刷
184mm×260mm · 18 印张 · 479 千字
标准书号：ISBN 978-7-111-75764-1
定价：89.00 元

电话服务　　　　　　　　　　网络服务
客服电话：010-88361066　　　机　工　官　网：www.cmpbook.com
　　　　　010-88379833　　　机　工　官　博：weibo.com/cmp1952
　　　　　010-68326294　　　金　书　网：www.golden-book.com
封底无防伪标均为盗版　　机工教育服务网：www.cmpedu.com

前　言

铸造是工业特别是装备制造工业的基础，是机械装备产品和高端装备创新发展的重要支撑和基础保障，在经济建设和国防工业建设中占有极其重要的地位。据不完全统计，2022年我国铸件产量达5170万t，其中铸钢件约635万t，约占我国铸件总产量的12.3%。

铸钢的生产，即钢的铸造，是装备制造业不可或缺的材料支撑与工艺环节。铸钢是金属材料的重要类别，是铸造专业知识体系和技术体系的重要基础。铸钢是一类高性能工程结构材料，也是铸铁材料内部的基体材料，还是铸造铁基复合材料的基体材料，为此可以说，铸钢材料是铸造铁基材料的基础，其重要性不言而喻。铸钢分为铸造碳钢和铸造合金钢两大类。低合金铸钢有高强度、高韧性和较好的焊接性，而特殊高合金铸钢可满足一些特殊要求，如耐磨、耐蚀、耐热、耐压、耐低温等。随着机械制造业的发展，铸钢件得到了日益广泛的应用，特别是重大装备制造业的发展使大型铸钢件（单重百吨甚至几百吨）受到极大重视。我国已连续多年稳居世界第一铸钢件生产大国的位置，但是低端产品过剩，高端产品供不应求，铸钢件整体生产水平还有待提升，必须深入开展铸钢新材料、新工艺、新技术的研发，建立全国性和地区性的技术培训基地，提高铸造工程技术人员和工人的技术水平。

本书针对广大铸钢生产一线的工程技术人员、技术工人及大专院校师生的阅读和培训需要，介绍了铸钢材料及其熔炼工艺。全书共分为10章：第1章主要介绍了铸钢的概念、特点、分类及牌号表示方法，铸钢材料的基本性能与强化，铸钢的应用等；第2章主要介绍了铸造碳钢的牌号、化学成分、组织、性能及应用等；第3章主要介绍了合金元素在钢中的作用，锰系中低合金铸钢、铬系中低合金铸钢、微合金化铸钢的牌号、化学成分、组织、性能及应用等；第4章主要介绍了不锈钢定义与分类，不锈钢的腐蚀类型，合金元素对不锈钢组织和性能的影响，铸造奥氏体不锈钢、铸造铁素体不锈钢、铸造马氏体不锈钢、铸造双相不锈钢的牌号、化学成分、组织、性能及应用等；第5章主要介绍了金属材料的高温失效形式，铸造耐热钢的高温性能及强化机制，合金元素对耐热钢高温性能的影响，铸造耐热钢的分类，铸造铁素体耐热钢、铸造珠光体耐热钢、铸造马氏体耐热钢、铸造奥氏体耐热钢的牌号、化学成分、组织、性能及应用等；第6章主要介绍了耐磨铸钢的磨损特性与磨损机制，铸造耐磨锰钢、铸造中合金耐磨钢、铸造低合金耐磨钢的牌号、化学成分、组织、性能及应用等；第7章主要介绍了铸钢熔炼用原材料与辅助材料、铸钢熔炼的主要方法及特点、铸钢熔炼炉前分析、铸钢熔炼技术发展趋势等；第8章主要介绍了中频感应炉的结构与筑炉工艺、感应炉熔炼工艺过程及质量控制、感应炉熔炼实例、感应熔炼操作安全事项及常见问题等；第9章主要介绍了电弧炉的结构与筑炉工艺、电弧炉熔炼工艺过程、电弧炉熔炼实例、电弧炉洁净化炼钢技术等；第10章主要介绍了氩氧脱碳（AOD）、真空吹氧脱碳（VOD）、钢包电弧加热精炼 [LF（V）]、钢包喷粉精炼等铸钢炉外精炼工艺。

本书贴近铸钢生产实践，又具有一定的深度和广度。在本书编著过程中，得到了中国机械工程学会铸造分会、中国铸造协会及国内铸造有关专家以及相关生产企业的关心、指导和大力支持，在此深表感谢！特别感谢暨南大学及暨南大学高性能金属耐磨材料技术国家地方联合工程研究中心对本书编著和出版工作的特别支持！

限于编著者水平，书中难免有不妥之处，恳请读者批评指正。

编著者

目　　录

第1章 铸钢基本知识

1.1 铸钢材料简介

1.1.1 铸钢的概念

钢是以铁为基体，加入碳等元素组成的合金，从铁碳相图上看，碳的质量分数小于 2.11% 的铁碳合金称为钢。钢具有良好的综合力学性能和物理、化学性能，其强度、塑性、韧性都较高，并且具有良好的可加工性和较好的焊接性；钢还可以通过热处理在很大范围内调整和选择性能，通过某些合金元素的加入还会得到一些耐热、耐磨、耐蚀、耐低温的特殊性能和特殊用途的专用钢，因此钢成为目前最重要的工程结构材料。

当前，钢的生产方式主要有以下三种：

1）把冶炼好的钢液浇注成钢锭再经轧机轧制或连铸连轧成为不同规格的板、带、棒、丝、管等型材。这是由冶金企业完成的，规模一般很大，是钢最主要的生产方式。该生产方式主要用来生产型材、板材、管材。

2）把冶炼好的钢液浇注成钢锭后，再用锻压设备去开坯锻造，使之成为机械加工的毛坯，即锻造生产。锻造一般分为自由锻和模锻，常用于生产大型材、开坯等截面尺寸较大的材料。

3）铸钢生产，把一定成分的铁碳合金，在熔炼设备中冶炼成为合格的钢液后，再浇注到已经制备好的铸型中去，冷却后得到铸件。

所谓铸钢，就是可以用于铸造的钢，它是在凝固过程中不经历共晶转变的、用于生产铸件的铁基合金的总称。得到的金属制品称为铸钢件，这个过程称为铸钢生产。

1.1.2 铸钢的特点

1. 与锻钢件相比

铸钢件在力学性能的各向异性并不显著，这是优于锻钢件的一方面。研究表明，轧制钢材纵向力学性能通常略高于同牌号的铸钢件，横向性能则低于铸钢件，其平均性能基本上与质量良好的铸钢件大致相同。有些高科技产品，在零件设计过程中往往要考虑材料在三个坐标轴方向的性能，铸钢件的上述长处就值得重视了。

铸钢件不论其质量大小、批量多少，均易于按设计者的构思制成具有合理外形和内部轮廓、刚度高、形状复杂且应力集中不显著的零件。单件或小批量生产时，可用木质模（模样和芯盒）或聚苯乙烯气化模，生产准备的周期很短；大批量生产时，可用塑料模或金属模，并用适当的造型工艺，使铸件有符合要求的尺寸精度和表面质量。这些特点是锻件难以做到的。

2. 与焊接结构件相比

尽管焊接结构件在形状和大小等方面的灵活性比锻件好，但与铸钢件相比，仍有以下不足之处：焊接过程中内应力较高，易于变形；难以做出流线型的外形；焊缝影响零件外观并降低其可靠性。当然，制造焊接结构件也有生产准备周期短的优点，而且，与铸钢件相比，无须制造模样和芯盒。另外，由于工程用的结构铸钢件一般都具有良好的焊接性，常制成铸钢件与焊接件相结合的铸焊结构，兼有两者的长处。

3. 与铸铁件及其他合金铸件相比

铸钢件能用于多种不同工况条件，其综合力学性能优于其他任何铸造合金，而且有多种高应力钢适用于特殊的用途。承受高拉应力或动载荷的零件、重要的压力容器铸件，在低温或高温下受较大载荷的零件以及重要的关键件，原则上都应优先采用铸钢件。但铸钢的吸振性、耐磨性和铸造性能都较铸铁差，成本也较铸铁高。

总体来说，铸钢件具有以下几方面的优点：

1）设计的灵活性。设计员对铸件的形状和尺寸有较大的设计选择自由，特别是形状复杂和中空截面的零件，铸钢件可采用组芯这一独特的工艺来制造。铸钢件在形状塑造阶段，其外形容易发生改变，铸钢件由设计图样到成品制造所需要的生产时间较短，为铸钢件的生产、销售以及产品价格的市场定位提供了有利条件。形状和质量的完善化设计、较小的应力集中系数以及整体结构性强等特点，都体现了铸钢件设计的灵活性和工艺优势。

2）铸钢件冶金制造适应性和可变性强，可以选择不同的化学成分和组织控制，适应于各种不同工程的要求；还可以通过不同的热处理工艺在较大的范围内选择力学性能和使用性能，并有良好的焊接性和可加工性。

3）铸钢材料的各向同性和铸钢件整体结构性强，因而提高了工程可靠性，再加上减小质量的设计和交货期短等优点，使其在价格和经济性方面具有竞争优势。

4）铸钢件的质量可在很大的范围内变动。小者可以是质量仅几十克的熔模精密铸件，而大型铸钢件的质量可达数吨、数十吨乃至数百吨。

1.2　铸钢的分类与牌号表示方法

1.2.1　铸钢的分类

铸钢的分类见表 1-1。

表 1-1　铸钢的分类

化学成分	铸造碳钢	铸造低碳钢（碳的质量分数≤0.25%）
		铸造中碳钢（碳的质量分数>0.25%~0.60%）
		铸造高碳钢（碳的质量分数>0.60%~2.00%）
	铸造合金钢	铸造低合金钢（合金元素总的质量分数≤5%）
		铸造中合金钢（合金元总的质量分数>5%~10%）
		铸造高合金钢（合金元总的质量分数>10%）
按使用特性	工程与结构用铸钢	铸造碳素结构钢
		铸造合金结构钢
	铸造特殊钢	铸造不锈钢
		铸造耐热钢
		铸造耐磨钢
		其他铸造特殊钢
	铸造工具模钢	铸造工具钢
		铸造模具钢
	专业铸造用钢	

1.2.2 铸钢牌号表示方法

1. 我国铸钢牌号表示方法

按 GB/T 5613—2014《铸钢牌号表示方法》的规定，铸钢代号用"铸"和"钢"两字的汉语拼音的第一个大写正体字母"ZG"表示。当要表示铸钢的特殊性能时，可以用代表铸钢特殊性能的汉语拼音的第一个大写正体字母排列在铸钢代号的后面，见表 1-2。

表 1-2 各种铸钢名称、代号及牌号表示实例

铸钢名称	代号	牌号表示实例
铸造碳钢	ZG	ZG270-500
焊接结构用铸钢	ZGH	ZGH230-450
耐热铸钢	ZGR	ZGR40Cr25Ni20
耐蚀铸钢	ZGS	ZGS06Cr16Ni5Mo
耐磨铸钢	ZGM	ZGM30CrMnSiMo

1) 以力学性能为主要验收依据的一般工程与结构用铸造碳钢和高强度铸钢，在"ZG"后面加两组数字，第 1 组数字表示该牌号铸钢的屈服强度最低值，第 2 组数字表示其抗拉强度最低值，单位均为 MPa，两组数字之间用"-"隔开。举例如下：

2) 铸造合金钢包括以化学成分为主要验收依据的铸造中、低合金钢和高合金钢。在碳的名义含量数字后面排列各主要合金元素符号，每个元素符号后面用整数标出其名义含量。合金元素的平均质量分数<1.50%时，牌号中只标明元素符号，一般不标明含量；合金元素的平均质量分数为 1.50%~2.49%、2.50%~3.49%、3.50%~4.49%、4.50%~5.49%⋯⋯时，在合金元素符号后面相应写成 2、3、4、5⋯⋯。当主要合金元素多于 3 种时，可只标注前 2 种或前 3 种元素的名义含量。举例如下：

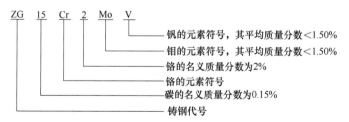

2. 国际标准化组织（ISO）铸钢牌号表示方法

ISO 3755：1991《一般工程铸造碳钢》，按强度将铸钢分为 4 个等级。其牌号用 2 组 3 位数字表示，前一组数字为屈服强度（MPa），后一组为抗拉强度（MPa），如 230-450。化学成分只规定各元素质量分数的上限，具体化学成分由铸造厂决定。对附加后缀 W 的牌号，为保证焊接性能，除规定 C、Si、Mn、P、S 的质量分数上限值外，还规定每种残余元素质量分数的上限及残余元素质量分数总和不超过 1.00%。ISO 9477：2015《一般工程与结构用高强度铸钢》，也按屈服强度（MPa）和抗拉强度（MPa）分为 4 个级别，化学成分除 Si、P、S 规定上限外，碳的质量分数及其他元素的质量分数均由铸造厂自行选定。

3. 欧洲标准化委员会（EN）铸钢牌号表示方法

EN 是欧洲标准的代号。1992 年，欧洲标准化委员会颁发了钢铁产品牌号表示方法 EN 10027.1 和 EN 10027.2 两部分；2016 年，又颁布了这两项标准的修订版。

（1）钢的牌号表示方法　EN 10027.1 中，钢的牌号以符号表示，分为两个基本组：I 组按钢的用途、力学性能或物理性能命名，牌号包括一些基本符号，大部分用英文字母表示，如 S 表示结构钢，P 表示压力容器用钢，L 表示管线用钢，E 表示工程用钢；II 组按照钢的化学成分命名，并细分为 4 个分组。

（2）数字编号　EN 10027.2 规定，必须采用此表示方法来进行牌号补充表示系统，但在各国标准中是否采用则具有随意性。钢的数字编号由 5 位数字组成，前 3 位数字较为固定，第 4、5 位数字为序号。钢的数字编号结构如下：

4. 德国 ［DIN（SEW）］铸钢牌号表示方法

DIN 是德国工业标准的标准代号。关于 DIN 标准的钢牌号表示方法有 DIN 17006 系统和 DIN 17007 系统两种。DIN 17006 系统的钢牌号表示方法是：所有非合金铸钢和低合金铸钢牌号冠以 GS 和高合金铸钢牌号冠以 G。DIN 17007 系统是数字材料号表示方法。材料号（W～Nr）系由 7 位数字组成，数字所表示的含义如下：

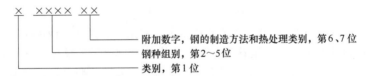

其中第 1 位数字中，1 表示钢和铸钢。在铸钢和钢的材料号中，其中最主要的是第 2 位和第 3 位数字。第 4 位和第 5 位数字无一定规律，或按碳的质量分数或按合金的质量分数区分。第 6 位和第 7 位数字为附加数字，一般在标准中不予标出，但也常用。第 6 位数字表示钢的制造方法，第 7 位表示热处理类别。

5. 美国（ANSI/ASTM）铸钢牌号表示方法

美国国家标准学会（ANSI）的标准广泛应用于整个工业。它只从其他标准化组织的标准中选取一部分发布为美国国家标准。其标准号采用双编号，如 ANSI/ASTM。

美国的钢铁牌号最常见的有美国钢铁协会 AISI 和美国汽车工程师协会 ASE 标准的牌号。两个标准的牌号表示方法大致相同，只是其前缀符号有些不同。一般工程用结构钢的牌号采用 4 位数字，前 2 位表示钢的种类，后 2 位表示钢中以万分表示的碳的平均名义质量分数。

不锈钢和耐热钢按加工工艺分为锻钢和铸钢两类。锻钢的牌号主要采用 AISI 标准系列，其牌号均由 3 位数字组成。第 1 位数字表示钢的类别，第 2、3 位数字只表示序号。SAE 标准的钢牌号用 5 位数字表示，前 3 位数字表示钢的类别，后 2 位数字只表示序号（和 AISI 的序号相同）。铸钢则采用美国合金铸造学会 ACI 的标准，铸造不锈钢和铸造耐热钢的钢牌号由 2 位数字组成，或在字母后加表示碳质量分数的数字及表示合金元素的字母。

一般工程用碳钢铸件（ANSI/ASTM A27）、高强度铸钢结构件（ANSI/ASTM A148）和高速公路桥梁用铸钢件（ANSI/ASTM A486）均按强度分级表示牌号，与 ISO 标准相近。

高合金铸钢则采用美国合金铸造协会（ACI）的命名方法。第 1 个字母是 C 或 H，C 表示耐腐蚀，H 表示耐热。第 2 个字母表示合金的质量分数，由 A 至 Z 表示镍含量递增。例如，A 表示 $w(Cr)=12\%$；F 表示 $w(Cr)=19\%$，$w(Ni)=9\%$；H 表示 $w(Cr)=25\%$，$w(Ni)=12\%$；Z 表示 $w(Ni)=100\%$。第 3 个字母是钢中碳的质量分数×100，碳的质量分数在 "C" 系中是最大值，在 "H" 系中为平均值。例如，CF-8 中 $w(C)=0.08\%$（最大值），$w(Cr)=19\%$ 和 $w(Ni)=9\%$；HK40 中 $w(C)=0.40\%$（平均值），$w(Cr)=25\%$ 和 $w(Ni)=20\%$。第 4 个字母或几个字母表示合金元素。例如，CF-3M 的化学成分为 $w(C)=0.03\%$，$w(Cr)=19\%$，$w(Ni)=9\%$，$w(Mo)=2\%$。美国 ACI 标准的合金代号：M 表示 Mo，Mn 表示 Mn，N 表示 Ni 或 N，C 表示 Al，Cu 表示 Cu。例如，牌号 CA6NM 基本上相当于我国牌号 ZG06Cr13Ni4Mo。

6. 英国（BS）铸钢牌号表示方法

英国标准中钢铁牌号表示方法基本是数字牌号系统。现行的 BS 970 中牌号的表示方法如下：

1）工程结构用铸钢的牌号是由前缀字母加数字组成。BS 3100 为一般工程用铸钢件，其中：碳钢或低锰钢按强度分 6 个牌号，A1~A6 强度递增；低温用钢在 A 后加 L，有 AL1 一种；表面淬火的耐磨钢于 A 后加 W，有 AW1~AW3 三种；碳钢在 A 后加入 M，有 AM1、AM2 两种；低合金钢按强度分为 6 个牌号，B1~B6 强度递增；高温用铬钼钒钢牌号为 B7；低温用铁素体钢在 B 后加 L，有 BL1、BL2 两种；高强度合金钢在 B 后加 T，有 BT1~BT3 三种；耐磨铸钢在 B 后加 W，有表面淬火铸钢 BW1、耐磨低铬钢 BW2~BW4、奥氏体锰钢 BW10。

2）高合金耐蚀与耐热铸钢用两组数字和一个字母表示。前面是 3 位数字，与美国钢铁学会 AISI 的铸造不锈钢编号对应，中间是字母 C，表明其为铸造钢种，后面 2 位数字为编号，如 304 C 12。高合金钢的牌号与 BS 3100 同。

3）精密铸造用铸钢及其合金牌号由字母和数字序号组成。所采用的字母含义为：CLAX 表示碳钢及低合金精铸钢，ANCX 表示耐蚀耐热精铸钢和 Ni-Co 基合金。以上两类精铸件均可采用加后缀 grade A、B、C 等表示不同质量等级。

7. 法国（NF）铸钢牌号表示方法

NF 是法国标准的代号，法国标准是由法国标准化协会发布的。

NF 标准的钢牌号表示方法是以它的钢铁分类体系为依据的，与德国 DIN 标准的钢牌号表示方法大同小异，如均是以材料强度或以化学成分表示，不同的是牌号中的合金元素符号，法国用法文字母，而德国则用国际化学元素符号。两国标准都采用乘以合金元素的质量分数数值来表示。但高合金钢牌号中主要合金元素的质量分数均直接表示，不采用乘数。高合金钢牌号的前缀字母，德国用 "X" 表示，法国用 "Z" 表示。例如，同一耐热钢的牌号，德国标准为 X15CrNiSi2012，法国标准为 Z15CNS20. 12。

铸钢牌号的表示方法是在基本牌号加后缀字母 M，低合金铸钢和高合金铸钢均按化学成分表示，低温用铸钢，牌号冠以字母 F，又按工作温度分 A、B、C 等级，如 FA-M、FB-M、FC-M。

8. 日本（JIS）铸钢牌号表示方法

JIS 是日本工业标准的代号。JIS 中，钢分为普通钢、特殊钢和铸锻钢。JIS 标准钢牌号系统的特点是表示出钢的类别、种类和用途等。牌号中大多采用英文字母，少部分采用假名拼音的罗马字。牌号的主体结构基本上由 3 部分组成：

牌号第 1 部分采用前缀字母，表示材料分类，如 S 表示钢（steel）。

牌号第 2 部分采用英文字母或假名拼音的罗马字，表示用途、种类及铸锻件。铸钢牌号中的第 2 位字母为 C（casting）。

牌号第 3 部分为数字，表示钢的序号或强度值下限。序号有 1 位、2 位或 3 位。有的牌号在数字序号后还附加后缀 A、B、C 等字母，表示不同质量等级和种类等。

一般碳素铸钢的牌号均用强度表示（JIS C5101：1991），SC 后加 3 位数字，表示最低抗拉强度（MPa），如 SC360。化学成分方面，除规定碳的质量分数上限，以及磷、硫的质量分数应在 0.04% 以下，其余元素的质量分数不限定。

焊接结构用铸钢的牌号也用强度表示（JIS C5102：1991），但在 SC 后加一字母 W 表示焊接，如 SCW550。化学成分方面，除规定碳的质量分数、合金元素的质量分数、硫与磷的质量分数和残余元素的质量分数上限外，还规定碳当量的质量分数上限，以保证焊接性能。

结构用高强度碳钢及低合金钢则按合金元素分类并表示牌号（JIS C5111：1991）。碳钢为 SCC，后加一分类号，如 SCC3。低锰钢为 SCMn，后加一分类号，如 SCMn2。锰铬钼钢为 SCMnCrM，后加一分类号，如 SCMnCrM2A。铸造高锰钢为 SCMnH（SC5131：1991）。

铸造不锈钢（SC5121：1991）的牌号在 SC 后加字母 S，其后再用 1~2 位数字表示其编号，如 SCS24。耐热铸钢（SC5122：1991）的牌号在 SC 后加字母 H，其后再用 1~2 位数字的顺序号。高温使用的压力容器铸钢的牌号在 SC 后加字母 PH，其后再加顺序号。低温使用的压力容器铸钢在 SC 后加 PL，其后再加顺序号。

1.3 铸钢材料的基本性能

铸钢材料的基本性能决定着材料的适用范围及应用合理性，评价铸钢材料的基本性能包括金属学性能、物理性能、化学性能、力学性能、工艺性能等方面。这些性能大部分可以量化评价，方便企业根据自身生产需要做出适当的选择。

1.3.1 铁碳相图

铁碳相图是研究铁碳合金在加热和冷却时的结晶过程和组织转变的图解，它以温度为纵坐标，碳含量为横坐标，表示在接近平衡条件和亚稳条件下（或极缓慢的冷却条件下），以铁、碳为组元的二元合金在不同温度下所呈现的相和这些相之间的平衡关系，如图 1-1 所示。

1. 基本反应

铁碳相图由包晶、共晶、共析三个基本反应组成。

1) 在 1495℃（HJB 线）发生包晶反应，此时液相、δ 铁素体、奥氏体三相共存。冷凝时，反应的结果是形成了奥氏体。

2) 在 1148℃（ECF 线）发生共晶反应，此时液相、奥氏体、渗碳体三相共存。冷凝时，反应的结果是形成了奥氏体与渗碳体的机械混合物，通称为莱氏体。

3) 在 727℃（PSK 线）发生共析反应，此时奥氏体、铁素体、渗碳体三相共存。冷却时，反应的结果是形成了铁素体与渗碳体的混合物，通称珠光体。共析反应温度常标为 A_1。

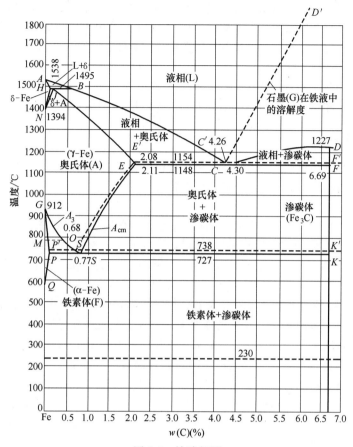

图 1-1　铁碳相图

2. 其他转变

1）GS 线是奥氏体中开始析出铁素体或铁素体全部溶入奥氏体的转变线，所对应的温度标为 A_3。

2）ES 线是碳在奥氏体中的溶解度线，所对应的温度标为 A_{cm}。在 1148℃时，碳在奥氏体中的最大溶解度为 2.11%，而在 727℃时只为 0.77%。所以凡是碳的质量分数大于 0.77% 的铁碳合金，在 A_{cm} 以下时，奥氏体中将析出渗碳体，称为二次渗碳体，以区别于从液态中析出的一次渗碳体。

3）PQ 线是碳在铁素体中的溶解度线。在 727℃时，碳在铁素体中最大溶解度为 0.0218%，600℃时为 0.0057%，400℃时为 0.00023%，200℃以下时小于 0.0000007%。碳的质量分数大于 0.0057% 的合金，在 PQ 线以下均有析出渗碳体的可能性，通常称此类渗碳体为三次渗碳体。

4）NJ 线是奥氏体转变为 δ 铁素体的转变线，所对应温度标为 A_4。纯铁的 A_4 为 1394℃，随碳含量增加而提高。

5）ABCD 线是合金的液相线。

6）AHJE 线是合金的固相线。

7）770℃水平线表示铁素体的磁性转变温度，常标为 A_2。在此温度以下，铁素体呈铁磁性。

8）230℃水平线表示渗碳体的磁性转变温度。磁性转变时不发生晶体结构的变化，渗碳体在 230℃以下呈铁磁性。

铁碳相图是研究碳钢和铸铁的基础，也是研究合金钢的基础。它的许多基本特点即使对于复杂合金钢，也具有重要的指导意义，如在简单二元 Fe-C 系中出现的各种相，往往在复杂合金钢中也存在。当然，应考虑到合金元素对这些相的形成和性能的影响，因此研究所有钢铁的组成和组织问题都必须从铁碳相图开始。工程上依据 Fe-Fe$_3$C 相图把铁碳合金分为三类，即工业纯铁 $[w(C)\leqslant0.021\%]$、钢 $[w(C)>0.021\%\sim2.11\%]$ 和铸铁 $[w(C)>2.11\%\sim6.69\%]$。在制订钢铁材料的铸造、锻轧和热处理工艺等方面，也常以铁碳相图为依据。

1.3.2 物理性能

铸钢材料的物理性能包括热学、光学、电学、磁学等多个方面的性能，其中与铸钢生产关系较密切的主要有密度、熔点、导热性、膨胀收缩性等。

1. 密度

密度是物质单位体积所具有的质量，用符号 ρ 表示，国际单位制和我国法定计量单位中，密度的单位为 kg/m^3，在生产中则经常使用 g/cm^3 这个单位。在金属材料中，一般密度小于 5.0×10^3 kg/m^3 的金属称为轻金属，反之称为重金属。按照这一归类方法，所有的铸钢材料均属于重金属。

同一类别的材料，其密度也不是一个常数，而是受到材料的化学成分、内在结构等的影响。以密度高的合金元素制备的材料，其密度通常要比以轻金属元素为主的材料高一些。内在结构致密的材料，其密度要高出内部存在孔洞缺陷的材料。对于某种材料的铸钢产品，如果检测到其密度比理论密度小，则可从侧面反映此产品的内在孔洞情况。温度、压力等外部环境因素的变化，也会在一定程度上影响材料密度，但影响程度与它们的范围有关。在常温下加热到一定温度，材料的密度一般随温度升高略有下降，而当温度达到金属熔点，金属开始熔化为液态后，材料的密度显著下降。通常气压条件对材料的密度影响很小，但是如在深水中压力达到数十兆帕时，则可能对材料密度产生不可忽视的影响。

2. 熔点

熔点是固体将其物态由固态转变（熔化）为液态的温度，而由液态转为固态的温度，则称之为凝固点。

不同类别的材料，熔点大都存在差异，甚至差异很大。熔点的高低是由金属内部微粒间作用力的大小决定的，同一种金属原子间以金属键结合，作用力强时，熔点高。合金元素的原子进入基体材料的晶格中，引起晶格畸变，使金属整体内能增大，导致材料的熔点改变。添加的合金元素种类和含量不同，对材料熔点的影响也存在差异。添加的合金元素为低熔点材料，或者可与基体材料存在共晶反应时，会使合金材料的熔点降低。

熔点对于铸钢生产具有指导意义，金属液的黏度和流动性与其温度密切相关，而金属液温度确定的基础是合金的熔点。铸钢材料的熔点不是固定的，而是在一定范围内。在铸造凝固时，与之对应的是结晶间隔，它是指在钢液开始凝固到凝固终了的温度差。结晶间隔与铸件的缩松、热裂等倾向关系密切。

3. 导热性

两个相互接触且温度不同的物体，或同一物体的各不同温度部分间，在不发生相对宏观位移的情况下所进行的热量传递过程称为导热。物质传导热量的性能称为物体的导热性，衡量材料导热性好坏的指标是热导率，它是指在稳定传热条件下，1m 厚的材料，两侧表面的温差为 1K 或 1℃，在一定时间内，通过 1m^2 面积传递的热量，单位为 W/(m·K) 或 W/(m·℃)。

不同类别的铸钢材料，热导率有所差别。金属材料导热主要依靠自由电子的热运动，导电性能好的金属材料，其热导率也大。但纯金属内加入其他元素成为合金后，由于这些元素的嵌入，严重阻碍自由电子的运动，使热导率大大下降。相同的金属材料，热导率也与其结构、密度、湿度、温度、压力等因素有关。温度升高时，金属内电子和晶格热运动都同时加剧，结果使在金属导热过程中起主要作用的自由电子定向穿梭运动受阻。因此，随着温度的升高，金属热导率反而减小，至金属熔化成液体时，其热导率要低于固态的热导率。

铸钢材料的导热性对生产有一定的指导意义。例如，高锰钢材料的导热性就比碳钢明显降低，在铸造时容易形成粗大晶粒组织，当传热有方向性时，往往形成粗大柱状晶，在枝晶之间存在显微疏松和夹杂物，影响钢的性能。

4. 膨胀收缩性

物体由于温度改变而有膨胀收缩现象。对于金属材料而言，在温度升高时，分子运动的平均动能增大，分子间的距离也增大，物体的体积随之而增大；温度降低，物体冷却时分子的平均动能变小，使分子间距离缩短，于是其体积要缩小。

材料的热膨胀程度用热膨胀系数来衡量，它是指单位长度或单位体积的材料，温度升高 1℃ 时，其长度或体积的相对变化量，单位为 1/℃。热膨胀系数可分为线胀系数 α、面胀系数 β 和体胀系数 γ。

热膨胀性能不是一个固定的数值，既取决于其成分与组织，也与温度、比热容、结合能、熔点等因素有关。随着温度的增加，热膨胀系数值也相应增大。质点间的结合能越高，质点所处的势阱越深，升高同样温度，质点振幅增加得越少，相应地热膨胀系数越小。当晶体结构类型相同时，结合能大的材料的熔点也高，即熔点高的材料热膨胀系数较小。

铸钢生产中的铸型制作，应充分考虑材料的凝固收缩性能，在原有尺寸基础上额外增加铸造过程中铸钢材料的收缩量。

1.3.3　化学性能

金属在周围介质的作用下，发生化学反应或电化学反应而产生的破坏现象，称为金属的腐蚀。按腐蚀原理的不同，金属腐蚀可分化学腐蚀和电化学腐蚀。化学腐蚀是指金属材料在干燥气体和非电解质溶液中，发生化学反应生成化合物的过程中没有电化学反应的腐蚀。电化学腐蚀是金属材料与电解质溶液接触，通过电极反应产生的腐蚀。

铸钢材料的化学性能主要是指铸钢抵抗各种介质（大气、水蒸气、有害气体、酸、碱、盐等）侵蚀的能力，又称为耐蚀性。铸钢材料的化学性能与材料的化学成分、加工方法、热处理条件、组织状态、介质和温度条件等有关。在实际应用中，应根据腐蚀工况条件，合理选择耐蚀铸钢材料。

1.3.4　力学性能

金属材料的力学性能是指金属在外加载荷（外力或能量）作用下，或载荷与环境因素（温度、介质和加载速率）联合作用下所表现的行为。由于这种力学行为通常表现为变形和断裂，因此力学性能也可以简单地理解成金属抵抗外加载荷引起的变形和断裂的能力。

铸钢材料的力学性能是铸件结构设计、选材、工艺评定和质量检验的重要依据。由于外加载荷性质的不同，对铸钢材料的力学性能指标要求也不同。常用的力学性能指标包括：强度、硬度、塑性、冲击韧性、疲劳强度、蠕变强度等。铸钢材料的力学性能决定于材料的化学成分、组织结构、冶金质量、残余应力及表面和内部缺陷等内在因素，但外在因素，如载荷性质（静载荷、冲击载荷、交变载荷）、载荷谱、应力状态（拉伸、压缩、弯曲、扭转、剪切、接触应力及各种复合应力)、温度、环境介质等对铸钢材料的力学性能也有很大影响。

1. 应力

金属材料的许多力学性能都是用应力表示的。所谓应力,是指材料受外加载荷作用时,其单位截面积上承受的内力。

由外力作用引起的应力称为工作应力。在无外力作用条件下平衡于物体内部的应力称为内应力,如组织应力、热应力、加工过程结束后留存下来的残余应力等。

同截面垂直的应力称为正应力或法向应力,同截面相切的应力称为切应力或剪应力。应力会随着外力的增加而增大,但是增大是有限度的,超过这一限度,材料就要破坏,这个限度称为材料的极限应力。

材料所受的外力如不随时间而变化,其内部的应力大小也不变,称为静应力;所受外力随时间呈周期性变化,则内部应力也随之发生变化,称为交变应力。材料在交变应力作用下发生的破坏称为疲劳破坏。通常材料承受的交变应力远小于其静载下的强度极限时,破坏就可能发生。

铸钢件在生产和使用过程中,还经常会出现应力集中的现象。所谓应力集中,是指材料或制件中应力局部增高的现象,一般出现在形状急剧变化的地方,如缺口、孔洞、沟槽以及有刚性约束处。应力集中将大大降低制件的强度,并能使制件产生疲劳裂纹,在产品结构设计和生产时应注意。

2. 力学性能指标

(1) 强度　强度是指金属材料在载荷作用下抵抗变形和破坏(过量塑性变形或断裂)的最大能力。由于载荷的作用方式有拉伸、压缩、弯曲、剪切等形式,所以强度也分为抗拉强度 R_m、抗压强度 R_{mc}、抗弯强度 σ_{bb}、抗剪强度 τ_b 等。各种强度间常有一定的联系,使用中一般多以抗拉强度作为最基本的强度指标,单位为 MPa。

(2) 塑性　塑性是指金属材料在载荷作用下,产生塑性变形(永久变形)而不被破坏的能力。金属材料在受到拉伸时,长度和横截面积都要发生变化,因此塑性可以用长度的伸长(断后伸长率 A)和断面的收缩(断面收缩率 Z)两个指标来衡量。

金属材料的断后伸长率和断面收缩率越大,表示材料的塑性越好,即材料能承受较大的塑性变形而不破坏。一般把断后伸长率超过5%的金属材料归为塑性材料,而低于此值的归为脆性材料。

(3) 硬度　硬度表示金属材料抵抗硬物体压入其表面的能力,它是铸钢材料的重要性能指标之一,尤其是磨损工况下使用的耐磨铸钢件。一般情况下,材料的硬度越高,铸钢的耐磨性越好。硬度检测是铸钢材料力学性能试验中最常用的一种方法,这是因为硬度检测结果在一定条件下能敏感地反映出材料在化学成分、组织结构和处理工艺上的差异。

硬度有多种不同的表示方法,对于铸钢材料,常用的方法有洛氏硬度(HRC)、布氏硬度(HBW)和维氏硬度(HV)。

(4) 冲击韧性　韧性是指金属材料在拉应力的作用下,在发生断裂前有一定塑性变形的特性。冲击韧性是指材料在冲击载荷作用下发生塑性变形和断裂所吸收能量的能力,它反映材料内部的细微缺陷和抗冲击性能。冲击韧性一般由冲击韧度(a_K)和冲击吸收能量(KV、KU)表示,其单位分别为 J/cm^2 和 J。影响铸钢材料冲击韧性的因素有化学成分、热处理状态、冶炼方法、内在缺陷、加工工艺及环境温度。

(5) 疲劳　金属疲劳是指材料、制件在循环应力或循环应变作用下,在一处或几处逐渐产生局部永久性累积损伤,经一定循环次数后产生裂纹或突然发生完全断裂的过程。在材料结构受到多次重复变化的载荷作用后,应力值虽然始终没有超过材料的强度极限,甚至比弹性极限还低的情况下就可能发生破坏，这种在交变载荷重复作用下材料和制件的破坏现象，就是金属的疲劳破坏。

金属疲劳有多种不同的类型，按照应力状态不同，可分为弯曲疲劳、扭转疲劳、挤压疲劳等；按照环境及接触情况不同，可分为大气疲劳、腐蚀疲劳、高温疲劳、热疲劳、接触疲劳等；按照断裂寿命和应力高低不同，可分为高周疲劳、低周疲劳，这是最基本的分类方法。

1.3.5　工艺性能

铸钢材料的工艺性能是指在冷、热加工过程中所表现的性能，它是材料物理性能、化学性能和力学性能在加工过程中的综合反映。在热加工过程中，涉及的工艺性能主要有铸造性能、焊接性能和热处理性能等；在冷加工过程中，涉及的工艺性能主要有形变工艺性能和切削工艺性能等。

1. 铸造性能

铸造是将液体金属浇注到与铸件形状相适应的铸型中，待其冷却凝固后，以获得铸件的方法。铸造性能是表示合金在铸造生产中所表现出来的工艺性能。衡量合金的铸造性能主要用流动性、收缩性、偏析性和吸气性等指标。

（1）流动性　流动性是指金属液充满铸型，获得尺寸正确、轮廓清晰的铸件的能力。金属液流动性好，则有利于改善铸造坯件质量，不易出现轮廓不清、浇不足、冷隔等缺陷；还有利于金属液中气体和非金属夹杂物的上浮、排出，减小气孔、夹渣等缺陷。

不同种类的合金具有不同的流动性，同类合金中，化学成分不同，合金的结晶特点不同，其流动性也不一样。铸钢材料的结晶是在一个温度区间内完成的，结晶时先形成的初晶会阻碍金属液的流动，结晶温度范围越宽，流动性越受影响。

（2）收缩性　铸造合金从液态凝固和冷却至室温过程中，其体积和尺寸减小的现象称为收缩性。铸造收缩包括液态收缩、凝固收缩、固态收缩三个阶段。

液态收缩是金属液由于温度的降低而发生的体积缩减。凝固收缩是金属液凝固（液态转变为固态）阶段的体积缩减。液态收缩和凝固收缩表现为合金体积的缩减，通常称为体收缩。固态收缩是金属在固态下由于温度的降低而发生的体积缩减，固态收缩虽然也导致体积的缩减，但通常用铸件的尺寸缩减量来表示，故称为线收缩。

收缩性直接影响铸件的尺寸和质量。液态收缩和凝固收缩若得不到补足，会使铸件产生缩孔和缩松缺陷。固态收缩若受到阻碍会产生铸造内应力，当内应力达到一定数值时，铸件便产生变形，甚至开裂。铸钢件的铸造收缩率通常高于铸铁，在制作铸型时应加上合适的收缩量，以避免尺寸超差。在制订铸造工艺时，应根据材料性能和铸件结构，合理设置浇注系统和浇注工艺，避免铸件产生缩孔或缩松缺陷。

（3）偏析性　偏析是指金属液凝固后，在铸件中出现化学成分和组织不均匀的现象。铸件的偏析可分为晶内偏析、区域偏析和比重偏析三类。

晶内偏析又称枝晶偏析，它是指晶粒内各部分化学成分不均匀的现象，这种偏析出现在具有一定凝固温度范围的合金铸件中。区域偏析是指铸件截面的整体上化学成分和组织不均匀的现象。比重偏析是指铸件上、下部分化学成分不均匀的现象。

（4）吸气性　吸气性是指合金在熔炼和浇注时吸收气体的性能。吸气多，在铸件中会形成气孔。气孔破坏了金属材料的连续性，减少承载的有效面积，并在气孔附近引起应力集中，因而降低了铸件的力学性能和表面质量。不同类型的合金，吸气性有明显差异，例如镍含量高的铸钢吸气性明显提高。

合金的铸造性能对铸钢表面质量和内在质量影响很大。当铸钢材料流动性和充填性能良好、缩松倾向小、吸气氧化少、不易产生变形裂纹时，有利于获得形状完整、轮廓清晰、结晶致密、结构健全的铸件。

2. 焊接性能

焊接是通过加热、加压，或两者并用，使两个分离的物体产生原子（分子）间结合而连接成整体的过程。

焊接性能是指金属材料在特定结构和工艺条件下，通过一定的焊接方法获得预期质量要求的焊接接头的性能。在铸钢件制作中，经常采用焊接将部件组合在一起，或者修复裂纹、砂孔等缺陷。

如果铸钢材料具有很好的导热性能，则在焊接加热时，热量不容易聚集在焊接部位，而是很快传导到整个工件，不利于焊料的熔化；如果在加热过程中材料容易氧化，则形成的氧化层会降低焊缝金属的连接质量，导致焊不牢、虚焊、假焊等问题。

评价铸钢材料焊接性能的指标一般包括两方面：一是结合性能，即在一定的焊接工艺条件下出现焊接缺陷的敏感性；二是使用性能，即金属焊接接头对使用要求的适用性。焊接性能一般根据焊接时产生的裂纹敏感性和焊缝区力学性能的变化来判断。如果在焊接时容易产生裂纹、氧化、吸气、不润湿等，则材料的焊接性能就差。

3. 热处理性能

热处理是指将金属材料放置在一定的介质中加热、保温、冷却，通过改变材料表面或内部的组织结构来控制其性能的工艺方法。铸钢件常见的热处理方法有退火处理、固溶处理、淬火处理、时效处理等类型。

（1）退火处理　退火是将铸钢件缓慢加热到一定温度，保持足够时间，然后以适宜速度冷却。铸钢件生产中应用的退火工艺有均匀化退火、再结晶退火和去应力退火等。

在铸钢件铸造成形时，存在化学成分不均匀的情况，有时会采用均匀化退火，其目的是使合金中的元素发生固态扩散，来降低化学成分不均匀性。均匀化退火温度较高，以便加快合金元素扩散，缩短保温时间。

将材料加热到再结晶温度以上进行退火，可以有效降低材料的硬度，改善其可加工性；降低残余应力，稳定尺寸，减少变形与裂纹倾向；细化晶粒，调整组织，消除组织缺陷。

（2）固溶处理　固溶处理是指将铸钢件加热至高温单相区恒温保持，使过剩相充分溶解到固溶体中，然后快速冷却，以得到过饱和固溶体的热处理工艺。

固溶处理适用于以固溶体为基体，且在温度变化时溶解度变化较大的合金。加热温度、保温时间和冷却速度是固溶处理应当控制的几个主要参数。固溶处理中一般采用快速冷却，目的是抑制冷却过程中第二相的析出，保证获得溶质原子和空位的最大过饱和度，以便时效后获得尽可能高的强度和耐蚀性。

（3）时效处理　时效处理是指铸钢件经固溶处理，冷塑性变形或铸造、锻造后，在较高的温度放置或室温保持，其组织和性能随时间而变化的热处理工艺。将工件加热到较高温度，并较长时间进行时效处理的工艺，称为人工时效处理；将工件放置在室温或自然条件下长时间存放而发生的时效现象，称为自然时效处理。时效处理的目的是消除工件的内应力，稳定组织和尺寸，改善力学性能等。

1.4　铸钢材料的强化

通过合金化、塑性变形和热处理等手段提高金属材料的强度，称为金属的强化。金属塑性变形产生的主要机制是位错在滑移面上的移动，对其强化的途径有两种：第一种途径是尽量消除位错等晶体缺陷，获得近乎理想的单晶材料，但是这对于铸钢件生产实践来说是实现不了的；第二种途径是向晶体内引入大量晶体缺陷，如位错、点缺陷、异类原子、晶界、高度弥散的质点或不均匀性（如偏聚）等，这些缺陷阻碍位错运动，也会明显地提高金属强度，这是提高铸钢强度的有效途径。生产中通过运用综合的强化效应，可以使材料获得较好的综合性能。

铸钢材料的强化方法有固溶强化、细晶强化、形变强化、沉淀强化、弥散强化、相变强化等。

1.4.1　固溶强化

固溶强化是指合金元素固溶于基体金属中使合金强度提高的方法。其强化机理主要有三个方面：一是溶质原子的溶入会破坏溶剂晶格结点上原子引力平衡，使其偏离原平衡位置，造成晶格畸变，晶格畸变增大位错运动的阻力，使金属的滑移变形变得更加困难；二是溶质原子在位错线上偏聚，形成柯氏气团，对位错起钉扎作用，增加了位错运动的阻力；三是溶质原子在层错区的偏聚阻碍扩展位错的运动。

固溶强化一般呈现如下规律：一是在固溶体溶解度范围内，合金元素的质量分数越大，则强化作用越大；二是溶质原子与溶剂原子的尺寸差越大，强化效果越显著；三是形成间隙固溶体的溶质元素的强化作用大于形成置换固溶体的元素；四是溶质原子与溶剂原子的价电子数差越大，则强化作用越大。

1.4.2　细晶强化

细晶强化是指通过细化晶粒来提高材料强度的方法。其强化机理是：铸钢材料在一般情况下是由许多晶粒组成的多晶体，晶粒的大小可以用单位体积内晶粒的数目来表示，数目越多，晶粒越细。晶界对滑移、位错运动起阻碍作用，即它对塑性变形抗力比晶粒内部大，使晶粒变形时的滑移带不能穿越晶界，裂纹穿越也困难。晶粒越细，晶界越多，其阻碍作用越大，而且可以使材料发生塑性变形时分散在更多的晶粒内进行，塑性变形较均匀，应力集中较小，表现出比粗晶粒时更高的强度、硬度、塑性和韧性。因此，细化晶粒既可以提高材料强度，又可以改善塑性和韧性，是一种较好的强化方法。

结晶过程中，可以通过增加过冷度、变质处理、振动及搅拌的方法增加形核率，从而细化晶粒。对于冷变形的金属，可以通过控制变形度、退火温度来细化晶粒。

1.4.3　形变强化

形变强化是指在金属的整个形变过程中，当外力超过屈服强度后，随变形程度的增加，材料的强度、硬度升高，塑性、韧性下降的现象，也称为加工硬化。其强化机理是：随着塑性变形的进行，位错密度不断增加，位错在运动时的相互交割加剧，形成固定的割阶、位错缠结等障碍，使位错运动的阻力增大，引起变形抗力增加，给继续塑性变形造成困难，从而提高金属的强度。

形变强化是强化铸钢材料的有效方法，特别是对于高锰钢等铸钢材料，可以用形变强化的方法提高材料的强度，可使强度、硬度显著增加。

1.4.4　沉淀强化

沉淀是指某些合金的过饱和固溶体在一定的温度下停留一段时间后，溶质原子会在固溶体点阵中的一定区域内聚集或组成第二相的现象，通常也称为析出。沉淀实质上是固溶处理的一种逆过程。由于过饱和固溶体在热力学上是不稳定的，因此沉淀是一种自发的过程。为区别于基体相（饱和固溶体），常将沉淀物称为第二相。

在过饱和固溶体中弥散析出第二相，使合金的硬度或强度增高的现象称为沉淀强化，也可称为时效强化或析出强化。

沉淀强化是一种非常有效的很重要的强化方式，添加微量的合金元素，就可以获得较明显的强化效果，而且析出物往往还有晶粒细化作用。

沉淀强化的机理是：在金属基体中加入固溶度随温度降低而降低的合金元素，通过高温固溶处理形成过饱和固溶体；通过时效使过饱和固溶体分解，合金元素以一定方式析出，弥散分布在基体中形成沉淀相，沉淀相能有效阻止晶界和位错的运动，从而提高合金强度。在其他条件相同时，随着析出物体积分数增加和质点尺寸减小，沉淀强化的效果增强。

1.5　铸钢的应用

铸钢既保留了钢材质上的优良性能，又充分发挥了液态成形的特点和优势。对大多数铸钢件来说，其组织是等轴晶，各向同性，不存在轧制件、锻造件的各向异性问题，并能按设计者的要求铸造出各种形状复杂的构件。因此，铸钢件在现代机械制造业有极为广泛的应用，几乎所有的工业部门都需要铸钢件，在交通运输船舶和车辆、建筑机械、工程机械、电站设备、矿山机械及冶金设备、航空航天设备、油井及化工设备等方面应用尤为广泛。

铸钢件的品种繁多，不胜枚举。为使读者对诸多的用途有概括的了解，现就几个主要的产业部门使用铸钢件的情况做简略的介绍。

1. 电站设备

电站设备是高技术产品，其主要零件都在高载荷下长时间连续地运转，火电站和核电站设备中有不少零部件还须耐受高温和高压蒸汽的腐蚀，因而对零部件的可靠性有很严格的要求。铸钢件能最大限度地满足这些要求，在电站设备中广为采用。例如，汽轮机缸体（见图 1-2）、燃气轮机缸体、汽轮机阀体等。

水轮机通常都安装在地面以下，其上为钢筋混凝土结构，并装有数以百吨计的机组，更换零件是十分困难的。因此，对各部件的质量要求极为严格，主要承受载荷的零件多采用铸钢件，如水轮机转轮（见图 1-3）、叶片等。

　　图 1-2　汽轮机缸体铸钢件　　　　　　　　图 1-3　水轮机转轮铸钢件

2. 铁路机车及车辆

铁路运输与人民的生命财产安全密切相关，保证安全是至关重要的。机车车辆的一些关键部件，如车轮、侧架、摇枕、车钩等，都是传统的铸钢件。

铁路转辙用的辙叉是承受强烈冲击和摩擦的部件，工况条件极为恶劣，形状又很复杂，目前各国都采用高锰钢铸件，如图 1-4 所示。

图 1-4　辙叉高锰钢铸件

图 1-5　挖掘机斗齿铸钢件

3. 建筑、工程机械及其他车辆

建筑机械和工程机械的工况条件都很差，大部分零件都承受高的载荷或须耐受冲击磨损，其中很大一部分是铸钢件，如行动系统中的主动轮、承重轮、摇臂、履带板等。挖掘机的挖斗和斗齿（见图 1-5）也是采用合金铸钢或高锰钢铸件。一般汽车很少用铸钢件，但特种越野车和重型货车的行动部分也用不少铸钢件，如重型货车的后桥外壳即采用铸钢。履带式拖拉机和装甲军用车辆也大量采用铸钢件，如主动轮、承重轮、从动轮和履带板（见图 1-6）等。

4. 矿山设备

为保障作业安全，矿井设备的一些关键部件均为铸钢件，如绞缆轮（天轮）和矿车的主要零件等。至于处理矿石用的破碎机和球磨机，由于运行时各部件受很大的冲击载荷，颚板、锤头及齿板（见图 1-7）等耐受冲击磨损的零件均为高锰钢铸件，机架（见图 1-8）则多为碳钢或低合金钢铸件。

图 1-6　履带板铸钢件

图 1-7　齿板高锰钢铸件

5. 锻压及冶金设备

锻压设备的机座、十字架、横梁、机架和冶金设备的轧钢机机架、机座（见图 1-9）等重要零件历来都是铸钢件。此外，轧钢机的轧辊也有相当一部分是铸钢件。

1985 年，德国多特蒙德市 Hoesch 公司的铸钢厂成功铸造了冷轧机机架，铸件轮廓尺寸为 16.7m×4.7m×2.3m，毛坯质量达到 410t，浇注时用钢液 610t，为当时世界上最大的铸钢件。2015 年，我国太原重工股份有限公司采用 5 包合浇的方式一次性浇注 935t 精炼钢液，成功铸造了特大型模锻压力机立柱，铸件毛坯质量达 565t，如图 1-10 所示。

图 1-8　机架铸钢件

图 1-9　锻压设备机座铸钢件

6. 航空航天设备

飞机上使用铸钢件已有很久的历史，20 世纪 30 年代即用铸钢件制作起落架壳体及其他零件，现代的喷气式飞机也使用铸钢件，如发动机支架、制动器支承板等。

研制导弹时，用单轨做水平高速滑行试验和头部冲击试验，试验时运行速度达 16.32km/s（48 马赫）。水平滑行试验所用的滑块及制动器部件均为 Mn-Mo-V 低合金钢铸件。

导弹运输、立架及发射装置中，有些关键部件也采用铸钢件。导弹底部的发射台架采用 Cr-Ni-Mo 低合金钢铸件。火箭外壳上的翼片支持器也采用低合金钢铸件。

7. 高压容器设备

石油、天然气井口封隔用防喷器，其核心零件均为低合金钢或马氏体不锈钢铸件，如壳体（见图 1-11）、顶盖等。由于这些零件要承受高达 140MPa 的压力，所以铸造这些零件时，必须确保铸件的表面质量和内部质量。

图 1-10　特大型模锻压力机立柱铸钢件浇注现场

图 1-11　防喷器壳体铸钢件

8. 船舶机械

大型船舶上很多重要部件是铸钢件，如首柱、尾柱（见图 1-12）、锚链及导管、舵架、系缆桩等。

9. 农用机具

农用机具的使用条件是很苛刻的，大致有以下特点：由于载荷大而不均匀，地面又不平，农机具要耐受扭曲和振动；农业生产的时间性极强，机具必须可靠，如在农忙季节发生故障就会导致重大的经济损失；农村维修条件较差，机具必须耐用。因此，农用机具上的一些重要的受力零件宜采用铸钢件，如犁托和犁柱、链轮（见图 1-13）、履带板、支重轮、引导轮、驱动轮等。

图 1-12　船舶尾柱铸钢件

图 1-13　农机链轮铸钢件

1.6　新型铸钢的发展

随着科技的发展，各个行业对铸件的使用要求愈来愈高，为满足市场需求，国内外企业在现有钢种基础上进行不同程度的优化和创新。为响应国家政策，铸造业朝着轻量化、绿色化方向发展，国家在铸造新技术发展趋势中提到开发新型铸造合金钢，发展含氮不锈钢等性价比高的铸钢材料。

1. 新型抗蠕变铸钢

抗蠕变铸钢是一种被广泛应用于超临界和超超临界汽轮机上的特殊钢材。其化学成分复杂，标准范围窄，技术要求高，生产难度极大；国内厂家设备、工艺相对落后，生产的铸件常因气孔、裂纹等缺陷报废。欧洲研制出铬的质量分数为 9% ~ 12% 的新型抗蠕变铸钢 GX-12CrMoWVNbN10-1-1，主要应用于机组中的重要部件，如主汽门阀壳、再热主汽门阀壳等。在 100MPa、600℃ 的使用环境下，该铸钢件寿命可达 100000h 以上。

2. 低碳镍铬钼铸钢

该铸钢在大型重载装备上应用较为广泛，典型材质如 1E4762，属高韧性低碳镍铬钼铸钢，等同于我国的 ZG20CrNi2Mo。该铸钢具有高强度、高耐磨性的同时，还具有良好的塑性和韧性，在 -40℃ 条件下，冲击吸收能量（V 型）达 50J 以上。该铸钢主要用于斗轮挖掘机等超重载作业的矿山装备。

3. 超级马氏体不锈钢

04Cr13Ni5Mo 是针对水电站研制的一种水电专用不锈钢，属于典型的超级马氏体不锈钢。该钢在普通马氏体不锈钢基础上降低了 C、N、S 含量，增加了一定量的 Ni、Mo 等合金元素。该钢具有优良的综合性能，被广泛应用于水电设备中，同时在采矿设备、化工设备、食品工业、运输和高温纸浆生产设备等领域拥有巨大的潜力。

4. 无钼镍高强度耐磨铸钢

该铸钢中不含 Ni、Mo 等高成本合金元素，以廉价的 Si、Mn 为主要合金元素，并加入少量

Cr，同时用 B 和 N 改善铸钢淬透性，用 Ca、Ti、Mg 和钇基稀土净化凝固组织。该铸钢淬火后能抑制碳化物析出，获得无碳化物的贝氏体、铁素体和残留奥氏体。该铸钢原料来源丰富，价格低廉，工艺简单，综合性能优越，使用寿命比高锰钢提高 100%~300%。

5. ZG25Cr-20Ni 系耐热钢

日本研究开发了 ZG25Cr-20Ni 系耐热钢，即在奥氏体系耐热钢（如 Fe-20Ni-25Cr 耐热钢）基础上添加特殊元素，提高了合金的高温强度及热稳定性。该铸钢作为新型薄壁耐热钢已应用于轿车、货车等发动机排气系统。

6. 新型锰-钼-钒系合金铸钢

该铸钢的代表性牌号为 ZG12MnMoV，是我国为某核电工程主泵蒸发器支承件研制的锰-钼-钒系合金铸钢，具备传统铸钢无法达到的特殊要求，如安全性、可靠性、抗震性和耐久性。该铸钢主要应用于核电工程主泵蒸发器支承件，其成功研制大大提高了核电站的系统安全，乃至核安全。

第 2 章 铸 造 碳 钢

2.1 铸造碳钢牌号与化学成分

铸造碳钢是铸钢材料的基础。在工业生产中，碳钢铸件的质量占铸钢件总质量的比例近70%，是一种量大面广的钢种。

铸造碳钢是以碳为主加合金元素的钢种，工程上其碳的质量分数大都在 0.10% ~ 0.60% 之间，属于亚共析钢。其中碳的质量分数小于 0.20% 的属于低碳铸钢，碳的质量分数为 0.20% ~ 0.50% 的属于中碳铸钢，碳的质量分数大于 0.50% 的属于高碳铸钢。

铸造碳钢中的化学元素除了铁、碳外，主要还包括硅、锰、磷、硫等。其中起主要作用的是碳，它直接影响钢的金相组织和力学性能。硅、锰在一定程度上对钢起强化作用，但在铸造碳钢的规格范围内，它们对力学性能的影响不显著，作为脱氧剂在钢中起到脱氧的作用，可以降低氧的有害影响，锰还可以通过与硫化合而消除硫的有害作用，所以硅和锰是钢中的有益元素；磷、硫是钢中的有害元素，它们会降低钢的力学性能，而且硫易促使铸钢件产生热裂，磷使钢的韧性降低，促使铸钢件产生冷裂，所以磷、硫含量越低越好。

此外，钢中还或多或少地存在一些气体和非金属夹杂物，它们对钢的性能一般都是不利的。钢中的气体主要是氢、氧和氮。它们溶解在钢液中，浇注以后在铸件的冷却、凝固过程中，它们或直接析出或通过化学反应产生气体，在铸件中形成气孔。钢中溶解的少量氢、氧还会显著降低钢的塑性和韧性；少量的氮对钢有细化晶粒、提高力学性能的作用，但当氮含量增多时，它也显著降低钢的塑性和冲击韧性。

GB/T 11352—2009《一般工程用铸造碳钢件》中，铸造碳钢按其力学性能的不同要求规定了5 种牌号，见表 2-1。

表 2-1 一般工程用铸造碳钢的力学性能（GB/T 11352—2009）

牌号	上屈服强度 R_{eH}（或 $R_{p0.2}$）/MPa ≥	抗拉强度 R_m/MPa ≥	断后伸长率 $A(\%)$ ≥	断面收缩率 $Z(\%)$ ≥	冲击吸收能量 KV_2/J ≥	冲击吸收能量 KU_2/J ≥
ZG200-400	200	400	25	40	30	60
ZG230-450	230	450	22	32	25	35
ZG270-500	270	500	18	25	22	27
ZG310-570	310	570	15	21	15	24
ZG340-640	340	640	10	18	10	16

注：1. 表中所列的各牌号性能，适应于厚度为 100mm 以下的铸件。当铸件厚度超过 100mm 时，表中规定的屈服强度 R_{eH}（或 $R_{p0.2}$）仅供设计使用。

2. 表中冲击吸收能量 KU_2 的试样缺口为 2mm。

GB/T 11352—2009 对各牌号铸造碳钢的化学成分要求只给出了上限值，这说明对碳钢材料的品质要求已经从偏重于化学成分转向偏重于力学性能。由于化学成分对碳钢的力学性能存在必然的影响，而且碳、硅、锰含量过低时碳钢也有过氧化的危险，所以建议在实际生产中仍然要确定一个合理的下限值。表 2-2 所给出的下限值供参考（上限值与 GB/T 1135—2009 的要求相同）。

表 2-2　一般工程用铸造碳钢的化学成分

牌号	化学成分（质量分数，%）								
	C	Si	Mn	S、P ≤	残余元素 ≤				
					Ni	Cr	Cu	Mo	V
ZG200-400	0.10~0.20	0.20~0.50	0.45~0.80	0.035	0.30	0.35	0.30	0.20	0.05
ZG230-450	0.20~0.30		0.50~0.90						
ZG270-500	0.30~0.40								
ZG310-570	0.40~0.50	0.25~0.60							
ZG340-640	0.50~0.60								

注：1. 对 $w(C)$ 上限每减少 0.01%，$w(Mn)$ 允许增加 0.04%。ZG200-400 的 $w(Mn)$ 最高至 1.00%，其余 4 个牌号的 $w(Mn)$ 最高至 1.20%。

　　2. 残余元素总的质量分数不超过 1.00%，除另有规定外，残余元素不作为验收依据。

GB/T 40802—2021《通用铸造碳钢和低合金钢铸件》采用了 ISO 14737：2015《一般用途铸造碳钢和低合金钢》中包括化学成分、力学性能和附录在内的大部分内容，并对部分内容进行了针对性的修改、调整和补充。该标准所涉牌号与 GB/T 14408、GB/T 11352 有区别，使用过程中要辨别客户所用标准号。一般用途铸造碳钢的力学性能和化学成分见表 2-3 和表 2-4。

表 2-3　一般用途铸造碳钢的力学性能（GB/T 40802—2021）

牌号	规定塑性延伸强度 $R_{p0.2}$/MPa ≥	抗拉强度 R_m/MPa ≥	断后伸长率 $A(\%)$ ≥	冲击吸收能量 KV_2/J ≥
ZG200-380	200	380~530	25	35
ZG240-450	240	450~600	22	31
ZG270-480	270	480~630	18	27
ZG340-550	340	550~700	15	20

表 2-4　一般用途铸造碳钢的化学成分（GB/T 40802—2021）

牌号	化学成分（质量分数，%）								
	C	Si	Mn	P	S	残余元素≤			
						Ni	Cr	Cu	Mo	V
ZG200-380	0.18	0.60	1.20	0.030	0.025	0.40	0.30	0.30	0.12	0.03
ZG240-450	0.23	0.60	1.20							
ZG270-480	0.24	0.60	1.30							
ZG340-550	0.30	0.60	1.50							

注：$w(Cr)+w(Mo)+w(Ni)+w(V)+w(Cu) \leqslant 1.0$。对于主要壁厚小于 28mm 的铸件，$w(S) \leqslant 0.030\%$。

2.2　铸造碳钢的铸造性能及结晶过程

2.2.1　铸造碳钢的铸造性能

铸造性能主要从流动性、缩孔与缩松倾向、裂纹倾向等方面进行评价。

1. 铸造碳钢的流动性

流动性是钢液本身的流动能力，与钢液的充型能力是两个不同的概念。后者首先取决于钢液本身的流动能力，同时又受外界条件，如铸型性质、浇注条件、铸件结构等因素的影响，是各因素的综合反应。

钢液的流动性影响铸件完整性和清晰度。流动性好，就能保证钢液很好地充满铸型，获得尺寸准确、轮廓清晰的铸件；流动性好，还有利于钢液中的气体和非金属夹杂物的排除，改善补缩条件，使铸件在凝固期间产生的缩孔得到钢液的补缩，减少缩孔的产生，提高铸件致密度。在铸件凝固末期因受阻而出现的热裂也能得到钢液的充填而弥合，在一定程度上减少了热裂的产生。

钢液的流动性可以用浇注流动性试样的方法衡量。将试样的结构和铸型性质固定不变，在相同的浇注条件下，例如在液相线以上相同的过热度或在一定的浇注温度下，浇注流动性试样（采用最多的是螺旋形试样），以试样的长度或以试样某处的厚薄程度表示该合金的流动性。铸钢流动性试样如图 2-1 所示。

铸造碳钢的流动性取决于碳钢的金属性质，与化学成分、杂质含量及其物理性能有关。碳钢的化学成分除常说的碳、硅、锰、磷、硫五大元素外，还存在其他一些残余元素，它们对碳钢的流动性也产生或多或少的影响。

（1）碳 碳对铸造碳钢的流动性影响最大。在同样过热度下，钢液的结晶间隔与钢液流动性之间存在明显的对应关系。当 w(C) 从 0 增至 0.1% 时，结晶间隔逐渐增大，钢液流动性相应降低；当 w(C) 从 0.1% 增至 0.18% 时，结晶间隔逐渐缩小，钢液的流动性相应地增加；当 w(C) 从 0.18% 增至 0.51% 时，结晶间隔又逐渐增大，钢液流动性则相应降低。碳钢流动性与碳含量和浇注温度的关系如图 2-2 所示。碳还能降低钢液的导热性，使钢液降温缓慢，这有利于流动性的提高。

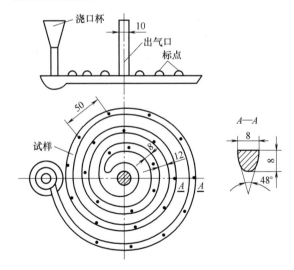

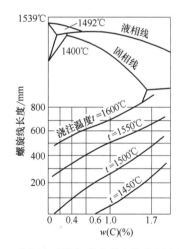

图 2-1　铸钢流动性试样　　　　图 2-2　碳钢流动性与碳含量和浇注温度的关系

（2）硅 硅可以降低碳钢的熔点，改善流动性。中碳钢的 w(Si) 由 0.25% 增至 0.45% 时，由于硅具有良好的脱氧作用和镇静作用，可减少钢液中的非金属夹杂物，使流动性有明显的改善。碳钢流动性与硅含量和浇注温度的关系如图 2-3 所示。

（3）锰 锰可以缩小结晶间隔，提高流动性。锰也具有良好的脱氧作用和镇静作用，可减少钢液中的非金属夹杂物，从而改善钢液的流动性。

（4）磷 当 $w(P)$ 超过 0.05% 时，磷可以降低碳钢的液相线温度，并形成低熔点的磷化物，因此能改善钢液的流动性。但是，磷含量较高时，会增加铸件的冷脆性，随着碳含量的增加，这种现象更加严重，因此不能通过磷来改善碳钢的流动性。

（5）硫 硫易与锰形成难熔的硫化锰夹杂，增加钢液的黏度，影响钢液的流动性，特别是硫与铝或锆生成更难熔的 Al_2S_3 或 ZrS_2 夹杂时，对流动性的影响更大。一般铸造碳钢的 $w(S)$ 低于 0.06%，对铸造碳钢的流动性影响不大。

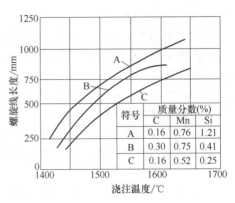

图 2-3　碳钢流动性与硅含量和浇注温度的关系

2. 铸造碳钢的缩孔、缩松倾向

钢液浇入铸型后，由于铸型的吸热，钢液温度下降，空穴数量减少，原子集团中原子间距离缩短，钢液的体积减小。温度继续下降时，钢液凝固，发生由液态到固态的状态变化，体积显著减小。凝固完毕后，在固态下继续冷却时，原子间距离还要缩短，固态的体积减小。因此，铸钢的体积收缩过程包括液态收缩、凝固收缩和固态收缩三个阶段。

（1）液态收缩 浇注温度固定后，提高钢中的碳含量，钢的液相线温度下降，过热度增大，液态收缩率相应增大 [$w(C)$ 每增加 1%，液态收缩率增大 20%]，所以钢的液态收缩率增加。

铸钢的成分固定后，提高浇注温度，液态收缩率增加。据实验，钢液温度每下降 100℃，液态收缩率一般为 1.5% ~ 1.75%。

（2）凝固收缩 凝固期间的体收缩包括状态改变和温度降低两部分。因状态改变引起的体收缩为一个固定的数值。从铁碳相图可知，钢的碳含量增加时，其结晶间隔变宽，由温度降低引起的体收缩增大。铸造碳钢的凝固收缩率如表 2-5。

表 2-5　铸造碳钢的凝固收缩率

碳含量（质量分数，%）	0.10	0.25	0.35	0.45	0.70
凝固收缩率（%）	2.0	2.5	3.0	4.3	5.3

（3）固态收缩 铸造碳钢的固态收缩分为三个阶段：

第一阶段：珠光体转变前收缩，发生在从凝固终了到奥氏体 γ（A）转变为铁素体 α（F）相变前的温度范围内。这个阶段的收缩随碳含量的增加而减小。

第二阶段：共析转变期的膨胀，发生在 γ 向 α 转变的温度范围内。随着碳含量的增加，相变膨胀减小，这是因为相变重建晶格而膨胀的同时，由于碳从奥氏体中析出，发生晶格的收缩。但是在快速冷却条件下，生成马氏体，碳原子并不析出。在这种情况下，不论碳含量多少，γ 相转变为 α 相时的膨胀将达到最大值，使铸件产生应力，并可能出现裂纹。

第三阶段：珠光体转变后的收缩，发生在 γ 转变为 α 相变终了到室温的温度范围内。该阶段的体收缩率和线收缩率一般为 1%，提高碳含量时，改变也很小。

铸造碳钢的线收缩与碳含量的关系见表 2-6。铸造共析碳钢的自由固态收缩情况如图 2-4 所示。

表 2-6　铸造碳钢的线收缩率与碳含量的关系

碳含量(质量分数,%)	珠光体转变前	γ 到 α 相变	珠光体转变后	线收缩率(%)
0.08	1.42	0.11	1.16	2.47
0.14	1.51	0.11	1.06	2.46
0.35	1.47	0.11	1.04	2.40
0.45	1.39	0.11	1.07	2.35
0.55	1.35	0.09	1.05	2.31
0.60	1.21	0.01	0.98	2.18

注：碳钢中锰的质量分数为 0.55% ~ 0.80%，硅的质量分数为 0.25% ~ 0.40%。

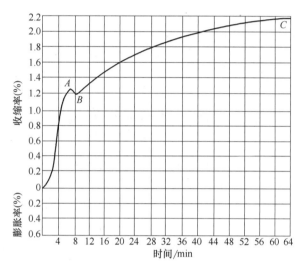

图 2-4　铸造共析碳钢的自由固态收缩情况

A—γ 向 α 转变开始点　*B*—γ 向 α 转变终了点　*BC*—转变后的收缩

　　铸件在凝固过程中，由于合金的液态收缩和凝固收缩，往往在最后凝固的部位出现缩孔或缩松，其形成过程如图 2-5 所示。在浇注刚结束时，铸型内的钢液随着温度的下降而收缩，这时候铸件本体可以从内浇道得到液体补充，所以在这期间铸型内一直充满着钢液。而当型壁表面的钢液温度下降到液相线温度时，铸件开始凝固，形成一层硬壳，如果在这个时候内浇道凝固，则硬壳内的钢液处于封闭状态。随着温度继续降低，钢液继续发生液态收缩和凝固收缩，铸件早已凝固的硬壳也将发生固态收缩。在大多数情况下，铸件的液态收缩和凝固收缩要大于固态收缩，因此在钢液自身重力作用下，液面将脱离硬壳的顶层而出现下降。钢液凝固继续进行，随着硬壳的增厚，液面不断下降。直到全部凝固后，铸件上部就形成带有一定真空度的漏斗形缩孔。在大气压力的作用，处于高温状态但强度很低的顶部硬皮，将可能向缩孔方向凹陷进去。在实际生产中，铸件顶部硬皮往往太薄或不完整，因而缩孔的顶部通常和能大气相通。铸件凝固后期，在其最后凝固部分的残余钢液中，由于温度梯度小，钢液将同时凝固，即在钢液中出现许多细小的晶粒。当晶粒长大互相连接后，将剩余的钢液分割成互不相通的小熔池。这些小熔池在进一步冷却和凝固时得不到液体的补缩，会产生许多细小的孔洞，这就是缩松。

　　缩孔、缩松的体积受多方面因素的影响，如铸钢的化学成分、浇注温度、铸型激冷能力、浇注速度、铸件结构等。化学成分决定了铸钢的液态收缩率、凝固收缩率和固态收缩率，它们与铸

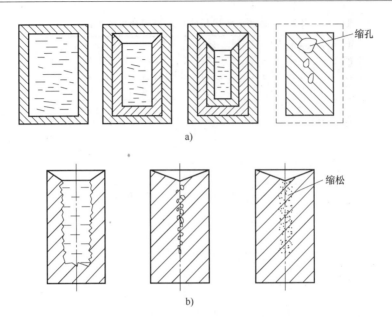

图 2-5　铸件中缩孔缩松形成过程示意图

a) 缩孔形成过程　b) 缩松形成过程

件中形成缩孔或缩松的倾向有一定的规律性。对一定化学成分的铸钢而言，缩松和缩松的数量可以相互转化，它们的总体积基本上是一定的。但缩松又与缩孔存在着差异，在铸件最后凝固处，枝晶间的钢液凝固收缩得不到补偿，在一定范围内处于同时凝固的状态时，最容易产生缩松。图 2-6 所示为铸造碳钢形成缩孔或缩松的倾向。

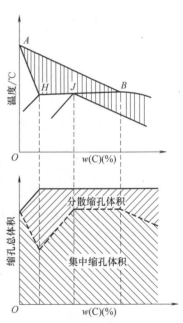

图 2-6　铸造碳钢形成缩孔
或缩松的倾向

综合碳含量与各阶段收缩率的关系，其对铸造碳钢总体积收缩率的影响见表 2-7。碳含量较高的铸钢在液态及凝固范围内的体收缩值较大，促使铸件形成缩孔和缩松的倾向大。表 2-8 是碳含量与铸造碳钢缩孔率的关系。

3. 裂纹倾向

铸件完全凝固后便进入了固态收缩阶段。若铸件的固态收缩受到阻碍，将在铸件内部产生应力，称为铸造应力。按照应力产生的原因，将铸造应力分为热应力和机械应力两种。热应力是由于铸件壁厚不均或各部分冷却速度不同，使铸件各部分的收缩不同步而引起的。它在铸件落砂后仍然存在于铸件内部，且随着铸件壁厚差的增大、各部分冷却速度差的不同、铸造合金线收缩率的提高，以及其弹性模量的增大，铸件的热应力增大。

表 2-7　碳含量对铸造碳钢总体积收缩率的影响

碳含量(质量分数,%)	0.10	0.40	0.70	1.00
总体积收缩率(%)	10.5	11.3	12.1	14.0

表 2-8　碳含量与铸造碳钢缩孔率的关系

碳含量(质量分数,%)	<0.25	0.25~0.45	>0.45
缩孔率(%)	3.0~5.0	4.0~6.0	5.0~6.0

　　当铸造内应力超过铸件的屈服强度时，便引起工件的变形；超过铸件的强度极限时，铸件便产生裂纹。裂纹是铸件的严重缺陷，必须设法防止。按照裂纹的形成温度不同，将裂纹分为热裂和冷裂两种。

　　热裂是铸件生产中最常见的铸造缺陷之一，它是在铸件凝固末期的高温下形成的。其形状特征是：缝隙宽，形状曲折，缝内呈氧化色（铸钢件裂纹表面近似黑色），且裂纹不光滑，可以看到树枝晶是沿晶界产生和发展的，外形曲折。因为在凝固末期，铸件绝大部分已凝固成固态，其强度和塑性较低。当铸件的收缩受到铸型、型芯和浇注系统等的机械阻碍时，将在铸件内部产生铸造应力。若铸造应力的大小超过了铸件在该温度下的强度极限，即产生热裂。热裂一般出现在铸件的应力集中部位，如尖角、截面突变处或热节处等。冷裂是铸件在较低的温度下，即处于弹性状态时形成的裂纹。其形状特征是：裂纹细小，呈连续直线状，裂纹表面有金属光泽或呈微氧化色。冷裂纹是穿晶而裂，外形规则光滑，常出现在形状复杂的、大型铸件的受拉应力部位，尤其易出现在应力集中处。

　　铸钢的化学成分对裂纹倾向有较大影响，理论上结晶间隔越宽的铸钢，其液固两相区的绝对收缩量越大，产生热裂的倾向也越大。但是，当形成热裂时如果附近的金属液有良好的流动性，则裂缝有可能被液体充填而愈合。各元素对铸造碳钢的热裂倾向的影响如下：

　　（1）碳　碳对铸钢热裂倾向的影响很大。当 $w(C)$ 小于 0.17% 时，随着碳含量的增加，铸钢的抗热裂性能提高。$w(C)$ 达到 0.17% 时抗热裂性最好，因为该碳含量下铸钢的结晶间隔较小，能较快地进行包晶反应，将所有的钢液和 δ 固溶体耗尽迅速转变为 γ 固溶体，最大限度地消除了晶界上残存液体的有害作用，形成了均匀性好的组织，使铸钢迅速获得强度，能较好地抵抗收缩应力，减少了热裂产生的概率。当 $w(C)$ 介于 0.17%~0.53% 之间时，铸钢的结晶间隔增大，δ 固溶体转变为 γ 固溶体时体积大为缩小，而此时晶粒之间有一定量的残余液体，故在此情况下因铸件收缩而产生的铸造应力很容易被拉裂，导致热裂倾向增大。当 $w(C)$ 大于 0.53% 后，随着碳含量增加，结晶间隔也增大，但是因为凝固期间存在大量的液体，碳含量较高的钢液又具有良好的流动性，瞬间产生的晶粒间拉裂可立即由钢液流入愈合，因而热裂的倾向反而减小。铸造碳钢的抗热裂性能与碳含量的关系如图 2-7 所示。

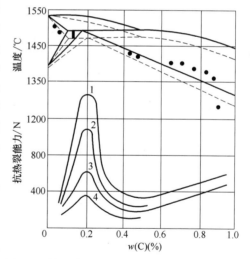

图 2-7　铸造碳钢的抗热裂性能与碳含量的关系

上图：实线是平衡条件下的相界线，虚线是铸造条件下的相界线，黑点是发生热裂时的温度

下图：1—浇注温度为 1550℃，$w(Mn)=0.8\%$
　　　2—浇注温度为 1550℃，$w(Mn)=0.4\%$
　　　3—浇注温度为 1600℃，$w(Mn)=0.8\%$
　　　4—浇注温度为 1600℃，$w(Mn)=0.4\%$

　　（2）硅　$w(Si)\le0.40\%$ 时，可以略微改善热裂倾向，随着其含量进一步提高，铸钢易形成柱状晶，增加热裂倾向。

　　（3）锰　锰在钢液中可以抵消硫的有害作用，是降低碳钢热裂倾向的有益元素。但是，当

$w(Mn)$ 超过 0.9% 时，会急剧增大铸钢的结晶间隔，增加体收缩和线收缩，且使一次结晶晶粒粗大，增加热裂倾向。

（4）磷　磷与铁形成低熔点磷共晶，分布在晶界上，会显著增加热裂倾向。铸钢中碳含量越高，磷的有害作用越大，因为碳溶入 α-Fe 中进一步将磷排出，使之偏聚于晶界处。当铸钢中的硫含量增加时，会降低磷共晶的凝固温度，进一步增大热裂倾向。

（5）硫　硫对铸钢的热裂倾向影响很大，随着硫含量的增加，抗热裂性显著降低。这是因为硫与铁形成低熔点的 Fe+FeS 共晶体，它们分布于晶界或枝晶间最后凝固的地方，导致铸钢的抗热裂性能降低。

铸造碳钢的抗热裂性能与硅、锰、磷、硫含量的关系如图 2-8 所示。

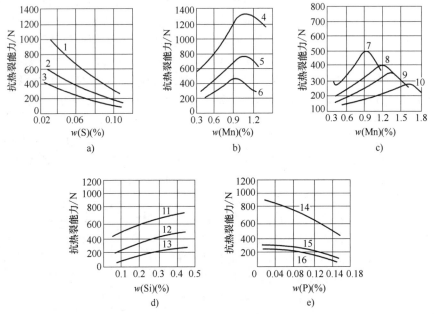

图 2-8　铸造碳钢的抗热裂性能与硅、锰、磷、硫含量的关系

a）硫的影响　b）锰的影响　c）硫和锰的综合影响　d）硅的影响　e）磷的影响

1—$w(C)=0.19\%$　2—$w(C)=0.13\%$　3—$w(C)=0.42\%$　4—$w(C)=0.17\%$　5—$w(C)=0.12\%$

6—$w(C)=0.44\%$　7—$w(S)=0.03\%S$　8—$w(S)=0.05\%$　9—$w(S)=0.08\%$

10—$w(S)=0.10\%$　11—$w(S)=0.19\%$　12—$w(C)=0.44\%$

13—$w(C)=0.06\%$　14—$w(C)=0.21\%$　15—$w(C)=0.39\%$　16—$w(C)=0.09\%$

总体来说，与铸铁相比，铸钢的铸造性能较差。铸造碳钢的流动性较低，容易形成冷隔；氧化和吸气性也较大，容易形成夹渣和气孔；体收缩和线收缩都偏大，容易形成缩孔、疏松、热裂和冷裂；熔点较高，易形成粘砂。这是由于铸钢的熔点高，钢液的过热度一般比铸铁的小，维持液态的流动时间较短；另外，由于钢液的温度高，在铸型中散热速度快，很快就析出一定数量的枝晶，使钢液失去流动能力。高碳钢的结晶间隔虽然比低碳钢的宽，但是由于液相线温度低，容易过热，所以实际流动性并不比低碳钢差。

2.2.2　铸造碳钢的结晶过程

铸造碳钢是以铁碳合金为基础的多元合金，其结晶过程一般以铁碳合金来分析。图 2-9 给出了铁碳相图左上角的部分。

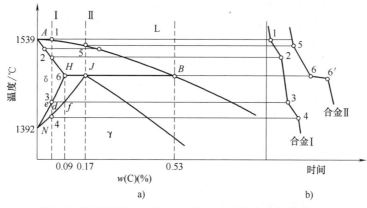

图 2-9　铁碳相图左上角（a）及对应的合金冷却曲线（b）

对于 $w(C)$ 小于 0.09% 的碳钢，如图 2-9a 中的合金Ⅰ，其冷却曲线如图 2-9b 所示。合金Ⅰ在液相状态缓慢冷却到 1 点后，开始从液相中通过形核、长大析出 δ 铁素体。在冷却过程中，δ铁素体的量逐渐增多，δ 铁素体的成分沿固相线 AH 变化；同时，液相的量逐渐减少，其成分沿δ 铁素体的液相线 AB 变化。冷却到 2 点，液相耗尽，结晶完毕。合金Ⅰ的初生结晶组织，与纯铁相似，是单相 δ 铁素体（体心立方点阵）。

合金Ⅰ所形成的 δ 铁素体在点 2~3 的温度范围内是稳定的。但当温度降低到 3 点后，进入δ+γ 两相区。在稍低于 3 点的温度开始从 δ 铁素体中析出奥氏体（在 δ 铁素体晶界形核并长大）。在 d 点温度，奥氏体的成分为 f，δ 铁素体的成分为 e。两相的相对量由杠杆定律确定，即 γ 含量/δ 含量 = ed/df。进一步冷却到 4 点后，δ 向 γ 的固态转变进行完毕，此时合金组织已变为单相奥氏体。

对于 $w(C)$ 为 0.17% 的碳钢，如图 2-9a 中的合金Ⅱ，其热分析冷却曲线如图 2-9b 所示。在结晶过程的初期，所发生的变化与合金Ⅰ的初期相同，即由液相析出 δ 铁素体。在 J 点温度，发生包晶反应。反应前，合金由 B 点成分 [$w(C)$ 为 0.53%] 的液相和 H 点成分 [$w(C)$ 为0.09%] 的 δ 铁素体组成，这时，δ 铁素体的相对量可由杠杆定律求出，即 δ 含量 = [(0.53%−0.17%)/(0.53%−0.09%)]×100% = 81.8%。

进行包晶反应时，沿 δ 相与液相的界面产生奥氏体，奥氏体向液相和向 δ 相两个方向长大。包晶反应终了时（冷却曲线上 6′ 点）δ 相与液相同时耗尽，合金变成了单相奥氏体。其结晶过程示意图如图 2-10 所示。

$w(C)$ 为 0.09%~0.17% 的碳钢，在包晶反应前，δ 含量超过 81.8%。这样，在包晶反应中，当液相全部结晶后，仍将残留一部分 δ 相。这部分 δ相在随后的冷却过程中，通过多型性转变而转变为奥氏体。

$w(C)$ 为 0.17%~0.53% 的碳钢，在包晶反应前，δ 含量小于 81.8%。这样，在包晶反应过程中，当 δ 相消失时，仍将残留一定量的液相，这部分液相在随后的冷却过程中结晶成奥氏体。

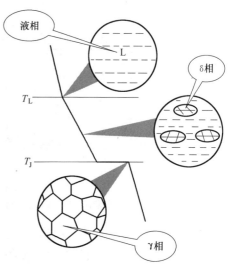

图 2-10　$w(C)$ = 0.17% 的碳钢结晶过程

总之，$w(C)$ 低于 0.53% 的碳钢，虽然初生的晶体是 δ 铁素体，但最后都要转变成奥氏体。依碳含量的不同，初生的 δ 铁素体或通过多型性转变，或通过包晶反应，或既通过包晶反应又通过多型性转变而转变为奥氏体，而液相则通过参加包晶反应或还通过直接结晶而变成奥氏体。$w(C)$ 为 0.53% ~ 2.11% 的合金，在结晶过程中直接凝固成初生的奥氏体组织。

2.3　铸造碳钢件的组织及热处理

2.3.1　铸造碳钢件的铸态组织

1. 组织转变

在钢液凝固过程中，由于晶体长大时热流的方向性存在差异，最终晶体呈现不同的形态，有的呈现柱状，有的呈现等轴状，如图 2-11 所示。其中图 2-11c 是通常金属型铸造时的大中型铸件的情况，在靠近铸型的部分，由于冷却速度很快，结晶时的过冷度大，沿型壁产生了大量的晶核，形成了非常细小的等轴晶区，称之为激冷晶，这个区域一般较窄。形成激冷晶之后，由于热流具有较强的方向性，晶体在这个方向上（通常是垂直于型壁的方向）长大速度较快，而在其他方向上的长大速度较慢，从而长大成柱状晶。试验表明，柱状晶区大都还具有晶体学取向的一致性。当接近铸件心部时，由于铸型得到金属传给它的热量，温度升高，热流的方向性已经消失，此时形成的晶体将是较为粗大的三维方向等轴的粗大等轴晶。以上的晶体构成是典型的"三晶带"组织。三个晶区的相对宽窄可随金属和合金的不同以及冷却条件的差异而变化。铸件截面越厚，即冷却越慢时，柱状晶及粗等轴晶越发达。当铸型的冷却强度非常小（如干砂型），或者同时向金属液中加入晶粒细化剂时，可以获得完全的等轴晶，如图 2-11d 所示。如果在金属型的铸造条件下，在铸件内部形成了很大的温度梯度，为强烈的热流方向性创造了条件，此时将会获得从内到外完全的柱状晶组织，如图 2-11a 所示；或者在表面形成细等轴晶区后，其余均形成柱状晶，如图 2-11b 所示。

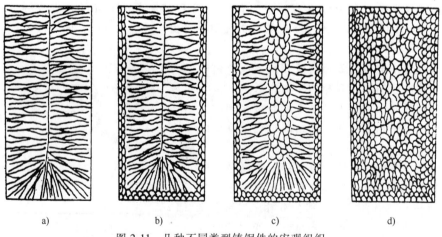

图 2-11　几种不同类型铸钢件的宏观组织

a）柱状晶　b）表面细等轴晶加柱状晶　c）三个晶区都有　d）等轴晶

一般情况下，铸钢件冷却缓慢而不均匀，形状尺寸复杂，故铸造碳钢的铸态组织的特征是晶粒粗大，存在柱状晶区，有些情况下还存在魏氏组织。晶粒的粗细和晶粒的形态对铸钢的性能有重要的影响：晶粒粗大，则晶界的比表面积较小，钢的强度较低。柱状晶由于有各向异性，其在横向上的力学性能，特别是韧性较低。在经受外力冲击作用时，易沿着晶界发生断裂。这种铸态特征在厚壁铸件上表现得更加明显。铸件壁厚越厚，则铸态下的性能越差。铸造碳钢在铸态下力学性能低，特别是冲击韧性不佳，必须要在热处理后才能使用。

铸造碳钢在其二次结晶过程中，当温度通过 $\gamma+\alpha$ 两相区时，先共析铁素体 α 的析出会因钢的碳含量和冷却速度的不同而长成不同的形态，通常有粒状、条状和网状三种。这三种组织的形态和形成条件如下：

（1）粒状组织　在所有形态中，这种形态的晶体具有最小的表面能，因而是最稳定的形态。但在奥氏体晶粒中形成这种形态的铁素体，需要有较大规模的原子扩散，其中包括碳原子的扩散及铁原子的自扩散。实际上只有在碳含量低而且壁厚较厚的铸钢铸件中，才会在铸态下得到这种组织。

（2）条状组织　又称魏氏体组织。铁素体在奥氏体晶粒内部以一定的方向呈条状析出。这种形态的铁素体常出现在中等碳含量，特别是壁厚较薄的铸件中。在这样的条件下，铁素体易于以奥氏体晶格中的几个铁原子密排的晶面为惯析面析出，这样形成铁素体组织只需要进行较近的原子扩散过程。魏氏体组织属于亚稳定组织。通过热处理，可使之变成更稳定的粒状组织形态。

（3）网状组织　铁素体在原奥氏体的晶界处析出。由于奥氏体晶界上晶格缺位较多，且组织疏松，故利于铁素体新相的形核和铁原子的聚集，从而为网状组织的形成创造了条件。由于网状组织的形态特征，故称之为仿晶界形貌析出相。

对铸造碳钢的力学性能最有利的是粒状组织，具有粒状铁素体和珠光体相互交错分布的组织使钢具有良好的强度和韧性，而魏氏组织和网状组织则使钢的力学性能降低，特别是韧性。因此，铸钢件的生产对其冶金和铸造质量提出了较高的要求，且常常需要通过热处理和合金化等方法来改善组织和性能。通过适当的热处理，魏氏组织和网状组织即可转变为粒状组织，可以使钢的性能得到提升。

2. 显微组织

宏观组织揭示的是晶粒大小和形态，它们影响材料的性能，但不是决定性的。金属材料的性能取决于化学成分，化学成分决定了材料的显微组织，而显微组织则决定了材料的性能。

铸造碳钢在一次结晶后，形成的奥氏体在继续冷却过程中，将发生析出和共析转变等二次结晶过程。$w(C)$ 为 $0.0218\% \sim <0.77\%$ 的铸钢称为亚共析钢，$w(C)$ 为 0.77% 的铸钢称为共析钢，$w(C)>0.77\% \sim 2.11\%$ 的铸钢称为过共析钢。

（1）共析钢的显微组织　对于共析钢，其结晶组织形成过程如图 2-12 所示。

一次结晶形成的奥氏体冷却到 727℃ 时，发生共析转变，转变产物为珠光体（F+Fe₃C）。珠光体的金相组织形态与转变前的奥氏体的原始组织状态有关，在奥氏体从很高温度冷却下来的情况下，所得到的珠光体的形态是片层状的，它是由一层铁素体 F（白色）和一层 Fe_3C（黑色）交替排列而成的，如图 2-13 所示。在接近共析温度时，珠光体中铁素体的 $w(C)$ 约为 0.02%，在随后的冷却过程中，铁素体对碳的溶解度（与 Fe_3C 平衡时）不断降低，于是从珠光体中的铁素体相中不断有三次渗碳体析出。在缓慢冷却的情况下，这三次渗碳体是在铁素体与渗碳体之间的相界面上形成，即附加到原先的渗碳体片上。三次渗碳体的量很有限，因此其析出对珠光体的金相形态并无明显影响。室温下，平衡态组织中组成物的质量分数为

$$w(F)=\frac{6.69\%-0.77\%}{6.69\%-0.02\%}\times100\%\approx89\%$$

$$w(\text{共析 Fe}_3\text{C}) = \frac{0.77\% - 0.02\%}{6.69\% - 0.02\%} \times 100\% \approx 11\%$$

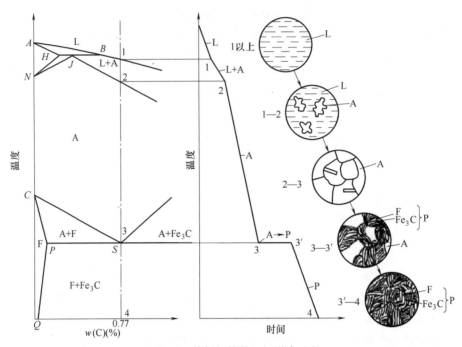

图 2-12　共析钢结晶组织形成过程

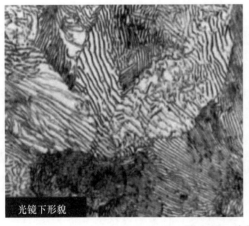
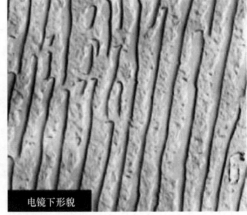

图 2-13　片状珠光体组织

（2）亚共析钢的显微组织　对于亚共析钢，其结晶组织形成过程如图 2-14 所示。

一次结晶形成的奥氏体继续缓慢冷却达到 GS 线温度时，开始沿着奥氏体晶界析出先共析铁素体。随着温度降低，铁素体量增加，奥氏体量减少；同时，铁素体和奥氏体两个相的碳含量分别沿着 GP 和 GS 线移动。当达到共析温度时，铁素体具有 P 点的碳含量 [$w(\text{C}) = 0.02\%$]，而奥氏体则变为共析成分，即 S 点的碳含量 [$w(\text{C}) = 0.77\%$]。继续冷却，当温度稍低于 PSK 时，钢中那部分具有共析成分的奥氏体将通过共析转变成珠光体。在继续缓慢冷却时，先共析铁素体和珠光体中的铁素体将析出三次渗碳体。在室温，亚共析钢的组织是先共析铁素体+珠光体。珠光体的量随着碳含量的增加而增多。在极端情况下，$w(\text{C}) \leqslant 0.02\%$ 时，珠光体的量等于零；

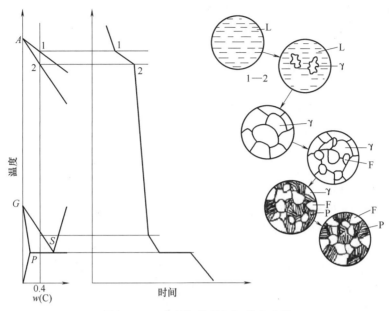

图 2-14 亚共析钢结晶组织形成过程

而当 $w(C)$ 为 0.77% 时，则百分之百变成珠光体。图 2-15 所示为不同碳含量的亚共析钢缓冷后的组织。以 $w(C)=0.4\%$ 的铸钢为例，室温下，平衡态组织中组成物的质量分数为

$$w(\text{先共析 F})=\frac{0.77\%-0.4\%}{0.77\%-0.02\%}\times100\%\approx49\%$$

$$w(P)=\frac{0.4\%-0.02\%}{0.77\%-0.02\%}\times100\%\approx51\%$$

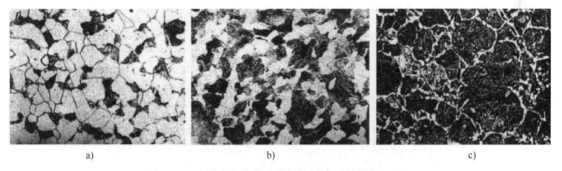

图 2-15 不同碳含量的亚共析钢缓冷后的组织 100×
a) $w(C)=0.2\%$ b) $w(C)=0.4\%$ c) $w(C)=0.6\%$

在铸态的亚共析钢组织中，铁素体有块状、针（条）状和网状三种形态。铁素体的形态与钢中的碳含量及铸件壁厚（冷却速度）有关。针（条）状铁素体称为魏氏组织，其铁素体呈针（条）状分布在晶粒内部，与晶粒边界成一定角度。魏氏组织会恶化铸钢的力学性能，是厚大铸钢件中常遇到的一种缺陷。由于厚大铸钢件的冷却速度慢，结晶凝固出来的奥氏体晶粒粗大，当铸件冷却到 GS 线温度冷却速度加快时（如打箱早），就会出现魏氏组织。魏氏组织除与晶粒有关外，还与铸钢的碳含量有关。图 2-16 所示为铸件壁厚、碳含量与魏氏组织的关系，可以看出 $w(C)$ 为 0.2%~0.4% 的碳钢较容易出现魏氏组织。

魏氏组织的出现归根到底涉及碳原子的扩散问题，从奥氏体中析出铁素体时，须将碳原子从原位中排出。如果晶粒粗大，但冷却速度缓慢时，碳的扩散可以很充分地进行，魏氏组织就不会产生；如果奥氏体晶粒细小，则从奥氏体析出的铁素体也细小，即使铸件在 GS 线温度附近冷却速度快，但由于碳原子的扩散距离短，也不会形成魏氏组织。图 2-17 所示为魏氏组织形成过程。

$w(C)$ 低于 0.2% 和高于 0.4% 的铸造碳钢，不容易形成魏氏组织，同样也是碳原子的扩散问题。因为碳含量低于 0.2% 时，奥氏体的碳含

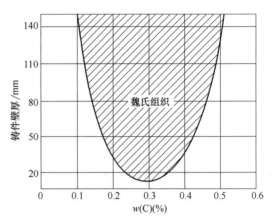

图 2-16　铸件壁厚、碳含量与魏氏组织的关系

量本来就少，奥氏体转变为铁素体时碳原子的扩散量少；$w(C)$ 高于 0.4% 时，奥氏体析出铁素体的量少，排出去并进行扩散的碳原子少。这两种情况均是相变过程中需要扩散的碳原子数少。$w(C)= 0.2\% \sim 0.4\%$ 的碳钢，在奥氏体转变为铁素体时，析出的铁素体及要进行扩散的碳原子量足够多，晶粒粗大（扩散距离长）、冷却速度较快（允许扩散的时间短）的条件下，相变时的最佳选择是，铁素体沿奥氏体晶体中原子密排面长大，密排面之间是平行的，它们之间的距离也较短，有利于碳原子的扩散。这样就形成了针（条）状的魏氏组织，恶化了铸钢的性能。图 2-18 所示为 ZG230-450 的铸态组织。其组织中有白色的铁素体与黑色的珠光体，铁素体有的沿晶界呈网状分布，有的呈针状自晶界向晶内延伸，即魏氏组织。

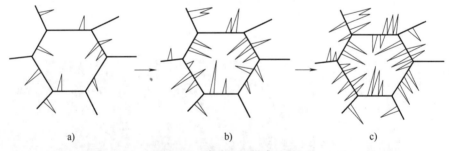

a)　　　　　　　　　　b)　　　　　　　　　　c)

图 2-17　魏氏组织形成过程

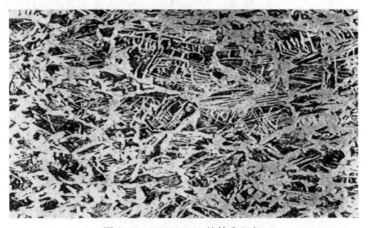

图 2-18　ZG230-450 的铸态组织

（3）过共析钢的显微组织　对于过共析钢，其结晶组织形成过程如图 2-19 所示。一次结晶形成的奥氏体继续缓慢冷却达到 ES 线温度时，开始沿着奥氏体晶界析出二次渗碳体。温度达到共析温度时奥氏体通过共析转变为珠光体。室温平衡组织为二次渗碳体+珠光体，二次渗碳体一般沿晶界呈网状分布，如图 2-20 所示。以 $w(C)=1.2\%$ 的铸钢为例，室温下，平衡态组织中组成物的质量分数为

$$w(Fe_3C_{II})=\frac{1.2\%-0.77\%}{6.69\%-0.77\%}\times100\%\approx7\%$$

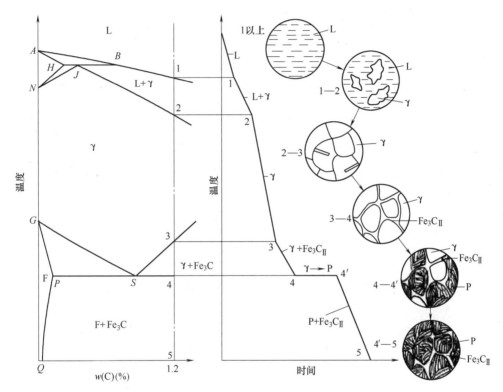

图 2-19　过共析钢结晶组织形成过程

图 2-20　过共析钢室温平衡组织　100×

$$w(\mathrm{P}) = \frac{6.69\% - 1.2\%}{6.69\% - 0.77\%} \times 100\% \approx 93\%$$

网状渗碳体对钢的强度和韧性有很大危害，应设法加以避免。

2.3.2　铸造碳钢件的热处理

铸钢件的铸态组织经常存在晶粒粗大、不均匀、残余应力、偏析夹杂等问题，有时出现魏氏组织、网状组织等，对力学性能，尤其是韧性、塑性产生有害影响，故铸钢件不直接在铸态下使用，须经过适当的热处理，以改善显微组织，获得良好的力学性能。热处理是将铸钢件加热到一定温度、保温，再以不同的冷却速度冷却下来，获得所需要的组织或消除应力。铸钢件经过重结晶退火或正火后，使其化学成分均匀化，消除或改善了铸造时产生的魏氏组织和铸造应力，使粗大的基体组织转变为等轴细晶粒的铁素体和珠光体，获得近似于锻钢退火后的基体组织。铸钢件还可以进行调质处理，得到回火索氏体组织，从而大大提高其综合力学性能。此外，还可以在铸钢件局部表面进行高频或中频感应淬火处理，使其表面得到马氏体组织，以达到提高表面硬度，增加耐磨性的目的。

1. 碳钢在加热过程中的组织转变

在 PSK 线（A_1）以下，钢的金相组织基本上不发生变化，当加热到 A_1 线以上时，珠光体转变为奥氏体。对于亚共析钢，为了使其组织中的铁素体溶入奥氏体而得到单一的奥氏体组织，须将钢加热到 GS 线（A_3 线）以上的温度；而对于过共析钢，为了使组织中的自由渗碳体溶入奥氏体而得到单一的奥氏体组织，须将钢加热到 ES 线（A_{cm} 线）以上的温度。

在加热过程中，实际相变温度比相图上的平衡温度要略高些，而在冷却过程中，实际相变温度比平衡温度要略低些。因此，通常将钢的临界点温度（A_1、A_3、A_{cm}）分别标以 c（Ac_1、Ac_3、Ac_{cm}）和 r（Ar_1、Ar_3、Ar_{cm}），用来表示钢在加热和冷却时发生相变的温度，如图 2-21 所示。

各临界温度代号分别表示如下意义：

A_1：发生平衡相变 $\gamma \rightleftharpoons \alpha + \mathrm{Fe_3C}$ 的温度。

A_3：在平衡条件下亚共析钢 $\gamma + \alpha$ 两相平衡的上限温度；

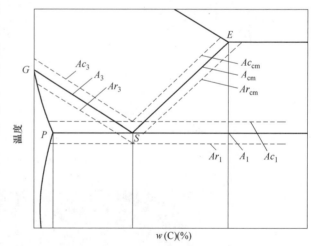

图 2-21　碳钢在加热和冷却时的相变温度

A_{cm}：在平衡条件下过共析钢 $\gamma + \mathrm{Fe_3C}$ 两相平衡的上限温度。

Ac_1：钢加热时开始形成奥氏体的下临界点温度。

Ar_1：钢由高温冷却时奥氏体开始分解为 $\alpha + \mathrm{Fe_3C}$ 的上临界点温度。

Ac_3：亚共析钢加热时铁素体全部消失的下临界点温度。

Ar_3：亚共析钢由单相奥氏体状态冷却时开始发生 $\gamma \rightarrow \alpha$ 转变的上临界点温度。

Ac_{cm}：过共析钢加热时渗碳体全部消失的下临界点温度。

Ar_{cm}：过共析钢由单相奥氏体状态冷却时开始发生 $\gamma \rightarrow \mathrm{Fe_3C}$ 转变的上临界点温度。

各临界温度与碳含量有关，对于亚共析钢，它们之间的对应关系见表 2-9。碳含量较低，加热温度较高；碳含量较高，加热温度较低。加热温度不应过高或过低，过低则不能完成由珠光体到奥氏体的转变，晶粒不能细化，魏氏组织不能消除；过高则又会使钢的晶粒粗化，出现过热组织，使钢的力学性能显著下降。在加热铸件的过程中，要控制升温速度。铸钢受热时产生热膨胀，不同碳含量的亚共析钢在不同温度区间的线胀系数见表 2-9。如果升温速度过快，会使铸件上的薄壁部分与厚壁部分之间、表面层与中心部分之间的温度差增大，导致铸件的热应力增大，严重时引起铸件开裂。此外，对于形状复杂的铸件，当炉温升到 650~800℃ 时，应缓慢升温或在此温度上保温一段时间，如果升温过快可能引起铸件开裂，因为在这个温度区间碳钢发生相变（珠光体转变为奥氏体），伴有体积变化，产生相变应力。

表 2-9　亚共析钢的临界温度和线胀系数

名义碳含量 （质量分数，%）	临界温度/℃				线胀系数/10^{-6}/K （在 20℃ 和下列温度间）			
	Ac_1	Ac_3	Ar_1	Ar_3	100℃	200℃	400℃	600℃
0.15	735	863	685	840	11.75	12.41	13.60	13.90
0.25	735	840	680	824	12.18	12.66	13.47	14.41
0.35	724	802	680	774	11.10	11.90	13.40	14.40
0.45	724	780	682	751	11.59	12.32	13.71	14.67
0.55	727	774	690	755	10.89	11.82	13.40	14.50

保温时间依据铸件壁厚来确定，应保证铸件有足够的时间来完成珠光体向奥氏体的转变，并造成一定的扩散条件使奥氏体的化学成分较均匀。一般壁厚为 25mm 的铸件应保温 1h，壁厚每增加 25mm，应相应增加 1h 保温时间，如壁厚超过 150mm，则保温时间可适当低于上述比例。

2. 铸造碳钢在冷却过程中的组织转变

加热时铸钢的奥氏体化仅为冷却转变做准备，只有通过合适的冷却才能达到热处理的目的。铸钢在奥氏体化后的冷却方式通常分为等温转变和连续冷却两种。

图 2-22 所示为共析碳钢的等温转变图，这个曲线常称为 S 曲线。图 2-22 中转变开始线左方的区域为过冷奥氏体区，转变开始曲线至纵坐标之间的水平距离（时间的长短）表示过冷奥氏体的稳定性。图 2-22 中水平线 Ms 是马氏体转变的开始温度，Mf 是马氏体转变终了温度。

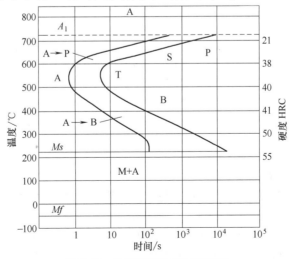

图 2-22　共析碳钢的等温转变图

图 2-23 所示为共析碳钢的连续冷却转变图（图中粗实线）与等温转变图（图中细实线）比较。连续冷却转变时，过冷奥氏体的转变是在一个温度范围内进行的，因而转变后常形成混合的组织。图 2-23 中的几条细实线代表不同的冷却速度，其中 v_c 为临界冷却速度，即是使奥氏体全部转变为马氏体所需的最低冷却速度。在所有冷却速度比 v_c 高的条件下，奥氏体将全部转变为马氏体。

对于亚共析钢，奥氏体冷却到 Ar_3 线温度时，开始析出先共析铁素体，随着温度降低，析出过程持续进行。当温度降低到 Ar_1 温度时，具有共析成分的奥氏体转变为珠光体，最终得到由铁素体和珠光体组成的两相组织。

对于过共析钢，奥氏体冷却到 Ar_{cm} 温度时，开始析出自由渗碳体，随着温度的降低，析出过程持续进行。当温度降低到 Ar_1 温度时，具有共析成分的奥氏体转变为珠光体，最终得到由渗碳体和珠光体组成的两相组织。

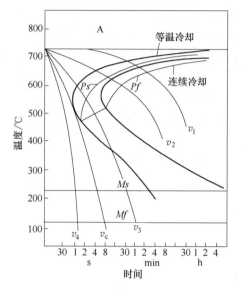

图 2-23　共析碳钢的连续冷却转变图和等温转变图比较

随着冷却速度由小变大，碳钢冷却后的组织按以下顺序出现：珠光体—索氏体—屈氏体—上贝氏体—下贝氏体—马氏体。碳钢奥氏体在不同温度下的转变产物见表 2-10。

表 2-10　碳钢奥氏体在不同温度下的转变产物

温度范围	转变产物名称	转变温度/℃	金相组织说明
高温转变区	珠光体	727 ~ 680	铁素体和渗碳体的混合组织，在光学显微镜下能明显观察到铁素体与渗碳体呈层片状分布的组织形态，其片间距为 150 ~ 450nm。转变温度越低，则铁素体与渗碳体的片间距越小（珠光体的分散度越大）
	索氏体	650 ~ 600	组成物与珠光体一样，但其分散度更大，在光学显微镜下难以辨别其片层形态，在电子显微镜下测定其片间距为 80 ~ 150nm
	屈氏体	580 ~ 510	组成物与珠光体一样，但其分散度比索氏体更大，在光学显微镜下根本无法辨别其层状特征，其片间距为 30 ~ 80nm
中温转变区	上贝氏体	≈ 450	其组织形态是由成束的大致平行的铁素体板条及分布于铁素体板条之间的短棒状、颗粒状的渗碳体组成，从整体上看呈现为羽毛状。其与珠光体的不同之处是铁素体的碳含量比平均值高
	下贝氏体	≈ 300 左右	其金相组织与上贝氏体相同，但铁素体呈针状，立体形状呈透镜状
低温转变区	马氏体	<240	马氏体是碳在 α 铁中的过饱和固溶体，呈板条状（低、中碳钢）或针状（中、高碳钢）

3. 铸造碳钢件的典型热处理工艺

铸造碳钢件的热处理目的一般为细化晶粒，消除魏氏组织，消除铸造应力，提高力学性能等。其热处理工艺一般有退火、正火、淬火+回火等。

（1）退火　将铸钢加热到完全奥氏体化温度以上 20 ~ 30℃，保持足够时间后，在炉内缓慢冷却，从而获得接近于平衡状态的组织。退火的主要目的有：消除应力；使化学成分均匀化，消除显微偏析；减少硬度，便于机械加工；消除铸造时形成的魏氏组织，细化晶粒，改善性能。表 2-11 是碳钢退火后的硬度。

表 2-11　碳钢退火后的硬度

碳含量 （质量分数，%）	退火温度 /℃	保温		冷却方式	硬度 HBW
		铸件壁厚/mm	时间/h		
0.01~0.20	910~880	≤25	1	炉冷到 20~300℃ 后出炉空冷	115~143
0.20~0.30	880~850				133~156
0.30~0.40	850~820	>25	壁厚每增加 25mm， 增加 1h		143~187
0.40~0.50	820~800				156~217
0.50~0.60	800~780				187~230

图 2-24 所示为 ZG230-450 的铸态组织与经 860℃保温后的退火态组织。铸态组织中，白色基体为铁素体，黑色块状为珠光体，铁素体有的呈大块状沿晶界分布，也有的呈小块和针条状分布，在铁素体上细小点状为硫化物及氧化物夹杂，沿晶界呈断续网状分布。铸件经退火后，铁素体呈细小等轴状分布，黑色块状珠光体沿枝晶间分布，基体组织明显细化，从而使力学性能得到明显改善，尤其是塑性和韧性会进一步提高。

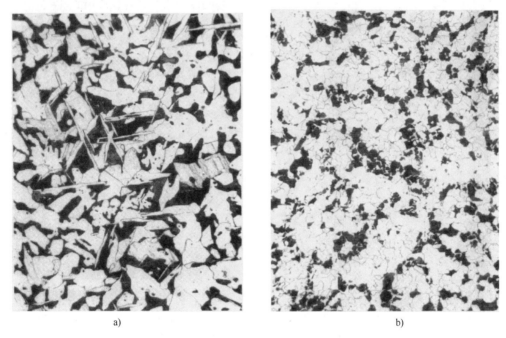

a)　　　　　　　　　　　　　　　　　b)

图 2-24　ZG230-450 的铸态与退火态组织　100×
a) 铸态组织　b) 退火态组织

（2）正火　将铸钢加热到单一奥氏体温度以上 40~60℃，保温一段时间后出炉空冷或喷水雾、鼓风冷却，视铸件的厚薄和对组织的要求而定。正火的冷却速度比退火快，因而钢的晶粒更细小，奥氏体在较低温度下发生共析转变，能得到分散度更大的珠光体（索氏体），力学性能比退火处理的钢更高。表 2-12 是碳钢正火后的硬度。

表 2-12　碳钢正火后的硬度

碳含量 （质量分数,%）	正火温度 /℃	回火		硬度 HBW
		回火温度/℃	冷却方式	
0.01~0.20	930~900	—	—	126~149
0.20~0.30	900~870			139~169
0.30~0.40	870~840			149~187
0.40~0.50	840~820	500~650	空冷	163~217
0.50~0.60	820~800			187~228

　　图 2-25 所示为 ZG230-450 的铸态组织与经 900℃保温后的正火态组织。铸态组织中，有黑色片状珠光体，白色针状及块状铁素体，呈魏氏组织分布，大部分针状铁素体呈等边三角形分布。经正火处理后，铸态的枝晶偏析因扩散而趋于均匀，消除了魏氏组织和铸造应力，获得了细小又均匀分布的铁素体晶粒，以及黑色细块状的片状珠光体。

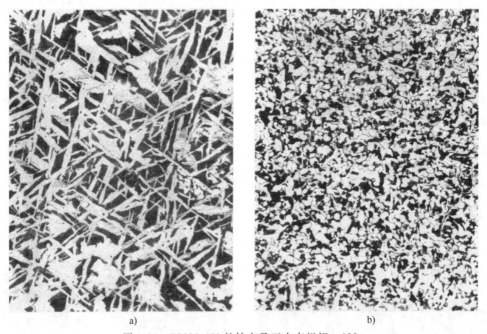

a)　　　　　　　　　　　　　　　　　　　b)

图 2-25　ZG230-450 的铸态及正火态组织　100×

a）铸态组织　b）正火态组织

　　图 2-26 所示为 ZG270-500 的铸态组织与经 900℃保温后的正火态组织。铸态组织中，近表面处的组织由铁素体及片状珠光体组成，铁素体大部分呈针状分布，细而密集，形成极为严重的魏氏组织。此外，还有极少量铁素体沿奥氏体晶界分布，晶粒极为粗大，在部分晶界处珠光体数量较多。经正火处理后，晶粒得到细化，基体为铁素体及片状珠光体，少部分铁素体沿晶界分布，大部分铁素体向晶内延伸，仍呈现魏氏组织分布，可再进行一次正火处理。

　　（3）淬火+回火　淬火的加热温度为达到单一奥氏体温度以上 30~50℃，保温一定时间后，淬入水中或油中急冷。淬火的目的是获得马氏体。受淬火冷却介质冷却能力及铸钢件壁厚的影响，有时淬火后的组织中除马氏体外，还会有贝氏体、珠光体类型的组织。钢的淬透性是一个重要指标，它是指钢在淬火后淬透层的深度。淬透性好的钢，工件内外硬度均匀；淬透性差的，硬

图 2-26　ZG270-500 的铸态及正火态组织　100×

a）铸态组织　b）正火态组织

度波动很大。淬火之后的工件通常须进行回火处理，除保证组织转变外，还要消除内应力。回火处理要避开回火脆性的温度区（300℃左右）。

低温回火在 150~250℃ 之间进行，回火组织为回火马氏体，并可消除内应力。图 2-27 所示为 ZG270-500 经 870℃ 加热后油冷淬火，再经低温回火后的组织。浅灰色为回火马氏体，黑色团状为屈氏体，白色网状为铁素体，在网状铁素体边的羽毛状为贝氏体。从组织状态可推知，工件加热后淬油时冷却速度较慢，以至出现不完全淬透组织，出现了连续冷却转变产物铁素体、屈氏体、贝氏体、马氏体。

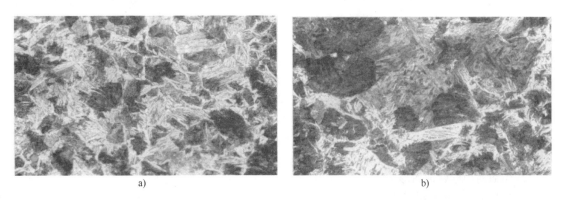

图 2-27　ZG270-500 的淬火低温回火态组织

a）100×　b）500×

高温回火一般在 500~650℃ 进行。回火后工件一定要快冷，避开慢冷时在 450~550℃ 脆性区产生的高温回火脆性。高温回火后的组织为回火索氏体，其中的渗碳体为细粒状，而铁素体为块状，这种组织具有高的塑性、韧性和强度。这种能获得较高综合性能的淬火+高温回火热处理工艺称为调质处理。

2.4　铸造碳钢的性能特点及应用

2.4.1　铸造碳钢的力学性能及影响因素

铸造碳钢的力学性能受到多方面的影响，包括化学成分、组织、冶金质量、铸件结构等方面。

1. 化学成分对力学性能的影响

（1）碳　碳含量决定着组织中的铁素体与珠光体含量的比例，碳含量增加则铁素体含量少，珠光体含量多，强度、硬度就会提高，而韧性、塑性会下降。平衡状态下碳对铸造碳钢力学性能的影响见图2-28。

（2）锰　锰可以溶于铁素体，也可溶于渗碳体。锰对相图中的共析点影响较大，它使共析点的温度和碳含量均降低，可以改善钢的淬透性，使钢在淬火时容易淬硬，并提高钢的强度。随着锰含量的提高，当稍微降低一些钢的塑性和韧性时，就可以使强度和硬度有所提高，如图2-29所示。为此，采取了"降碳增锰"的措施。$w(C)$每降低0.01%，允许$w(Mn)$提高0.04%，但也规定了"增锰"的上限，在碳钢中$w(Mn)$通常

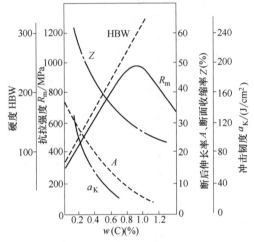

图2-28　平衡状态下碳对铸造碳钢
力学性能的影响

低于1%。锰在碳钢熔炼时可作为弱脱氧剂，改善夹杂物的化学性能，有利于夹杂物的清除。锰与硫形成颗粒状硫化锰，避免三元硫共晶在晶界处出现，从而减少铸钢件热裂纹的产生。

（3）硅　硅是铸钢熔炼中不可或缺的脱氧剂。$w(Si)$低于0.4%时，改变硅含量对力学性能的直接影响不大；但如果硅含量降低到很低时，会使铸钢不能充分脱氧，引起氧化夹杂物的存在，间接地降低了力学性能。当$w(Si)$超过0.4%后，硅的影响较为明显，能提高铸钢的强度、弹性和其他性能。

（4）磷　磷是铸钢的有害元素，以磷共晶的形式出现在晶界处，损害铸钢的塑性和韧性，使钢具有冷脆性。随着碳含量的增加，磷在钢中的影响更显著。一般应将$w(P)$控制在0.04%以内。

（5）硫　硫是铸钢中的有害元素，尤其是恶化钢的塑性，形成低熔点二元共晶分布在晶界处，使铸钢易出现热裂。一般应将$w(S)$控制在0.04%以内。

2. 组织对力学性能的影响

铸造碳钢在二次结晶过程中，先通过$\gamma+\alpha$两相区时，先共析铁素体的析出会因钢的碳含量和冷却速度的不同而长成不同的形状，如粒状、条状（魏氏体）、网状和片状。对于铸造碳钢的力学性能最有利的是粒状铁素体组织。具有粒状铁素体和粒状珠光体互相交错分布的组织使钢具有良好的强度和韧性；而魏氏体或网状组织则使钢具有较低的力学性能，特别是韧性。

基体组织和晶粒度对铸钢力学性能影响显著。通过适当的热处理工艺，获得相应的基体组

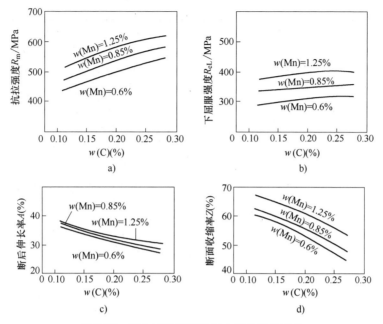

图 2-29 锰含量对低碳铸钢力学性能的影响

a) 抗拉强度　b) 下屈服强度　c) 断后伸长率　d) 断面收缩率

织，细化晶粒，可以在很大范围内改善铸钢的力学性能。

3. 冶金质量对力学性能的影响

冶金质量不佳时，钢液中的气体及非金属夹杂物含量增加。氢会使钢在 $-100 \sim 100\,\text{℃}$ 之间产生氢脆。非金属夹杂物以连续网状分布于晶界时，会大大降低钢的力学性能。

4. 铸件结构对力学性能的影响

通常铸件壁越厚，则越容易出现以下问题：冷却速度低，形成的组织中晶粒粗大；偏析程度大，形成的组织中均一性差；结晶过程进行缓慢，形成的组织中枝晶臂间距大；缩松严重，钢的致密度低，组织连续性差。因此，在同一化学成分和热处理条件下，不同壁厚铸件的实际力学性能具有相当显著的差别，这也是所谓的铸件壁厚效应。

2.4.2 铸造碳钢的应用

在很多行业的机械配件生产过程中，通过采取实用可行的铸造工艺生产的碳钢铸件占了很大比例，特别是普通阀门和管道连接件，还有大型重型机械设备配件，以及承压支撑件等，在国内外市场上每年的需求量都相当巨大。生产厂家可根据产品的要求选用相关的铸钢技术标准和铸钢件化学成分。一般工程用铸造碳钢的特性和应用见表 2-13。

表 2-13 一般工程用铸造碳钢的特性和应用

牌号	主要特性	应用举例
ZG200-400	低碳铸钢，韧性和塑性均好，但强度和硬度较低，低温冲击韧性大，脆性转变温度低，导磁、导电性能良好，焊接性能好，但铸造性能差	用于机座、电气吸盘、变速箱体等受力不大，但要求韧性的零件
ZG230-450		用于载荷不大、韧性较好的零件，如轴承盖、底板、阀体、机座、侧架、轧钢机架、箱体、犁柱、砧座等

（续）

牌号	主要特性	应用举例
ZG270-500	中碳铸钢,有一定的韧性和塑性,强度和硬度较高,切削性能良好,焊接性能尚可,铸造性能比低碳钢好	应用广泛,用于制作飞轮、车辆车钩、水压机工作缸、机架、蒸汽锤气缸、轴承座、连杆、箱体、曲拐等
ZG310-570		用于重载荷零件、如联轴器、大齿轮、缸体、气缸、机架、制动轮、轴及辊子等
ZG340-640	高碳铸钢,具有高强度、高硬度及高耐磨性,塑性、韧性低,铸造性能、焊接性能均差,裂纹敏感性较大	用于起重运输机齿轮、联轴器、齿轮、车轮、阀轮、叉头等

第3章 铸造中低合金钢

铸造碳钢由于强度及一些特殊的物理、化学性能不能满足使用要求，加上淬透性差，难以通过热处理手段使其性能得到改善，使用范围受到限制。在碳钢的基础上加入合金元素，可以解决上述不足。向碳钢中加入合金元素提高铸钢的性能，是铸钢发展的必然趋势。

按照合金元素及用途，铸造中低合金钢主要有以下类别：低合金结构铸钢、中低合金高强度铸钢、微合金化铸钢、特种铸造中低合金钢等。目前我国使用最广泛的是其中的锰系和铬系铸造中低合金钢，涉及铸造低合金钢的现行标准有 GB/T 40802—2021《通用铸造碳钢和低合金钢铸件》、GB/T 14408—2014《一般工程与结构用低合金钢铸件》、JB/T 6402—2018《大型低合金钢铸件 技术条件》。

3.1 合金元素在铸钢中的作用

铸钢中常用的合金元素有铬、镍、钼、钨、钒、钛、铌、锆、钴、硅、锰、铝、铜、硼、稀土等。磷、硫、氮等在某些情况下也起到合金的作用。这些合金元素对钢的物理性能、化学性能、力学性能、铸造性能、焊接性能等方面均产生或多或少的影响。

（1）铬　铬与铁形成连续固溶体，与碳形成多种碳化物，它与碳的亲和力大于铁和锰，可取代一部分铁而形成复合渗碳体。铬的复杂碳化物对于钢的性能有显著作用，尤其是钢的耐磨性。铬能增加钢的淬透性并有二次硬化的作用，可提高碳钢的硬度和耐磨性而不使钢变脆。铬的质量分数超过12%时，使钢有良好的高温抗氧化性和耐氧化性腐蚀的作用，还可增加钢的热强性。铬为不锈钢、耐热钢的主要合金元素。

在低合金钢中，随着铬含量增加，连续冷却转变曲线右移，抑制先共析铁素体的转变。铬在调质组织结构中的主要作用是提高淬透性，使钢经淬火、回火后具有较好的综合力学性能。

含铬的弹簧钢在热处理时不易脱碳。铬能提高工具钢的耐磨性、硬度和热硬性，有良好的回火稳定性。在电热合金中，铬能提高合金的抗氧化性、电阻和强度。

铬会恶化钢的铸造性能，主要表现为：生成夹杂物及氧化膜，使钢液变稠，降低流动性，导致铸件形成皱纹及冷隔；增加体收缩量，增大缩孔倾向；减小导热性，增大热裂倾向。

（2）镍　镍在钢中可强化铁素体并细化珠光体，总的效果是提高强度，对塑性的影响不显著。一般来讲，对无须调质处理而在轧钢、正火或退火状态使用的低碳钢，一定的镍含量能提高钢的强度而不显著降低其韧性。随着镍含量的增加，钢的屈服强度比抗拉强度提高得快，因此含镍钢的屈强比较普通碳素钢高。镍在提高钢强度的同时，对钢的韧性、塑性以及其他工艺性能的损害较其他合金元素小。对于中碳钢，由于镍降低珠光体转变温度，使珠光体变细；又由于镍降低共析点的碳含量，因而和相同碳含量的碳钢相比，其珠光体数量较多，使含镍的珠光体铁素体钢的强度较相同碳含量的碳钢高。反之，若使钢的强度相同，含镍钢的碳含量可以适当降低，因而能使钢的韧性和塑性有所提高。镍可以提高钢对疲劳的抗力，减小钢对缺口的敏感性。镍降低钢的低温脆性转变温度，这对低温用钢有极重要的意义。镍的质量分数为3.5%的钢可在-100℃时使用，镍的质量分数为9%的钢则可在-196℃时工作。镍不增加钢对蠕变的抗力，因此一般不作为热强钢的强化元素。

此外，镍加入钢中不仅能耐酸，而且也能抗碱，对大气及盐都有较好的耐蚀性。镍是不锈钢中的重要元素之一。

镍可以改善钢液的流动性，但是也使钢液凝固时易生成枝晶，增大热裂倾向。

（3）钼　钼在钢中能提高淬透性和热强性，防止回火脆性，增加剩磁、矫顽力及在某些介质中的耐蚀性。

在调质钢中，钼能使较大截面的零件淬深、淬透，提高钢的回火稳定性，使零件可以在较高温度下回火，从而更有效地消除（或降低）残余应力，提高塑性。

在渗碳钢中，钼除了具有上述作用外，还能在渗碳层中降低碳化物在晶界上形成连续网状的倾向，减少渗碳层中的残留奥氏体，相对地增加了表面层的耐磨性。

在锻模钢中，钼还能使钢保持较稳定的硬度，增加对变形、开裂和磨损等的抗力。

在不锈钢中，钼能进一步提高对有机酸（如甲酸、乙酸、草酸等）、过氧化氢、硫酸、亚硫酸、硫酸盐、酸性染料、漂白粉液等的耐蚀性，特别是由于钼的加入，改善了耐点蚀性能。

钼的质量分数为1%左右的W12Cr4V4Mo高速钢具有更好的耐磨性、回火稳定性和热硬性等。

钼对钢液铸造性能产生影响，在低合金范围内，钼会降低流动性，略增加缩孔倾向；当钼的质量分数低于1%时，生成MoS在晶界上析出，降低导热性，增大冷裂、热裂倾向；当钼含量高时，可以提高高温强度，改善热裂倾向。

（4）钨　钨在钢中除形成碳化物外，部分地溶入铁中形成固溶体。其作用与钼相似，按质量分数计算，一般效果不如钼显著。钨在钢中主要作用是增加回火稳定性、热硬性、热强性，以及由于形成碳化物而增加的耐磨性。因此它主要用于高速钢、热锻模具钢等工具钢及耐磨钢等。

钨在优质弹簧钢中形成难溶碳化物，在较高温度回火时，能缓解碳化物的聚集过程，保持较高的高温强度。钨还可以降低钢的过热敏感性、增加淬透性和提高硬度。

由于钨的加入，能显著提高钢的耐磨性和切削性能，所以钨是合金工具钢的主要元素。

（5）钒　钒和碳、氮、氧有极强的亲和力，与之形成相应的稳定化合物。钒在钢中主要以碳化物的形式存在。其主要作用是细化钢的组织和晶粒，提高钢的强度和韧性。当在高温溶入固溶体时，增加淬透性；反之，如以碳化物形式存在时，降低淬透性。钒能增加淬火钢的回火稳定性，并产生二次硬化效应。

钒在普通低碳合金钢中能细化晶粒，提高正火后的强度和屈强比及低温特性，改善钢的焊接性能。

在合金结构钢中，由于在一般热处理条件下钒会降低淬透性，因此常和锰、铬、钼及钨等元素联合使用。钒在调质钢中的主要作用是提高钢的强度和屈强比，细化晶粒，降低过热敏感性。在渗碳钢中因能细化晶粒，可使钢在渗碳后直接淬火，无须二次淬火。

钒在弹簧钢和轴承钢中能提高强度和屈强比，特别是提高比例极限和弹性极限，降低热处理时脱碳敏感性，从而提高了表面质量。

钒在工具钢中细化晶粒，降低过热敏感性，增加回火稳定性和耐磨性，从而延长了工具的使用寿命。

当钒的质量分数为0.25%~1.0%时，钒在钢液表面生成氧化膜，略降低流动性。钒可提高高温强度，略改善裂纹倾向。

（6）钛　钛和氮、氧、碳都有极强的亲和力，与硫的亲和力比铁强。因此，它是一种良好的脱氧去气剂和固定氮和碳的有效元素。钛虽然是强碳化物形成元素，但不和其他元素联合形成复合化合物。碳化钛结合力强而稳定，不易分解，在钢中只有加热到1000℃以上才能缓慢地溶入固溶体中。在未溶入之前，碳化钛微粒有阻止晶粒长大的作用。由于钛和碳之间的亲和力远大于铬和碳之间的亲和力，在不锈钢中常用钛来固定其中的碳以消除铬在晶界处的贫化，从而消除或减轻钢的晶间腐蚀。

钛也是强铁素体形成元素之一，强烈地提高了钢的 A_1 和 A_3。钛在低合金钢中能提高塑性和韧性。由于钛固定了氮和硫并形成碳化钛，提高了钢的强度。经正火使晶粒细化，析出形成碳化物可使钢的塑性和冲击韧性得到显著改善。含钛的合金结构钢，有良好的力学性能和工艺性能，主要缺点是淬透性稍差。

在高铬不锈钢中通常加入约 5 倍碳含量的钛，不但能提高钢的耐蚀性（主要是抗晶间腐蚀）和韧性，还能阻止钢在高温时的晶粒长大倾向和改善钢的焊接性能。

钛容易形成氧化膜，显著降低钢液的流动性。

（7）铌　铌部分溶入固溶体，起固溶强化作用。溶入奥氏体时显著提高钢的淬透性。但以碳化物和氧化物微粒形式存在时，可细化晶粒并降低钢的淬透性。铌能增加钢的回火稳定性，有二次硬化作用。微量铌可以在不影响钢的塑性或韧性的情况下提高钢的强度。由于有细化晶粒的作用，铌能提高钢的冲击韧性并降低其脆性转变温度。在奥氏体钢中可以防止氧化介质对钢的晶间腐蚀。由于固定碳和沉淀硬化作用，铌能提高热强钢的高温性能，如蠕变强度等。

铌在建筑用低合金钢中能提高屈服强度和冲击韧性，降低脆性转变温度，改善焊接性能。在渗碳及调质合金结构钢中，在增加淬透性的同时，可提高钢的韧性和低温性能。铌能降低低碳马氏体耐热钢和不锈钢的空气硬化性，避免硬化回火脆性，提高蠕变强度。

（8）锆　锆是强碳化物形成元素，它在钢中的作用与铌、钒相似。加入少量锆有脱气、净化和细化晶粒作用，有利于钢的低温性能，改善冲压性能。锆常用于制造燃气发动机和弹道导弹结构使用的超高强度钢和镍基高温合金中。

（9）钴　钴多用于特殊钢和合金中，含钴的高速钢有高的高温硬度，与钼同时加入马氏体时效钢中可以获得超高硬度和良好的综合力学性能。此外，钴在热强钢和磁性材料中也是重要的合金元素。

钴降低钢的淬透性，因此，单独加入碳钢中会降低调质后的综合力学性能。钴能强化铁素体，加入碳钢中，在退火或正火状态下能提高钢的硬度、屈服强度和抗拉强度，对断后伸长率和断面收缩率有不利的影响，冲击韧性也随着钴含量的增加而降低。由于钴具有抗氧化性能，在耐热钢和耐热合金中得到应用。

（10）硅　硅能溶于铁素体和奥氏体中提高钢的硬度和强度，其作用较锰、镍、铬、钨、钼、钒等元素强。但硅的质量分数超过 3% 时，将显著降低钢的塑性和韧性。硅能提高钢的弹性极限、屈强比，以及疲劳强度和抗拉强度之比等。这是硅钢或硅锰钢可作为弹簧钢种的缘故。

硅能降低钢的密度、热导率和电导率；能促使铁素体晶粒粗化，降低矫顽力；有减小晶体的各向异性倾向，使磁化容易，磁阻减小，可用来生产电工用钢，所以硅钢片的磁阻滞损耗较低。硅能提高铁素体的磁导率，使钢片在较弱磁场下有较高的磁感应强度，但在强磁场下硅降低钢的磁感应强度。硅因有强的脱氧力，从而降低了铁的磁时效作用。

含硅的钢在氧化气氛中加热时，表面将形成一层 SiO_2 薄膜，从而提高钢在高温时的抗氧化性。

硅能降低钢的焊接性能。因为与氧的结合能力硅比铁强，在焊接时容易生成低熔点的硅酸盐，增加熔渣和融化金属的流动性，引起喷溅现象，影响焊接质量。

硅可以降低钢的熔点。它还是良好的脱氧剂，用铝脱氧时酌情加一定量的硅，能显著提高脱氧效果，改善钢液流动性。硅的质量分数≤0.40% 时，可以改善热裂倾向。但是硅含量高时，易形成柱状晶，增加热裂倾向。硅钢若加热时冷却较快，由于热导率低，钢的内部和外部温差较大，因而断裂。

（11）锰　锰是良好的脱氧剂和脱硫剂。钢中一般都含有一定量的锰，它能消除或减弱由于硫引起的钢的热脆性，从而改善钢的热加工性能。

锰和铁形成的固溶体，提高钢中铁素体和奥氏体的硬度和强度；同时又是碳化物形成的元素，进入渗碳体中取代一部分铁原子，锰在钢中由于降低临界转变温度，起到细化珠光体的作用，也间接地起到提高珠光体钢强度的作用。锰稳定奥氏体组织的能力仅次于镍，也强烈增加钢的淬透性。已用质量分数不超过 2% 的锰与其他元素配制成多种合金钢。

锰具有资源丰富、效能多样的特点，获得了广泛的应用，如锰含量较高的碳素结构钢、弹簧钢。

在高碳高锰耐磨钢中，锰的质量分数可达 10%～14%。经固溶处理后有良好的韧性，当受到冲击而变形时，表面层将因变形而强化，具有高的耐磨性。

锰与硫形成熔点较高的 MnS，可防止因低熔点 FeS 共晶而导致的热脆现象。锰有增加钢晶粒粗化的倾向和回火脆性敏感性。若冶炼浇注和锻轧后冷却不当，容易使钢产生白点。

锰可以缩小结晶间隔，且具有一定的脱氧效果，因此可提高钢液的流动性，但是锰会增加体收缩和线收缩，增加冷裂、热裂倾向；而且锰氧化形成 MnO，易与硅质造型材料反应而导致粘砂。

（12）铝　铝主要用来脱氧和细化晶粒。在渗氮钢中促使形成坚硬耐蚀的渗氮层。铝能抑制低碳钢的时效，提高钢在低温下的韧性。铝含量高时，能提高钢的抗氧化性及在氧化性酸和 H_2S 气体中的耐蚀性，能改善钢的电、磁性能。铝在钢中固溶强化作用大，提高渗碳钢的耐磨性、疲劳强度及心部力学性能。

铝作为脱氧剂加入时，微量的铝有良好的脱氧作用，可改善钢液流动性。如果铝用量过多，特别是作为合金元素加入时，易形成 Al_2O_3 和 Al_2S_3 氧化膜或夹渣，显著降低流动性，增大收缩和热裂倾向。某些钢中铝含量高时，会使钢产生反常组织和有促进钢的石墨化倾向。在铁素体及珠光体钢中，铝含量较高时，会降低其高温强度和韧性。

（13）铜　铜在钢中的突出作用是改善普通低合金钢的抗大气腐蚀性能，特别是和磷配合使用时，加入铜还能提高钢的强度和屈强比，而对焊接性能没有不利的影响。铜的质量分数为 0.20%～0.50% 的钢轨钢（U-Cu），除耐磨外，其耐腐蚀寿命为一般碳素钢轨的 2～5 倍。

铜可以提高低合金钢的淬透性，并能阻碍奥氏体晶粒长大，产生一定的晶粒细化作用。铜的质量分数超过 0.75% 时，经固溶处理和时效后，可产生时效强化作用。铜含量低时，其作用与镍相似，但较弱；铜含量较高时，对热变形加工不利，在热变形加工时导致铜脆现象。在奥氏体不锈钢中添加质量分数为 2%～3% 的铜可以提高对硫酸、磷酸及盐酸等耐蚀性及对应力腐蚀的稳定性。

铜可以降低钢的熔点，缩小结晶范围，改善流动性；但是铜的质量分数超过 1% 时，易于自由析出，增加热裂倾向。加 Si、Mn 可提高 Cu 在钢中的溶解度。

（14）硼　硼在钢中的主要作用是增加钢的淬透性，从而节约其他较稀贵的金属，如镍、铬、钼等。为了这一目的，其质量分数一般规定在 0.001%～0.005% 范围内。它可以代替质量分数为 1.6% 的镍、0.3% 的铬或 0.2% 的钼。以硼代钼应注意，因钼能防止或降低回火脆性，而硼却略有促进回火脆性的倾向，所以不能用硼完全代替钼。

中碳钢中加硼，由于提高了淬透性，可使厚 20mm 以上的钢材调质后性能大为改善，因此，可用 40B 和 40MnB 钢代替 40Cr，可用 20Mn2TiB 钢代替 20CrMnTi 渗碳钢。但由于硼的作用随钢中碳含量的增加而减弱甚至消失，在选用含硼渗碳钢时，必须考虑到零件渗碳后，渗碳层淬透性低于心部淬透性的这一特点。

（15）稀土　稀土元素具有较好的细化晶粒作用，能提高钢的塑性和冲击韧性，特别是在铸钢中尤为显著。它能提高耐热钢、电热合金和高温合金的抗蠕变性能。

稀土元素也可以提高钢的抗氧化性和耐蚀性。提高抗氧化性的效果超过硅、铝、钛等元素。它能改善钢的流动性，减少非金属夹杂数量，并改善夹杂物的形态和分布，使钢组织致密、纯净，减少热裂倾向。

普通低合金钢中加入适当的稀土元素，有良好的脱氧去硫作用，提高冲击韧性（特别是低温韧性），改善各向异性性能。

稀土元素在铁铬铝合金中增加合金的抗氧能力，在高温下保持钢的细晶粒，提高高温强度，因而使电热合金的寿命得到显著提高。

（16）氮　氮能部分用于铁中，有固溶强化和提高淬透性的作用，但不显著。由于氮化物在晶界上析出，能提高晶界高温强度，增加钢的蠕变强度，与钢中其他元素化合，有沉淀硬化作用。氮提高钢的耐蚀性不显著，但钢的表面渗氮后，不仅增加其硬度和耐磨性，也显著改善耐蚀性。在低碳钢中残留氮会导致时效脆性。

（17）硫　提高硫和锰的含量，可以改善钢的切削性能。在易切削钢中，硫作为有益元素加入。硫与铁化合形成硫化铁，FeS 单独存在时熔点只有 1190℃，而在钢中与铁形成共晶体的共晶温度更低，只有 988℃。当钢凝固时，硫化铁偏析聚集在原生晶界处，大大削弱了晶粒之间的结合力，导致钢的热脆现象，因此对硫应严加控制，其质量分数一般控制在 0.020% ~ 0.050%。为防止因硫导致的脆性，应加足够的锰，使其形成熔点较高的 MnS。

（18）磷　磷在钢中有较强的固溶强化和冷作硬化作用。磷作为合金元素加入低合金结构钢中，能提高钢的强度和钢的耐大气腐蚀性能，但降低钢的冲压性能。磷与硫和锰联合使用，能改善钢的切削性能，所以易切削钢中磷含量也比较高。磷用于铁素体，虽然能提高钢的强度和硬度，但会产生严重的偏析，增加回火脆性，致使钢在冷加工时容易脆裂，即所谓冷脆现象。磷对焊接性能也有不利影响。磷是有害元素，应严加控制，其质量分数一般不大于 0.04%。

（19）合金元素对铸造性能的影响　合金元素对钢的铸造性能的影响，反映在铸件的一次结晶、钢液的流动性、收缩与裂纹等方面。

1）流动性。在合金元素中，一些高熔点的合金元素（如 Mo、W）使钢液流动性降低，而低熔点的合金元素（如 Mn、Ca）使钢液流动性提高。锰降低钢的液相线和固相线，硅使液相线降低的倾斜度更大，因此，锰钢中加入硅后，具有更好的流动性。

2）收缩与裂纹。在线收缩率和缩孔率方面，低合金钢与具有相同碳含量的碳钢相似。

锰、硅、铬等合金元素显著降低钢的导热性，如图 3-1 所示。因此，铸件在凝固和冷却过程中各部位的温度差异较大，产生较大的内应力，容易出现裂纹。随着碳含量的增加，低合金钢的热裂和冷裂倾向加大。

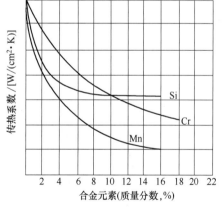

图 3-1　合金元素对铸钢导热性的影响

3.2　锰系中低合金铸钢

锰是价格低廉的合金元素，它能显著提高铸钢的性能，无论是单一的锰钢，还是以锰为主的多元合金化锰钢，其应用都是较广泛的。

常见的锰系中低合金钢有低锰钢、锰硅钢、锰钼钢、硅锰钼钢、硅锰钼钒钢等。

3.2.1　铸造低锰钢

1. 铸造低锰钢的化学成分

在铸造低锰钢中，锰的质量分数通常为 1.1%～1.8%，碳的质量分数为 0.2%～0.5%。锰可以明显提高钢的淬透性，并提高其强度、硬度和耐磨性。但是，锰在铸钢中有两个缺点：一是当锰的质量分数超过 2% 时，会使钢在热处理加热时晶粒粗大，有过热敏感性，此时要注意避免加热温度过高和保温时间过长；二是和其他一些合金元素一样，锰使钢在热处理时有回火脆性。JB/T 6402—2018《大型低合金钢铸件　技术条件》规定了铸造低锰钢的化学成分，见表 3-1。

表 3-1　铸造低锰钢的化学成分 （JB/T 6402—2018）

牌号	化学成分（质量分数,%）									
	C	Si	Mn	P≤	S≤	Cr	Ni	Mo	V	Cu
ZG20Mn	0.17～0.23	≤0.80	1.00～1.30	0.030	0.030	—	≤0.80	—	—	—
ZG25Mn	0.20～0.30	0.30～0.45	1.10～1.30	0.030	0.030	—	—	—	—	≤0.30
ZG30Mn	0.27～0.34	0.30～0.50	1.20～1.50	0.030	0.030	—	—	—	—	—
ZG35Mn	0.30～0.40	≤0.80	1.10～1.40	0.030	0.030	—	—	—	—	—
ZG40Mn	0.35～0.45	0.30～0.45	1.20～1.50	0.030	0.030	—	—	—	—	—
ZG65Mn	0.60～0.70	0.17～0.37	0.90～1.20	0.030	0.030	—	—	—	—	—
ZG40Mn2	0.35～0.45	0.20～0.40	1.60～1.80	0.030	0.030	—	—	—	—	—
ZG45Mn2	0.42～0.49	0.20～0.40	1.60～1.80	0.030	0.030	—	—	—	—	—
ZG50Mn2	0.45～0.55	0.20～0.40	1.50～1.80	0.030	0.030	—	—	—	—	—
ZG50Mn2	0.45～0.55	0.20～0.40	1.50～1.80	0.030	0.030	—	—	—	—	—

在 GB/T 40802—2021《通用铸造碳钢和低合金钢铸件》中，列举了一种低锰钢 ZG28Mn2，其化学成分见表 3-2。

表 3-2　ZG28Mn2 的化学成分 （GB/T 40802—2021）

牌号	化学成分（质量分数,%）								
	C	Si≤	Mn	P≤	S≤	Cr≤	Ni≤	Mo≤	V≤	Cu≤
ZG28Mn2	0.25～0.32	0.60	1.20～1.80	0.035	0.030	0.30	0.40	0.15	0.05	0.30

2. 铸造低锰钢的显微组织

铸造低锰钢的铸态组织为魏氏体型铁素体和珠光体，经过退火或正火热处理后，粗大的铸态组织被破碎成较细的铁素体和珠光体。以 ZG25Mn 为例，图 3-2 所示分别为其铸态组织和正火态组织。

ZG30Mn 铸钢试样在不同热处理工艺下的显微组织如图 3-3 所示。其中，正火工艺为：870℃保温空冷；正火+回火工艺为：870℃保温空冷+600℃保温空冷回火；淬火+回火工艺为：870℃保温后用 8%PAG 冷却介质淬火+600℃保温后用 8%PAG 冷却介质回火。铸钢试样经正火后，显微组织由板条状铁素体及分布于板条间的一些孤立的粒状或长条状 M/A 岛组成，即粒状贝氏体组织。正火再经高温回火后，粒状贝氏体中的 M/A 岛分解并析出碳化物，同时碳化物发生聚集和球化，组织为铁素体基体上分布着颗粒状碳化物。试样经淬火后，由于冷却速度增加，且大于马氏体转变临界冷却速度，抑制了贝氏体的转变，得到了均匀细小的马氏体组织。淬火组织再经

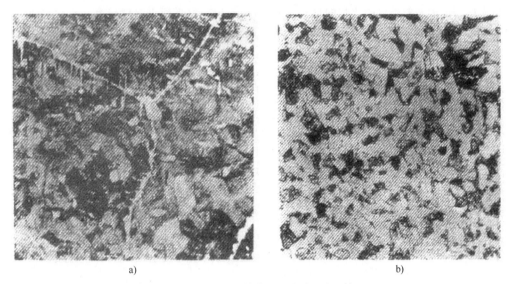

a)　　　　　　　　　　　　　　　　b)

图 3-2　ZG25Mn 的铸态和正火态组织　100×

a）铸态组织　b）正火态组织

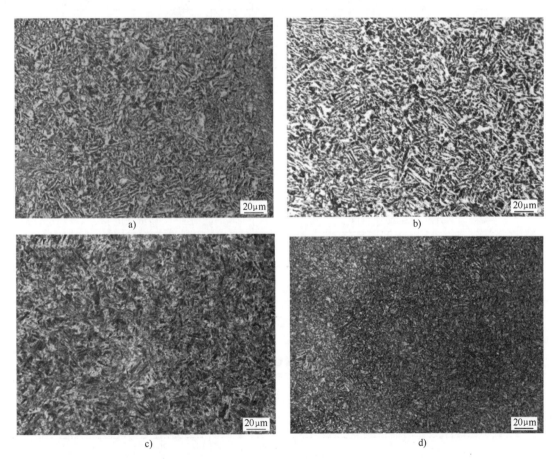

a)　　　　　　　　　　　　　　　　b)

c)　　　　　　　　　　　　　　　　d)

图 3-3　ZG30Mn 经不同工艺热处理后的显微组织

a）正火　b）正火+回火　c）淬火　d）淬火+回火

高温回火后，过饱和的碳以碳化物的形式从 α-Fe 中析出，由于回火温度较高，碳化物进一步聚集长大球化，得到细小的回火索氏体组织，即铁素体+颗粒状碳化物。

3. 铸造低锰钢的力学性能

JB/T 6402—2018《大型低合金钢铸件　技术条件》中，列出了铸造低锰钢在相应热处理状态下的力学性能及应用举例，见表 3-3。

表 3-3　铸造低锰钢的力学性能（JB/T 6402—2018）

牌号	热处理	下屈服强度 $R_{eL}/$ MPa≥	抗拉强度 $R_m/$ MPa	断后伸长率 $A(\%)$ ≥	断面收缩率 $Z(\%)$ ≥	冲击吸收能量 KU_2/J ≥	冲击吸收能量 KV_2/J ≥	冲击韧度 $a_K/$ (J/cm^2) ≥	硬度 HBW	应用举例
ZG20Mn	正火回火	285	≥495	18	30	39	—	—	≥145	用于液压机缸、叶片、喷嘴体、阀、弯头等
	调质	300	500~650	22	—	—	45	—	150~190	
ZG25Mn	正火回火	295	≥490	20	35	47	—	—	156~197	用于压力容器
ZG30Mn	正火回火	300	≥550	18	30	—	—	—	≥163	用于截面较大的、强度要求高的（淬火+回火）零件
ZG35Mn	正火回火	345	≥570	12	20	24	—	—		用于承受摩擦的零件，如齿轮等
	调质	415	≥640	12	25	27	—	27	200~260	
ZG40Mn	正火回火	350	≥640	12	30	—	—	—	≥163	用于承受摩擦和冲击的零件，如齿轮等
ZG65Mn	正火回火	—	—	—	—	—	—	—	187~241	用于矿山起重机车轮、球磨机衬板等
ZG40Mn2	退火淬火回火	395	≥590	20	35	30	—	—	≥179	用于承受摩擦的零件，如齿轮等
	调质	635	≥790	13	40	35	—	35	220~270	
ZG45Mn2	正火回火	392	≥637	15	30	—	—	—	≥179	用于承受摩擦的零件，如齿轮等
ZG50Mn2	正火回火	445	≥785	18	37	—	—	—		用于高强度零件，如齿轮、齿轮缘等

在 GB/T 40802—2021《通用铸造碳钢和低合金钢铸件》中，列举了 ZG28Mn2 的力学性能，见表 3-4。

表 3-4　ZG28Mn2 的力学性能（GB/T 40802—2021）

牌号	热处理			力学性能				
	处理方式	正火或淬火温度/℃	回火温度/℃	壁厚/mm ≤	下屈服强度 R_{eL}/MPa ≥	抗拉强度 R_m/MPa	断后伸长率 $A(\%)$ ≥	冲击吸收能量 KV_2/J ≥
ZG28Mn2	正火	880~950	—	250	260	520~670	18	27
	正火+回火		630~680	100	450	600~750	14	35
	淬火+回火		580~630	50	550	700~850	10	31

ZG30Mn 经不同工艺热处理后的力学性能如图 3-4 所示。抗拉强度与硬度的排序为：淬火+回火>正火>正火+回火，断后伸长率排序为：正火+回火>淬火+回火>正火，冲击吸收能量的排序为：淬火+回火≈正火+回火>正火。

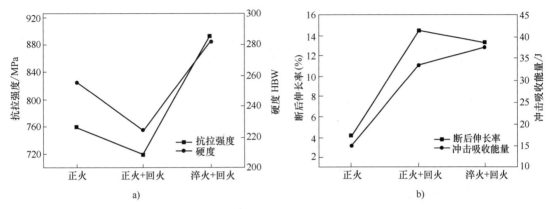

图 3-4　ZG30Mn 经不同工艺热处理后的力学性能

a）抗拉强度与硬度　b）断后伸长率与冲击吸收能量

3.2.2　铸造锰硅钢

硅是钢中来源广、便宜易得的合金元素。它在铁素体中有较大的固溶度，通过对铁素体的固溶强化，可提高钢的强度和硬度。硅、锰均能固溶于铁素体中起到强化作用，使钢的强度和硬度上升，均能稳定过冷奥氏体，使钢的连续冷却转变曲线大大向右移动，临界淬火速度减小，从而提高钢的淬透性。硅不形成碳化物，硅与锰配合得当时，可阻止渗碳体的长大，稍微减少锰钢热处理时晶粒长大的倾向。硅还可以使锰钢的韧脆转变温度降低，硅的质量分数为 0.5% 左右时，低碳锰钢的脆性转变温度为最低。中碳锰钢中，硅的质量分数为 1% 左右时，合金钢经调质处理后的强度可提高 15%~20%，而韧性不显著降低。

1. 铸造锰硅钢的化学成分

表 3-5 列出了几种典型的铸造锰硅钢的化学成分。

表 3-5　铸造锰硅钢的化学成分

牌号	化学成分(质量分数,%)			
	C	Si	Mn	S、P≤
ZG20MnSi	0.12~0.22	0.60~0.80	1.00~1.30	0.035
ZG30MnSi	0.25~0.35	0.60~0.80	1.10~1.40	0.040
ZG35MnSi	0.30~0.40	0.60~0.80	1.10~1.40	0.040
ZG20SiMn	0.16~0.22	0.60~0.80	1.00~1.30	0.035
ZG35SiMn	0.30~0.40	1.10~1.40	1.10~1.40	0.040
ZG45SiMn	0.40~0.48	1.10~1.40	1.10~1.40	0.040
ZG50SiMn	0.46~0.54	0.85~1.15	0.85~1.15	0.040

2. 铸造锰硅钢的显微组织

铸造锰硅钢中，碳含量对铸钢的组织和性能影响大。以硅的质量分数为 0.7%，锰的质量分数为 1.48% 的锰硅钢为例，当碳的质量分数在 0.22%~0.59% 之间变化，试样经 890℃ 正火 + 890℃ 淬火 + 220℃ 回火后，其硬度和冲击吸收能量与碳含量的关系如图 3-5 所示。观察各试样热处理后的显微组织，如图 3-6 所示。碳的质量分数为 0.22% 时，其组织主要为板条马氏体和粒状贝氏体。随着碳的质量分数增加到 0.33%，板条马氏体和残留奥氏体数量增加，粒状贝氏体减少。当碳的质量分数大于 0.4%，板条马氏体逐渐转变为针状马氏体，并有大量碳化物析出，即形成

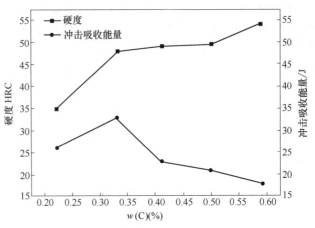

图 3-5　碳含量对铸造锰硅钢的力学性能的影响

了回火马氏体，残留奥氏体数量急剧减少，晶粒变得细小均匀。当碳的质量分数接近 0.6% 时，组织以针状马氏体和碳化物为主。一定条件下，碳以富碳奥氏体薄膜的形式分布在贝氏体板条之间，得到无碳化物贝氏体加一定量残留奥氏体的准贝氏体组织。随着钢中碳含量的增加，基体和碳化物相中的碳含量同时增加，相对而言，基体中碳含量增加的幅度较大。碳含量较低时，其所得组织主要是粒状贝氏体，虽然碳原子也是过饱和固溶在基体中，但因其含量较低，马氏体量相对较少。碳含量较高时，碳在基体中的过饱和度增大，奥氏体中固溶的碳原子没有及时扩散出晶胞，出现大量马氏体组织。通过回火工艺，最终出现以回火马氏体为主的组织。随着钢中碳含量的增加，钢中剩余碳化物数量增加，使得在较高淬火加热温度下，仍存在一定数量的剩余碳化物，阻碍晶界迁移，维持奥氏体晶粒细小均匀，从而获得细小均匀的回火马氏体组织。

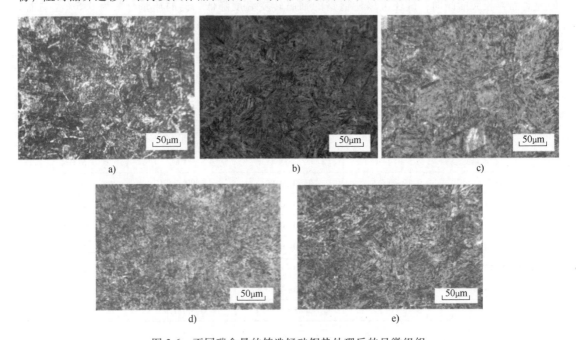

图 3-6　不同碳含量的铸造锰硅钢热处理后的显微组织

a) $w(C) = 0.22\%$　b) $w(C) = 0.33\%$　c) $w(C) = 0.41\%$　d) $w(C) = 0.5\%$　e) $w(C) = 0.59\%$

ZG20SiMn 因强度高、塑性与韧性好，并具有良好的焊接性能，被广泛用于液压机立柱、横梁、工作缸以及水轮机转轮等构件。ZG20SiMn 的铸态组织为珠光体+铁素体，采用空冷正火时容易出现魏氏组织，导致铸件强度、硬度和冲击吸收能量较低，无法满足使用要求；采用风冷正火和空冷回火处理后，提高了冷却速度，增大了过冷度，降低了珠光体形成温度，细化了珠光体组织，有效改善了力学性能。

ZG20MnSi 在铸态时的组织为铁素体+珠光体，铁素体为呈现针状或长条状的魏氏组织，体积分数达到 65%，降低其力学性能。对其进行正火处理，条状铁素体变为等轴状，且在 760~900℃的温度范围内，正火温度越高，铁素体转变为等轴状越充分，如图 3-7 所示。当正火温度为 900℃时，魏氏组织完全消除。铸态拉伸试样断口形貌有明显的二次裂纹，且有一定的方向性，其特征主要为解理+准解理；而正火试样的等柱状铁素体+珠光体组织，其断口形貌特征为韧窝+准解理，如图 3-8 所示。

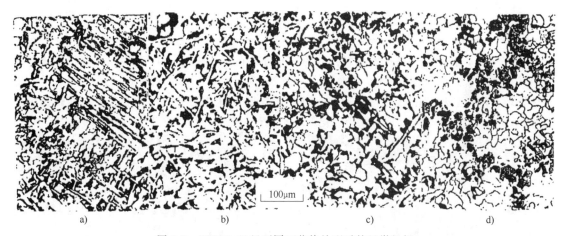

图 3-7　ZG20MnSi 经不同工艺热处理后的显微组织

a）铸态　b）760℃正火+600℃回火　c）820℃正火+600℃回火　d）900℃正火+600℃回火

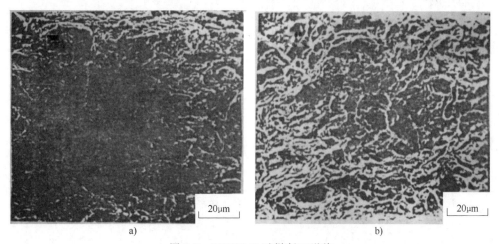

图 3-8　ZG20MnSi 试样断口形貌

a）铸态　b）900℃正火+600℃回火

刮板输送机槽帮是向前移动的主要受力部件，要求具有较好的综合力学性能，有足够的强度、刚度和耐磨性。ZG30MnSi 是该槽帮的常用材料。该材料的铸钢件在铸态容易产生枝晶偏析，凝固组织部均匀，柱状晶和粗等轴晶较发达，对力学性能，尤其是韧性不利。化学成分和热处理均对铸件力学性能产生重要影响，随着碳、锰、铝含量的增加，合金的抗拉强度和硬度逐渐提高，而断后伸长率、断面收缩率和冲击吸收能量基本呈下降趋势。当碳的质量分数为 0.28% ~ 0.31%，锰的质量分数为 1.20% ~ 1.30%，硅的质量分数为 0.73% ~ 0.80%，铝的质量分数为 0.04% ~ 0.07% 时，ZG30MnSi 槽帮的综合力学性能较好。热处理常采用正火和调质工艺，正火时加热温度控制在 900 ~ 930℃，出炉空冷；调质以前要先进行退火处理，退火温度为 880 ~ 900℃，随炉冷却；淬火时加热到 910 ~ 930℃，出炉水淬，再在 550 ~ 600℃ 回火，出炉水冷。ZG30MnSi 槽帮热处理前后的力学性能对比见表 3-6。

表 3-6　ZG30MnSi 槽帮热处理前后的力学性能对比

项目	抗拉强度 R_m/MPa	断后伸长率 A(%)	断面收缩率 Z(%)	冲击吸收能量 KU_2/J	硬度 HBW
要求值	≥590	≥14	≥25	—	180 ~ 220
正火前	≥690	≥10	≥22	30	220 ~ 280
调质后	≥845	≥14.5	≥34.5	67	256 ~ 263

ZG35SiMn 广泛用作工程机械材料，锰的质量分数在 1.10% ~ 1.40% 范围内，有粗化晶粒的倾向，其铸态组织为珠光体和网状铁素体，一般较粗大。因此，应对其进行合适的热处理，常用的热处理工艺有退火、正火、淬火、正火+回火、淬火+回火等方式，不同状态下的显微组织如图 3-9 所示。经正火+回火处理后成为细化的珠光体和铁素体，经调质处理后成为回火索氏体。

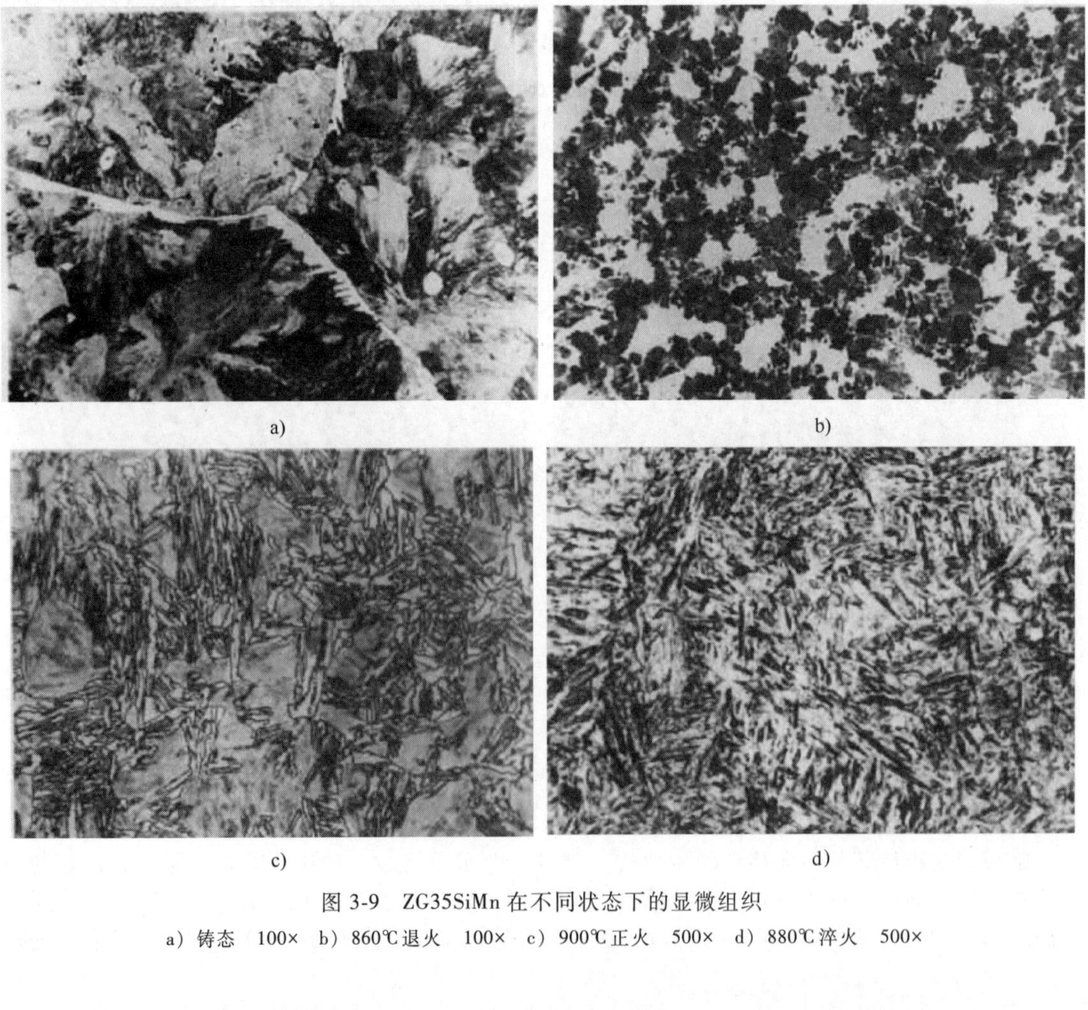

a)　　　　　　　　　　　　　　　　b)

c)　　　　　　　　　　　　　　　　d)

图 3-9　ZG35SiMn 在不同状态下的显微组织
a) 铸态 100×　b) 860℃退火 100×　c) 900℃正火 500×　d) 880℃淬火 500×

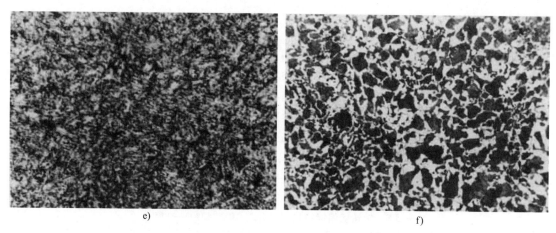

e)　　　　　　　　　　　　　　　　　　f)

图 3-9　ZG35SiMn 在不同状态下的显微组织（续）

e）880℃淬火+660℃回火　500×　f）900℃正火+660℃回火　100×

铸态组织经 860℃退火处理后，形成了珠光体和网状铁素体。经 900℃正火处理，得到马氏体和条状贝氏体。经 880℃淬水处理，得到板条状马氏体和针状马氏体。880℃淬火后进行 660℃回火，得到回火索氏体。900℃正火后进行 660℃回火，得到回火索氏体。

3. 铸造锰硅钢的力学性能

表 3-7 列出了几种典型的铸造锰硅钢热处理后的力学性能。总体而言，锰硅钢通过合适的热处理后可获得较高的强度和良好的塑性与韧性，耐疲劳性能较好，在工程机械行业应用较为广泛，适合制造承受摩擦的零件。

表 3-7　铸造锰硅钢的力学性能

牌号	热处理		下屈服强度 R_{eL}/MPa ≥	抗拉强度 R_m/MPa ≥	断后伸长率 A（%）≥	断面收缩率 Z（%）≥	冲击韧度 a_K/（J/cm²）≥	硬度 HBW ≥	应用举例
	方式	温度/℃							
ZG20MnSi	正火	900~920	295	510	14	30	50	156	液压机立柱横梁、工作缸、水轮机转轮、车辆摇枕、侧架
	回火	570~600							
ZG30MnSi	正火	870~890	345	590	14	25	30	—	齿轮、滑板等
	回火	570~600							
	淬火	870~880	390	635	14	30	50		
	回火	400~450							
ZG35SiMn	正火	800~860	345	569	12	20	30	—	齿轮、车轮等
	回火	550~650							
	淬火	840~860	412	618	12	25	40		
	回火	550~650							
ZG45SiMn	正火	860~880	373	588	12	20	30	—	齿轮、车轮等
	回火	520~680							
	淬火	860~880	441	637	12	25	40		
	回火	520~680							

3.2.3　铸造锰钼（钒、铜）钢

铸造锰钼（钒、铜）钢是一种典型的低合金高强钢。铸造锰钼钢是在碳钢的基础上加入一定量的锰，以提高钢的强度和淬透性，加入质量分数为 0.20%～0.50% 的钼，以提高钢的淬透性，消除或减轻回火脆性。钼溶入奥氏体可使晶格畸变严重，会被排斥到奥氏体晶界处，可以阻碍钢在热处理加热时奥氏体晶粒的长大，从而提高了钢的热强性。因此，这类钢多用于制造中温高压厚壁容器。铸造锰钼（钒、铜）钢是在铸造锰钼钢的基础上添加一定量的钒、铜等合金元素，如 ZG42MnMoV 和 ZG15MnMoVCu，前者具有较好的强度和耐磨性，后者具有良好的铸造性能、焊接性能、耐蚀性和较高强度等。在 GB/T 40802—2021 中列举了两种典型的铸造锰钼（钒、铜）钢的化学成分及力学性能，见表 3-8 和表 3-9。

表 3-8　铸造锰钼钢的化学成分（GB/T 40802—2021）

牌号	化学成分(质量分数,%)									
	C	Si	Mn	S≤	P≤	Cr≤	Mo	Ni≤	V	Cu≤
ZG28MnMo	0.25～0.32	≤0.60	1.20～1.60	0.025	0.025	0.30	0.20～0.40	0.40	≤0.05	0.30
ZG10Mn2MoV	0.12	≤0.60	1.20～1.80	0.025	0.020	0.30	0.20～0.40	0.40	0.05～0.10	0.30

表 3-9　铸造锰钼钢的力学性能（GB/T 40802—2021）

牌号	热处理			力学性能				
	处理方式	正火或淬火温度/℃	回火温度/℃	壁厚/mm	下屈服强度 R_{eL}/MPa ≥	抗拉强度 R_m/MPa ≥	断后伸长率 A(%) ≥	冲击吸收能量 KV_2/J ≥
ZG28MnMo	淬火+回火	880～950	630～680	≤50	500	700～850	12	35
				≤100	480	670～830	10	31
	淬火+回火		580～630	≤100	590	850～1000	8	27
ZG10Mn2MoV	淬火+回火	950～980	640～660	≤50	380	500～650	22	60
				>50～100	350	480～630	22	60
				>100～150	330	480～630	20	60
				>150～250	330	450～600	18	60
	淬火+回火			≤50	500	600～750	18	60
				>50～100	400	550～700	18	60
				>100～150	380	500～650	18	60
				>150～250	350	460～610	18	60
	淬火+回火		740～760+600～650	≤100	400	520～650	22	60

铸造锰钼（钒、铜）钢常用于制作齿轮、起重机和矿山机械车轮、货车侧架、车钩等。为获得优良的力学性能，应将铸造锰钼（钒、铜）钢进行热处理，采用的热处理工艺主要有正火、

调质等方法。在正火或淬火状态下得到的组织为贝氏体或马氏体，必须经回火后才能获得良好的塑性和韧性，一般在调质状态下（大厚度）或正火+回火条件下使用。以 ZG28MnMo 为例，分别在 850℃、880℃、910℃ 和 940℃ 淬火，淬火态组织为马氏体加上少量的残留奥氏体。随着淬火温度提高，马氏体的数量越来越多，残留奥氏体的数量不断减少，马氏体板条增多，如图 3-10 所示。

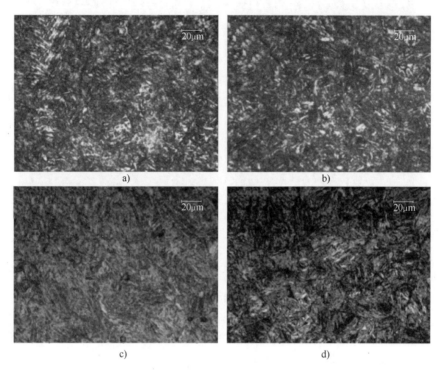

图 3-10　ZG28MnMo 在不同淬火温度下的淬火态组织
a）850℃淬火　b）880℃淬火　c）910℃淬火　d）940℃淬火

在 880℃ 淬火的条件下，分别在 500℃、550℃、600℃ 和 650℃ 回火时，得到的组织均为回火索氏体。随着回火温度的提高，回火索氏体越来越粗大，数量减少，如图 3-11 所示。同时，材料的抗拉强度、屈服强度和硬度下降，而冲击吸收能量、断面收缩率和断后伸长率随回火温度的升高而提高。

3.2.4　铸造硅锰钼（钒）钢

在铸造锰硅钢的基础上添加少量的钼、钒等元素，可以有效细化晶粒，提高淬透性，提高钢的综合力学性能。几种典型铸造硅锰钼（钒）钢的化学成分和力学性能见表 3-10 和表 3-11。

表 3-10　铸造硅锰钼（钒）钢的化学成分

牌号	化学成分(质量分数，%)						
	C	Si	Mn	Mo	V	S≤	P≤
ZG35SiMnMo	0.32~0.40	1.10~1.40	1.10~1.40	0.20~0.30	—	0.030	0.030
ZG35SiMnMoV	0.32~0.40	0.60~0.90	0.90~1.10	0.20~0.30	0.10~0.20	0.030	0.030

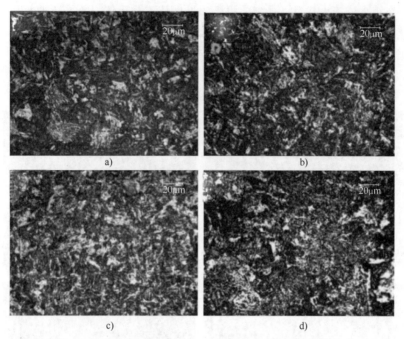

图 3-11　ZG28MnMo 经不同调质处理后的显微组织

a）500℃回火　b）550℃回火　c）600℃回火　d）650℃回火

表 3-11　铸造硅锰钼（钒）钢的力学性能

牌号	热处理	抗拉强度 R_m/MPa ≥	断后伸长率 A(%) ≥	断面收缩率 Z(%) ≥	冲击吸收能量 KU_2/J ≥	硬度 HBW ≥	应用举例
ZG35SiMnMo	正火回火	640	12	20	24	—	代替 ZG40Cr 及 ZG35CrMo
	淬火回火	690	12	25	27	—	齿轮等
ZG35SiMnMoV	淬火回火	685	14	25	50	228	电铲、主动轮、起重机套筒、各种大齿轮等

　　ZG35SiMnMoV 铸态组织为珠光体+铁素体。在铸造时由于存在成分偏析，钢液中分配系数小于 1 的合金元素和杂质元素不断从 δ 相树枝晶析出，因而这类元素在树枝晶间区域的浓度明显高于树枝晶内的浓度，形成化学成分分布不均匀的枝晶组织，影响塑性成形性能和淬透性，淬火后容易形成混晶组织，使淬火变形倾向增大，强韧性降低。ZG35SiMnMoV 属于贝氏体钢，在空冷条件下能获得由贝氏体铁素体为主、加上少量的 ε-碳化物和残留奥氏体组成的贝氏体组织。该组织具有强度高、韧性好的特点。当铸件内出现了偏析组织时，可采用正火、高温扩散+正火等工艺进行改善。

3.3　铬系中低合金铸钢

　　这类钢以铬为主要合金化元素，以锰、钼、镍等为辅助元素。铬固溶于铁素体中产生固溶强化作用，它与碳形成复合碳化物，可作为耐磨相来提高硬度和耐磨性。铬在基体中的扩散速度缓慢，对碳原子有牵制作用，可减缓碳的扩散速度，使钢在低温下相变更加困难，从而提高了淬透性。铬有阻碍钢在高温下晶粒长大的作用，可改善钢的高温强度。铬对回火脆性有一定敏感性，因此常加入适量的钼，进一步提高强度和防止回火脆性。铬系合金钢中有时还加入少量的镍、钒、铌、稀土等合金元素，以细化晶粒组织，提高淬透性，在提高强度的同时，进一步提高韧性，改善钢的热强性能。

常见的铬系中低合金钢有铸造铬钢、铸造铬钼（钒）钢、铸造铬锰硅钢、铸造铬锰钼钢、铸造铬钼钒钢、铸造铬镍钼钢、铸造铬铜钢等。

3.3.1　铸造铬钢

我国常用的单元铬合金铸钢有 ZG40Cr 和 ZG70Cr，其化学成分见表 3-12。ZG40Cr 属于 Cr 系铸造低合金钢，传统热处理工艺为调质，调质处理后具有较高的强度、韧性及良好的耐磨性，被广泛应用于轴类、连杆、壳体、齿轮和轮缘等零件。ZG70Cr 主要用于耐磨钢铸件。

表 3-12　铸造铬钢的化学成分

牌号	化学成分(质量分数,%)					
	C	Si	Mn	Cr	S≤	P≤
ZG40Cr	0.35~0.45	0.20~0.40	0.50~0.80	0.80~1.10	0.030	0.030
ZG70Cr	0.65~0.75	0.25~0.45	0.55~0.85	0.80~1.00	0.040	0.050

ZG40Cr 的铸态组织为铁素体+珠光体，铁素体部分呈现魏氏组织，对韧性、塑性不利。热处理是进行强韧化处理的必要途径，常用的热处理方式是淬火+回火。当铸件要求具有高硬度和强度，一定的冲击韧性时，可采用低温回火；当要求具有较高的韧性和强度时，可采用高温回火。ZG40Cr 经 860℃ 油淬，在不同温度回火后的显微组织如图 3-12 所示。当回火温度不超过 300℃ 时，组织为回火马氏体，析出物细小，大部分马氏体仍保持淬火马氏体的板条形貌。回火温度为 400~450℃，淬火组织过饱和马氏体组织发生明显分解，析出碳化物，使淬火组织的碳饱和度降低，材料的强度和硬度下降，且随着回火温度提高，分解的碳化物呈粒状化的趋势，回火组织为铁素体+片状（或小颗粒状）渗碳体，为回火屈氏体。当回火温度达到 550℃，马氏体基体上析出的碳化物粒状化明显，回火温度达到 650℃ 时，碳化物聚集成颗粒，并均匀分布在铁素体基体上，为索氏体组织，具有较高的冲击吸收能量，如图 3-13 所示。

a)

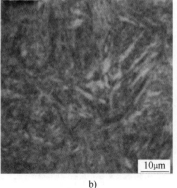
b)

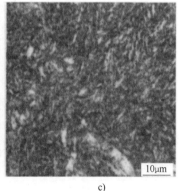
c)

图 3-12　ZG40Cr 在不同温度回火后的显微组织

a) 200℃　b) 300℃　c) 400℃

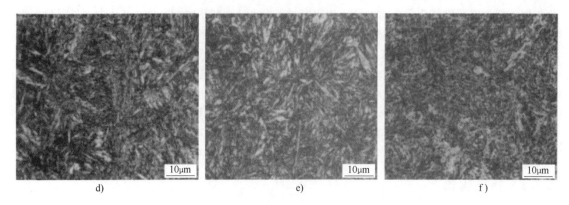

图 3-12　ZG40Cr 在不同温度回火后的显微组织（续）

d）450℃　e）550℃　f）650℃

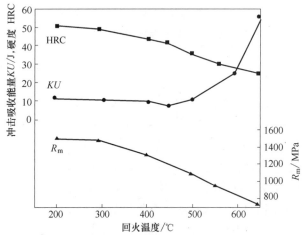

图 3-13　ZG40Cr 在不同温度回火后的力学性能

观察不同回火温度下的冲击试样断口形貌，有较明显的差异，如图 3-14 所示。在 200℃ 回火，冲击试样的断口形貌以准解理断裂为主，伴随一定塑性变形的撕裂棱。在 400℃ 回火的断口形貌，以脆性晶间断裂为主，存在少量的塑性变形痕迹，冲击吸收能量最低与冲击试样端口沿晶断裂特征有关。650℃ 回火后，试样断口形貌为韧窝，这是微孔长大和聚集在断口留下的痕迹，断口特征为韧窝和大量的塑性变形，属于韧性断裂特征。

图 3-14　ZG40Cr 在不同温度回火后的冲击试样断口形貌

a）200℃　b）400℃　c）650℃

铸造铬钢在热处理后的力学性能见表 3-13。

表 3-13　铸造铬钢的力学性能

牌号	热处理		屈服强度 R_{eL}/ MPa≥	抗拉强度 R_m/MPa ≥	断后伸长率 A(%) ≥	断面收缩率 Z(%) ≥	硬度 HBW	应用举例
	方式	温度/℃						
ZG40Cr	正火	830~860	345	630	18	26	≤212	高强度铸件,如齿轮等
	回火	520~680						
	正火	830~860	471	686	15	20	229~321	
	淬火	830~860						
	回火	525~680						
ZG70Cr	正火	840~860	不规定				≥217	耐磨性好,可部分代替 ZGMn13,加工性能比 ZGMn13 好
	回火	630~650						

3.3.2　铸造铬钼（钒）钢

铸造铬钼（钒）钢以铬、钼为主要合金元素，钼可以提高钢的强度而不明显影响冲击韧性，并可提高钢的高温强度，改善钢的抗蠕变性能。这种钢经过调质处理或正火+回火处理后，可以获得优良的力学性能。钼可显著提高钢的淬透性，并减轻回火脆性，适用于生产大截面或要求深层硬化的铸钢件。添加适量的钒，形成的碳化钒和氮化钒可以细化晶粒，阻碍晶界在高温受力下产生滑移，提高钢的抗蠕变能力。铸造铬钼（钒）钢的化学成分、力学性能见表 3-14、表 3-15。

表 3-14　铸造铬钼（钒）钢的化学成分（JB/T 6402—2018）

牌号	化学成分(质量分数,%)									
	C	Si	Mn	S≤	P≤	Cr	Ni	Mo	V	Cu
ZG15Cr1Mo	0.12~ 0.20	≤0.60	0.50~ 0.80	0.030	0.030	1.00~ 1.50	—	0.45~ 0.65	—	—
ZG20CrMo	0.17~ 0.25	0.20~ 0.45	0.50~ 0.80	0.030	0.030	0.50~ 0.80	—	0.45~ 0.65	—	—
ZG35Cr1Mo	0.30~ 0.37	0.30~ 0.50	0.50~ 0.80	0.035	0.035	0.80~ 1.20	—	0.20~ 0.30	—	—
ZG42Cr1Mo	0.38~ 0.45	0.30~ 0.60	0.60~ 1.00	0.030	0.030	0.80~ 1.10	—	0.20~ 0.30	—	—
ZG50Cr1Mo	0.46~ 0.54	0.25~ 0.50	0.50~ 0.80	0.030	0.030	0.90~ 1.20	—	0.15~ 0.25	—	—
ZG15Cr1Mo1V	0.12~ 0.20	0.20~ 0.60	0.40~ 0.70	0.030	0.030	1.20~ 1.70	≤0.30	0.90~ 1.20	0.25~ 0.40	≤0.30

表 3-15　铸造铬钼（钒）钢的力学性能（JB/T 6402—2018）

牌号	热处理	下屈服强度 R_{eL}/ MPa≥	抗拉强度 R_m/MPa ≥	断后伸长率 A(%) ≥	断面收缩率 Z(%) ≥	冲击吸收能量		硬度 HBW	应用举例
						KU_2/J ≥	KV_2/J ≥		
ZG15Cr1Mo	正火回火	275	≥490	20	35	24	—	140~220	用于汽轮机

（续）

牌号	热处理	下屈服强度 R_{eL}/MPa ≥	抗拉强度 R_m/MPa ≥	断后伸长率 $A(\%)$ ≥	断面收缩率 $Z(\%)$ ≥	冲击吸收能量		硬度 HBW	应用举例
						KU_2/J ≥	KV_2/J ≥		
ZG20CrMo	正火回火	245	≥460	18	30	30	—	135~180	用于齿轮及高压缸零件等
	调质	245	≥460	18	30	24	—	—	
ZG35Cr1Mo	正火回火	392	≥588	12	20	23.5	—	—	用于齿轮、电炉支撑轮轴套、齿圈等
	调质	490	≥686	12	25	31	—	≥201	
ZG42Cr1Mo	正火回火	410	≥569	12	20	—	12	—	用于承受高载荷零件、齿轮等
	调质	510	690~830	11	—	—	15	200~250	
ZG50Cr1Mo	调质	520	740~880	11	—	—	—	200~260	用于减速器零件、齿轮等
ZG15Cr1Mo1V	正火回火	345	≥590	17	30	24	—	140~220	用于570℃以下工作的高压阀门
ZG20CrMoV	正火回火	315	≥590	17	30	24	—	140~220	长期工作于400~500℃的铸件，如汽轮机蒸汽室、气缸等

ZG35Cr1Mo 是常用的结构铸钢，通常具有粗大的晶粒和树枝晶。为细化晶粒和消除树枝晶，在熔炼铸造时采用稀土-钙复合变质剂进行变质处理，可以使铸态一次晶细化，减少魏氏组织的数量，改善铁素体沿晶界网状分布的状况，同时使非金属夹杂物由多角状聚集分布变为近似圆球状呈弥散均匀分布，从而减少铸件的热裂倾向。但是，这还不能从根本上改变铸态性能，应进行合适的热处理来优化显微组织和综合力学性能。

对铸件进行退火处理，退火后可得到细小、等轴状的铁素体晶粒，以及块状分布的片状珠光体，如图 3-15 所示。由于 ZG35Cr1Mo 中含有质量分数为 1% 左右的铬和少量的钼，致使铸件在退火后获得比 ZG35（ZG270-500）更多的珠光体组织，基体中珠光体和铁素体约各占一半。ZG35Cr1Mo 的退火工艺应为：在 Ac_3 以上 50℃ 左右加热透烧后，随炉缓慢冷却，使铸件在 Ar_1 ~ Ar_3 之间铁素体有充分的析出机会，退火后铁素体数量较多，强度比正火要低。经正火处理（860℃ 加热保温 1h 空冷），其组织为珠光体及细网络状分布的铁素体，晶粒较退火处理时明显细化，而且铁素体量大为减少，这有利于提高铸钢件的强度。

增加 ZG35Cr1Mo 中的锰含量，能提高钢液的流动性；同时锰有增加珠光体量的作用，在碳含量相同或近似的情况下，铸钢中锰含量高的，珠光体量也较多。因此，锰有提高铸钢的硬度、强度和降低冷脆温度的作用。

3.3.3　铸造铬锰硅钢

铸造铬锰硅钢属于高强度调质结构钢，具有较高的强度和韧性，淬透性较高，冷变形塑性中

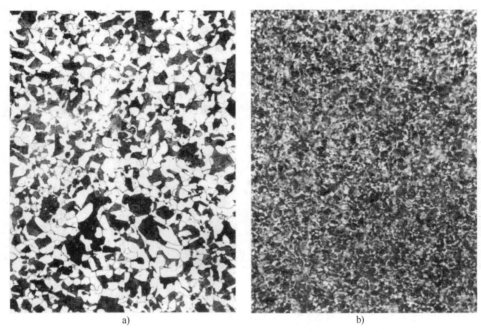

图 3-15　ZG35Cr1Mo 经热处理后的组织

a）退火态组织　　b）正火态组织

等，切削性能良好；有回火脆性倾向，横向的冲击韧性差；焊接性能较好，但厚度大于 3mm 时，应先预热到 150℃，焊后须进行热处理。铸造铬锰硅钢一般调质后使用，多用于制造高载荷、高速的各种重要零件，如齿轮、轴、离合器、链轮、砂轮轴、轴套、螺栓、螺母等，也用于制造耐磨、工作温度不高的零件，变载荷的焊接构件，如高压鼓风机的叶片、阀板及非腐蚀性管道管子。

ZG35CrMnSi 是典型的铸造铬锰硅钢，其化学成分、力学性能见表 3-16、表 3-17。

表 3-16　ZG35CrMnSi 的化学成分　（JB/T 6402—2018）

牌号	化学成分（质量分数，%）					
	C	Si	Mn	Cr	S≤	P≤
ZG35CrMnSi	0.30~0.40	0.50~0.75	0.90~1.20	0.50~0.80	0.030	0.030

表 3-17　ZG35CrMnSi 的力学性能　（JB/T 6402—2018）

牌号	热处理		下屈服强度 R_{eL}/MPa ≥	抗拉强度 R_m/MPa ≥	断后伸长率 A(%) ≥	断面收缩率 Z/(%) ≥	冲击韧度 a_K/(J/cm²) ≥	硬度 HBW ≤	应用举例
	方式	温度/℃							
ZG35CrMnSi	正火	880~900	345	690	14	30	32	217	多用于制造承受冲击、摩擦的零件，如齿轮等
	回火	400~450							

ZG35CrMnSi 是淬透性较好的钢，经适当的热处理后可得到强度、硬度、韧性和疲劳强度较好的综合力学性能，焊接性能、加工成形性均较好。它适用于制造中速、重载、高强度的零件及高强度构件，如飞机起落架等高强度零件、高压鼓风机叶片。在制造中小截面零件时，可以部分

替代相应的铬镍钼合金钢使用。ZG35CrMnSi 的铸态组织为铁素体+珠光体，晶粒较粗大，出现影响韧性、塑性的魏氏组织，如图 3-16a 所示。退火态组织为等轴状或块状铁素体+珠光体，如图 3-16b 所示。调质态组织为回火索氏体，如图 3-16c 所示。

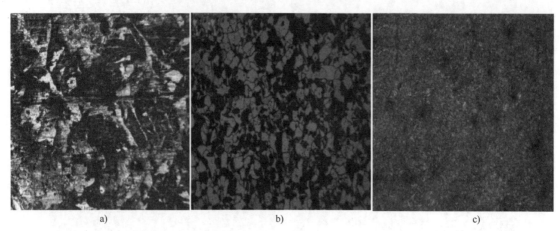

图 3-16　ZG35CrMnSi 在不同状态下的显微组织　200×
a）铸态组织　b）退火态组织　c）调质态组织

3.3.4　铸造铬锰钼钢

铬锰钼钢常用作模具钢、耐磨钢铸件等，如 ZG30CrMnMo 可以承受大的载荷且耐磨。高碳铬锰钢由于形成稳定的碳化物，硬度和耐磨性均高，可作为铸造模具钢使用，如 ZG55CrMnMo 即属此类。在 JB/T 6402—2018 中列举了两种典型的铸造铬锰钼钢，其化学成分、力学性能见表 3-18、表 3-19。

表 3-18　铸造铬锰钼钢的化学成分 （JB/T 6402—2018）

牌号	化学成分（质量分数，%）									
	C	Si	Mn	P≤	S≤	Cr	Ni	Mo	V	Cu
ZG30CrMnMo	0.25~0.35	0.17~0.45	0.90~1.20	0.030	0.030	0.90~1.20	—	0.20~0.30	—	—
ZG55CrMnMo	0.50~0.60	0.25~0.60	1.20~1.60	0.030	0.030	0.60~0.90	—	0.20~0.30	—	≤0.30

表 3-19　铸造铬锰钼钢的力学性能 （JB/T 6402—2018）

牌号	热处理	下屈服强度 R_{eL}/MPa ≥	抗拉强度 R_m/MPa ≥	断后伸长率 A(%) ≥	断面收缩率 Z/(%) ≥	硬度 HBW	应用举例
ZG30CrMnMo	正火+回火	392	686	15	30	—	用于拉坯和立柱
ZG55CrMnMo	正火+回火	—	—	—	—	197~241	用于载荷较大的耐磨铸件、热锻模及冲头轧辊等

用作耐磨铸件的 ZG30CrMnMo，通常须进行淬火+低温回火处理。其组织为回火马氏体，以针片状马氏体为主，板条状马氏体较少，且马氏体的亚结构以粗大孪晶为主，分布较为集中。如

果结合稀土变质处理，可以明显增加板条状马氏体的数量，马氏体板条的尺寸有不同程度的减小，且马氏体的亚结构转变为以位错型为主，从而使铸钢的韧性增加。

3.3.5　铸造铬镍钼钢

镍固溶于 γ-Fe 中，扩大了奥氏体区，使过冷奥氏体的分解温度降低，提高了钢的淬透性，使珠光体细化，在增加强度的同时，还能增加钢的塑性和韧性，特别是在增加钢的低温韧性方面有突出的优势。镍还降低了钢的韧脆转变温度。铸造铬镍钼钢同时具有较好的强度和韧性，用途广泛，提高碳含量可以进一步提高强度和硬度。除应用于承受高载荷的工件外，铸造铬镍钼钢还可用于工作条件恶劣的耐磨件，如挖掘机的铲斗、泥浆泵、冲击锤等。GB/T 40802—2021 列出了几种铸造铬镍钼钢的化学成分和力学性能，分别见表 3-20 和表 3-21。

表 3-20　铸造铬镍钼钢的化学成分（GB/T 40802—2021）

牌号	化学成分(质量分数,%)									
	C	Si≤	Mn	P≤	S≤	Cr	Mo	Ni	V≤	Cu≤
ZG20NiCrMo	0.18~0.23	0.60	0.60~1.00	0.035	0.030	0.40~0.60	0.15~0.25	0.40~0.70	0.05	0.30
ZG25NiCrMo	0.23~0.28	0.60	0.60~1.00	0.035	0.030	0.40~0.60	0.15~0.25	0.40~0.70	0.05	0.30
ZG30NiCrMo	0.28~0.33	0.60	0.60~1.00	0.035	0.030	0.40~0.60	0.15~0.25	0.40~0.70	0.05	0.30
ZG35Cr2Ni2Mo	0.32~0.38	0.60	0.60~1.00	0.025	0.020	1.40~1.70	0.15~0.35	1.40~1.70	0.05	0.30
ZG30Ni2CrMo	0.28~0.33	0.60	0.60~0.90	0.035	0.030	0.70~0.90	0.20~0.30	1.65~2.00	0.05	0.30
ZG40Ni2CrMo	0.38~0.43	0.60	0.60~0.90	0.035	0.030	0.70~0.90	0.20~0.30	1.65~2.00	0.05	0.30
ZG32Ni2CrMo	0.28~0.35	0.60	0.60~1.00	0.020	0.015	1.00~1.40	0.30~0.50	1.60~2.10	0.05	0.30

表 3-21　铸造铬镍钼钢的力学性能（GB/T 40802—2021）

牌号	热处理			力学性能				
	处理方式	正火或淬火温度/℃	回火温度/℃	壁厚/mm	下屈服强度 R_{eL}/MPa ≥	抗拉强度 R_m/MPa	断后伸长率 A(%) ≥	冲击吸收能量 KV_2/J ≥
ZG20NiCrMo	正火+回火	900~980	610~660	≤100	200	550~700	18	10
	淬火+回火		600~650		430	700~850	15	25
	淬火+回火		500~550		540	820~970	12	25

（续）

牌号	热处理			力学性能				
	处理方式	正火或淬火温度/℃	回火温度/℃	壁厚/mm	下屈服强度 R_{eL}/MPa ≥	抗拉强度 R_m/MPa	断后伸长率 A(%) ≥	冲击吸收能量 KV_2/J ≥
ZG25NiCrMo	正火+回火	900~980	580~630	≤100	240	600~750	18	10
	淬火+回火		600~650		500	750~900	15	25
	淬火+回火		550~600		600	850~1000	12	25
ZG30NiCrMo	正火+回火	900~980	600~650	≤100	270	630~780	18	10
	淬火+回火		600~650		540	820~970	14	25
	淬火+回火		550~600		630	900~1050	11	25
ZG35Cr2Ni2Mo	正火+回火	860~920	—	≤150	550	800~950	12	31
				>150~250	500	750~900	12	31
	淬火+回火		600~650	≤100	700	850~1000	12	45
				>100~150	650	800~950	12	35
				>150~250	650	800~950	12	30
	淬火+回火		510~560	≤100	800	900~1050	12	35
ZG30Ni2CrMo	正火+回火	900~980	630~680	≤100	550	760~900	12	10
	淬火+回火		630~680		690	930~1100	10	25
	淬火+回火		580~630		795	1030~1200	8	25
ZG40Ni2CrMo	正火+回火	900~980	630~680	≤100	585	860~1100	10	10
	淬火+回火		630~680		760	1000~1140	8	25
	淬火+回火		580~630		795	1030~1200	8	25
ZG32Ni2CrMo	正火+回火	880~920	600~650	≤100	700	850~1000	16	50
	淬火+回火		600~650	>100~250	650	820~970	14	35
	淬火+回火		500~550	≤100	950	1050~1200	10	35

3.4　微合金化铸钢

在传统的合金化概念中，合金化元素添加量（质量分数，下同）通常是以 1% 为单位的，当添加量较少时，对金属材料性能的影响较小，则起不到合金化的效果，在钢中这样的常量合金化元素主要有锰、硅、铬、镍、钨等。另一些合金化元素，当添加量等于或多于 0.2% 时，即对金属材料的性能产生显著影响，可称为少量合金化元素，如合金结构钢中的钼、钒等。研究发现，有些合金化元素，当添加量少于 0.2 %（有时甚至低到 0.001%）时，就能对金属材料的某一性能或某些性能产生显著的影响，如硼、铌、钒、钛、稀土元素等，它们则称为微量合金化元素。

微合金化铸钢是近 30 年来在普碳钢和普通低合金高强度钢的基础上迅速发展起来的工程结构用钢，是采用铌、钒、钛、锆、硼、稀土进行微合金化而得到的具有高性能的新型低合金高强度钢。由于微合金化元素加入量少，对铸钢的铸造性能影响很小，同时也可用常规熔炼设备生产，故成本较低。用该材料制造构件可减小构件质量，提高寿命，维修方便，尤其适合于铸焊复合结构件，可显著节省材料和能源。微合金高强度钢由于高效、节约合金元素和能源及在生产过程中向大气释放二氧化碳量少，已经被公认为环境保护材料，是倡导应用的材料。目前国际上的新型工程结构大部分是根据微合金高强度钢性能设计的。

微合金化铸钢是低合金高强度铸钢的一个新的发展，目前主要是钒、铌、钛、硼微合金化铸钢以及稀土铸钢。

3.4.1　钒微合金化铸钢

钒是强碳化物和氮化物形成元素，它基本上不溶于钢的基体中，钒的碳化物、氮化物多以弥散状态存在。为保证钢中具有更多的铁素体，使钢具有较高的塑性，应限制碳含量不能高。该类微合金化铸钢的主要优点是强度高、韧性好，有很好的综合力学性能，同时还具有良好的焊接性能。

钒主要通过形成碳氮化物来影响低合金高强度钢的组织结构和性能。这些碳氮化物对钢的微观结构及性能的影响，基本上取决于碳化物和氮化物的形成温度与转变温度之间的关系；而这些温度将依赖于冷却（或加热）的速度，以及钢的化学成分，尤其是所加合金的含量和氮含量。

氮化钒的形成温度仅稍高于低碳钢的 Ac_3 温度，一般也能用来控制奥氏体的再结晶，但高碳钢的情况例外，因为它的转变温度较低。当然，在控制正火钢的晶粒长大方面，氮化钒确实起到了一定的作用。但是钒的主要作用是通过在铁素体中的沉淀析出来增加钢的强度，当钢被加热时，它们将溶解，阻止了在正火温度下奥氏体晶粒的长大。当钢冷却时，氮化钒可能约在 Ar_3 温度下沉淀析出，通过对铁素体的孕育，或者阻止新形成的铁素体的长大，从而对正火钢的晶粒细化发挥了作用。剩余的钒以碳、氮化物的形式在铁素体中析出而起到提高强度的作用。钒在低合金高强度钢中的第二个作用就是它对钢转变特性的影响。钒不像铌，也不像除了硅以外的大多数其他合金元素，至少当它单独加入时，并不抑制铁素体的形成，相反，它却加速珠光体的形成。钒的这种特性在焊接件中尤其重要，因为它促进了焊接热影响区（HAZ）中奥氏体晶界上铁素体的形成，当然也包括晶粒内铁素体的形成，而这些将增加 HAZ 的韧性。但是，钒像大多数溶质合金一样能抑制贝氏体的形成。因此，如果它是溶解而不是以碳化钒和氮化钒的形式沉淀析出，则可用来增加淬透性。在少量钼存在的情况下，钒的溶解度将会增加。

这类微合金化铸钢采用正火（淬火）+回火的热处理工艺，主要是为了将钢加热到奥氏体区温度时，铸态时大颗粒的碳化钒和氮化钒得以充分溶解，并固溶于奥氏体中，之后的快速冷却，会使这些碳化物和氮化物再以弥散的细微颗粒析出，从而提高钢的强度。向钒系微合金化钢中加入钼，可以使钒的碳化物和氮化物在更低的温度下从过冷奥氏体中析出，使之更加细小和弥散，使强度和韧性进一步提高。

钒（铌）微合金化铸钢主要是欧洲开发的。我国是钒的资源大国，对钒的应用研究最早，使用最多，认识也较完善。钒在低合金钢（微合金化钢）中的应用已非常广泛，在我国已经形成了多种牌号的含钒钢及钒微合金化钢。典型的钒微合金化铸钢的化学成分、力学性能见表 3-22、表 3-23。

表 3-22　钒微合金化铸钢的化学成分

来源	牌号	化学成分（质量分数，%)					
		C	Si	Mn	V	Mo	N
法国标准化协会（AFNOR）	12 MDV 6-M	0.15	0.60	0.20~1.50	0.05~0.10	0.20~0.40	—
瑞士苏尔寿公司（Sulzer）	—	0.04~0.08	0.30~0.50	1.00~1.40	0.05~0.10	0.20~0.60	—
鞍山钢铁集团有限公司	ZG15MnVN	0.14~0.20	0.20~0.60	1.40~1.80	0.10~0.20	—	0.010~0.020

表 3-23　钒微合金化铸钢的力学性能

来源	牌号	下屈服强度 R_{eL}/MPa	抗拉强度 R_m/MPa	断后伸长率 A(%)	断面收缩率 Z(%)	冲击韧度 a_K/(J/cm^2)	硬度 HBW
法国标准化协会（AFNOR）	12 MDV 6-M	400	500	18	35	30	150
瑞士苏尔寿公司（Sulzer）	—	450~510	490~690	20~33	70~80	—	—
鞍山钢铁集团有限公司	ZG15MnVN	420	560	20	40	—	—

3.4.2　铌微合金化铸钢

铌是强碳化物形成元素，固溶在奥氏体中可以推迟先共析铁素体的析出，同时铌形成的微细颗粒可作为形核核心，使晶粒得到有效细化。合金元素铌在钢中易形成 MC 型碳化物，强化基体，产生析出强化作用。低合金钢中，由于微量的铌形成的碳化物弥散分布于基体中，强化基体，使钢的强度增加，又不会导致塑性的急剧下降，因此有助于钢的综合力学性能的提升，但是过多的铌加入钢中不仅导致成本增加，同时还会使钢的塑性下降，因此低合金钢中铌的质量分数一般不高于 0.1%。

图 3-17 所示为微合金化元素铌、钒、钛析出强化产生的屈服强度增量。它适用于碳的质量分数为 0.01%~0.50% 的钢，并只考虑靠析出强化产生最大强度增量的热处理条件。从图 3-17 看出，和钒相比，要达到相同的弥散强化效果，用 1/2 的铌就可以了。因此，铌是最有效细化晶粒的微合金化元素之一。

在 ZG35MnSi 中加入不同量的铌，铸锭经 890℃正火后 590℃回火处理，其显微组织由细小的铁素体（白色）、珠光体组织（黑色）和粒状贝氏体（浅黑）组成，如图 3-18 所示。从图 3-18 可以看出，随着铌含量的增加，组织中粒状贝氏体减少，铌的加入抑制了粒状贝氏体形成，铁素体晶粒得到细化。

铌的细化效果是通过在热处理和再加热工艺过程中控制奥氏体晶粒而实现的。铌是强碳化物形成元素。铸锭正火冷却过程中先析出铁素体，其余的碳原子向未转变的奥氏体晶界移动，并在晶界处结合形成含铌碳化

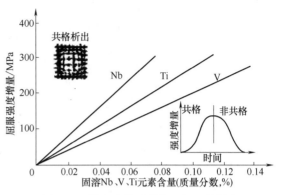

图 3-17　微合金化元素铌、钒、钛析出强化产生的屈服强度增量

物析出。析出的碳化物阻碍过冷奥氏体转变过程中的晶界迁移，钉扎晶界，使珠光体转变温度、晶粒长大温度升高，同时降低铁的自扩散系数，显著提高过冷奥氏体的珠光体转变区域的稳定性。随着合金元素铌含量增加，正火过程中固溶于奥氏体中的合金元素增加，过冷奥氏稳定性增加，先析出铁素体数量减少。另外，铌在奥氏体边界处偏聚，可增加奥氏体的界面能，铁素体转变被抑制。因此，铸锭在回火后组织中铁素体数量减少，晶粒细化。随着钢中铌含量的增加，珠光体数量增加，珠光体片层间距更加鲜明。这是由于铌的加入抑制了粒状贝氏体的形成，过冷奥氏体转化为更加清晰的片层状珠光体。这样可使其硬度、抗拉强度增加，断后伸长率稍有降低，强塑积增加，综合力学性能得到改善。

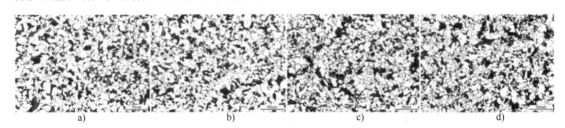

图 3-18　铌含量对 ZG35MnSi 正火回火态组织的影响

a）w（Nb）= 0.021%　b）w（Nb）= 0.033%　c）w（Nb）= 0.043%　d）w（Nb）= 0.069%

氮作为一种"合金元素"的应用已被人们接受，由此开发了许多含氮钢。铌也是强氮化物形成元素，与氮可以形成 NbN、NbCN。铌的碳氮化物在形变时可以"钉扎"晶界，钉扎力大于该温度下的再结晶驱动力，因而阻止晶粒长大，其钉扎作用可达 1100℃。铌氮微合金化不仅是一种节省铌的途径，也是发挥铌强化作用的方法。铌氮微合金化技术通过充分利用廉价的氮元素，优化了铌的析出，从而更好地发挥了细晶强化和沉淀强化的作用，显著提高了钢的强度，明显节约了铌的用量，降低了钢的成本。

含铌钢中添加钼将延缓铌的碳氮化物在奥氏体中的沉淀，导致铁素体中的细微沉淀相增加，从而使钢强化，并减轻其回火脆性的倾向。钼对含铌钢的屈服强度的影响如图 3-19 所示。

3.4.3　钛微合金化铸钢

钛是最早应用的微合金化元素。钛是强的氧化物、硫化物、氮化物和碳化物形成元素。就大

多数钢的典型氧、氮含量水平而言，钛的氧化物（甚至氮化物）在凝固前或凝固过程中已形成。在钢液中形成的这些颗粒可以被分离到钢渣中，对钢的性能没有影响。如果这些颗粒不进入钢渣中，由于其形成温度高，颗粒相对粗大，应视为对钢的塑性有破坏性的有害夹杂物。由于颗粒尺寸大，其细化显微组织结构的能力大大降低。但是，由于钛可以形成氧化钛和氮化钛，减少了钢中自由氧和氮的含量（自由的氧和氮对钢的韧性是有害的），因

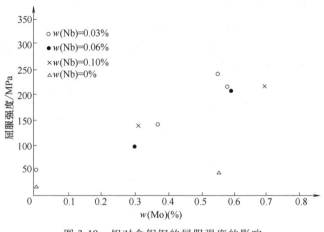

图 3-19   钼对含铌钢的屈服强度的影响

此，钛仍有好的作用。氧、氮或钛含量越低，形成氧化钛或氮化钛的温度也越低，析出物的尺寸也就越小。均匀分布的和稳定的质点可以控制奥氏体晶粒的尺寸，这种作用通常用于热轧前再加热过程和焊接热影响区晶粒的细化。凝固后在较低温度下，钛和硫反应形成硫化物和碳硫化物。锰含量对任何钛的硫化物形成都有很强烈的影响。

由于钛的氮化物是在较高温度下形成的，并且实际上不溶于奥氏体，因此这种稳定的化合物起着在高温下控制晶粒尺寸的作用。过去国内外钢铁材料标准中均有许多含钛钢种，我国含钛钢种有 15MnTi、13MnTi、14MnVTi、20Ti、10Ti 等。由于含钛钢生产对工艺敏感、控制困难，导致性能波动大，已逐渐被淘汰。目前，钛微合金化主要用于微钛处理（质量分数为 0.02%），利用 TiN 颗粒的高温稳定性来控制奥氏体晶粒长大，改善钢的韧性和焊接性能。

3.4.4   硼微合金化铸钢

硼有强烈的改善钢淬透性的能力，其价格低廉，而且用量很少，在钢中可替代贵重元素。硼对淬透性的贡献是通过偏聚于奥氏体晶界呈固溶状态的硼来实现的，而且钢中存在一个理想的固溶硼的质量分数，在此范围内可以获得良好的淬透性。但是，由于硼的化学活性较高，与钢中常存元素氧、氮亲和力强，易形成氧化硼和氮化硼，并且可以置换碳化物中的碳原子而形成碳硼复合化合物等第二相，影响硼在钢中的固溶量，从而影响淬透性，并导致钢的脆性增加。另外，硼通过先于相变偏聚在奥氏体晶界来阻碍铁素体形核，使钢形成较粗大的铁素体晶粒。

在 ZG30NiMnMoCu 低合金铸钢中加入不同量的硼，熔炼浇注 160mm×160mm×550mm 的铸锭。将铸锭进行均匀化正火和调质处理，用落锤打断。当硼加入的质量分数小于 0.003% 时，断口呈纤维状。当硼加入的质量分数大于 0.00375% 时，脆性转变温度急剧上升，断口变坏，组织粗大，产生大量的脆性断口。随着硼含量的增加，钢的淬透性增加，马氏体量显著增加，铁素体和上贝氏体量明显减少。但是当硼加入的质量分数大于 0.0025% 时，淬透性急剧下降，马氏体量显著减少，铁素体和上贝氏体量又显著增加。

硼加入到 ZG30NiMnMoCu 低合金铸钢中，当硼加入的质量分数达到 0.00625%～0.0125% 时，从铸态开始已存在两种明显的硼偏析，一种是树枝晶区域的偏析，另一种是沿着原始奥氏体晶界的偏析。经过高温均匀化处理后，合金元素得到了一定程度的均匀化分布，硼的区域偏析有所减轻，但是在均匀化的奥氏体晶界上有明显的硼的偏聚和硼相析出，偏聚区特别是硼相的周围有明显的贫硼区。这是因为，虽然硼本来很容易扩散，它的均匀化程度受到其他合金元素的偏析

和枝晶之间晶体缺陷的制约，所以在均匀化处理以后，仍和其他合金元素一样，还存在一定的硼的区域偏析。在正火以后，硼的区域偏析又加重，原均匀化的奥氏体晶界上有硼的偏聚和硼相析出，但周围的贫硼区消失，出现了硼的弥散区，这可能是硼向枝晶之间上坡扩散造成的。经高温回火后，树枝晶间产生大量碳硼化合物，硼的区域偏析更加明显，晶界偏聚程度大大减少，硼相析出增加，析出颗粒长大，基体中硼含量减少，晶内也有硼相析出，且带有明显的方向性。

硼在晶界的行为是个复杂的过程，它在各道热处理工序中经历了溶解、偏聚、析出、再溶解、再偏聚、再析出等变化。其偏聚和析出的程度又与热处理温度、冷却速度、硼含量以及合金元素等因素有关。淬火温度过高，保温时间过长，或者回火温度过高，都会促使硼沿着晶界析出，引起脆性断裂。

因此，在生产硼微合金化钢时，合理设计钢的化学成分，获得合适的硼固溶量是保证此类钢具有高淬透性、避免脆性的必要环节。鉴于硼容易与钢中的氧、氮作用而失效，在熔炼钢液时应注意控制氧、氮的含量，并合理添加铝、钛等脱氧固氮元素，抑制高温阶段氮化硼的析出。表 3-24 列出了几种硼微合金化铸钢的化学成分。

表 3-24 硼微合金化铸钢的化学成分

牌号	化学成分（质量分数，%）					
	C	Si	Mn	Cr	Mo	B
ZG40B	0.37~0.44	0.17~0.37	0.50~0.80	—		0.001~0.005
ZG40MnB	0.37~0.44	0.17~0.37	1.00~1.40	—		0.001~0.005
ZG40CrB	0.37~0.44	0.17~0.37	0.70~1.00	0.40~0.60		0.001~0.005
ZG20MnMoB	0.16~0.22	0.17~0.37	0.90~1.20	—	0.20~0.30	0.001~0.005

3.4.5 稀土铸钢

我国稀土资源很丰富，很多铸钢厂都采用微量稀土来改善铸钢件的质量。但是，稀土在钢中的作用机理，目前还不十分清楚，一般认为有以下几方面的作用：

1）净化钢液。稀土元素是强脱氧剂，在冶炼钢液的温度下，脱氧能力较铝更强。在电炉中添加质量分数为 0.15% 的稀土混合金属时，可使钢液中氧的质量分数由 0.01% 降低到 0.003% 以下。稀土脱硫能力比锰强，钢液中添加稀土后，有很好的脱硫作用。加稀土还能消除铅、锑、铋、砷等低熔点杂质有害元素所造成的脆性。

2）改善非金属夹杂物的形态及分布状况。稀土元素与硫的结合能力很强，可使钢液中原有的硫化物夹杂变为稀土硫化物及硫的氧化物，这些夹杂物分布在晶粒内部，而不分布在晶界上。

3）改善钢的组织。稀土元素在钢中有细化晶粒作用，并可消除柱状结晶及魏氏组织。

4）合金化作用。稀土在铁中有一定的固溶作用，虽然在力学性能上还看不到明显的固溶强化效果，但是，稀土提高耐热钢的抗氧化性、改善不锈钢的耐蚀性是公认的。这主要是它的强氧化性会在此类钢的使用过程中与铬的氧化物形成致密的复合氧化物膜，阻止大气中的氧向钢的纵深处扩散的结果。固溶于基体中的稀土原子，其合金作用即表现于此。

稀土在钢中应用存在的问题是其实际残留量的稳定性问题。因为它与硫、氧的结合力很强，钢液中的硫、氧含量的波动，直接影响到稀土的残留量，因此，稀土在铸钢中的使用效果取决于钢液的冶金质量。如果钢液中的硫、氧含量较多，加入的稀土将会形成大量夹杂物，对钢液造成污染，不利于提高钢的质量；反之，如果钢液精炼较好，有害元素极低，少量的稀土即可明显提高钢的性能。

在 30NiMnMoCu 低合金铸钢中加入不同量的稀土，熔炼浇注 160mm×160mm×550mm 的铸锭。

将铸锭进行均匀化正火和调质处理，用落锤打断，当稀土加入的质量分数为 0~0.125%，断口由部分结晶状变为全纤维状。当稀土加入的质量分数大于 0.25% 时，断口急剧变坏，呈现严重的树枝晶结构。随着稀土加入量增加，试样的疏松由分散到向心部集中，疏松面积逐渐减小，组织随之更致密；气体偏析铸件减轻，气孔逐渐减少；树枝晶长度缩短，特别是当稀土加入的质量分数为 0.0625% 时，树枝晶明显减小变细。当稀土加入的质量分数大于 0.0625% 时，树枝晶有所长大。稀土加入量对 ZG30NiMnMoCu 中的脱硫程度与夹杂物的影响分别见表 3-25 和表 3-26。不加稀土的试样，硫分布在整个截面上，夹杂物为普通氧化物和硫化物，呈单独分布的块状或不规则状；随着稀土加入量的增加，钢中硫含量逐渐减少，其分布趋于向试样中心集中，数量明显减少，钢液脱硫率增加，稀土对铸锭心部的脱硫效果更为显著。观察试样的显微组织，当稀土加入的质量分数为 0.0625%~0.125% 时，晶粒较细，夹杂物为稀土氧化物、稀土硫化物，呈现球状或椭圆状，细小均匀分布。当稀土加入的质量分数大于 0.25% 后，组织明显粗大，上贝氏体量增加。稀土硫化物或稀土氧（硫）化物数量多，呈棉絮状集群分布。

表 3-25　ZG30NiMnMoCu 铸钢中加入不同稀土后的脱硫程度

稀土加入量（质量分数，%）		0	0.0625	0.125	0.25	0.375
钢中硫含量（质量分数，%）	边部	0.011	0.010	0.009	0.007	0.006
	心部	0.017	0.011	0.013	0.007	0.007
脱硫率（%）	边部	0	9	18	36	45
	心部	0	35	24	59	59

表 3-26　ZG30NiMnMoCu 铸钢中加入不同稀土后的夹杂物

稀土加入量（质量分数，%）	夹杂物形貌、分布和数量	金相观察		夹杂物属性
		明场	暗场	
0	块状或不规则状，单独分布	深灰色 浅灰色	亮色或暗黄色不透明，边沿有亮线	普通氧化物 普通硫化物
0.0625~0.125	球状或椭圆状，细小均匀分布	暗灰色 中灰色 浅灰色	黄绿色 褐红色有亮边 血红色	稀土氧化物 稀土硫氧化物 稀土硫化物
0.25~0.375	球状或椭圆状，细小，量多、群集（棉絮状）			

3.4.6　多元复合微合金化铸钢

采用单一微合金化元素时，受到该元素的含量及在某些方面性能的局限，为取得更好的合金化效果，往往采用多元复合微合金化的方法。用于铸钢多元复合微合金化的元素有钛、钒、铌、硼、铝、锆、钽、稀土等，其中，钛、钒、铌、锆、钽等属于强碳化物形成元素，经它们单独或复合微合金化处理后的低合金铸钢，可明显提高钢的强度，而复合处理比单独处理的强化效果更好，对钢的韧性也有所提高，或保持原有水平。这主要是由于这些微合金碳化物、氮化物或碳氮化物对钢的晶粒细化和沉淀强化机制综合作用所致。晶粒细化是唯一能同时提高钢的强度和韧性（降低韧脆转变温度）的强韧化机制，而沉淀强化则在提高钢的强度的同时降低钢的韧性（提高韧脆转变温度）。但由于沉淀相本身具有附加的晶粒细化作用，使韧性的损失得到某些补偿。所以，除晶粒细化外，沉淀强化与其他强化机制相比，对韧性的损害较轻。

稀土在铸钢中的作用主要是改善钢的铸态组织，细化晶粒，净化钢液，变质非金属夹杂物并改善其形态和分布，以及起到微合金化作用。正是由于稀土的这些作用，才显著提高了钢的韧性并改善其铸造性能（抗热裂性、流动性等），对强度的提高一般不够显著。

采用强碳化物形成元素与稀土复合微合金化处理，可取长补短，取得较理想的强韧化效果。微合金化处理铸钢的强韧化效果与微合金化元素的含量、固溶温度、凝固过程和热处理工艺等密切相关。在奥氏体化温度时，要使微合金碳氮化物部分不溶，以阻碍奥氏体晶粒长大，相变时作为晶核，促进晶粒细化；部分固溶，以使钢在冷却和时效过程中析出，以利沉淀强化。一般强碳化物形成元素的质量分数应控制在 0.1% 以下，过高有损于塑性和韧性，过低则强化不明显。稀土与硫的含量比控制要适当。此外，还应控制硫、磷含量，若硫、磷的质量分数大于 0.025%，则会抵消其他措施提高韧性的效果。

多元复合微合金化铸钢可在相当低的成本下达到良好的强度、韧性、成形性及焊接性能相结合的综合使用性能，这类铸钢的钢种和牌号很多。表 3-27、表 3-28 分别列出了一些微合金化铸钢的化学成分、力学性能。

表 3-27　多元复合微合金化铸钢的化学成分

牌号	化学成分(质量分数,%)											
	C	Si	Mn	Cr	Ni	Mo	Nb	V	Ti	Al	B	Cu
ZG06Mn2AlCuTi	≤0.06	≤0.20	1.80~2.00	—	—	—	—	—	0.008~0.040	0.05~0.12		0.30~0.60
ZG08MnNbAlCuN	≤0.08	≤0.35	0.90~1.30	—	—	0.03~0.09	0.064		—	0.03~0.12		0.30~0.50
ZG20MnMoNbVTi	≤0.20	≤0.36	≤1.39	—	—	0.26	≤0.03	0.064	—	—	—	—
ZG40MnVB	0.37~0.44	0.17~0.37	1.10~1.40	—	—	—	—	0.05~0.10	—	—	0.001~0.005	—
ZG40CrMnMoVB	0.35~0.44	0.17~0.37	1.10~1.40	0.50~0.80	—	0.20~0.30	—	0.07~0.12	—	—	0.001~0.005	—
HRS	≤0.15	—	≤1.70	≤0.25	≤0.30	≤0.30	≤0.06	≤0.06	—	—	—	—
Eurafem-400TK	≤0.22	0.30~0.60	≤1.70	—	—	0.10~0.60	≤0.05	≤0.10	—	—	—	—
GS-10Mn7	0.08	0.40	1.70	—	—	—	0.04	0.06	—	—	—	—
GS-15MnCrMo634	0.14	0.40	1.50	0.70	—	0.40	0.04	0.06	—	—	—	—
508	0.12~0.15	0.50	1.80	—	—	0.40	0.08	0.08	—	—	—	—

表 3-28　多元复合微合金化铸钢的力学性能

牌号	下屈服强度 R_{eL}/MPa	抗拉强度 R_m/MPa	断后伸长率 A (%)	断面收缩率 Z(%)	冲击韧度 a_K/(J/cm²)	硬度 HBW
ZG06Mn2AlCuTi	453	528	31	68.6	136	
ZG08MnNbAlCuN	≥300	400	≥21	≥60	48	
ZG20MnMoNbVTi	452	631	23	54	97	
HRS	≥600	≥700	≥15	≥50	≥64	210~240
Eurafem-400TK	≥400	≥550	≥20	≥36	≥36	
GS-10Mn7	400~540	500~620	18~22	—	60~100	
GS-15MnCrMo634	650	750	4	—	≥30	
508	700	780	11	25		

第4章 铸造不锈钢

4.1 概述

4.1.1 不锈钢定义

GB/T 20878—2007 中不锈钢的定义为：以不锈、耐蚀性为主要特性，且铬的质量分数至少为 10.5%，碳的质量分数最大不超过 1.2% 的钢。它涵盖了具有良好室温、高温、低温力学性能，高强度与良好韧性相匹配，高硬度、高耐磨性，在苛刻条件下具有良好耐蚀性、不锈无磁性及良好可加工性的钢牌号。

不锈钢获得耐蚀性的基本原理是，当钢中含有足够的铬时，可以在钢的表面形成致密的氧化膜，它能防止钢的基体进一步氧化或腐蚀。这种氧化膜层极薄，透过它可以看到钢表面的自然光泽。

4.1.2 不锈钢的分类

不锈钢是钢铁材料中最复杂的钢类，其钢种繁多，性能各异，为便于生产管理和选择应用，常常将其进行分类。其分类方法有多种，包括按合金成分、耐蚀性、组织结构等进行分类。

1. 按合金成分分类

不锈钢按合金成分通常可分为三类：

（1）铬不锈钢类　这类不锈钢除铁基外，主要合金元素是铬。有的还分别含有硅、铝、钨、钼、镍、钛、钒等一种或几种元素，这些元素在钢中的质量分数分别在 1%~3% 之间。

（2）铬镍不锈钢类　这类不锈钢除铁基外，主要合金元素是铬和镍。有的还分别含有钛、硅、钼、钨、钒、硼等一种或几种元素，这些元素在钢中的质量分数在 4% 以下至微量。

（3）铬锰氮不锈钢类　这类不锈钢除铁基外，主要合金元素是铬和锰，大多数钢中还含有质量分数在 0.5% 以下的氮。有的还分别含有镍、硅、铜等一种或几种元素，这些元素在钢中的质量分数分别只有 5% 以下。

2. 按耐蚀性分类

不锈钢按耐蚀性可分为普通不锈钢和耐酸钢两类：耐空气、蒸汽、水等弱腐蚀介质或具有不锈性的钢种称为普通不锈钢；耐化学介质（酸、碱、盐等化学浸蚀）腐蚀的钢种称为耐酸钢。由于两者在化学成分上的差异而使它们的耐蚀性不同，普通不锈钢一般不耐化学介质腐蚀，而耐酸钢则一般均具有不锈性。

3. 按组织结构分类

这是目前被广泛接受和使用的不锈钢分类方法。不锈钢按组织结构可分为马氏体不锈钢、奥氏体不锈钢、铁素体不锈钢、双相（奥氏体-铁素体）不锈钢和沉淀硬化不锈钢 5 种类型。

不同类型的不锈钢各自具有不同特点和性能，生产实践中应根据具有的使用场合和工况条件，选用适宜的不锈钢材料。

4.1.3　我国铸造不锈钢的现状

由于不锈钢具有非常良好的耐蚀性、力学性能和工艺性能,因此广泛应用于化工、石油、原子能、航空航天、能源、交通、轻工、纺织等领域,成为这些领域建设和发展不可缺少的重要材料。近年来,我国不锈钢铸造业迅速发展。由于我国铸件成本低,加之我国不锈钢铸造技术已有长足进步,可满足用户对铸件质量的基本要求,越来越多的国外不锈钢铸件用户到我国来订货。在广东、福建、浙江、江苏、山东等地,出现了很多以生产出口不锈钢铸件为主的基地。同时,随着经济迅速发展,国内不锈钢需求市场也在扩大,促进了不锈钢铸造整体水平提高。目前我国不锈钢的生产已达相当规模,可生产各类各牌号和各种大小的不锈钢铸件。但就质量而言,由于受装备、工艺、原材料、人员素质及管理水平等因素影响,整体上与国际先进水平还存在一定差距,能生产高质量复杂铸件的企业还是少数,还应进一步提高研发应用和企业管理水平。

4.2　不锈钢的腐蚀类型

不锈钢并非不会发生锈蚀。当不锈钢因某种原因使其表面的薄膜受到破坏而不能愈合时,空气或液体中的氧原子就会不断地侵入其中,形成疏松的氧化铁,不锈钢表面也就受到不断的锈蚀。依据腐蚀产生的条件和特点,不锈钢的腐蚀类型如图 4-1 所示。

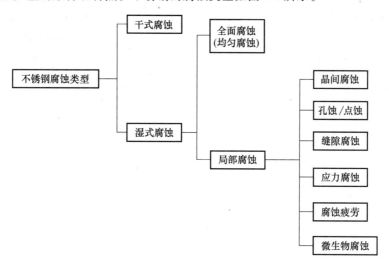

图 4-1　不锈钢的腐蚀类型

干式腐蚀是在腐蚀性气体中,如在高温氧化情况下,氧气离子化,和金属表面的金属离子相结合而形成氧化膜,金属离子或氧离子通过这个膜移动,使氧化膜不断增厚,从而使侵蚀作用连续地进行,金属也就不断地消耗而造成腐蚀。在所有的不锈钢腐蚀损伤实例中,干式腐蚀占的比重小,绝大部分是由湿式腐蚀引起的,它包括全面腐蚀(均匀腐蚀)、局部腐蚀两个方面。

全面腐蚀(均匀腐蚀)是指裸露在腐蚀环境的不锈钢表面全部发生电化学或化学反应,均匀受到腐蚀。这种腐蚀既可以测量其进行速度,也可以预测以后的腐蚀程度,设定安全系数,设定材料的使用期,所以它是众多腐蚀种类中最不危险的腐蚀。通常全面腐蚀的腐蚀程度按照质量、厚度减少的多少来衡量。

局部腐蚀是不锈钢损伤失效的主要形式。它是指在腐蚀介质的作用下,钢的基体在特定的部位被快速腐蚀的一种腐蚀形式。这种腐蚀对设备的威胁极大,因此必须根据介质条件正确地选用不锈钢。局部腐蚀的主要类型有晶间腐蚀、孔蚀/点蚀、缝隙腐蚀、应力腐蚀、腐蚀疲劳和微生物腐蚀等。

4.2.1　晶间腐蚀

1. 晶间腐蚀形态

不锈钢是多晶材料，晶界是钢中各种溶质元素偏析或金属化合物（如碳化物）和 σ 相等沉淀析出的有利区域。在某些腐蚀介质中，晶界先行发生腐蚀，导致晶粒之间丧失结合力的局部破坏现象，称为晶间腐蚀，其形态如图 4-2 所示。晶间腐蚀多发生在 450～850℃ 的温度下，处于中等浓度硫酸、高浓度硝酸和有机酸等酸性介质中没有固溶处理的不锈钢内。有相当多的不锈钢铸件由于有铸造缺陷而应进行焊补，如果在焊补后不进行处理，就会产生一定的晶间腐蚀敏感性，有可能在使用中发生晶间腐蚀。

不锈钢湿态腐蚀失效事例中，晶间腐蚀类型约占 9.5%。晶间腐蚀对于承受重载零件危害很大，因为它不引起零件外形的任何变化而使晶粒之间结合遭到破坏，严重降低其力学性能，强度几乎完全损失，往往使机械设备发生突然破坏。这是不锈钢最危险的一种破坏形式。

2. 晶间腐蚀产生的原因

20 世纪 30 年代以来，对晶间腐蚀进行了大量研究，所提出的贫化理论，特别是对奥氏体不锈钢的贫铬理论已得到证实。以 Cr18Ni9 型奥氏体钢为例，室温下碳元素在奥氏体的溶解度很小，而一般奥氏体钢中碳含量均超过此值，因此只能在淬火状态下使碳过饱和固溶在奥氏体中，以保

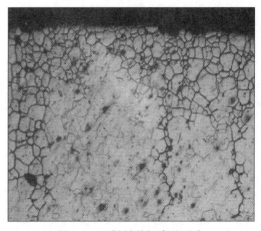

图 4-2　不锈钢晶间腐蚀形态

证钢具有较高的化学稳定性。但是这种淬火状态的奥氏体钢在敏化温度范围（427～816℃）内受热时，奥氏体中过饱和的碳会迅速地向晶界扩散，并与铬化合形成碳化铬。由于铬的原子半径较大，扩散速度太慢而得不到及时的补充，所以在晶间形成碳化铬所需的铬主要不是来自奥氏体晶粒内部，而是来自晶界附近。结果就使晶界附近的铬含量大为减少，当晶界铬的质量分数小于 12% 时，就形成了"贫铬区"，降低了耐蚀性，在腐蚀介质作用下，就会在晶粒之间产生腐蚀，如图 4-3 所示。同样，由于晶界区析出 σ 相而引起的晶界贫铬区，也可用贫铬理论来进行解释。

贫铬理论适用于在弱氧化性介质中发生的晶间腐蚀。不锈钢在强氧化性介质（如在含六价铬离子的硝酸溶液）中的腐蚀电位处于过钝化电位区。有些敏化态的不锈钢不易产生晶间腐蚀，而固溶态的不锈钢却产生晶间腐蚀，这显然不能用贫铬理论来解释。固溶态的不锈钢之所以产生晶间腐蚀，主要原因是在晶界上发生杂质元素或析出相的选择性溶解。

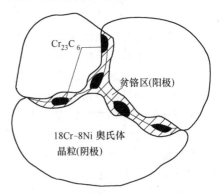

图 4-3　不锈钢晶界贫铬示意图

4.2.2　点蚀

1. 不锈钢点蚀的形态

不锈钢之所以能耐腐蚀乃是由于其表面能形成一层

具有保护性的钝化膜。然而，一旦这层钝化膜遭到破坏，而又缺乏自钝化的条件或能力，不锈钢就会发生腐蚀。如果腐蚀仅仅集中在不锈钢的某些特定点域，并在这些点域形成向深处发展的腐蚀小坑，而不锈钢的大部分表面仍保持钝态的腐蚀现象，称为点蚀，如图4-4所示。

不锈钢点蚀外观形貌可能体现的特征：大部分金属表面腐蚀极其轻微，有的甚至光亮如初，只是局部呈现出腐蚀小孔；表面看上去不是蚀坑，而像被榔头敲击的凹痕，凹痕本身仍呈金属光泽，若将凹痕挑破，其下面便是严重的点蚀坑；蚀坑不仅尺寸很小，而且被腐蚀产物所覆盖，好似一堆污物，将污物除去后，即暴露出点蚀坑。

图 4-4 303 不锈钢在氯离子环境中形成的点蚀

点蚀是一种隐蔽性较强、危险性很大的局部腐蚀。不锈钢设备若发生点蚀致使其穿孔，将造成设备内工艺介质的"跑、冒、滴、漏"。对于高速度转动的构件，如叶轮、叶片轴，以及压力容器等，若发生点蚀，则点蚀坑很可能成为应力腐蚀开裂和腐蚀疲劳之源，造成重大的，甚至是灾难性的破坏事故。

2. 不锈钢点蚀的形成原因

金属表面形成局部腐蚀有两个条件：一是在腐蚀体系中存在某种因素使表面不同部分遵循不同的阳极溶解动力学规律；二是腐蚀过程中不会减弱，甚至还会加强不同表面区域的阳极溶解速度的差异。在腐蚀性介质中，在不锈钢表面一旦萌生点蚀，它们就可能以自持的机理扩展。点蚀的扩展是一个在闭塞区内的自催化过程，不锈钢表面形成的点蚀坑具有一定的闭塞性，在蚀坑底部发生金属的阳极溶解反应，而在毗邻面上发生阴极反应。随着蚀坑底部金属的阳极溶解，金属离子浓度较多，为保持电荷平衡，将导致氯离子不断迁入蚀孔，以保持点蚀坑内溶液的电中性。这样，蚀坑内氯离子不断富集，高浓度的金属氯化物被水解为氢氧化物和游离酸，造成蚀坑底部溶液的 pH 值降到 1.3~1.5，而这种强酸性环境又会进一步加速蚀坑内金属的溶解和溶液氯离子浓度的增高和酸化，促使这一区域的金属阳极溶解过程越来越容易进行。此过程示意图如图4-5所示。

影响不锈钢点蚀的两大因素：一是材料因素，如合金成分、显微组织、冷加工、表面状态等；二是环境因素，如介质组成、介质 pH 值和温度、介质流速等。

在氯离子环境中影响点蚀的主要合金元素是铬、钼、氮等，其他一些元素如硅、钨等也可能有一定的影响，而硫、磷、锰等元素则会降低不锈钢的耐点蚀性能。为表述合金元素含量与耐点蚀性能之间的关系，学者们建立了数学关系式，其中应用最普遍的是称之为耐点蚀当量（PREN）或孔蚀指数的数学关系式，即

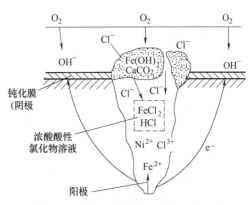

图 4-5 不锈钢点蚀扩展过程示意图

$$PREN = w(Cr) + 3.3w(Mo) + \chi w(N) \tag{4-1}$$

式中，$\chi = 10 \sim 30$，最常用的系数是 16。

当存在其他元素时，可采用下面的数学关系式：

$$PREN = w(Cr) + 3.3w(Mo) + 30w(N) - w(Mn) \tag{4-2}$$

$$PREN = w(Cr) + 3.3[w(Mo) + 0.5w(W)]\% + 16w(N) - w(Mn) \tag{4-3}$$

$$PREN = w(Cr) + 3.3w(Mo) + 30w(N) - 123[w(S) + w(P)] \tag{4-4}$$

这些关系式给出了一个快捷评估耐点蚀性能的方法，也便于生产中合理选用材料。对于容易引起点蚀的工况条件，优先选用 Cr、Mo、N 等元素含量高的耐点蚀性能优良的不锈钢。

不锈钢的显微组织对合金耐点蚀性能起着重要作用。各种相，如硫化物夹杂、δ 铁素体、σ 相、σ′相、敏化的晶界以及焊缝等都可能对钢的耐点蚀性能具有决定性的影响，它们都是发生点蚀敏感的部位。含 Al_2O_3 的复合硫化锰夹杂是点蚀更敏感的部位。因此，在冶炼不锈钢时，应避免采用铝脱氧剂。

4.2.3 缝隙腐蚀

1. 缝隙腐蚀的形态

缝隙腐蚀是在电解质溶液（特别是含有卤素离子的介质）中，在金属与金属或金属与非金属表面之间狭窄的缝隙内，由于溶液的移动受到阻滞，在缝隙内溶液中的氧耗竭后，氯离子即从缝隙外向缝隙内迁移，又由于金属氯化物的水解酸化过程，导致钝化膜的破裂而产生与自催化点蚀类似的局部腐蚀。这种腐蚀可能破坏机械连接的整体性和设备的密封性，给设备的正常运行造成严重的障碍，以至失效或酿成破坏性事故。缝隙腐蚀通常发生在一些具有微小宽度的缝隙内，如垫圈、铆接、螺钉连接的接缝处，搭接的焊接接头、阀座、堆积的金属片间等处，如图 4-6 所示。腐蚀介质能在其中畅流的宽的沟槽或缝隙，一般不易产生缝隙腐蚀。

2. 缝隙腐蚀产生的机理

缝隙腐蚀产生的机理与点蚀相似。它的一个重要特征是，由于特殊的几何形状或腐蚀产物在缝隙、蚀坑或裂纹出口处的堆积，使通道闭塞，限制了腐蚀介质的扩散，使腔内的介质组分、浓度和 pH 值与整体介质有很大差异，从而形成了闭塞电池腐蚀，如图 4-7 所示。阴极反应物（如溶解氧）可以很容易地通过对流（自然对流和强制对流）和扩散抵达缝隙外的金属表面。但对于缝隙内部，因仅能通过缝隙的窄口以扩散方式进入缝隙，所以抵达缝隙内部的停滞溶液中的氧很少。缝内外氧浓差增加，缝内金属的电位变负，使缝内阳极溶解速度增加，结果引起 Mn^+ 的浓度增加，Cl^- 往缝内迁移。所生成的金属离子在水中水解成不溶的金属氢氧化物和游离酸，即发生如同点蚀发展阶段孔内形成的金属离子发生的水解反应，结果使缝隙内 pH 值下降，这样

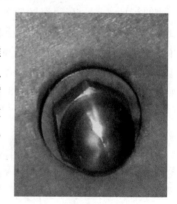

图 4-6　不锈钢垫圈处发生的缝隙腐蚀

Cl^- 和低 pH 值共同作用，金属表面活化，大阴极—小阳极形成，加速了缝隙腐蚀，腐蚀进入发展阶段。由于缝内金属溶解速度的增加，使相应缝外邻近表面的阴极过程（氧的还原反应）速度增加，腐蚀电流不断增加，从而保护了外部表面。缝内金属离子进一步过剩又促使 Cl^- 迁入缝内，金属离子继续水解、缝内酸度持续增加，进一步加速金属的溶解，这与自催化孔蚀相似。

为了防止发生缝隙腐蚀，首先应尽量避免有缝隙的设计，或使缝隙敞开；其次提高耐缝隙腐蚀的能力，选用合适的材料，对于某些重要部件，可以改用耐缝隙腐蚀性能较强的高铬高钼不锈钢。

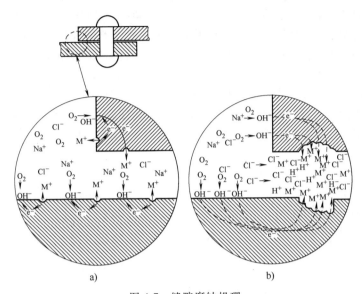

图 4-7　缝隙腐蚀机理

a）腐蚀初期的阳极溶解　b）缝隙内外形成电池腐蚀

4.2.4　应力腐蚀

1. 应力腐蚀的形态

不锈钢在应力和特定的腐蚀性环境的联合作用下，将出现低于材料强度极限的脆性开裂现象，致使其失去功能，这种现象称为应力腐蚀开裂或应力腐蚀破裂（简称 SCC）。

不锈钢应力腐蚀开裂的形貌具有一定的特征。在外观形貌方面，裂纹出现在设备或构件的局部区域，而不是发生在与腐蚀介质相接触的整个界面上，裂纹的数量不定，有时很多，甚至不计其数，有时较少，甚至只有一条裂纹；材料表面或裂纹内部的腐蚀程度通常极其轻微，甚至不发生全面腐蚀；裂纹一般较深，但宽度较窄，裂纹的走向与设备及构件所受应力的方向有很大关系，如图 4-8 所示；设备及部件不产生任何明显的塑性变形；有些应力腐蚀开裂是隐形的，在外观上不显露裂纹，而呈现点蚀坑，但设备及构件内部却存在始于该点蚀坑底部的应力腐蚀裂纹。在微观形貌方面，应力腐蚀裂纹一般呈现穿晶型、沿晶型和混合型三种形态，视材料/环境系统的不同而异。

2. 应力腐蚀产生的机理

不锈钢应力腐蚀的原因主要是介质中存在引起腐蚀的成分和拉应力的存在，二者缺一不可。以奥氏体不锈钢为例，它在铸造过程中产生热应力、机械阻碍应力和相变应力；在冷加工过程中可发生相变，产生形变马氏体，由于相变的发生将会在材料中产生应力，而这一应力如果不采取措施处理将一直存在；在焊接过程中，由于焊接热循环的作用，将产生热应力；热

图 4-8　不锈钢应力腐蚀裂纹

处理过程中，结构设计不合理时同样可以导致应力集中或残余应力。同时，奥氏体不锈钢对 Cl^-、

S^{2-}、OH^-等几种离子最敏感，这些离子能在裂纹尖端聚集，一旦材料表面钝化膜在机械加工或使用过程中出现微量缺陷，这些离子将在此处聚集浓缩。外应力与制造过程中材料内部存在的残余应力叠加，在有腐蚀介质存在的情况下就会发生破裂，这是一种电化学—力学的破裂。

应力腐蚀破裂的过程通常可以分为三个阶段：裂纹的萌生阶段、裂纹的扩展阶段、过载断裂。在破裂过程的不同阶段，其破裂机理也是不同的。

在裂纹的萌生阶段，人们研究总结出了四种机理：局部原电池溶解诱发裂纹、在点蚀坑处萌生裂纹、在应力集中处萌生裂纹和微生物腐蚀诱发裂纹，如图4-9所示。

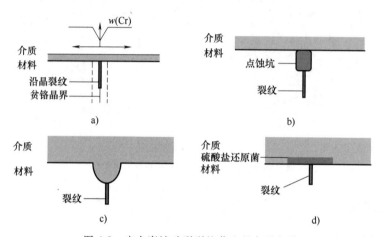

图 4-9 应力腐蚀破裂裂纹萌生的各种部位

a）局部原电池溶解诱发裂纹 b）在点蚀坑处萌生裂纹 c）在应力集中处萌生裂纹
d）微生物腐蚀诱发裂纹

当裂纹萌生之后，裂纹在环境与拉应力的作用下扩展。在扩展阶段，人们也研究总结出了四种机理：电化学阳极溶解机理、氢脆机理、钝化膜解理机理和裂尖表面原子移动机理，如图4-10所示。

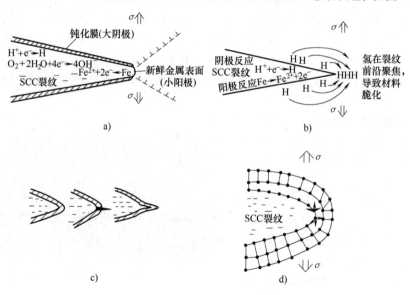

图 4-10 各种应力腐蚀破裂裂纹扩展机理

a）电化学阳极溶解机理 b）氢脆机理 c）钝化膜解理机理 d）裂尖表面原子移动机理

　　为防止应力腐蚀裂纹，在工况介质成分无法改变的情况下，应合理地选用一种含某种合金成分更高或碳含量更低的材料，如含钼双相不锈钢在低应力下有良好的耐氯化物应力腐蚀性能，并通过退火或合理的结构设计来降低制造过程中材料内部的残余应力。

4.2.5　腐蚀疲劳

1. 腐蚀疲劳的形态

　　材料在重复的交变应力（也称周期应力或循环应力）和腐蚀介质的联合作用下所发生的早期腐蚀开裂现象，称为腐蚀疲劳。

　　金属材料腐蚀疲劳的本质是力学过程和电化学腐蚀过程的共同作用，这种共同作用远超过交变载荷和腐蚀介质单独作用的结果数学叠加，是一种较严重的破坏形式。在常规疲劳中材料一般会存在疲劳极限，但在腐蚀环境下材料不存在疲劳极限，即便是在很低的应力条件下，腐蚀疲劳也会产生。因此，腐蚀疲劳在工程上的危害性不亚于应力腐蚀开裂，在考虑工程设计和选材时，应予以足够的重视。

　　设备和部件一旦发生腐蚀疲劳时效，其断口宏观上一般会呈现比较明显的贝壳状花纹，断口一般较平整光滑，无明显的塑性变形。在光学显微镜下，腐蚀疲劳裂纹一般较平直，少有分枝，似呈锯齿状，多为穿晶裂纹。在电子显微镜下，在疲劳断口的裂纹扩展区可以观察到明显的疲劳辉纹，这是腐蚀疲劳断口的一个重要特征，也是区别其他应力腐蚀开裂的一个重要依据。

2. 腐蚀疲劳产生的原因

　　腐蚀疲劳是积累损伤过程，它由裂纹的萌生、扩展和断裂三个阶段构成，如图 4-11 所示。材料在腐蚀介质中预先形成点蚀坑，即腐蚀疲劳源，这是发生腐蚀疲劳的必要条件。点蚀坑在应力作用下由于位错运动，优先滑移，形成滑移台阶。滑移台阶在腐蚀介质作用下发生金属阳极溶解，在反方向的应力作用下金属表面形成初始裂纹，如图 4-12 所示。

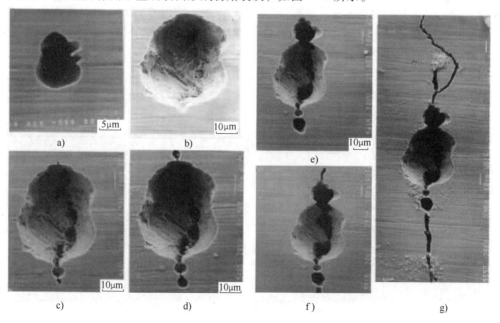

图 4-11　不锈钢腐蚀疲劳裂纹生成过程

a）点蚀坑　b）点蚀坑扩大　c）形成滑移台阶　d）开始局部溶解　e）溶解加剧　f）萌生裂纹　g）裂纹扩展

不锈钢腐蚀疲劳裂纹的扩展是裂纹尖端在循环应力和腐蚀介质的联合作用下，周期性地由材料表面向材料内部扩展，扩展的途径通常是穿晶型的。当裂纹长度扩展到临界尺寸时，随着循环应力和腐蚀介质联合作用的继续就会导致材料的断裂。

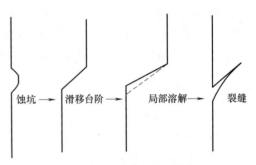

蚀坑 → 滑移台阶 → 局部溶解 → 裂缝

图 4-12　腐蚀疲劳裂纹形成机理

发生腐蚀疲劳，须满足两个条件，一是必须受到交变应力的作用，二是具有腐蚀性环境。与应力腐蚀开裂不同，腐蚀疲劳在任何腐蚀介质中都可能发生，不受介质中特定离子的限制。影响腐蚀疲劳的因素主要有材料因素、力学因素及环境因素。材料的抗拉强度、耐点蚀性能及晶粒度是影响材料腐蚀疲劳强度的三个主要因素。通常，提高材料的抗拉强度、耐点蚀性能，减小晶粒度，都有利于提高材料的抗腐蚀疲劳能力。敏化处理对奥氏体不锈钢和马氏体不锈钢的腐蚀疲劳强度都是有害的。

4.2.6　微生物腐蚀

微生物腐蚀是金属材料在微生物环境中常常发生的一种腐蚀形式，它是微生物生命活动对金属电化学腐蚀过程产生的影响。凡是同水、土壤或润湿空气接触的设施，都可能受到微生物腐蚀。

微生物腐蚀是一种电化学腐蚀，所不同的是介质中因腐蚀微生物的繁衍和新陈代谢而改变了与之相接触的材料界面的某些理化性质。如放在海水中的金属板数小时之后表面上便会形成一层黏滑的生物膜，微生物在生物膜内的活动便引起了金属与水溶液界面间溶解氧、pH 值、有机及无机物质的改变，形成电化学理论中最基本的氧浓差和其他浓差电池，从而促进材料的腐蚀。例如，将 304 不锈钢分别浸泡在无菌和有菌培养基中，于 37℃±1℃ 下恒温培养 19d。在无菌培养基中浸泡后，表面形成了一层比较均匀致密的膜，这主要是培养基中各组分在试片表面的沉淀物所构成的（见图 4-13a）；而在有菌培养基中浸泡后，表面形成了一层疏松且不均匀的膜，这是因为形成了生物膜，正是由于表面生物膜的作用，导致了不锈钢耐蚀性的下降（见图 4-13b）。在有菌情况下不锈钢腐蚀较严重，表面坑坑洼洼，有明显的点蚀，说明细菌诱导了不锈钢点蚀的发生。

a)　　　　　　　　　　　　　　　b)

图 4-13　304 不锈钢在培养基中浸泡 19d 后的表面腐蚀形貌
a）无菌培养基　b）有菌培养基

自然界影响金属腐蚀的微生物种类繁多，生活在海水、淡水、土壤甚至一些极恶劣的环境中。美国腐蚀工程师学会将影响金属腐蚀的细菌分为 4 类，这 4 类细菌引起的腐蚀包括硫酸盐还原菌引起的厌氧腐蚀、好氧菌通过硫细菌产生硫酸引起的好氧腐蚀、黏稠性细菌膜生成菌引起的腐蚀、藻类和蕈类等其他细菌引起的腐蚀。不同的菌类产生不同的腐蚀机理。

影响微生物的因素主要有环境的性质（土壤、冷却水、海水）、腐蚀微生物种类、材料的性质等。因此，防止微生物腐蚀的举措也围绕这几方面展开，包括改变环境和工艺参数，在材料表面施加有机涂层，对材料进行阴极保护，采用杀菌剂等。其中，对不锈钢进行抗菌改性，使其具有优良的抗菌性能，对预防微生物腐蚀有积极的作用。

4.3　合金元素对不锈钢组织和性能的影响

4.3.1　不锈钢的铬当量和镍当量

典型的不锈钢除碳、硅、锰、磷、硫五大元素以及铬外，还含有一种或多种其他合金元素，如镍、钼、铜、铌、钛、氮等。这些合金元素对不锈钢的组织产生影响，可归为两大类：一类是促进铁素体形成的元素，包括铬、钼、硅、铝、钨、钛、铌等；另一类是促进奥氏体形成元素，包括碳、氮、镍、钴、锰、铜等。在一定温度条件下，不锈钢的基体组织是由钢中形成铁素体和形成奥氏体合金元素之间的相互作用决定的，一般用铬当量和镍当量来表示。铬当量是反映金属组织铁素体化程度的指标，其量值是根据不锈钢组织中的铁素体化元素（如铬、钼、硅、铌等），按其铁素体化作用的强烈程度，折算成铬含量的总和。镍当量是反映不锈钢组织奥氏体化程度的指标，其量值是根据

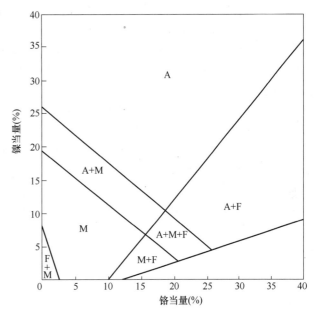

图 4-14　不锈钢的铬当量和镍当量与室温下
不锈钢基体组织的关系

组织中包含的奥氏体元素（如镍、碳、锰等），按其奥氏体化作用的强烈程度折算成镍含量的总和。铬当量 Cr_{eq} 与镍当量 Ni_{eq} 可用下面的关系式表示：

$$Cr_{eq} = w(Cr) + 1.5w(Mo) + 1.5w(Si) + 1.75w(Nb) + 1.5w(Ti) + 5.5w(Al) + 0.75w(W) \quad (4-5)$$

$$Ni_{eq} = w(Ni) + w(Co) + 30w(C) + w(N) + 0.5w(Mn) + 0.3w(Cu) \quad (4-6)$$

舍夫勒（Schaeffler）根据不锈钢焊条电弧焊的焊缝组织实测，统计绘成了铬当量、镍当量与组织区域之间的关系图，为不锈钢的成分设计和组织预测提供了较简便的指导，如图 4-14 所示。

4.3.2　合金元素对不锈钢性能的影响

1. 铬的影响

（1）铬对组织的影响　在奥氏体不锈钢中，铬是强烈形成并稳定铁素体的元素，缩小奥氏

体区。随着钢中铬含量增加，奥氏体不锈钢中可出现（δ）铁素体组织。研究表明，在铬镍奥氏体不锈钢中，当碳的质量分数为 0.1%，铬的质量分数为 18% 时，为获得稳定的单一奥氏体组织，所需镍的质量分数最低，约为 8%。就这一点而言，常用的 18Cr-8Ni 型铬镍奥氏体不锈钢是铬、镍含量配比最为适宜的一种。在奥氏体不锈钢中，随着铬含量的增加，一些金属间化合物的形成倾向增大，当钢中含有钼时，还会促使 χ 相等的形成。σ、χ 相的析出不仅显著降低钢的塑性和韧性，而且在一些条件下还降低钢的耐蚀性，奥氏体不锈钢中铬含量的提高可使马氏体转变温度（Ms）下降，从而提高奥氏体基体的稳定性。因此高铬（如质量分数超过 20%）奥氏体不锈钢即使经过冷加工和低温处理也很难获得马氏体组织。

铬是强碳化物形成元素，奥氏体不锈钢中常见的铬碳化物有 $Cr_{23}C_6$。当钢中含有钼或铬时，还可见到 Cr_6C 等碳化物。这些铬碳化物的形成在某些条件下对钢的性能会产生重要影响。

（2）铬对耐蚀性的影响　铬是不锈钢获得耐蚀性的最主要合金元素，这是由于不锈钢在接触周围腐蚀环境时，在其表面形成了一层极薄而又坚固细密的稳定的富铬氧化膜。这个薄膜的存在使不锈钢基体在各种介质中腐蚀受阻，这种现象称为钝化。

铬对奥氏体不锈钢性能影响最大的是耐蚀性，主要表现为：铬提高钢的耐氧化性介质和酸性氯化物介质的性能；在镍以及钼和铜复合作用下，铬提高钢耐一些还原性介质、有机酸、尿素和碱介质的性能；铬还提高钢耐局部腐蚀的性能。对奥氏体不锈钢晶间腐蚀敏感性影响最大的因素是钢中碳含量，其他元素对晶间腐蚀的作用主要视其对碳化物的溶解和沉淀行为的影响而定。在奥氏体不锈钢中，铬能增大碳的溶解度而降低铬的贫化度，因而提高铬含量对奥氏体不锈钢的耐晶间腐蚀是有益的，铬非常有效地改善奥氏体不锈钢的耐点腐蚀及缝隙腐蚀性能，当钢中同时有钼或钼及氮存在时，铬的这种作用大大增强。

铬对奥氏体不锈钢的耐应力腐蚀性能的作用，随实验介质条件及实际使用环境而异。在 $MgCl_2$ 沸腾溶液中，铬的作用一般是有害的，但是在含 Cl^- 和氧的水介质、高温高压水以及点腐蚀为起源的应力腐蚀条件下，提高钢中铬含量则对耐应力腐蚀有利。铬还可防止奥氏体不锈钢及合金中由于镍含量提高而容易出现的晶间型应力腐蚀的倾向，对开裂性应力腐蚀（NaOH），铬的作用也是有益的。铬除对奥氏体不锈钢耐蚀性有重要影响外，还能显著提高该类钢的抗氧化、抗硫化和耐融盐腐蚀等性能。

2. 镍的影响

（1）镍对组织的影响　镍是强烈稳定奥氏体且扩大奥氏体相区的元素，为了获得单一的奥氏体组织，当钢中碳、铬的质量分数分别为 0.1% 和 18% 时所需的最低镍的质量分数约为 8%，这便是最著名 18-8 铬镍奥氏体不锈钢的基本成分。奥氏体不锈钢中，随着镍含量的增加，残余的铁素体可完全消除，并显著降低 σ 相形成的倾向；同时马氏体转变温度降低，甚至可不出现 A→M 相变，但是镍含量的增加会降低碳在奥氏体不锈钢中的溶解度，从而使碳化物析出倾向增强。

（2）镍对性能的影响　镍对奥氏体不锈钢特别是对铬镍奥氏体不锈钢力学性能的影响，主要是由镍对奥氏体稳定性的影响来决定。在钢中可能发生马氏体转变的镍含量范围内，随着镍含量的增加，钢的强度降低而塑性提高。具有稳定奥氏体组织的铬镍奥氏体不锈钢的韧性（包括极低温韧性）非常优良，因而可作为低温钢使用。对于具有稳定奥氏体组织的铬锰奥氏体不锈钢，镍的加入可进一步改善其韧性。镍还可显著降低奥氏体不锈钢的冷加工硬化倾向，这主要是由于奥氏体稳定性增大，减少以至消除了冷加工过程中的马氏体转变，同时对奥氏体本身的冷加工硬化作用不太明显。提高镍含量还可减少以至消除 18-8 和 17-14-2 型铬镍奥氏体不锈钢中的 δ 铁素体，从而提高其热加工性能。此外，镍还可显著提高铬锰氮（铬锰镍氮）奥氏体不锈钢的热加工性能，从而显著提高钢的成材率。在奥氏体不锈钢中，镍的加入以及随着镍含量的提高，钢的热力学稳定性增加，因此奥氏体耐蚀钢具有更好的耐蚀性和耐氧化性介质的性能，且随着镍含量增加，耐还原性介质的性能进一步得到改善。镍还是提高奥氏体不锈钢耐许多介质穿晶型应力腐蚀的唯一重要元素。

3. 钼的影响

（1）钼对组织的影响　钼与铬一样，也是形成和稳定铁素体并扩大铁素体相区的元素，钼形成铁素体的能力与铬相当。钼还促进奥氏体不锈钢中金属间化合物，比如 σ 相、κ 相和 Laves 相等的沉淀，对钢的耐蚀性和力学性能都会产生不利影响，特别是导致塑性、韧性下降。为使奥氏体不锈钢保持单一的奥氏体组织，随着钢中钼含量的增加，奥氏体形成元素（镍、氮及锰等）的含量也要相应提高，以保持钢中铁素体与奥氏体形成元素之间的平衡。

（2）钼对性能的影响　钼能显著促进铬在钝化膜中的富集，增强不锈钢钝化膜的稳定性，显著强化铬的耐蚀作用，从而大大提高各类不锈钢的耐蚀性。但是，钼对不锈钢耐蚀性的有益作用的前提是钢中必须有足够量的铬元素。钼能提高钢的再钝化能力，其耐点蚀和缝隙腐蚀的能力约为铬的 3 倍，为提高耐点蚀和缝隙腐蚀性能，不锈钢中一般应加入钼。钼还对防止以点蚀为起源的应力腐蚀有利。

钼对奥氏体不锈钢的氧化作用不显著。当铬镍奥氏体不锈钢保持单一的奥氏体组织且无金属间化合物析出时，钼的加入对其室温力学性能影响不大。但随着钼含量的增加，钢的高温强度提高，持久、蠕变等性能均获较大改善，所以含钼不锈钢也常在高温下应用。然而，钼的加入使钢的高温变形抗力增大，加之钢中常常存在少量 δ 铁素体，因而含钼不锈钢的热加工性比不含钼钢差，而且钼含量越高，热加工性能越坏。另外，含钼奥氏体不锈钢中容易发生 κ(σ) 相沉淀，这将显著恶化钢的塑性和韧性。因此，在含钼奥氏体不锈钢的生产、设备制造和应用过程中，要注意防止钢中金属间化合物的形成。

4. 氮的影响

氮在不锈钢中的普遍应用是近十多年来不锈钢材料领域的重大进展。除铁素体不锈钢外，几乎所有类型的不锈钢，特别是奥氏体和双相不锈钢均普遍采用氮进行合金化。

氮在不锈钢中的作用主要体现在对不锈钢基体组织、力学性能和耐蚀性三方面的影响。研究表明，氮是一种非常强烈地形成并稳定奥氏体且扩大奥氏体相区的元素，在不锈钢中可代替部分镍，降低钢中的铁素体含量，使奥氏体更稳定，防止有害金属间化合物的析出，甚至在冷加工条件下可避免出现马氏体转变。氮可以显著提高不锈钢的强度，并不降低材料的塑性、韧性；氮能提高不锈钢的抗蠕变、疲劳、磨损能力和屈服强度。氮作为改善耐蚀性的元素可在蚀孔内形成 NH_4^+，消除产生的 H^+，抑制 pH 值降低，从而能抑制点蚀的发生和蚀孔内金属的溶出速度，改善局部耐蚀性。

4.4　铸造奥氏体不锈钢

4.4.1　奥氏体不锈钢的发展简况

奥氏体不锈钢具有良好的耐蚀性，在室温下具有无磁性的奥氏体组织，钢的屈强比低，塑性好，焊接性良好，易于冶炼及铸锻热成形，是现有五大类不锈钢中综合性能最好、牌号最多、品种规格最全、适用范围最广、发展最快、产量最大、消费领域最宽的一类不锈钢。在世界范围内和在各主要不锈钢产钢国中，铬镍奥氏体不锈钢的产量一般占不锈钢总产量的 50% 以上。

第一代奥氏体不锈钢称 18-8 钢，铬的质量分数约为 18%，镍的质量分数为 8% ~ 10%，是最典型最基本的代表钢种，迄今仍在大量使用。但由于它存在固溶态强度偏低，具有敏化态晶间腐蚀倾向，在一些应用场所的耐蚀性不足等问题，在其基础上分别开发了多种类型的奥氏体不锈钢，如图 4-15 所示。

为了解决奥氏体不锈钢的敏化态晶间腐蚀并提高钢的耐蚀性，开发了超低碳奥氏体不锈钢，钢中碳的质量分数一般 ≤0.03%，在提高耐蚀性的同时，钢的强度又有所降低。20 世纪 70 年代以来，控氮（钢中残余氮量在标准范围内，如氮的质量分数 ≤0.10% 或 ≤0.12%）或加氮合金化（在常压下，向钢中加入的最大氮量，如氮的质量分数 ≥0.40%）奥氏体不锈钢的出现，通过加氮的固溶强化等手段，也可获得相当高的强度，而通过高压下加氮，所获得的高氮（在加压下可获得的氮量，即氮的质量分数 >0.40%）奥氏体不锈钢，更可获得非常高的强度和良好的断裂韧性。加氮固溶强化和冷作硬化相结合，使一些奥氏体不锈钢进入了高强度不锈钢的行列。

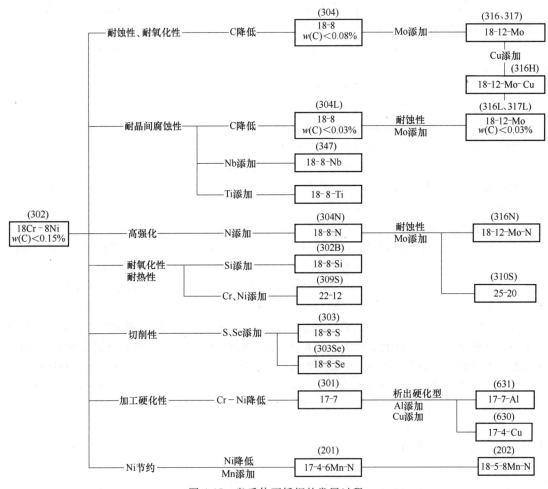

图 4-15 奥氏体不锈钢的发展过程

由于镍是稀缺且价贵的元素，20 世纪 40 年代问世的以锰、氮代替镍的标准型铬锰奥氏体不锈钢（美国 AISI200 系钢），虽然开发时间长，但用途窄，产量也低。不过，高氮高强度、超高强度的铬锰奥氏体不锈钢的出现，以及高氮无锰奥氏体不锈钢研究所取得的进展引起了人们的广泛关注。近年来，所开发的铬镍奥氏体不锈钢几乎都含有氮，有些牌号氮含量已经达到了常压下氮在奥氏体钢中固溶量的极限水平。氮的加入降低了高铬、钼奥氏体不锈钢对组织热稳定的敏感性，出现了 6%Mo 型和 7%Mo 型超级奥氏体不锈钢。

为提高奥氏体不锈钢的耐蚀性，钢中的铬、钼含量不断提高，特别是超级奥氏体不锈钢的问世，钢中钼的质量分数也已达到近 8% 的水平；铬的质量分数也从过去的 25% 提高到了近 28%，甚至高达 33%，为获得单一、稳定的奥氏体组织，铬的质量分数≥28% 的钢中镍的质量分数约达 31%，实际上已进入铁镍基耐蚀合金的行列。超级奥氏体不锈钢的问世，还填补了不锈钢与高镍耐蚀合金之间几十年来所存在的没有高耐蚀性不锈钢的空白。

为适应一些特殊和专门用途的需求，出现了许多专用不锈钢，如核级（NG）不锈钢、尿素级（UG）不锈钢、硝酸级不锈钢以及高温强氧化酸介质用不锈钢等。

4.4.2　奥氏体不锈钢的组织

1. 奥氏体不锈钢的基体

奥氏体不锈钢具有面心立方晶体结构，无磁性，不能通过热处理强化，只能采用冷加工强化手段提高强度。奥氏体不锈钢是不锈钢家族中最重要的一类，由于它具有良好的耐蚀性、常温和低温韧性、成形性和焊接性能，广泛应用于各工业领域和日常消费领域。

为了使铬镍不锈钢保持完全奥氏体组织，避免出现 δ 铁素体和马氏体，钢中的镍当量 Ni_{eq} 应不少于下列经验公式的数值：

$$Ni_{eq} = 1.1[w(Cr) + w(Mo) + 1.5w(Si) + 1.5w(Nb)] - \\ 0.5w(Mn) - 30w(C) - (16\sim30)w(N) - 8.2\% \tag{4-7}$$

根据形成奥氏体基体的合金化类型，可将奥氏体不锈钢区分为 Cr-Ni 系奥氏体和 Cr-Mn-N 系（含 Cr-Mn-Ni-N）奥氏体不锈钢两大基本系列，前者以镍为主要奥氏体形成元素，后者奥氏体形成元素主要为锰。由于对铬的质量分数超过 15% 的合金，单独使用锰，即使锰的质量分数超过 25% 也不能形成完全奥氏体，因此必须与碳、氮联合使用。此外，奥氏体不锈钢中还含有钼、硅、铜、钛、铌等元素，以赋予钢一些特殊性能。

2. 奥氏体不锈钢中的其他相

（1）奥氏体不锈钢中的铁素体　奥氏体不锈钢的奥氏体相基体是由促进奥氏体形成元素和促进铁素体形成元素之间的平衡关系决定的。典型的铁素体形成元素是铬、钼、钨、钛、铌、钒。主要的奥氏体形成元素是镍，此外，碳、氮也是奥氏体形成元素，它们形成奥氏体相的能力是镍的数十倍。锰能使氮在钢中的溶解度提高且提高钢的强韧性，是节镍奥氏体不锈钢必不可少的元素。奥氏体不锈钢中的铁素体对其性能将产生不良影响，如使钢热加工时裂纹倾向加剧，此外将导致耐点蚀性能降低，在尿素环境中受到腐蚀等。因此，奥氏体不锈钢中应尽量避免铁素体的形成。

（2）奥氏体不锈钢的形变马氏体　常用的奥氏体不锈钢自高温奥氏体状态急冷到室温所获得的奥氏体组织处于亚稳状态，稳定程度受钢的成分所制约。当继续冷到室温以下或经受冷变形时，将可能存在马氏体组织。马氏体转变是一种无扩散切变，在很短时间内完成这种转变，快冷和形变是马氏体转变的外部条件，奥氏体稳定程度是内在条件。

奥氏体不锈钢中的马氏体相既存在有利影响，也存在不利影响。对于大多数奥氏体不锈钢，由于形变马氏体硬而脆且具有磁性，它的存在使钢的强度提高，尤其是屈服强度提高明显，而韧性、塑性随之降低，此外形变马氏体对钢的耐蚀性产生不利影响。鉴于此，通过调整钢中镍铬当量比，开发出可控制或避免形变马氏体形成的奥氏体不锈钢，以适应不同领域的需要。

（3）奥氏体不锈钢中的碳化物和氮化物　常用奥氏体不锈钢中碳的质量分数为 0.05%～

0.15%，在高温下全部溶解于奥氏体中。当冷却到室温时，碳以过饱和状态存在于基体中。当再加热到合适温度，并有足够的保温时间，碳将会以碳化物形式沉淀出来。常见的碳化物类型有 $M_{23}C_6$、MC、M_6C，而 M_7C_3 少见。

$M_{23}C_6$ 型碳化物是影响奥氏体不锈钢性能最主要的碳化物，析出温度为 482~950℃，最敏感的温度出现在 650~750℃ 之间，所需保温时间最短仅几秒钟。$M_{23}C_6$ 型碳化物是富铬碳化物，它的析出将引起其附近区域铬含量降低，由于铬扩散慢，将产生贫铬区。在晶界析出连续网状 $M_{23}C_6$ 型碳化物时带来的危害尤其严重。此外该碳化物析出对耐点蚀、耐缝隙腐蚀和应力腐蚀也产生不利影响，并降低钢的韧性、塑性。为避免有害的 $M_{23}C_6$ 析出，通常采用添加强碳化物形成元素和降低钢中碳的质量分数到 0.03% 以下来控制。

MC 碳化物主要出现于钛或铌稳定的奥氏体不锈钢中，在这类不锈钢中的 MC 是 TiC 和 NbC，如果有 Ta 存在也可能形成 TaC。MC 碳化物具有面心立方结构，碳原子在晶体点阵中占据八面体间隙的位置，奥氏体不锈钢中不可避免含有氮，也可生成 TiN 和 NbN 等 MN 型氮化物。MN 和 MC 晶格类型相同，C、N 原子经常相互取代，实际工业产品中多以 M（CN）型碳氮化物形式存在。

在 Ti 或 Nb 稳定化奥氏体不锈钢中，经适宜的温度加热，MC 优先析出，占用了钢中的碳，因而减少或推迟了有害的 $M_{23}C_6$ 的析出，提高了钢抗敏化态晶间腐蚀的能力。MC 的析出敏感温度为 850~900℃，通常在此温度进行 2~4h 的热处理，使 MC 优先析出，此种处理叫稳定化热处理，它一般在固溶处理后再进行才能充分发挥作用。MC 的析出除提高耐晶间腐蚀性能外，还可提高钢的蠕变性能，对于高温应用的部件可在较高温度进行固溶处理，使 MC 尽量溶解，然后在高温应用中，MC 便可弥散沉淀出来，从而达到提高其蠕变强度的目的。

M_6C 型碳化物中至少含有两种金属原子，在含钼或铌的奥氏体不锈钢中曾观察到它的存在，钢中的氮、镍、铜、铌促进了 M_6C 的形成。M_6C 属于高温沉淀相，当成分合适时，最快的沉淀温度处于 900~950℃，常在 1h 内沉淀出来，主要分布在晶内，且与一种或几种金属间化合物同时生成。目前已观察到 Fe_3Mo_3C、Fe_3Nb_3C 和（Fe，Cr）$_3Nb_3C$ 等 M_6C 型碳化物，当温度超过 1050℃，它们将会溶解在奥氏体基体中。

在奥氏体不锈钢中也可能存在氮化物。在不含稳定化元素的奥氏体不锈钢中，如 18-8 不锈钢，当氮的质量分数超过 0.15% 时曾发现 Cr_2N 型氮化物，在含足够量的铝、钛、铌、钒的奥氏体钢中能够生成 MN。

（4）奥氏体不锈钢中的金属间化合物　在奥氏体不锈钢中主要的金属间化合物为 σ 相、χ 相、Laves 相（η 相）等。

σ 相的名义成分是 FeCr，但在奥氏体不锈钢中也会有 Ni、Mo 等原子参与沉淀。在适宜的条件下，σ 相首先在三个晶粒交汇点出现，其次是晶界。σ 相的析出引起钢脆化，当其质量分数达到 2%~4% 时，钢的冲击韧性显著降低，出现显著脆化。由于 σ 相富铬，将引起其周围出现铬贫化，降低耐蚀性，在强氧化性介质中还会出现晶界腐蚀。可以采用固溶处理将 σ 相溶解于基体中，并避免随后在 σ 相形成温度受热，只能通过调整合金成分来防止它的形成。

χ 相主要出现在含钼的奥氏体不锈钢中，其代表性化学式为 $Fe_{36}Cr_{12}Mo_{10}$。Laves 相（η 相）是由固定原子构成的 B_2A 型金属间化合物，主要是晶内沉淀，与奥氏体基体保持一定的位向关系。在奥氏体不锈钢中，该相化学式为 Fe_2Mo 和 Fe_2Nb。Laves 相沉淀相对较慢，数量较少。

4.4.3　奥氏体不锈钢的工艺性能

1. 焊接性能

奥氏体不锈钢与其他各类不锈钢相比，有着较好的焊接性能，对氢脆也不敏感，可用各种焊接方法顺利地对工件进行焊接或补焊。工件在焊前无须预热，若无特殊要求，焊后也可不进行热处理。奥氏体不锈钢在焊接工艺上应注意焊缝金属的热裂纹。在焊接热影响区的晶界上析出铬的碳化物以及焊接残余应力。对于热裂纹，可采用含适量铁素体的不锈钢焊条焊接，能取得良好的效果。对于要接触易产生局部腐蚀介质的工件，焊后应尽可能地进行热处理，以防发生晶间腐蚀、应力腐蚀开裂和其他局部腐蚀。

2. 铸造性能

奥氏体不锈钢的铸造性能比马氏体和铁素体不锈钢好。这类钢中 18-8 型钢的铸造收缩率一般为 2% ~ 2.5%，18-12Mo 型钢的铸造收缩率一般约为 2.8%。在这类钢中，含钛的奥氏体不锈钢，其铸造性能比不含钛者要差，易使铸件产生夹杂、冷隔等铸造缺陷。含氮的奥氏体不锈钢（如 ZG12Cr18Mn9Ni4N）铸造时气孔敏感性较大，在冶炼、铸造工艺上都必须采取防护措施，严格烘烤炉料，采用干型，并严格控制出钢温度和浇注温度等。

合金元素（如铬、镍、钼、铜等）含量高的奥氏体不锈钢在铸造时，铸件（特别是形状较复杂的厚大铸件，以及长管状铸件）易产生裂纹，严重者甚至出现开裂。因此，必须在铸造工艺、冶炼工艺上采取特别的措施。

3. 锻造性能

奥氏体不锈钢的锻造工艺比较复杂，尤其是合金元素（特别是钼或硅元素）含量高的奥氏体不锈钢更为复杂。因其热导率低、热膨胀系数大，锻造加热须缓慢进行，否则工件内外温差大，会产生裂纹。这类钢的加工硬化效应很大，锻造时变形抗力很大，使锻造困难。这种阻力随温度的升高而降低。因此，在不致同时引起对塑性有害的铁素体（α 相）析出的情况下，应适当提高加热温度。通常，奥氏体不锈钢所采用的始锻温度为 1150 ~ 1200℃，终锻温度为 825 ~ 950℃。对钼和硅含量较高的 18-8 型钢，其锻造的最高温度不应超过 1150℃，终锻温度不能低于 925℃。

奥氏体不锈钢中，即使存在少量铁素体，也将给锻造带来困难，铁素体小岛处容易产生裂纹。

4. 切削性能

奥氏体不锈钢的切削性能较差，切削加工时，加工硬化倾向大，即使不太大的变形也会引起金属强烈硬化。此外，由于这类钢韧性高，切削加工时易产生粘刀现象，以及形成长切屑，使加工条件变坏。因此加工这类钢应采用小的进刀量。

5. 奥氏体不锈钢的热处理方式

奥氏体不锈钢的热处理有三种形式：固溶处理、稳定化处理、消除应力热处理。

（1）固溶处理　这是奥氏体不锈钢主要的热处理形式，就是将钢加热到 1000 ~ 1100℃ 的高温，经保温后使碳化物、σ 相等分解、固溶，可以得到成分均匀的单一的奥氏体组织，然后水冷使高温的稳定奥氏体一直保持到常温，称为固溶处理。这种处理的铬镍奥氏体不锈钢，其硬度最低，韧性、塑性最高，耐蚀性最好，是最佳的使用状态。

固溶处理温度的选择随钢的碳含量而异，对于碳含量较高的钢以及含有提高 σ 相存在上限温度的元素（如钼、硅等）的钢，其固溶处理的温度相应提高，以保证碳化物及 σ 相的充分固溶。但要注意，固溶处理的温度不宜过高，以免因温度过高而使钢中析出 σ 铁素体，将影响钢的有关性能。

（2）稳定化处理　这种热处理主要是针对含钛、铌等元素稳定化的钢而言的。

尽管钛或铌加入 18-8 钢中能与其中的碳形成 TiC 或 NbC，但加热到高温进行固溶处理时，这些碳化物将部分甚至大部分分解并固溶于基体中，使奥氏体中溶进了大量的碳。在以后的

450~800℃区间若经受如焊接之类加热时，由于 Ti、Nb 的扩散比 Cr 困难，形成 $Cr_{23}C_6$ 比 TiC 或 NbC 容易，所以形成的碳化物仍以 $Cr_{23}C_6$ 为主，即析出铬的碳化物。

因此，为了使稳定化元素首先与固溶的碳结合，可进行稳定化处理。所谓稳定化处理就是经固溶处理之后，进行 850~950℃ 加热，保温后水（油）冷或空冷。稳定化处理视不同的钢种而异。ZG12Cr18Ni9Ti 钢的稳定化处理工艺为 860~880℃，保温 2~6h，空冷。

（3）消除应力热处理　消除应力热处理的主要目的是为了消除奥氏体不锈钢经冷加工、焊接、热处理后残存的内应力，以消除工件对应力腐蚀开裂的敏感性。这种热处理的加热温度一般在 870℃ 以上。对于不含钛或铌的钢，加热后应快速冷却，以防析出碳化铬及其所导致的晶间腐蚀。对于含钛和铌的钢，可与稳定化热处理一并进行，不再另行处理。

4.4.4　铸造奥氏体不锈钢的典型牌号及其应用

在奥氏体不锈钢中，304（L）和 316（L）是应用最广泛的牌号，其化学成分范围见表 4-1。

表 4-1　304（L）和 316（L）不锈钢的化学成分范围

牌号		化学成分（质量分数，%）							
美国	中国	C ≤	Si ≤	Mn ≤	P ≤	S ≤	Ni	Cr	Mo
304	ZG06Cr19Ni10	0.08	1.00	2.00	0.035	0.030	8.00~10.00	18.00~20.00	—
304L	ZG022Cr19Ni10	0.03	1.00	2.00	0.035	0.030	8.00~10.00	18.00~20.00	—
316	ZG08Cr17Ni12Mo2	0.08	1.00	2.00	0.035	0.030	10.00~14.00	16.00~18.00	2.00~3.00
316L	ZG022Cr17Ni12Mo2	0.03	1.00	2.00	0.035	0.030	10.00~14.00	16.00~18.00	2.00~3.00

1. 304（L）不锈钢

该钢的主要特性如下：

1）具有优良的耐蚀性和较好的抗晶间腐蚀性能。对氧化性酸，如在质量分数 ≤65% 的沸腾温度以下的硝酸中，具有很强的耐蚀性。对碱溶液及大部分有机酸和无机酸也具有良好的耐蚀性。

2）具有优良的冷热加工和成形性能。可以加工生产板、管、丝、带、型各种产品，适用于制造冷镦、深冲、深拉深成形的零件。

3）低温性能较好。在 -180℃ 条件下，强度、断后伸长率、断面收缩率都很好。由于没有韧脆转变温度，常在低温下使用。

4）具有良好的焊接性能。可采用通常的焊接方法焊接，焊前焊后均无须进行热处理。

304（L）不锈钢也有性能上的不足之处：大截面尺寸钢件焊接后对晶间腐蚀敏感；在含 Cl^- 水中（包括湿态大气）对应力腐蚀非常敏感；力学强度偏低，切削性能较差等。

2. 316（L）不锈钢

316（L）不锈钢是继 304（L）之后，第二个得到最广泛应用的钢种。它是以钼为基础的奥氏体不锈钢，与 304（L）不锈钢相比，具有更好的耐一般腐蚀、点腐蚀、缝隙腐蚀性能及耐高温性能，可在更严酷的条件下使用。一般来说，不腐蚀 18-8 不锈钢的介质，都不会腐蚀含钼的等级。唯一例外的是高氧化性酸，如硝酸，含钼的不锈钢对这种酸的耐蚀性较弱。在硫酸溶液中，316（L）型不锈钢比其他铬-镍类型的等级具有更良好的耐蚀性。在温度达到 38℃ 的条件下，它对高浓度溶液仍具有良好的耐蚀性。浓缩含硫气体时，316（L）型不锈钢比其他类型的不锈钢具有更好的耐蚀性。然而，在这样的应用中，酸浓度对腐蚀速率的影响相当大，这一因素要慎重考虑。316（L）型不锈钢对其他各种环境都有一定的耐蚀性，被广泛应用于有机酸和脂肪酸、食物、医药产品的制造和处理。一般来说，在相同的环境条件下，316 与 316L 可以看成性能相当，但是在可以引起焊接热影响区晶间腐蚀的环境下，应优先选用 316L，因为其碳含量低，可以提高耐晶间腐蚀性。

铬、钼、氮含量增加，可以提高奥氏体不锈钢在氯化物或其他卤素离子环境下的耐点腐蚀/隙腐蚀性。316 和 316L 的耐点蚀当量 PREN 为 24.2，304 的 PREN 则为 19.0，这反映了 316 型不锈钢耐点蚀性能比 304 好。304 不锈钢在含质量分数为 0.01%氯化物的水环境下，具有耐点蚀性能和耐隙腐蚀性能。含钼的 316 不锈钢，分别在含质量分数为 0.1% 和 0.5%氯化物的水环境下，具有耐点蚀性能和耐隙腐蚀性能。316 型不锈钢在 5%（质量分数）盐雾中测试 100h，都没有出现腐蚀，所以它适用于海洋环境的应用，如船只导轨、海洋附近建筑物外墙等。

316 型不锈钢暴露在 427~816℃ 的温度条件下，可能引起碳化铬在晶界沉淀，导致晶间腐蚀。当焊接厚度超过 11.1mm 时，应进行退火处理。如果焊接后不能做退火处理或须做低温应力消除处理时，采用 316L 可以改善晶间腐蚀倾向。须做应力消除处理的容器，在此温度范围内做短时间处理，不会影响金属正常的耐蚀性。

在卤化环境下，奥氏体不锈钢容易受应力腐蚀龟裂的影响。尽管 316 型不锈钢由于含有钼，比 18-8 不锈钢在一定程度上具有更好的耐应力腐蚀龟裂性能，但仍是比较容易受影响的。退火消除应力热处理可以减低材料对卤化物应力腐蚀龟裂的敏感性。低碳的 L 等级，在耐应力腐蚀龟裂方面没有特殊优势，但是在应力消除状态下，L 等级是仍然是首选。

3. 304（L）和 316（L）的衍生牌号

由于 304（L）和 316（L）不锈钢在某些性能上还存在不足，人们在生产和使用中想办法扬长避短，根据不同使用环境或条件的特定要求，对其化学成分进行调整，发展出了满足不锈钢铸件使用要求的衍生牌号。在 GB/T 2100—2017 通用耐蚀钢铸件中，列举了多种 304（L）和 316（L）不锈钢的衍生牌号，它们可用于铸造成形，满足相应的工况要求，见表 4-2。铸件的室温力学性能要符合表 4-3 中的要求。

表 4-2　铸造奥氏体不锈钢的牌号与化学成分（GB/T 2100—2017）

牌号	化学成分（质量分数,%）								
	C≤	Si≤	Mn≤	P≤	S≤	Cr	Mo	Ni	其他
ZG03Cr19Ni11	0.03	1.50	2.00	0.035	0.025	18.00~ 20.00	—	9.00~ 12.00	N≤0.20
ZG03Cr19Ni11N	0.03	1.50	2.00	0.035	0.025	18.00~ 20.00	—	9.00~ 12.00	N:0.12~ 0.20
ZG07Cr19Ni10	0.07	1.50	1.50	0.040	0.030	18.00~ 20.00	—	8.00~ 11.00	
ZG07Cr19Ni11Nb	0.07	1.50	1.50	0.040	0.030	18.00~ 20.00	—	9.00~ 12.00	Nb:8C~ 1.00
ZG03Cr19Ni11Mo2	0.03	1.50	2.00	0.035	0.025	18.00~ 20.00	2.00~ 2.50	9.00~ 12.00	N≤0.20
ZG03Cr19Ni11Mo2N	0.03	1.50	2.00	0.035	0.030	18.00~ 20.00	2.00~ 2.50	9.00~ 12.00	N:0.10~ 0.20
ZG07Cr19Ni11Mo2	0.07	1.50	1.50	0.040	0.030	18.00~ 20.00	2.00~ 2.50	9.00~ 12.00	
ZG07Cr19Ni11Mo2Nb	0.07	1.50	1.50	0.040	0.030	18.00~ 20.00	2.00~ 2.50	9.00~ 12.00	Nb:8C~ 1.00
ZG03Cr19Ni11Mo3	0.03	1.50	1.50	0.040	0.030	18.00~ 20.00	3.00~ 3.50	9.00~ 12.00	

（续）

牌号	化学成分（质量分数，%）								
	C≤	Si≤	Mn≤	P≤	S≤	Cr	Mo	Ni	其他
ZG03Cr19Ni11Mo3N	0.03	1.50	1.50	0.040	0.030	18.00~20.00	3.00~3.50	9.00~12.00	N:0.10~0.20
ZG07Cr19Ni12Mo3	0.07	1.50	1.50	0.040	0.030	18.00~20.00	3.00~3.50	10.00~13.00	
ZG025Cr20Ni25Mo7Cu1N	0.025	1.00	2.00	0.035	0.020	19.00~21.00	6.00~7.50	24.00~26.00	N:0.15~0.25 Cu:0.50~1.50
ZG025Cr20Ni19Mo7CuN	0.025	1.00	1.20	0.035	0.010	19.50~20.50	6.00~7.50	17.50~19.50	N:0.18~0.24 Cu:0.50~1.50

表 4-3　奥氏体不锈钢铸件的室温力学性能要求（GB/T 2100—2017）

牌号	下屈服强度 R_{eL}/MPa ≥	抗拉强度 R_m/MPa ≥	断后伸长率 A(%) ≥	冲击吸收能量 KV_2/J≥
ZG03Cr19Ni11	185	440	30	80
ZG03Cr19Ni11N	230	510	30	80
ZG07Cr19Ni10	175	440	30	60
ZG07Cr19Ni11Nb	175	440	25	40
ZG03Cr19Ni11Mo2	195	440	30	80
ZG03Cr19Ni11Mo2N	230	510	30	80
ZG07Cr19Ni11Mo2	185	440	30	60
ZG07Cr19Ni11Mo2Nb	185	440	25	40
ZG03Cr19Ni11Mo3	180	440	30	80
ZG03Cr19Ni11Mo3N	230	510	30	80
ZG07Cr19Ni12Mo3	205	440	30	60
ZG025Cr20Ni25Mo7Cu1N	210	480	30	60
ZG025Cr20Ni19Mo7CuN	260	500	35	50

注：铸件厚度≤150mm。

304（L）和316（L）不锈钢的衍生牌号中，经常添加氮作为合金元素。在不锈钢中加入氮，可以提高钢的强度，明显改善耐点蚀性能。氮原子与刃位错的交互作用能使在位错拉应力一侧成为负值，偏聚于拉应力区，形成柯氏气团，提高材料的屈服强度。柯氏气团对位错的钉扎阻力属于短程力，因温度升高而引起的原子热振动有助于克服这种阻力。随着温度的上升，材料的强度将逐渐降低。氮的加入阻碍敏化时晶界碳化物的析出，氮在奥氏体中的扩散系数高于 C、P、Si 等元素，因而在敏化过程中氮会优先偏聚在晶界附近的缺陷处，从而阻碍碳的偏聚，并且氮还会降低铬在奥氏体中的扩散系数，使铬的碳化物的形成变得困难，从而改善不锈钢的耐晶界腐蚀性能。同时，氮也可以改善不锈钢的耐均匀腐蚀性能及耐点蚀性能。氮可以加速不锈钢表面由活化向钝化转变的过程，使钝化膜的铬氧化层变浅，更致密，耐蚀性更好。氮属于表面活性元素，在钝化膜的形成初期，可吸附在钝化膜表面的缺陷部位，有效阻止 Cl^- 对膜的侵蚀。即使当膜中有蚀孔生成的，氮也能填充在点蚀坑中，阻止蚀孔的长大，提高钝化膜的稳定性及自修复能力。钝化膜的外表层氮以 NH_4^+ 形式存在，这是氮和溶液中的 H^+ 反应而生成的，从而抑制了蚀孔内 pH 值下降，促使蚀孔钝化。

在 GB/T12230—2005《通用阀门　不锈钢铸件技术条件》中，也列举了几种衍生牌号，见表 4-4。

表 4-4　阀门用奥氏体不锈钢的牌号与化学成分 (GB/T 12230—2005)

牌号	化学成分(质量分数,%)								
	C≤	Si≤	Mn	P≤	S≤	Cr	Ni	Mo	Ti
ZG03Cr18Ni10	0.03	1.5	0.8~2.0	0.040	0.030	17.0~20.0	8.0~12.0		
ZG08Cr18Ni9	0.08	1.5	0.8~2.0	0.040	0.030	17.0~20.0	8.0~11.0		
ZG12Cr18Ni9	0.12	1.5	0.8~2.0	0.045	0.030	17.0~20.0	8.0~11.0		
ZG08Cr18Ni9Ti	0.08	1.5	0.8~2.0	0.040	0.030	17.0~20.0	8.0~11.0		5(C-0.02)~0.7
ZG12Cr18Ni9Ti	0.12	1.5	0.8~2.0	0.045	0.030	17.0~20.0	8.0~11.0		5(C-0.02)~0.7
ZG08Cr18Ni12Mo2Ti	0.08	1.5	0.8~2.0	0.040	0.030	16.0~19.0	11.0~13.0	2.0~3.0	5(C-0.02)~0.7
ZG12Cr18Ni12Mo2Ti	0.12	1.5	0.8~2.0	0.045	0.030	16.0~19.0	11.0~13.0	2.0~3.0	5(C-0.02)~0.7

表 4-5　阀门用奥氏体不锈钢铸件的力学性能 (GB/T 12230—2005)

牌号	热处理规范			力学性能			
	类型	加热温度/℃	冷却介质	抗拉强度 R_m/MPa≥	下屈服强度 R_{eL}/MPa≥	断后伸长率 $A(\%)$≥	断面收缩率 $Z(\%)$≥
ZG03Cr18Ni10	淬火	1050~1100	水	392	177	25	32
ZG08Cr18Ni9	淬火	1080~1130	水	441	196	25	32
ZG12Cr18Ni9	淬火	1050~1100	水	441	196	25	32
ZG08Cr18Ni9Ti	淬火	950~1050	水	441	196	25	32
ZG12Cr18Ni9Ti	淬火	950~1050	水	441	196	25	32
ZG08Cr18Ni12Mo2Ti	淬火	1100~1150	水	490	216	30	30
ZG12Cr18Ni12Mo2Ti	淬火	1100~1150	水	490	216	30	30

ZG12Cr18Ni9Ti 是应用很广的 18-8 型铬镍奥氏体不锈耐酸钢。该钢在不同温度和浓度的强腐蚀介质中均有良好的耐蚀性，还有较好的可加工性和良好的焊接性能，常温、低温韧性都很好。该钢一般没有磁性，广泛应用在化工等领域，也可以作为 610℃ 以下工作的热强钢用，还可以作为 -180℃ 左右的低温用钢。

为了保证耐蚀性，一般钛与碳的质量比大于 7∶1，但是过高的钛含量会引起大量 TiC 或 (CN)Ti 共晶夹杂物的出现而形成显微疏松。因此，对加工表面质量要求严格的铸件，应尽量降低钛含量。

ZG12Cr18Ni9Ti 必须采用合适的固溶温度及快冷，使高温时的奥氏体组织（单相组织）保持到室温。ZG12Cr18Ni9Ti 自高温缓慢冷却后，组织中会出现一定数量的铁素体，在某些奥氏体晶界上有碳化物析出，如图 4-16 所示。尤其是在钢中加钛后将促使铁素体含量的进一步增加。ZG12Cr18Ni9Ti 成分偏析比较大，因此钢中铁素体的存在是不可避免的，其（体积分数）常在 3%～17% 之间，以 3%～10% 居多。部分 δ 铁素体发生共析分解，如图 4-17 所示。

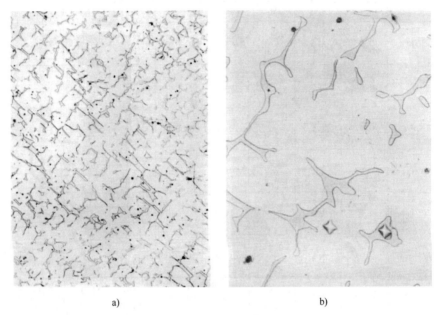

a)　　　　　　　　　　　　　　　　b)

图 4-16　ZG12Cr18Ni9Ti 的铸态显微组织

a) 100×　b) 500×

ZG12Cr18Ni9Ti 不锈钢存在铁素体时，比具有单一奥氏体组织钢的屈服强度高，同时，钢出现 5%～20%（体积分数）铁素体时，可以防止晶间腐蚀。这是因为铁素体中铬含量比较高，且铬的扩散比较容易，可使晶界两边的贫铬现象大为改善。同时，两相组织（奥氏体-铁素体）在焊接时形成裂纹的倾向，也比单相奥氏体组织小，所以在焊缝接头处一般希望存在 5%（体积分数）左右的铁素体。但是，ZG12Cr18Ni9Ti 不锈钢中存在铁素体，也有其不利的一面，即因为铁素体与奥氏体的电位不同，所以它的腐蚀倾向较大；由于两相组织接受变形的能力不同，因此

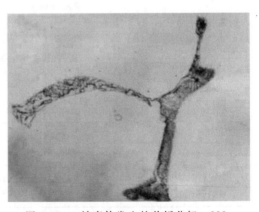

图 4-17　δ 铁素体发生的共析分解　800×

在热压力加工时容易形成裂纹；还有在高温长期工作以后，容易从铁素体中产生 σ 相（FeCr 金属间化合物）使材料发生脆性，也影响不锈钢的耐蚀性。因此，ZG12Cr18Ni9Ti 不锈钢应尽可能控制铁素体的数量。

将 ZG12Cr18Ni9Ti 在 1050℃ 保温后水冷，碳化铬全部溶解，此时组织为奥氏体和铁素体，如图 4-18 所示。

ZG12Cr18Ni9Ti 中碳的质量分数约为 0.1%，高温时能固溶到奥氏体中，但也能生成（Cr，Fe）$_{23}$C$_6$ 碳化物，当弥散析出时对热强度有好处。但由于碳在奥氏体中的固溶度随着温度的降低而减少，在冷却过程中多余的碳向晶界处扩散，与晶界附近的铬生成（Cr，Fe）$_{23}$C$_6$ 碳化物，使晶界附近的基体贫铬（铬的质量分数小于 11.7%），贫铬区是不耐蚀的，因此 ZG12Cr18Ni9Ti 容易发生晶间腐蚀。加钛是为了消除晶间腐蚀，钛在钢中与碳优先生成 TiC，而不至于形成碳化铬，保证奥氏体具有足够均匀的铬含量。但是，ZG12Cr18Ni9Ti 在固溶处理

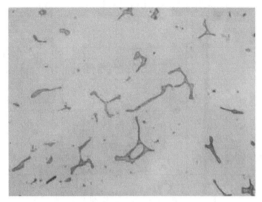

图 4-18　ZG12Cr18Ni9Ti 的固溶态显微组织

后，尚须进行稳定化外理。因为固溶处理时，大部分钛和铌的碳化物溶解，钛和铌不能夺取碳化铬中的碳，从而在固溶状态下难以起到减小晶间腐蚀的作用。含钛不锈钢只有经过稳定化处理，保证形成碳化钛，才能达到防止晶间腐蚀的效果。稳定化处理的工艺是加热到 800～900℃ 保温 2h（含铌钢），或保温 4h（含钛钢）。经敏化处理后的显微组织如图 4-19 所示，基体为奥氏体，白色块状为 δ 铁素体，沿 δ 铁素体晶界析出了碳化物。

4. 铬锰氮奥氏体不锈钢

铬镍系奥氏体不锈钢中含有较高含量的贵重元素镍，在二次世界大战期间，由于战争导致镍短缺，德国、美国等开始研制以锰、氮代镍的奥氏体不锈钢，至 20 世纪 40 年代便取得了显著成果。此后铬锰氮系不锈钢不断得到改良和创新，开发出一系列新钢种，形成了与铬镍系并列的 200 系不锈钢。近二十几年来，铬锰氮系不锈钢除传统的 201、202、204、216 等外，主要向着经济型亚稳奥氏体不锈钢、高强度铬锰氮奥氏体不锈钢和超级奥氏体不锈钢三个方面发展。

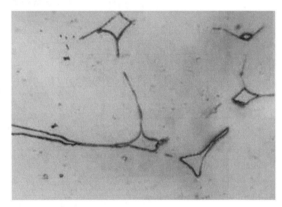

图 4-19　ZG12Cr18Ni9Ti 不锈钢敏化处理后的显微组织　300×

（1）200 系不锈钢　早期研究了节镍耐蚀的 201、202、204、216 奥氏体不锈钢，其化学成分见表 4-6。

表 4-6　铬锰系奥氏体不锈钢的化学成分

牌号			化学成分（质量分数，%）									
UNS	ASTM	AISI	C≤	Cr	Mn	Ni	Mo	Si≤	P≤	S≤	N	其他
S20100	201	201	0.15	16.00～18.00	5.50～7.50	3.50～5.50	—	1	0.06	0.03	≤0.25	
S20103	201L	201L	0.03	16.00～18.00	5.50～7.50	3.50～5.50	—	0.75	0.045	0.03	≤0.25	
S20153	201LN	T201LN	0.03	16.00～17.50	6.40～7.50	4.00～5.00	—	0.75	0.045	0.015	0.10～0.25	Cu≤1.00

（续）

牌号			化学成分(质量分数,%)									
UNS	ASTM	AISI	C≤	Cr	Mn	Ni	Mo	Si≤	P≤	S≤	N	其他
S20200	202	202	0.15	17.00~19.00	7.50~10.00	4.00~6.00	—	1	0.06	0.03	≤0.25	
		204	0.08	17.00~19.00	7.50~10.00	4.00~6.00	—	1	0.045	0.03	≤0.25	
		204L	0.03	17.00~19.00	7.50~10.00	5.00~7.00	—	1	0.045	0.03	≤0.25	
S21600	XM-17	216	0.08	17.50~22.00	7.50~9.00	5.00~7.00	2.00~3.00	0.75	0.045	0.03	0.25~0.50	
S21603	XM-18	216L	0.03	17.50~22.00	7.50~9.00	5.00~7.00	—	0.75	0.045	0.03	0.25~0.50	

　　后来陆续发展了高强度耐蚀不锈钢 S21400（XM-31）、S24000（XM-29，Nitronic33）、S28200（Carpenter18-18plus）、S21900（XM-11，Nitronic40）、S20910（XM-19，Nitronic50）及 YUS120 等。XM-31、XM-11 用于航空、低温系统、化工等领域。XM-11、XM-19 等具有优于 316 的耐蚀性，用于制作泵、阀、紧固件、海洋用材、热交换器、弹簧等。表 4-7 列出了无磁铬锰系奥氏体不锈钢的化学成分。由于这些钢中锰的质量分数都在 10% 以上，大大增加了钢中氮的溶解度，因此氮的质量分数都在 0.3%~0.4%，固溶处理后可得到完全奥氏体组织而且十分稳定，冷作加工后可得到无磁且高的强度。

表 4-7　无磁铬锰系奥氏体不锈钢的化学成分

牌号	化学成分(质量分数,%)							
	C	Cr	Mn	Ni	Si≤	P≤	S≤	N
AISI205	0.12~0.25	16.50~18.00	14.00~15.50	1.00~1.55	0.5	0.030	0.030	0.32~0.50
NASNM15	0.12~0.25	16.00~18.00	14.00~16.00	1.10~2.00	0.75	0.045	0.045	0.32~0.40
NTKS-4	≤0.25	16.00~18.00	14.00~16.00	1.00~2.00	1.00	0.060	0.030	≤0.50
NASNM15M	0.040~0.090	16.50~17.50	14.00~15.00	4.00~4.60	0.90	0.045	0.045	0.30~0.35
YUS120	≤0.20	20.00~22.00	9.00~10.00	5.00~6.00	1.00	0.030	0.030	0.15~0.30

　　表 4-8 列出了一些铬锰系（200 系）奥氏体不锈钢在固溶处理状态下的力学性能。大部分 200 系钢中，由于含较多氮，有着比 300 系高的屈服强度，只有 211 由于碳、氮含量低，其屈服强度较低。

表 4-8　铬锰系（200 系）奥氏体不锈钢在固溶处理状态下的力学性能

牌号		抗拉强度 R_m/MPa	下屈服强度 R_{eL}/MPa	断后伸长率 $A(\%)$	硬度 HRB
UNS	ASTM				
S20100	201	805	377	56	90
S20200	202	720	377	55	90
S20400	204L	711	384	51	90
S20430	204	681	347	51	98

（续）

牌号		抗拉强度	下屈服强度	断后伸长率	硬度 HRB
UNS	ASTM	R_m/MPa	R_{eL}/MPa	$A(\%)$	
	211	608	215	64	92
S20103	201L	892	294	53	190HV
	301	758	276	60	85
	302	621	276	50	85
	304	579	290	55	80
	205	831	476	58	98
	Y120	784	290	56	200HV

不锈钢耐蚀性一般取决于钢的组成元素，Cr、Mo、N 等可提高耐蚀性，Mn 降低耐蚀性。表 4-9 列出 201、202 和 301、302 的耐蚀性对比。

表 4-9　AISI201、202 和 301、302 的室温耐蚀性对比

介质（质量分数）	腐蚀速率/（mm/年）		介质（质量分数）	腐蚀速率/（mm/年）	
	201 不锈钢	301 不锈钢		202 不锈钢	302 不锈钢
65%HNO_3	0.0432	0.0381	65%HNO_3	0.0459	0.0229
8%H_2SO_4+1%$CuSO_4$	0.00076	0.00051	5%H_2SO_4	0	0
5%乳酸	0.00025	0.00025	50%H_3PO_4	0.0076	0.0025
10%乳酸	0.00025	0.00025	2%HCl	0.0025	0.0025
60%乙酸	0.00025	0.00025	15%乙酸	0	0
盐雾试验	腐蚀面积 40%~60%	无腐蚀	15%乳酸	0	0

（2）高强度铬锰氮奥氏体不锈钢　铬锰氮奥氏体不锈钢的强度、耐磨性、韧性高，具有耐蚀性、无磁性，近些年来随着冶金技术的进步，使之得到发展并已在某些工业领域应用。表 4-10 列出了各国研发的一些高强度铬锰氮奥氏体不锈钢的标称化学成分。

表 4-10　高强度铬锰氮奥氏体不锈钢的标称化学成分

牌号	化学成分（质量分数，%）					
	C≤	Mn	Cr	Mo	Ni	N
ZG08Cr19Mn10N0.5	0.08	10	19	—		0.5
ZG08Cr18Mn18N0.5	0.08	18	18	—		0.5
ZG08Cr21Mn23Mo0.7N1	0.08	23	21	0.7		1
ZG08Cr18Mn18N0.9	0.08	18	18	—		0.9
ZG08Cr16Mn14Mo3N0.9	0.08	14	16	3		0.9
StabAlloy AG17	0.03	20	17	0.5		0.5
P553	0.06	20	14	0.5		0.3
P557	0.06	19	18	—	1	0.6
P558	0.2	10	17	3.1		0.5
P559	0.06	18	18	1.9		0.8

（续）

牌号	化学成分（质量分数,%）					
	C≤	Mn	Cr	Mo	Ni	N
P555	0.06	20	18	0.3	1	0.6
P560	0.06	24	21	0.3	2	0.9
P562	0.15	18	22			0.7
P563	0.1	23	18	2.5	4	0.5

铬锰氮奥氏体不锈钢固溶处理和冷作加工后的力学性能好，其屈服强度是 Cr18Ni9 钢的 2.5~3 倍，而且塑性不低于 Cr18Ni9 钢。室温冲击吸收能量 280J，冷至-80℃冲击吸收能量仍有 70J。铬锰氮奥氏体不锈钢有很高的加工硬化能力，磨损表面容易加工硬化，有相当好的耐蚀性。

铬锰氮奥氏体不锈钢在铸造生产中遇到了困难，在一般冶炼条件下，由于氮的析出和氮促进氢的析出，铸件常出现气孔缺陷。为此要从材料的角度来开发适合铸造的铬锰氮不锈钢，提高和稳定氮的固溶度，避免铸造生产中铸件出现气孔。研究表明，铬锰氮奥氏体不锈钢铸件出现气孔的极限氮含量不仅同合金的原材料、冶炼和浇注工艺等条件有关，同时与钢中铬、锰含量有密切关系，其中以锰的影响为大，如图 4-20 所示。从图 4-19 中可以看出，当锰的质量分数大于 14% 时，钢中极限氮的质量分数超过 0.32%，因此将氮的质量分数控制在 0.25%~0.30% 的范围，可保证铸件不容易出现气孔。

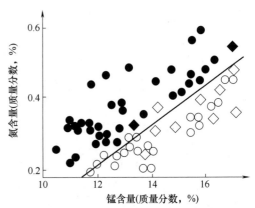

图 4-20 铬锰氮不锈钢中锰、氮含量
与气孔的关系

注：钢中碳的质量分数≤0.12%，铬的质量分数为 16.27%~19.20%，黑色实心图标表示有气孔，白色空心图标表示无气孔。

（3）超级奥氏体不锈钢 沿海电厂热交换器，海水淡化、脱盐工业、烟道脱硫等用的设备，以往必须采用 Ti 合金，或 Ni-Cr-Mo 合金，价格昂贵，近年来研发了一些超级奥氏体不锈钢可以代替它们。超级奥氏体不锈钢的化学成分见表 4-11。这些钢中 Cr、Ni、Mn、Mo 和 N 的含量高，所以都有极高的强度和耐点蚀、缝隙腐蚀性能。德国牌号 1.4565（对应我国牌号 ZG022Cr24Ni17Mo5Mn6NbN）已被选用作为排烟除硫、沿海海水淡化和脱盐装置的材料，并且被确定为我国天津海水淡化用设备首选材料。

表 4-11 超级奥氏体不锈钢的化学成分

牌号	化学成分（质量分数,%）									
	C≤	Si≤	Mn	P≤	S≤	Cr	Ni	Mo	N	其他
ZG022Cr24Ni17Mo5Mn6NbN	0.03	1.00	5.00~7.00	0.030	0.015	23.00~25.00	16.00~18.00	4.00~5.00	0.30~0.60	Nb≤0.15
ZG015Cr20Ni25Mo4Cu1	0.02	1.00	≤2.00	0.035	0.030	19.00~23.00	23.00~28.00	4.00~5.00		Cu1.00~2.00
ZG015Cr24Ni22Mo7Mn3N	0.02	0.50	2.00~4.00	0.030	0.005	23.00~25.00	21.00~23.00	7.00~8.00	0.45~0.55	Cu0.30~0.60

4.5　铸造铁素体不锈钢

4.5.1　铁素体不锈钢的发展简况

铁素体不锈钢是指在高温和室温均具有完全铁素体或以铁素体为主的基体，其铬的质量分数大于 10.5% 的一系列铁基合金。按照钢中铬含量的不同，铁素体不锈钢又分为低铬型（铬的质量分数为 10.5%～15%）、中铬型（铬的质量分数为 16%～22%）和高铬型（铬的质量分数为 23%～32%）。

在 20 世纪五六十年代以前，用电弧炉单炼并加工生产的铁素体不锈钢归类为传统铁素体不锈钢，其碳、氮含量处于常规水平。自 20 世纪 60 年代以来，采用氩氧脱碳法（AOD）、真空吹氧脱碳法（VOD）等二次精炼工艺冶炼并加工生产的低碳氮和超低碳氮的铁素体不锈钢归类为现代铁素体不锈钢。

铁素体不锈钢是 20 世纪初与马氏体、奥氏体不锈钢几乎同时问世的三大类不锈钢之一，其产量大，应用范围广，成本和价格相对较低，是不锈钢中最主要的节镍不锈钢类。

4.5.2　铁素体不锈钢的性能

1. 铁素体不锈钢的优点

铁素体不锈钢的冷加工硬化倾向较低，对于较大冷变形，一般也无须进行中间退火处理，易于冷弯、冲压、扩管、卷边、旋压、冷锻和切削等。

铁素体不锈钢有优良的耐全面腐蚀和内各种局部腐蚀的性能，特别是耐氯化物应力腐蚀性能优异，见表 4-12。

表 4-12　不锈钢的耐氯化物应力腐蚀性能

钢类	应力腐蚀试验方法			
	不锈钢牌号	42%（质量分数）沸腾 $MgCl_2$	灯芯试验	25%（质量分数）沸腾 NaCl
奥氏体不锈钢	304	F	F	F
	326	F	F	F
	317	F	P 或 F	P 或 F
	317LM	F	P 或 F	P 或 F
	904L	F	P 或 F	P 或 F
	254SMO	F	P	P
铁素体不锈钢	409	P	P	P
	439	P	P	P
	444	P	P	P
双相不锈钢	3RE60	F	未试验	未试验
	2205	F	未试验	P 或 F

注：采用 U 形试样，外加应力超过屈服强度。F 表示有应力腐蚀裂纹，P 表示无应力腐蚀裂纹。

铁素体不锈钢的热导率高，约为铬镍奥氏体不锈钢的 135%，非常适合热交换的用途；热膨胀系数小，仅约为铬镍奥氏体不锈钢的 60%，非常适合有热胀冷缩、有热循环的使用条件，如以水为介质的蒸发器和热交换器的传热管和隔热板等；有磁性，可用作耐蚀软磁材料，如电磁阀、电磁锅等。表 4-13 列举了 ZG10Cr17（430）和 ZG06Cr19Ni10（304）的物理性能对比。

表 4-13　ZG10Cr17（430）和 ZG06Cr19Ni10（304）的物理性能对比

牌号	密度/ （g/cm³）	比热容/ [J/（kg·℃）]	热导率/ [W/（m·℃）]	平均线胀系数/ （10⁻⁶/℃）	电阻率/ 10⁻⁸Ω·m
ZG10Cr17（430）	7.7	460	26.4（25~100℃）	10.4（0~100℃）	60（21℃）
ZG06Cr19Ni10（304）	7.93	460~502	16.8	17.3	72~74

2. 铁素体不锈钢的缺点

σ 相脆性、475℃脆性和高温脆性构成了铁素体不锈钢的三大脆性特征。这些脆性行为对某些铁素体不锈钢品种的生产构成了威胁，并且限制了铁素体不锈钢的应用范围。

（1）σ 相脆性　在 Fe-Cr 系铁素体不锈钢中，纯 σ 相形成的铬区间为 42%~50%，α+σ 的双相结构的含铬区域可扩展到 12%~70%。在铬的质量分数低于 25% 的铁素体不锈钢中，σ 相的析出需要非常长的时间。因此，对于铬的质量分数为 15%~33% 的铁素体不锈钢，在一般的铸造、焊接和冶金生产过程中，没有足够的时间形成 σ 相。

在高铬含钼的超级铁素体不锈钢中，σ 相形成相当快。除了形成 σ 相外，还会形成 χ 相和 η 相（AB₂），这些相的析出过程是一种 C 曲线的形式，最敏感温度（即鼻子点温度）与钢中 Cr、Mo 含量有关，大体上在 800℃，如图 4-21 所示。

σ 相等金属间化合物沉淀使钢变脆，最明显的特点是钢的冲击韧性急剧下降，其脆化程度与 σ 析出数量有关。只要避开脆化温度服役，即可避免 σ 相脆性的危害。

当 σ 相脆性产生后，可以在 σ 相析出温度以上的温度进行加热并采用快速冷却的方法予以消除。对于通用铁素体不锈钢，这种固溶处理温度超过 800℃ 即可，但是含镍的高 Cr、Mo 超级铁素体不锈钢需要更高的温度和稍长的保温时间。

（2）475℃脆性　铬的质量分数大于 12% 的铁素体不锈钢在

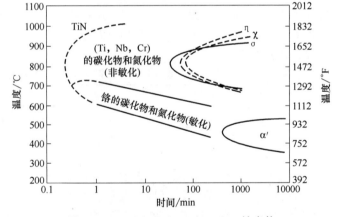

图 4-21　26Cr-（1~4）Mo-（0~4）Ni 铁素体
不锈钢金属间化合物等温沉淀动力学

340~516℃ 温度区间经长时间保温，此类钢将产生明显的硬化并伴随着韧性、塑性的急剧下降，见表 4-14。致使这种性能变化的敏感温度为 475℃，并不随钢中铬含量的变化而变化。

表 4-14　0.08C-0.4Si-16.9Cr 经 450℃×4h 处理后的室温力学性能

力学性能	退火态	450℃×4h 时效
抗拉强度 R_m/MPa	562	577
规定塑性延伸强度 $R_{p0.2}$/MPa	319	386
断后伸长率 A（%）	22.8	23.6
冲击韧度 a_K/（J/cm²）	118	13.7

铁素体不锈钢的 475℃ 脆性的析出机理与富 Cr 的 α′相析出有关,这是一个铬基 α 相,性硬而脆。铬含量越高,对 475℃ 脆性越敏感。减少钢中的碳、氮等间隙元素可推迟这种脆性的出现。

一旦出现 475℃ 脆性,在高于 550℃ 的温度保温足够时间可以消除这种脆性,温度越高,保温时间越短。消除 σ 相的处理足以消除 475℃ 脆性,但冷却速度要快。

(3) 高温脆性　中铬和高铬铁素体不锈钢,当经高于 950℃ 加热快速冷却后,钢的室温断后伸长率和冲击韧性下降,同时伴随着耐晶间腐蚀性能的下降,这称为铁素体钢的高温脆性,又称高温敏化。其原因在于铁素体不锈钢在高温下,铬的碳化物和氮化物在晶界、晶内、孪晶界、位错上析出,阻碍了位错的自由运动,导致强度升高,韧性、塑性下降。碳、氮是影响铁素体不锈钢高温脆性的最主要元素,低碳、氮的高纯钢对高温脆性并不敏感,提高纯度是减缓高温脆性的最有效方法。另外,铬含量也是影响元素之一,随着铬含量提高,高温脆性敏感性增加。

3. 铁素体不锈钢的韧性和塑脆转变行为

铁素体不锈钢的韧性不足和塑脆转变是阻碍此类钢广泛应用的难题。退火态铁素体不锈钢的室温冲击韧性和韧脆转变温度(DBTT)是评价铁素体不锈钢韧性的两个主要判据。

室温韧性主要受钢中碳、氮等间隙元素含量的控制,并与钢中的铬含量相关。对于常规间隙元素含量的工业铁素体不锈钢,当铬的质量分数超过 18% 时,冲击性能急剧下降。为确保铁素体不锈钢的室温冲击吸收能量 ≥68J,其允许的碳、氮含量与钢中的铬含量有关。铬的质量分数为 17% 的钢,其碳和氮的质量分数不超过 0.05%;铬的质量分数超过 18% 的钢,其碳和氮的质量分数不超过 0.02%。

铁素体不锈钢的韧脆转变温度规定为其冲击性能降至上平台冲击性能 50% 的温度。作为结构材料,期望 DBTT 在室温以上,以便留有更大的安全余量。碳、氮是对 DBTT 产生负面影响的关键因素,如图 4-22 所示。这主要是它们形成了碳化物、氮化物或碳氮化物沉淀而成为应力集中处和裂纹源。碳、氮含量越低,DBTT 越低。显然,在商业不锈钢中,将碳、氮含量控制在较低水平非常重要,尤其是对于未加入稳定化元素的铁素体不锈钢。

钼是铁素体不锈钢中必不可少的合金元素,只要严格控制碳、氮含量,钼的质量分数不超过 5% 的铁素体不锈钢的 DBTT 是可以接受的。镍是改善超级铁素体不锈钢的韧性和可加工性的重要合金元素,在超级铁素体不锈钢中加入镍,被认为是铁素体不锈钢发展中的突破性进展。钛和铌作为稳定化元素,在以耐蚀为主要使用目标的铁素体不锈钢中是不可缺少的。

通常,铁素体不锈钢要进行退火或淬火处理,以获得最佳的综合性能。冷却速度对 DBTT 有明显影响。快速冷却时,可抑制碳化物和氮化物的析出,降低了 DBTT;缓慢冷却、炉冷、空冷和砂冷时,促进了碳化物和氮化物沿晶界沉淀,对 DBTT 产生极为不利的影响。

晶粒尺寸越小,铁素体不锈钢的 DBTT 越低,即细晶粒尺寸对韧性有利。对于相同碳、氮含量的

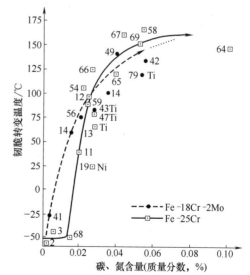

图 4-22　Fe-18Cr-2Mo 和 Fe-25Cr
铁素体不锈钢的韧脆转变温度
与碳、氮含量的关系

注:晶粒尺寸为 35~55μm,数据点的数字为合金炉号。

Fe-25Cr 铁素体不锈钢，晶粒尺寸为 35μm 的 DBTT 比晶粒尺寸为 105μm 的要低 70~80℃。

4. 铁素体不锈钢的耐蚀性

（1）在大气中的耐蚀性　在大气中铁素体不锈钢也将遭到腐蚀，通常开始生成锈蚀点，然后蚀点向外扩展并增多，最后连成一片形成红锈。锈蚀不仅破坏了铁素体不锈钢的外观，在某些情况下，由于点蚀穿孔等破坏形式也将危及结构的安全性。

在大气中的锈蚀，其主导因素是大气中的氯化物附着和二氧化硫冷凝液所引起的局部锈蚀。对于一个给定铬含量的铁素体不锈钢，其耐蚀性与大气类型有关。各种大气类型中，包括乡村大气、城市大气、工业区大气和海洋大气，以海洋大气的腐蚀性最为强烈，而沿海工业区的工业大气和海洋大气叠加，腐蚀性大于单纯的海洋大气。为了比较钢在大气中的耐蚀性，通常采用实验室喷雾试验和实际大气中长时间暴露试验方法来判断钢的耐大气腐蚀性能。

铁素体不锈钢在各种大气中的耐蚀性主要取决于钢中的铬、钼含量，铬含量越高其耐蚀性越好，在相同铬含量下加入钼，将显著提高钢的耐蚀性。采用耐点蚀当量（PREN）对于表达钢的耐大气腐蚀性能具有简单方便的特点，随着钢的 PREN 增加，铁素体不锈钢的耐海洋大气腐蚀性能提高，并与耐蚀性具有良好的相关性。在选择铁素体不锈钢作为耐蚀性材料时，由于对耐蚀性要求不同和对使用寿命的期望值的差异，在满足基本使用要求的前提下，可选用价格相对便宜的材料。图 4-23 可作为选材的基本参考。

（2）铁素体不锈钢的耐均匀腐蚀性能　由于铁素体不锈钢的合金化特点不同于奥氏体不锈钢，通用型 17%Cr 型铁素体不锈钢在还原性酸中的耐蚀性欠佳，在沸腾温度下，仅能用于 HCl 的质量分数不足 0.1% 的介质中。在强氧化性酸性介质中，如硝酸和有机酸中，铁素体不锈钢的耐均匀腐蚀性能良好。含钼的铁素体不锈钢改善了钢的耐均匀腐蚀性能。超级铁素体不锈钢由于其铬、钼含量高，且添加了一定量的镍，不仅在氧化性介质中耐蚀，而且在一些还原性介质中的耐均匀腐蚀性能可与耐蚀性优良的奥氏体不锈钢和镍基耐蚀合金媲美。

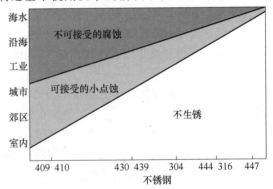

图 4-23　不锈钢的耐大气腐蚀性能

（3）铁素体不锈钢的耐点蚀性能　在恰当的热处理条件下，铁素体不锈钢的耐点蚀性能主要取决于钢中的铬、钼含量以及钢的洁净程度。单纯采用铬合金化，难以使铁素体不锈钢的耐点蚀性能达到理想状态。采用铬、钼复合加入，可显著提高耐点蚀性能。学者们建立了铁素体不锈钢的耐点蚀当量的数学关系式，铁素体不锈钢 PREN 与在 30℃、3.5%（质量分数）NaCl 溶液中的点蚀电位的关系如图 4-24 所示。

除铬、钼外，钢中的夹杂物对铁素体不锈钢的耐点蚀性能也产生重要影响。MnS 夹杂是钝化不锈钢点蚀形核的有利位置，冶炼时应采取有效的精炼措施。金属间化合物的析出会造成其周围的铬、钼贫化，使耐点蚀性能下降。

（4）铁素体不锈钢的耐缝隙腐蚀性能　在现代铁素体不锈钢的碳、氮含量已降到很低的条件下，耐缝隙腐蚀性能主要取决于铬、钼含量，与 PREN 密切相关。中等铬、钼含量的铁素体不锈钢在海水中耐缝隙腐蚀性能不足，只有高铬、钼含量的超级铁素体不锈钢才具有良好的耐缝隙腐蚀性能。在淡水的冷却水介质中，钼的质量分数超过 1.5% 的 Cr22 铁素体不锈钢的耐点蚀和缝隙腐蚀性能均优于 316 奥氏体不锈钢。

（5）铁素体不锈钢的耐应力腐蚀性能　在沸腾的 MgCl₂ 和 NaCl 溶液中，铁素体不锈钢具有极高的耐应力腐蚀性能，在氢氧化钠溶液环境中，高纯和一般纯度的铁素体不锈钢的耐应力腐蚀破裂性能优于18-8 型铬镍奥氏体不锈钢。钢的成分、组织结构、第二相、腐蚀环境的介质成分、外加应力大小等因素会影响钢的耐应力腐蚀性能。除主要合金元素铬之外，镍、铜等合金元素对铁素体不锈钢的耐应力腐蚀性能产生不利影响，而钼含量超过一定范围后也产生不利影响。有损铁素体不锈钢韧性、塑性的三个敏化区的组织结构，即析出的第二相会提高钢对应力腐蚀的敏感性。

（6）铁素体不锈钢的耐晶间腐蚀性能　铁素体不锈钢的晶间腐蚀通常出现在高于 950℃加热或焊接后，此时钢中的碳化物、氮化物和碳氮化物多半溶解在基体中。冷却时，由于铬在铁素体基体中的扩散速度快，而碳、氮不仅扩散快，它们的溶解度也随着温度的下降而急剧降低，因此在冷却过程中，甚至在水淬急冷条件下也无法避免富铬的碳化物和氮化物沿晶界析出，形成贫铬区。该区域中铬的质量分数低于 5%，甚至为 0，其宽度为 0.05 ~ 0.07μm。这就是敏化态铁素体不锈钢发生晶间腐蚀最基本的诱因。

碳和氮是控制铁素体不锈钢晶间腐蚀的主导因素，即使是将它们的含量降低到很低的水平，也不足以消除晶间腐蚀敏感性。为此，常采用加入稳定化元素钛、铌的方法来提高抗敏化态晶间腐蚀性能。对已处于敏化态

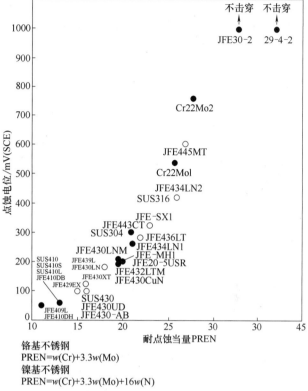

图 4-24　铁素体不锈钢 PREN 与在 30℃、3.5%（质量分数）NaCl 溶液中的点蚀电位的关系

JFE409L—低 C 的 11Cr-Ti　JFE410DH—低 C 的 12Cr-1.5Mo-0.3Cu　SUS410L—低 C 的 13Cr　JFE429EX—低 C 的 15Cr-1Si-0.5Nb　SUS430—18Cr　JFE430XT—超低 C 的 18Cr-Ti　JFE439L—低 C 的 18Cr-Ti　JFE430LN—低 C 的 18Cr-Nb　JFE430LNM—低 C 的 18Cr-0.5Mo-Nb　JFE432LTM—低 C 的 18Cr-0.5Mo-Ti　JFE430CuN—低 C 的 19Cr-Cu-Nb　JFE-MH1—超低 C 的 15Cr-1.5Mo-0.5Nb　JFE20-5USR—超低 C、N 的 20Cr-5.5Al　JFE434LN1—超低 C、N 的 18Cr-1Mo-Nb　JFE443CT—超低 C、N 的 21Cr-Cu-Ti　JFE436LT—低 C 的 18Cr-1.2Mo-Ti　JFE-SX1—超低 C、N 的 18Cr-1.5Mo-Ti　JFE434LN2—超低 C、N 的 19Cr-2Mo-Nb（444）　JFE445MT—超低 C、N 的 22Cr-1.5Mo-Ti　JFE30-2—超低 C、N 的 30Cr-2Mo

的铁素体不锈钢，可以在 750 ~ 870℃短时间退火，使铁素体中铬的扩散速度足以使其向晶间区扩散，使贫铬区的贫铬程度减轻或消失，从而改善钢的耐晶间腐蚀性能。

4.5.3　铸造铁素体不锈钢的典型牌号及其应用

1. 低铬系铁素体不锈钢 ［$w(Cr) = 10\% \sim 15\%$］

（1）Cr11 型铁素体不锈钢（409）　该系列不锈钢的铬含量仅仅超过不锈钢所需的铬含量门槛值，成为最经济的不锈钢。但该不锈钢具有韧性和塑性低、对晶间腐蚀敏感和焊接热影响区晶

粒易粗化等缺点，这些缺点主要是由于间隙原子 C 和 N 在加工变形时钉扎位错阻止滑移而造成的。如果把钢中的 C 和 N 总的质量分数降低到 0.015% 以下，钢的各种性能会有明显改善。但超纯化也带来一系列问题，如铸态组织粗化、柱状晶比例高、轧制时表面易形成皱褶缺陷、焊接热影响区晶粒粗大和成形性差等。研究表明，提高铸态组织中的等轴晶比例是提高超纯铁素体不锈钢成形性和抗皱性的主要技术途径之一，向钢中添加 Ti、Nb 等强碳（氮）化物形成元素，促进凝固初期的非均质形核，是获得细小等轴晶铸态组织的有效途径。几种典型 Cr11 系铸造铁素体不锈钢的化学成分见表 4-15。

表 4-15　几种典型 Cr11 系铸造铁素体不锈钢的化学成分

牌号	化学成分（质量分数，%）								
	C≤	Si≤	Mn≤	P≤	S≤	Cr	N	Ti	Nb
ZG06Cr11Ti	0.08	1.00	1.00	0.045	0.030	10.50~11.70	—	6C~0.75	—
ZG022Cr11Ti	0.030	1.00	1.00	0.040	0.020	10.50~11.75	0.030	Ti≥8(C+N) Ti:0.15~0.50	0.10
ZG022Cr11NbTi	0.030	1.00	1.00	0.040	0.020	10.50~11.70	0.030		Ti+Nb:8(C+N)+0.08~0.75 Ti≥0.05

在 ZG022Cr11 中分别添加不同数量的钛和铌进行改性，图 4-25 所示为它们的铸态宏观组织。未添加 Ti 和 Nb 时（见图 4-25a），晶粒形态和尺寸较为杂乱，在样品心部可见明显的柱状晶区，晶粒粗大，而样品边缘晶粒则为较细小的等轴晶，且越靠近边缘晶粒越细小。单独添加 Ti 时（见图 4-25b），主要为比较粗大的等轴晶，只存在少量轴向尺寸较小的柱状晶。复合添加 Ti 和 Nb 时（见图 4-25c），组织中未见明显的柱状晶，几乎全部为尺寸比较均匀细小的等轴晶。而当同时添加较高量的 Ti 和 Nb，同时将 C 和 N 的质量分数分别提高到 0.011% 和 0.0053% 时，组织中同样几乎全部是等轴晶，但晶粒较图 4-25c 钢进一步细化。究其原因，在相同的凝固条件下，随着 C 和 N 含量的提高及 Ti 和 Nb 的加入，固/液两相区温度区间增大，有助于提高柱状晶前沿过冷度，提高非均质形核概率，进而使得铸态组织中等轴晶比例提高；同时，TiN 生成区域从固相区提高到固/液两相区，也有助于促进高温铁素体的非均质形核，使晶粒尺寸减小。

因此，在 Ti 和 Nb 微合金化的条件下，适当地提高钢中 C 和 N 间隙元素含量水平，反而更有利于改善钢的组织和性能。当然，过多的间隙元素也会带来钢的耐蚀性降低、脆性增加等负面作用，因此生产中要对微合金化元素和间隙元素的含量进行优化匹配。

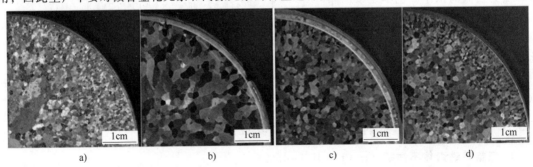

图 4-25　Ti 和 Nb 对 ZG022Cr11 不锈钢铸态宏观组织的影响

a）不加 Ti 和 Nb　b）加质量分数为 0.048% 的 Ti　c）0.07% 的 Ti 和 0.16% 的 Nb　d）加质量分数为 0.078% 的 Ti 和 0.07% 的 Nb

（2）ZG022Cr12 型铁素体不锈钢（410L） ZG022Cr12 是超低碳铁素体不锈钢，其化学成分见表 4-16。该钢的耐蚀性、焊接性能由于 409 不锈钢，可用于耐热部件和对耐蚀要求不高的市政设施、建材等。

表 4-16 ZG022Cr12 不锈钢的化学成分

元素	C	Si	Mn	P	S	Cr	Ni
含量（质量分数，%）	≤0.030	≤1.00	≤1.00	≤0.040	≤0.030	11.00~13.50	≤0.60

2. 中铬铁素体不锈钢 $[w(Cr) = 16\% \sim 21\%]$

铬的质量分数为 17% 的铁素体不锈钢（430）是现代中铬铁素体不锈钢的原型钢，围绕提高其韧性与塑性、冷成形性和改善耐蚀性，通过降低钢中的碳、氮含量，提高铬含量，适当加入钼、铜、钛、铌等合金元素，优化生产工艺等途径，开发了满足不同终端使用要求的高性能现代中铬铁素体不锈钢。

典型 Cr17 型铁素体不锈钢的化学成分见表 4-17。

表 4-17 典型 Cr17 型铁素体不锈钢的化学成分

牌号	化学成分（质量分数，%）								
	C≤	Si≤	Mn≤	P≤	S≤	Cr	Ni≤	Ti	Nb≥
ZG10Cr17	0.12	1.00	1.00	0.040	0.030	16.00~18.00	0.60		
ZG022Cr18Ti	0.030	0.75	1.00	0.040	0.030	16.00~19.00		Ti 或 Nb：0.10~1.0	
ZG022Cr18NbTi	0.030	1.00	1.00	0.040	0.030	17.50~18.50		0.10~0.60	0.30+3C

ZG10Cr17 在某些介质中具有较好的耐蚀性，且价格低廉，耐拉应力腐蚀破裂性较好，因此是广泛应用的不锈钢种。该钢与大部分铁素体不锈钢一样，存在以下缺点：塑性、韧性较低，具有较高的缺口敏感性；晶粒长大的倾向严重，加剧了脆性，尤其是焊件的热影响区很脆；导热性较差，焊接裂纹敏感。

ZG10Cr17 的铸态组织如图 4-26 所示，白色为铁素体，灰色为低碳马氏体，另外还有少量碳化物。为获得良好的综合性能，该钢一般应进行热处理。

ZG10Cr17 加热和冷却时无晶型转变，一般经 900℃ 以下退火。在 760~780℃ 进行退火处理，获得的组织为铁素体+碳化物颗粒，以及少量珠光体。颗粒状碳化物为 $(Cr, Fe)_7C_3$。注意应避免在 400~500℃ 温度范围内长期加热。因为在此温度范围内加热，会造成 475℃ 脆性，并且随着铬含量的增加，造成脆性的加热温度上限也提高。当钢中 $w(Cr)$ 为

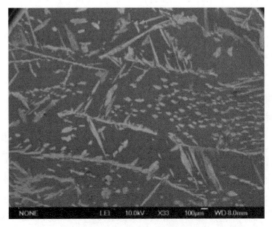

图 4-26 ZG10Cr17 的铸态组织

18%时，导致脆性的温度上限为 525℃，$w(Cr)$ 为 25%～45%时，为 550℃。在 550℃以上加热可使这种脆性消失。

ZG10Cr17 中可添加一些钼、钛等元素，以提高其在非氧化性和某些有机酸环境中的耐蚀性。加钛可使钢具有抗晶间腐蚀的性能。钛在钢中形成稳定的 TiC 化合物，这种碳化物颗粒极细，在金相显微镜下不易观察到，其组织呈现为铁素体。钢中加钼以后，基体组织为铁素体，并出现 MoC 型碳化物及 FeMo 金属间化合物。淬火后这些化合物固溶在铁素体中，回火后以弥散的颗粒状析出，从而使钢得到了强化。

ZG10Cr17 加热温度达到或超过 1050℃时，落入 γ+α 两相区，故淬火后能获得由奥氏体转变的马氏体，使硬度升高，耐蚀性下降。不同的加热温度，获得的淬火态组织有差异，如图 4-27 所示。加热温度为 1100℃时，经水冷淬火后的组织为铁素体（白色）基体和低碳马氏体（灰色块状），晶界明显，铁素体的硬度为 274HV，低碳马氏体的硬度为 493HV。当加热温度为 1200℃时，γ+α 两相区中的 γ 量增多，故淬火后的低碳马氏体数量也增多。

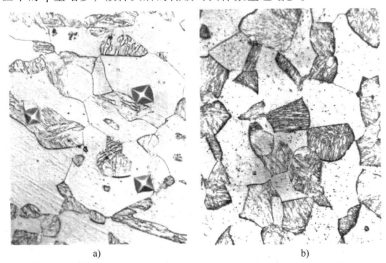

a)　　　　　　　　　　　　　　　　　　b)

图 4-27　ZG10Cr17 在不同温度的淬火组织　500×

a) 1100℃淬水　b) 1200℃淬水

ZG022Cr18Ti 在弱腐蚀介质和中等氧化性介质中具有良好的耐蚀性，由于碳、氮含量降到较低水平，且加入了稳定化元素，因此钢的耐晶间腐蚀性能显著改善，在高浓氯化物沸腾溶液中具有优异的耐应力腐蚀性能。该钢主要用于汽车排气系统消声器、家用电器、洗衣机内桶、燃气热水器热交换器、电站低压给水加热器、燃烧器部件以及厨房设备等。由于该钢仍具有 475℃脆性，所以不宜在 350～500℃长期服役。

ZG022Cr18NbTi 的低周疲劳性能显著优于 ZG022Cr18Ti，铌改善了钢的高温力学性能、成形性、抗皱性及焊接性能。该钢主要用于汽车排气系统的热端歧管、中心加热管、柴油机粒子过滤器、净化器外壳、摩托车排气管、燃烧器等。

3. $w(Mo) \leq 2.5\%$ 的 Fe-(17～26)Cr-Mo 铁素体不锈钢

这类铁素体不锈钢含有一定量的钼，改善了耐蚀性。几种含钼铁素体不锈钢的化学成分见表 4-18。

ZG019Cr18MoTi 是超低碳含钼铁素体不锈钢，其韧脆转变温度在 -30℃以下，具有足够的韧性，对 σ 相析出引起的脆性不敏感；在不同温度下的 3.5%（质量分数）NaCl 溶液中的耐点蚀性能与 ZG08Cr19Ni9 相当；超低碳、氮含量加上稳定化元素的双重作用使该钢具有优良的耐晶间腐蚀性能。该钢主要用于汽车排气系统的耐冷凝液腐蚀的部件、厨房设备、建筑内装修材料等。

表 4-18 几种含钼铁素体不锈钢的化学成分

牌号	化学成分(质量分数,%)									
	C≤	Si≤	Mn≤	P≤	S≤	Cr	Mo	Ni≤	Ti 或 Nb	N≤
ZG10Cr17Mo	0.12	0.10	1.00	0.040	0.030	16.00~18.00	0.75~1.25	0.60		
ZG10Cr17MoNb	0.12	1.00	1.00	0.040	0.030	16.00~18.00	0.75~1.25	—	Nb:5C~0.80	
ZG019Cr18MoTi	0.025	1.00	1.00	0.040	0.030	16.00~19.00	0.75~1.50	0.60	Ti+Nb:8(C+N)~0.80	0.025
ZG019Cr18Mo2NbTi	0.025	1.00	1.00	0.040	0.030	17.50~19.50	1.75~2.50	—	Ti+Nb:[0.20+4(C+N)]~0.80	0.035
ZG008Cr27Mo	0.010	0.40	0.40	0.030	0.020	25.00~27.00	0.75~1.50	—		0.015
ZG008Cr30Mo2	0.010	0.40	0.40	0.030	0.020	28.50~32.00	1.50~2.50	—		0.015

ZG019Cr18Mo2NbTi 是超低碳氮铁素体不锈钢,它具有比 ZG022Cr17Ni12Mo2 更优秀的耐氯化物应力腐蚀性能和更高的屈服强度,耐蚀性更优或相当。该钢具有良好的低温韧性,其 DBTT 约为−30℃。它主要应用于食品加工设备、水处理设备、热交换器、热水罐等,在许多应用领域是 ZG022Cr17Ni12Mo2 的替代者,在后者产生应力腐蚀的环境中尤其适用。

ZG008Cr27Mo 在高浓氯化物环境中具有优良的耐应力腐蚀性能,在含少量 NaClO₃ 等氧化剂的较高温度的 NaOH 溶液中,耐蚀性不仅优于常规的铬镍奥氏体不锈钢,也优于纯镍。该钢主要用于乙酸、乳酸等有机酸化工装置,氢氧化钠浓缩工程,食品工业加工设备,石油炼制钢液设备,电力工业、水处理工业的热交换器,压力容器、罐、槽等。

4.6 铸造马氏体不锈钢

4.6.1 马氏体不锈钢的发展简况

马氏体类不锈钢最早在 1913 年由 H. Brearley 研制舰载炮炮筒用钢时所发明,这种不锈钢的 $w(C)$ 小于 0.7%,$w(Cr)$ 在 9%~16% 范围内。其中 $w(Cr)$= 13% 和 $w(C)$= 0.35% 钢就是现在人们所熟悉的 30Cr13(AISI420)钢,主要用于制作不锈钢餐具和刀具。早期马氏体不锈钢是一类铁-铬-碳合金,$w(Cr)$ 平均为 13%,具有良好的硬度、强度和耐磨性。但由于这类钢一般碳含量较高,塑性、韧性不好,耐蚀性、焊接性能差,并且在制造过程中容易产生应力裂纹,因而其应用远没有奥氏体不锈钢广泛。20 世纪 50 年代末,瑞士人引入超级马氏体不锈钢(SMSS)这一概念。这类合金钢是在传统马氏体不锈钢的基础上将 $w(C)$ 降低到 0.07%,并在其中加入了质量分数为 3.5%~4.5% 的镍和 1.5%~2.5% 的钼。该钢不但具有传统马氏体不锈钢硬度高、抗拉强度高等优点,而且还克服了传统马氏体不锈钢焊接性能差以及对应力裂纹敏感等问题,很好弥补了上述不足,因此广泛地应用于石油、天然气开采用的无缝管和输送管道、液态天然气输送管线和天然气处理设施等领域。

20 世纪 80 年代以后,随着 AOD、VOD 精炼技术,铁液预处理技术,以及转炉冶炼不锈钢技术的出现,使不锈钢的冶炼走向一个新的纪元。不锈钢冶炼工艺得到优化,碳含量进一步降低,前期铁液的纯净度不断提高,同时合金成分得到不断优化,使得不锈钢的力学性能和耐蚀性得到极大提高，特别是焊接性能得到显著改善。基于此，研究人员开发了一系列新型马氏体不锈钢品种。近年来，研究人员通过时效处理使马氏体不锈钢获得了良好的耐蚀性、耐磨性及焊接性能；通过加压冶金技术将氮合金化得到的含氮马氏体不锈钢，具有在某些极端环境下的耐蚀性。马氏体时效不锈钢和含氮马氏体不锈钢的研究，目前已成为材料科学与工程学科中一个十分活跃的前沿领域。

马氏体不锈钢根据化学成分的不同，分为马氏体铬不锈钢（Fe-Cr-C）和马氏体铬镍不锈钢（Fe-Cr-Ni）；根据组织和强化机理的不同，还可分为马氏体不锈钢、马氏体沉淀硬化不锈钢、马氏体时效不锈钢以及超级马氏体不锈钢等。

4.6.2　马氏体铬不锈钢

马氏体铬不锈钢是 20 世纪 60 年代以前开发的以碳和铬为主要合金元素的钢种，其化学成分及应用见表 4-19。$w(Cr)$ 一般为 12%~18%，其耐蚀性随着钢中铬含量的增加而提高。但钢中 $w(Cr)$ 不应低于 12%，否则，钢的耐蚀性急剧降低；$w(Cr)$ 也不应高于 18%，否则，不能通过淬火得到全马氏体组织。$w(C)$ 为 0.1%~1.0% 时，随碳含量增加，钢的韧性下降，且碳与钢中的铬形成 $Cr_{23}C_6$ 等碳化物，减少钢中有效铬，对钢的耐蚀性不利。在 ZG15Cr13、ZG20Cr13、ZG30Cr13、ZG40Cr13 四种钢中，其耐蚀性与强度的顺序刚好相反。

表 4-19　马氏体铬不锈钢的化学成分及应用

| 牌号 | 化学成分（质量分数，%） | | | | | | | | 主要特性及应用 |
	C	Si≤	Mn≤	P≤	S≤	Cr	Mo	其他	
ZG15Cr13	≤0.15	0.80	0.80	0.035	0.025	11.5~13.5	—	—	较高韧性和冷变形性。用于淡水、蒸汽、湿大气和温度≤30℃的弱腐蚀介质中的通用工程部件
ZG20Cr13	0.15~0.24	0.80	0.80	0.035	0.025	11.5~13.5	—	—	硬度较高。用于较高应力零部件、汽轮机叶片、医疗器械、餐具等
ZG30Cr13	0.26~0.35	1.00	1.00	0.040	0.030	12.00~14.00	—	Ni≤0.60	高硬度和淬透性。用于温度≤300℃的刀具、弹簧，温度≤400℃的轴、螺栓、阀门等
ZG40Cr13	0.36~0.45	0.60	0.80	0.040	0.030	12.00~14.00	—	Ni≤0.60	硬度较 ZG30Cr13 高。用于外科用具、轴承、阀门等
ZG13Cr13Mo	0.08~0.18	0.60	0.80	0.040	0.030	11.50~14.00	0.30~0.60	Ni≤0.60 Cu≤0.30	耐蚀性优于 ZG15Cr13。用于温度≤500℃的透平叶片，400~500℃的高压铸模等
ZG32Cr13Mo	0.28~0.35	0.80	1.00	0.040	0.030	12.00~14.00	0.50~1.00	—	耐蚀性优于 ZG30Cr13。用于泵轴、阀片、轴承、医疗器械弹簧、螺栓、测量工具等
ZG68Cr17	0.60~0.75	1.00	1.00	0.040	0.030	16.00~18.00	≤0.75	Ni≤0.60	硬度高并具有较好韧性。用于刃具、量具、轴承、轴等
ZG95Cr18	0.90~1.00	0.80	0.80	0.040	0.030	17.00~19.00	—	Ni≤0.60	具有高硬度和耐磨性，耐大气、水及一些酸、盐类水溶液腐蚀。用于刃具、轴承、阀门等
ZG90Cr18MoV	0.85~0.95	0.80	0.80	0.040	0.030	17.00~19.00	1.00~1.30	V:0.07~0.12	用于刃具、剪切刀具、手术刀具、高耐磨设备部件等

此外，马氏体铬不锈钢中还可加入质量分数小于 1% 的钼，起到细化晶粒、明显改善钢的耐点蚀性、提高钢的高温强度和回火稳定性的作用。这类钢具有不锈性和在弱介质中的耐蚀性。但这类钢缺少足够的延展性，而且在制造过程中应力裂纹敏感，焊接性能差，因而使用受到限制，成为不锈钢族中不受关注的一类材料。

马氏体铬不锈钢可通过热处理（退火、淬火、回火）对其性能进行调整，是一类可硬化的不锈钢。当硬度升高时，抗拉强度和屈服强度升高，而断后伸长率、断面收缩率及冲击吸收能量则随之降低。

ZG20Cr13 的铸态组织为马氏体+珠光体+碳化物+少量残留奥氏体，晶粒较粗大，且大小不一，硬度很不均匀。对 ZG20Cr13 铸件进行调质处理，经 1050℃淬火后再经 750℃回火处理，获得调质态组织，如图 4-28 所示。其基体为细索氏体，白色树枝状分布的为铁素体，黑色点块为屈氏体组织。这种调质组织有较好的综合力学性能和耐蚀性。但有时在 1050℃加热后会得到过热组织，不但马氏体晶粒粗大，而且使残留奥氏体和铁素体增多，从而降低了调质钢的冲击性能。某些大型复杂的铸件不宜进行调质处理时，可以进行退火处理，退火后的组织为珠光体和铁素体。

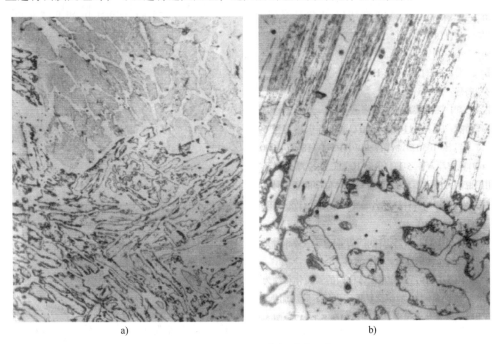

a)   b)

图 4-28　ZG20Cr13 的调质态组织

a）100×　b）500×

4.6.3　马氏体铬镍不锈钢

为了克服上述马氏体铬不锈钢的一些不足，通过镍取代不锈钢中的碳，降低碳含量，可显著提高韧性、耐蚀性、淬透性等。而对于低碳马氏体不锈钢，可以通过加入一定量的镍，在不提高碳含量的情况下提高钢中铬含量，仍可获得马氏体不锈钢，该类钢由于铬含量提高，其耐蚀性明显高于 13%Cr 马氏体不锈钢。此外，镍也能提高铁-铬合金的钝化倾向，改善钢在还原介质中的耐蚀性。镍的加入量一般为 2%~6%（质量分数），不能过高。否则，因镍扩大奥氏体相区和降低马氏体转变点温度的双重作用，使钢丧失淬火能力而变成单相奥氏体不锈钢。同样，马氏体铬镍不锈钢中也可加入钼，在提高强度的同时，也使回火稳定性和耐蚀性得到提高。

铸造低碳马氏体铬镍不锈钢是马氏体铬镍不锈钢中的主要成员，是 20 世纪 60 年代发展起来的钢种。它抛弃了高碳马氏体与形成碳化物的强化手段，而以具有较高韧性的低碳马氏体的形成和以镍、钼等合金元素作补充强化手段，通过适当的热处理使之具有低碳板条状马氏体与逆转变奥氏体的复相组织，从而既保留了高的强度水平，又提高了钢的韧性和焊接性能。该钢种适用于厚截面尺寸且要求焊接性能良好的使用条件，现已广泛应用于水电、火电、核电等电力工业领域。

表 4-20 列举了一些马氏体铬镍不锈钢的化学成分。

表 4-20　马氏体铬镍不锈钢的化学成分

牌号	化学成分(质量分数,%)											
	C≤	Si≤	Mn≤	P≤	S≤	Cr	Ni	Mo	残余元素≤			
									Cu	V	W	总量
ZG15Cr13Ni1	0.15	0.80	0.80	0.035	0.025	11.5~13.5	≤1.00	≤0.50	0.50	0.05	0.10	0.50
ZG06Cr13Ni4Mo	0.06	0.80	1.00	0.035	0.025	11.5~13.5	3.5~5.0	0.40~1.00	0.50	0.05	0.10	0.50
ZG06Cr13Ni5Mo	0.06	0.80	1.00	0.035	0.025	11.5~13.5	4.5~6.0	0.40~1.00	0.50	0.05	0.10	0.50
ZG06Cr16Ni5Mo	0.06	0.80	1.00	0.035	0.025	15.5~17.0	4.5~6.0	0.40~1.00	0.50	0.05	0.10	0.50
ZG10Cr13Ni1Mo	0.10	0.80	0.80	0.035	0.025	11.5~13.5	0.8~1.80	0.20~0.50	0.50	0.05	0.10	0.50

ZG06Cr13Ni4Mo 是在 ZG10Cr13Ni1Mo 的基础上开发的，将碳含量稍微降低，将 $w(Ni)$ 提高到 4% 左右，材料的综合力学性能有了很大改善。20 世纪 60 年代，ZG06Cr13Ni4Mo 就用于铸造高强度的压缩机叶轮和大形水轮机的转轮，目前是大形水电站转轮铸件的首选材质。ZG06Cr13Ni4Mo 铸件的凝固冷却过程中发生如下相变：在 1500~1400℃ 由液相转变为铁素体组织，在 1400℃ 由铁素体转变为奥氏体组织，在低温空冷时发生马氏体转变（马氏体开始转变温度约为 300℃）。其铸态组织基本为板条状马氏体，板条束大小随奥氏体晶粒尺寸增加而增加，高温奥氏体晶粒对最终马氏体形态和分布影响很大。

4.6.4　马氏体沉淀硬化不锈钢

沉淀硬化（PH）不锈钢是通过热处理析出弥散分布的细小溶质原子偏聚区、金属间化合物和某些少量碳化物以产生沉淀硬化，而获得高强度和一定耐蚀性相结合的高强不锈钢。其化学成分除铬、镍元素以外，还含有直接或间接导致沉淀相形成的 Ti、Nb、Al、Mo、Co、Cu 等合金元素，且碳含量很低，一般为低碳或超低碳，它兼有铬镍奥氏体不锈钢耐蚀性好和马氏体铬不锈钢强度高的优点。

自 20 世纪 40 年代以来，为适应迅速发展的航空、航天、船舶工业的需要，开发了几种沉淀硬化不锈钢。其中最典型的钢种是 17-4PH，对应牌号为 ZG05Cr17Ni4Cu4Nb，其化学成分见表 4-21。

表 4-21　17-4PH 马氏体沉淀硬化不锈钢的化学成分

元素	C	Si	Mn	P	S	Cr	Ni	Cu	Nb	N
含量(质量分数,%)	≤0.07	≤1.00	≤1.00	≤0.040	≤0.030	15.00~17.50	3.00~5.00	3.00~5.00	0.15~0.45	—

17-4PH 的热处理主要有两个过程：首先是要获得稳定的基体组织，然后是第二相质点沉淀的析出。第一个过程通常通过固溶处理实现，通过在温度为 1050℃ 左右进行加热保温，使硬质相形成元素充分溶于基体中，然后快速降温使该类元素在基体中处于过饱和状态；第二个过程即时效处理，它是通过在一定温度内加热保温，从而使沉淀析出相形成元素（在之前固溶处理中过饱和溶于基体的元素）以均匀细小的合金元素或金属间化合物形式析出。

经时效处理后，17-4PH 的组织是板条状的马氏体+少量残留奥氏体（或逆变奥氏体）+δ 铁素体+金属间化合物+少量合金碳化物。其中沉淀硬质颗粒的形态和分布与时效处理温度及保温时间有关。通常在一定温度区间内，随着温度的增加和时间的增长，硬质相析出更充分、分布更加均匀，则强化效果得到增强；但如果时效时间过长、温度过高，则会导致沉淀硬质颗粒粗化及团聚，反而会使其硬度下降。当时效处理达到一定温度时将产生逆变奥氏体，导致硬度、强度降低，韧性、塑性增加。

17-4PH 具有优异的力学性能和耐蚀性，但是在实际应用中，由于其抗应力腐蚀性能差，容易出现应力腐蚀开裂，影响使用寿命和安全性。

17-4PH 在固溶状态的组织为板条状马氏体+δ 铁素体，如图 4-29 所示。相邻的板条界大致平行，位向差小，板条内部存在高密度位错。在板条马氏体晶界和板条亚晶界处，析出了数量较少的碳氮化物，形状大部分为球形。固溶态钢经不同温度时效后的组织如图 4-30 所示。基体组织和时效温度对 ε-Cu 相的析出影响明显，时效温度越高，ε-Cu 相颗粒的尺寸越大，形态由颗粒状最终变为短棒状。在位错密度低的区域，ε-Cu 相颗粒的尺寸要比位错密度高的区域析出的大，位错密度高，ε-Cu 相的析出呈弥散球形。在位错密度低或没有位错的基体上，ε-Cu 相颗粒密度小，尺寸大，呈短棒状。

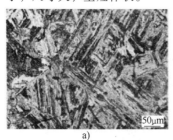
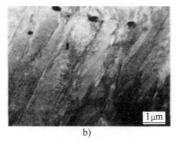

a)　　　　　　　　　　　b)　　　　　　　　　　　c)

图 4-29　17-4PH 沉淀硬化不锈钢在 1040℃ 固溶后的组织

a）光学金相组织　b）透射电镜显微组织　c）位错形态

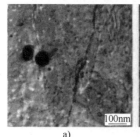
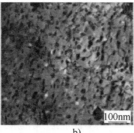
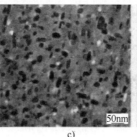
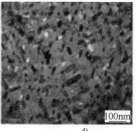

a)　　　　　　　　b)　　　　　　　　c)　　　　　　　　d)

图 4-30　17-4PH 沉淀硬化不锈钢经不同温度时效后的组织

a）480℃　b）530℃　c）580℃　d）630℃

4.6.5 马氏体时效不锈钢

随着新兴化学工业的需要和随着火箭、宇航、原子能及海洋开发等工业的发展及真空冶炼技术的进步，并受到超低碳马氏体时效钢出现的影响，在 20 世纪 60 年代初，研制开发了马氏体时效不锈钢。

马氏体时效不锈钢是由低碳马氏体相变强化和时效强化两种强化效应叠加的高强度不锈钢。它具有马氏体时效钢的全部优点，又具有马氏体时效钢所不具备的不锈性，同时还对沉淀硬化不锈钢的某些性能进行了改进。

马氏体时效不锈钢的合金化元素主要有三类：一是与耐蚀性有关的元素，如 Cr；二是形成沉淀硬化相的强化元素，如 Mo、Cu、Ti 等；三是平衡组织以保证钢中不出现或控制 δ 铁素体元素，如 Ni、Mn、Co 等。在设计马氏体时效不锈钢的化学成分时，要保证钢的强韧性、耐蚀性、最少的 δ 铁素体含量和适量的残留奥氏体。通常要求 $w(C) \leqslant 0.03\%$，使钢的基体组织为板条马氏体，它可以使钢的强韧性有好的配合，特别是使其具有好的韧性，还可以改进耐蚀性、焊接性及冷热加工性；$w(Cr)$ 最好大于 12%，尽量不低于 10%，以保证钢有足够的耐蚀性，但如果铬含量过高，则固溶处理后将得不到全马氏体组织（含有部分铁素体组织），而铁素体的存在则会影响钢的热塑性，降低钢的强度并恶化钢的横向韧性和钢的耐蚀性；钢要具有很高洁净度，其中的杂质 S、P、Si、Mn、H、O 含量要尽量低，以提高钢的耐蚀性、韧性、塑性和焊接性能，特别是提高疲劳性能；足够含量的奥氏体稳定化元素（如 Ni），既要避免形成 δ 铁素体，又要使其不产生过量的残留奥氏体；适当含量的时效强化元素，如 Ni、Mo、Al、Ti、Cu 等，以便形成金属间化合物而使钢强化；为保证得到室温的组织是板条马氏体，除了控制碳含量，还要控制 Ms 在 150℃ 左右，并精确控制镍当量与铬当量的配合及其他合金元素影响等。表 4-22 列举了几种马氏体时效不锈钢的化学成分。

表 4-22　几种马氏体时效不锈钢的化学成分

牌号	化学成分（质量分数,%）							
	C ≤	Cr	Ni	Nb	Mo	Si ≤	Mn ≤	其他
ZG022Cr14Ni6Mo2AlNb	0.03	13.50~15.00	5.70~6.80	0.40~0.70	1.50~2.20	1.00	1.00	Al:0.10~0.40
ZG022Cr16Ni4Cu4Nb	0.03	15.00~16.50	3.00~5.00	0.15~0.45	—	1.00	1.00	Cu:3.50~4.50
ZG022Cr15Ni6Nb	0.03	14.00~15.50	5.50~6.50	0.50~0.80	—	1.00	1.00	
ZG022Cr12Ni8Be	0.03	11.50~12.50	7.50~8.50	—	—	1.00	1.00	Be:0.15~0.25
ZG022Cr13Ni8Mo2NbTi	0.03	12.50~13.50	7.50~8.50	0.15~0.45	2.00~2.50	1.00	1.00	微量 Ti

马氏体时效不锈钢经时效处理后，其组织为板条状的马氏体+少量残留奥氏体（或逆变奥氏体）+δ 铁素体+金属间化合物。马氏体时效不锈钢的强韧化机理与其组织密切相关，主要有以下方面：

（1）马氏体相变强化　经固溶处理后基体组织为高密度位错的板条马氏体组织。相邻的马氏体板条位向相同，相互之间以小倾角晶界接触，板条的宽度为 $0.02 \sim 3.1\mu m$，晶粒大小对板条的宽度和分布没有影响。亚结构主要是位错、极少量的孪晶，位错密度可达 $10^{11} \sim 10^{12}/cm^2$。体心立方结构的马氏体可以连续冷却或等温过程中形成，马氏体的屈服强度高，具有良好的塑性和韧性。

（2）固溶强化　合金元素以置换或间隙的形式溶入基体金属的晶格中，由于原子尺寸效应、弹性模量效应和固溶有序化的作用而使钢强化。其强化效应随着元素含量增加而明显，如溶剂原子与溶质原子的尺寸差异，造成的固溶体点阵畸变，形成以溶质原子为中心的弹性应变场，阻碍位错运动而强化，原子大小差别愈大强化效应也愈大。固溶强化的程度，也取决于基体组织，间隙元素 C、N 对马氏体组织强化效果最大。

（3）析出强化　马氏体时效不锈钢经时效处理，在板条马氏体基体上析出大量细小、弥散分布的金属间化合物是使钢获得超高强度的关键。在马氏体时效不锈钢中常见的析出相有圆球状 Fe_2Mo 型 Laves 相、R 相，细长棒状的 $\eta\text{-}Ni_3T$、Ni_3Mo，不规则形状 χ 相等。

（4）残留奥氏体的韧化　残留奥氏体沿板条马氏体束之间或片状马氏体周围呈薄片状分布，对改善材料的韧性十分有利，不仅可阻止裂纹在马氏体板条间的扩展，还可以减缓板条间密集排列时位错前端引起的应力集中。

目前，马氏体时效不锈钢的生产采用了超高洁净度、超高均匀化以及全流程的细组织控制等先进的生产工艺技术，使得其性能有了较大的提高，并以很高强度、韧性、耐蚀性和经济可行的加工制造性能的完美配合而迅速成为高科技领域关键设备的承力耐蚀（或高温）部件的首选材料。

4.6.6　超级马氏体不锈钢

超级马氏体不锈钢是在传统马氏体不锈钢的基础上大幅降低钢中碳含量 [$w(C) \leqslant 0.03\%$]，同时加入一定量的镍 [$w(Ni) = 3.5\% \sim 4.5\%$] 和钼 [$w(Mo) = 1.5\% \sim 2.5\%$]，增加相变的可能性，保证钢的硬度、强度得到提高的同时，韧性也得到改善。更重要的是，它还克服了传统马氏体不锈钢在焊接过程中的应力裂纹敏感性，以及焊接性能差等缺点。

1. 超级马氏体不锈钢的典型牌号

随着合金化和热处理工艺的进一步发展，目前共有三种类型的超级马氏体不锈钢，分别是低合金超级马氏体不锈钢 [$w(Cr) = 11\% \sim 12\%$，$w(C) < 0.015\%$]；中合金超级马氏体不锈钢（12Cr-4.5Ni-1.5Mo）；高合金超级马氏体不锈钢（12Cr-6.5Ni-2.5Mo）。这三种超级马氏体不锈钢都有相似的力学性能，但是却具有不同的耐蚀性，因此应根据不同的服役环境以及对性能要求的不同，来选用更能满足要求的超级马氏体不锈钢类型。典型中合金超级马氏体不锈钢 ZG022Cr13Ni5Mo 的化学成分见表 4-23。

表 4-23　ZG022Cr13Ni5Mo 的化学成分

元素	C	Si	Mn	Cr	Ni	Mo
含量（质量分数，%）	≤0.03	≤0.30	0.40~1.00	12.00~14.00	4.00~6.00	0.50~1.00

2. 超级马氏体不锈钢的显微组织

超级马氏体不锈钢中添加的合金元素主要有 Cr、Ni、Mo、Cu、Mn、Si、Ti、N 等元素，在常温下显微组织为典型的回火马氏体，这种低碳回火马氏体组织具有很高的强度和良好的韧性。镍含量和热处理工艺的不同，一些超级马氏体不锈钢会出现细小弥散的残留奥氏体。像 $w(Cr)$ 为 16% 的超级马氏体不锈钢，显微组织中会出现少量 δ 铁素体。超级马氏体不锈钢在淬火后，经一定温度回火，一部分马氏体发生逆转变形成逆变奥氏体。此外，超级马氏体不锈钢中还可能出现一些碳化物、氮化物或金属间化合物。

3. 超级马氏体不锈钢的性能及应用

超级马氏体不锈钢具有强度高和低温韧性好的特点。以 Cr13 型超级马氏体不锈钢为例，其下屈服强度为 550~850MPa，抗拉强度为 780~1000MPa，冲击韧性大于 50J/cm^2 且在 -40℃ 以上的温度环境中也有良好的断裂韧性，断后伸长率大于 12%。

超级马氏体不锈钢的焊接性明显优于传统马氏体不锈钢，由于其 $w(C)$ 一般已降低到 0.05% 以下的水平，因此从高温奥氏体状态冷却到室温时，虽然也全部转变为低碳马氏体，但没有明显的淬硬倾向。不同的冷却速度对热影响区的硬度没有显著的影响。该类钢经淬火和一次回火或二次回火热处理后，由于韧化相逆变奥氏体均匀弥散分布于回火马氏体基体，它的形变诱发相变可降低应力集中，阻碍裂纹的形成与扩展，使钢的裂纹敏感性降低。此外，超级马氏体不锈钢在加工制造过程中又采取了特殊的工艺措施，使其焊接性能大大超过了传统马氏体不锈钢。

超级马氏体不锈钢在具有强度高、低温韧性好的同时，还具有较好的耐蚀性。由于碳含量很低，抑制了基体中的 Cr 元素析出成铬的碳化物；添加质量分数为 5% 左右的 Ni 来获得单相马氏体；同时加入了 Mo、Ti、Nb、V 等微量合金元素，Mo 起到细化晶粒、提高材料的应力腐蚀和局部腐蚀抗力的作用，而 Ti、Nb、V 等强碳化物形成元素的加入有利于形成弥散分布的碳化物颗粒及高密度的位错结，对位错起到钉扎作用，降低了超级马氏体不锈钢材料的应力腐蚀敏感性。经过改进的超级马氏体不锈钢在直到 180℃ 的高温 CO$_2$ 腐蚀环境中仍具有良好的均匀和局部腐蚀抗力，同时具有一定的抗 H$_2$S 应力腐蚀开裂的能力。

超级马氏体不锈钢是介于双相不锈钢和碳钢之间最为经济的一种材料。这是因为在耐蚀性相当、质量相等的前提下，超级马氏体不锈钢成本要比双相不锈钢成本大约低 25%，再者超级马氏体不锈钢的抗拉强度比双相不锈钢高 2 倍，用超级马氏体不锈钢做零件材料壁厚可以减薄，成本能降低 10%~15%，总成本降低 35~40%。近年来，各国在开发低碳、低氮超级马氏体钢时投入很大，随着 AOD 和 VOD 精炼技术的出现和完善，使超级马氏体不锈钢得到进一步发展并扩大应用范围。目前超级马氏体不锈钢被广泛用于海上钻井平台、造船、石油和天然气输送管道等领域。

4.7 铸造双相不锈钢

4.7.1 双相不锈钢的发展简况

双相不锈钢系指在钢中既含有奥氏体又含有铁素体组织的钢种，通常其铁素体或奥氏体的体积分数约各占一半，一般较少相的体积分数最少也要达到 30%。

双相不锈钢的发展始于 20 世纪 30 年代，法国 1935 年获得第一个专利，至今双相不锈钢已经发展了三代。第一代双相不锈钢以美国 20 世纪 40 年代开发的 329 钢为代表，铬、钼含量高，耐局部腐蚀性能好，但碳含量较高 [$w(C) \leq 0.1\%$]，因此，焊接时失去相的平衡及沿晶界析出碳化物导致耐蚀性及韧性下降，焊后必须经过热处理。一般只用于铸锻件，在应用上受到了一定限制。随后至 20 世纪 60 年代中期瑞典开发了著名的 3RE60 钢，它是第一代双相不锈钢的代表钢种，其特点是超低碳，$w(Cr)$ 为 18%'，焊接及成形性能良好，可广泛代替 304L、316L 用作耐氯离子应力腐蚀的材料。

20 世纪 70 年代以来，随着二次精炼技术 AOD 和 VOD 等方法的出现与普及，可容易地冶炼出超低碳的钢，同时发现氮作为奥氏体形成元素对双相不锈钢有提高耐蚀性的重要作用，改进了第一代双相不锈钢的缺点，从而开创了第二代新型的含氮双相不锈钢，并开发了双相不锈钢新的应用领域。第二代双相不锈钢不论是 Cr18 型，还是 Cr22 或 Cr25 型大多数属于超低碳型，已纳入了多个国家的标准牌号。

20 世纪 80 年代后期发展的超级双相不锈钢为第三代双相不锈钢，牌号有 SAF2507、UR52N、

Zeron100 等。这类钢的特点是碳含量特低 [$w(C) = 0.01\% \sim 0.02\%$]，钼、氮含量高 [$w(Mo) = 1\% \sim 4\%$，$w(N) = 0.1\% \sim 0.3\%$]，钢中铁素体的体积分数为 40%~50%。此类钢具有优良的耐点蚀性能，耐点蚀当量 PREN 大于 40。

4.7.2　双相不锈钢的分类及代表牌号

双相不锈钢一般可分为四大类：

第一类属低合金型，代表牌号是 UNSS32304（23Cr-4Ni-0.1N），钢中不含钼，PREN 为 24~25，在耐应力腐蚀方面可代替 304 或 316 不锈钢使用。

第二类属中合金型，代表牌号为 UNSS31803（22Cr-5Ni-3Mo-0.15N），PREN 为 32~33，耐蚀性介于 316L 与 6Mo-N 奥氏体不锈钢之间。

第三类属高合金型，一般 $w(Cr)$ 为 25%，还含有钼和氮，有的还含有铜和钨，标准牌号为 UNSS32550（25Cr-6Ni-3Mo-2Cu-0.2N），PREN 为 38~39，耐蚀性高于 $w(Cr)$ 为 22% 的双相不锈钢。

第四类属超级双相不锈钢，钼、氮含量高，标准牌号为 UNSS32750（25Cr-7Ni-3.7Mo-0.3N），有的也含有钨和铜，PREN 大于 40，可适用于苛刻的介质条件，具有良好的耐蚀性与力学综合性能。

表 4-24 列举了几种典型双相不锈钢的化学成分。

表 4-24　典型双相不锈钢的化学成分

类别	商业牌号	UNS 标准	对应我国牌号	化学成分（质量分数，%）							
				C	Cr	Ni	Mo	N	Cu	W	PREN
低合金型	SAF2304	S32304	ZG022Cr23Ni4N	0.03	23	4	0.1	0.1	0.2	—	24
中合金型	SAF2205	S31803	ZG022Cr22Ni5Mo3N	0.03	22	5	2.8	0.15	—	—	32~33
	UR45N⁺	SS2237	ZG022Cr22Ni5Mo3N	0.03	22.8	6	3.3	0.18	—	—	35~36
	3RE60	S31500	ZG022Cr18Ni5Mo3Si2	0.03	18.5	5	2.7	0.1	—	—	29
	10RE51	S32900	ZG06Cr25Ni5Mo2	0.08	25	4.5	1.5	—	—	—	30
	CarpMo⁺	S32950	ZG022Cr25Ni5Mo2N	0.03	27	4.8	1.75	0.25	—	—	35
高合金型	DP3	S31250	ZG022Cr25Ni7Mo3WCuN	0.03	25	7	3	0.16	0.5	0.3	37
	Ferralium255	S32550	ZG04Cr25Ni6Mo3Cu2N	0.05	25	6	3	0.18	1.8	—	37
超级 DSS	Zeron100	S32760	ZG022Cr25Ni7Mo3CuN	0.03	25	7	3.5	0.24	0.7	0.7	40
	SAF2507	S32750	ZG022Cr25Ni7Mo3N	0.03	25	7	3.8	0.28	—	—	41
	UR52N⁺	S32550	ZG022Cr25Ni7Mo3CuN	0.03	25	7	3.5	0.25	1.5	—	41
	DTS25.7NW	S32740	ZG022Cr25Ni7Mo3WCuN	0.03	25	7.5	3.8	0.27	0.7	0.7	44

4.7.3　双相不锈钢的组织及生产应用中的限制和要求

1. 双相不锈钢的组织

绝大多数工业化生产的双相不锈钢都以铁素体模式凝固。然后，在冷却过程中使部分铁素体相转变为奥氏体相。奥氏体相与铁素体相的体积分数主要取决于合金成分和热处理温度。以 SAF2205 双相不锈钢为例，氮和镍主要是奥氏体形成元素，氮和镍的含量决定了两者的当量比，适当提高氮和镍的当量比有利于提高高温铁素体的数量，使其尽量在单相区加工，进而有利于提高 SAF2205 双相不锈钢的高温塑性。随着氮含量的提高，SAF2205 双相不锈钢的高温奥氏体相含量增加，同时两相间的强度差也有增大趋势，当高温变形时，使应变更加容易在铁素体中产生，减小了奥氏体相的应变分布，从而导致高温热塑性的下降。镍含量对双相不锈钢高温塑性的影响没有氮那么强烈，主要是由于两者的固溶形式不同，氮在钢中以间隙固溶体主要存在奥氏体相中，而镍主要以代位固溶体存在，同时镍的增加有利于氮在奥氏体中的稀释。所以严格控制 SAF2205 双相不锈钢的铬镍当量比、降低氮含量及控制镍含量对 SAF2205 双相不锈钢的顺利生产有重要的意义。

当成分被确定后，材料的室温组织和性能与固溶处理温度密切相关。固溶处理温度越高，材料中铁素体相比例就越高，而韧性则更低。不管是否存在机械形变，双相不锈钢经分步冷却，如冷却至 700℃ 后保温，将导致大量细小针状奥氏体晶粒（二次奥氏体相）析出，而在更低温度下的停留将析出更细小组织。

在冷却过程中，双相不锈钢将在不同温度阶段形成不同的析出相，其类型与钼、铬和钨的添加有着明显的关联。在高温阶段停留时，随着铬、钼、钨合金元素增加，将促进铁素体相转变为金属间化合物（σ 相、χ 相等）、氮化物和碳化物等析出相，恶化不锈钢的性能。对于那些不含钼的双相不锈钢，σ 相和 χ 相则需很长时间（数十小时）加热保温才能析出。在大多数双相不锈钢中，铁素体相共析反应分解成的 σ 相是最常见的脆性相，在 SAF2205 双相不锈钢中，σ 相的典型成分（质量分数）则是 60%Fe-30%Cr-7%Mo-3%Ni。伴随着 σ 相析出的二次奥氏体相，与基体中的奥氏体相相比，耐点蚀当量 PREN 更低。σ 相和 χ 相具有强烈的致脆效应，而二次奥氏体相则降低材料的耐均匀腐蚀性能。要避免 σ 相的析出，SAF2205 双相不锈钢的最小冷却速度必须高于 0.3℃/s。高温热处理也可能导致 Cr_2N 和碳化物（如 M_7C_3、$Cr_{23}C_6$）的析出。

随着温度降低，铁素体相的氮固溶度也随之下降，由此导致氮化物在铁素体/铁素体晶界上析出。低温热处理时，在含钼双相不锈钢中的析出相也可能是某些复杂的金属间化合物，如 R 相、π 相、G 相等。最常见的相变是调幅分解，即由 α 铁素体相转变为 α′铁素体相，其相变特点是成分差别微小，形成低铬和高铬片层。这些片层结构在较长距离内连续分布。该相变就是熟知的 475℃ 转变（主要发生在 475~280℃ 之间）。475℃ 相变将导致铁素体相硬化和脆化，这也是双相不锈钢的应用温度限制在 250℃ 以下的原因。$w(Cr)$ 为 25% 的超级双相不锈钢对这种转变尤其敏感。

2. 双相不锈钢生产应用中的限制和要求

1）应对相比例进行控制，最合适的比例是铁素体相和奥氏体相约各占一半，其中某一相的体积分数最多不能超过 65%，这样才能保证有最佳的综合性能。如果两相比例失调，很容易在焊接热影响区（HAZ）形成单相铁素体，在某些介质中对应力腐蚀开裂敏感。

2）应掌握双相不锈钢的组织转变规律，熟悉每一个钢种的等温转变图和连续冷却转变图，这是正确制订双相不锈钢热处理、热成形等工艺的关键，双相不锈钢脆性相的析出比奥氏体不锈钢敏感得多。

3）双相不锈钢的连续使用温度范围为 -50~250℃，下限取决于钢的韧脆转变温度，上限受到 475℃ 脆性的限制，上限温度不能超过 300℃。

4）双相不锈钢固溶处理后应快冷，缓慢冷却会引起脆性相的析出，从而导致钢的韧性和耐局部腐蚀性能下降。

5）高铬钼双相不锈钢的热加工与热成形的下限温度不能低于 950℃，超级双相不锈钢不能低于 980℃，低铬钼双相不锈钢不能低于 900℃，避免因脆性相的析出在加工过程造成表面裂纹。

6）不能使用奥氏体不锈钢常用的 650~800℃ 的消除应力处理，一般采用固溶退火处理。对于在低合金钢的表面堆焊双相不锈钢后，应进行 600~650℃ 整体消除应力处理时，必须考虑到因脆性相的析出所带来的韧性和耐蚀性，尤其是耐局部腐蚀性能的下降问题，尽可能缩短在这一温度范围内的加热时间。

7）应熟悉了解双相不锈钢的焊接规律，不能全部套用奥氏体不锈钢的焊接。双相不锈钢的设备能否安全使用与正确掌握钢的焊接工艺有很大关系，一些设备的失效往往与焊接有关。关键在于线能量和层间温度的控制，正确选择焊接材料也很重要。焊接接头（焊缝金属和焊接HAZ）的两相比例，尤其是焊接 HAZ 维持必要的奥氏体数量，这对保证焊接接头具有与母材同等的性能很重要。

8）在不同的腐蚀环境中选用双相不锈钢时，要注意钢的耐蚀性总是相对的，都有适用的条件范围，包括温度、压力、介质浓度、pH 值等。因此，在选材时特别注意，必要时应进行在实际介质中的腐蚀试验或是现场条件下的挂片试验，甚至模拟装置的试验。

4.7.4　双相不锈钢的性能特点及应用

双相不锈钢兼有奥氏体不锈钢和铁素体不锈钢的特点。与铁素体不锈钢相比，双相不锈钢的韧性高、韧脆转变温度低、耐晶间腐蚀性能和焊接性能均显著提高，且保留了铁素体不锈钢的热导率高、线胀系数小、具有超塑性等某些特点；而与奥氏体不锈钢相比，双相不锈钢的强度较高，特别是屈服强度显著提高，且耐晶间腐蚀、耐应力腐蚀、耐腐蚀疲劳等性能都有明显的改善。

由于双相不锈钢具有诸多的优异性能，因而在石油化工、造纸、能源、船舶、军事等工业领域得到了广泛应用，而且其应用范围也正在不断扩大。

1. 在纸浆和造纸工业的应用

纸浆和造纸工业是最早使用双相不锈钢的加工工业，许多钢种都是根据这些工业的需要而发展起来的。既耐腐蚀、强度又高的双相不锈钢是制造该行业蒸煮、漂白等设备较理想的材料。

2. 在石油化工和化肥工业的应用

瑞典将 3RE60 双相不锈钢用于炼油厂的原油脱盐、加氢脱硫、废水处理、脱蜡等装置上，主要用作热交换器、塔顶冷却器、废水冷却器等，也用作氯乙烯预冷凝器、甲醇反应器触媒管、生产苯的冷却盘管等。此外，也有用 3RE60 和 SAF2205 钢制造氢裂化和加氢装置中空冷器的管束、管板和封头等。双相不锈钢的高强度特点在制造各种储槽、运输罐和反应釜器时能更好地反映出来。双相不锈钢在尿素和磷肥工业中的应用在近几年中也得到了很大的发展，化肥生产设备中的一个冷凝器如用双相不锈钢制造，费用可降低到 1/3 左右，在节省投资方面有着很大的优势。

3. 在低浓度氯化物环境中的应用

在含有氯化物的工业用水环境条件下引起应力腐蚀的事例是相当多的，用双相不锈钢可代替 304L、316L 不锈钢解决这方面的腐蚀问题，尤其是适用于由孔蚀引起的应力腐蚀。例如，啤酒厂的热水槽和加热器，因介质温度在 100℃左右，同时又含有约 0.01%（质量分数）的氯离子，设备容易出现应力腐蚀破裂，采用 SAF2205、SAF2304 等双相不锈钢效果较好。

4. 在海水腐蚀条件下的应用

海水是自然环境中腐蚀性最强的介质之一，尤其在有海洋生物附着的表面上，304、316 不锈钢很容易产生缝隙腐蚀，而对于热海水介质则要求材料具有更高的耐孔蚀、缝隙腐蚀性能。目前，25Cr 型双相不锈钢适用于制造海水泵、轴、船用推进器等，效果良好。

5. 在能源与环保工业的应用

烟气脱硫（FGD）系统用来消除燃煤电厂烟气中的 SO_2，其使用条件为一定的温度、酸度和 Cl^- 浓度，选用 SAF2205 双相不锈钢，比 317LMN 不锈钢效果更好。

第5章 铸造耐热钢

5.1 金属材料的高温失效形式

在高温下工作，金属材料的主要失效形式是高温腐蚀、高温蠕变和高温疲劳等。对于金属材料的高温强度行为，通常以材料的再结晶温度来划分温度的高低。一般认为，在再结晶温度以上，也就是在 0.3~0.4 倍材料熔点以上的温度，即为高温。除了温度以外，环境介质和工况条件是高温失效的重要参数。对于高温腐蚀行为，则以引起金属材料腐蚀速度明显增大的下限温度，作为高温的起点。例如，发生硫腐蚀最严重的温度范围为 200~400℃，因此，对于硫腐蚀来说，200℃ 已经是属于高温范畴了。

5.1.1 高温腐蚀

金属材料的高温腐蚀是在高温下与它接触的环境介质发生化学作用，导致金属材料退化与破坏的过程。环境介质状态有高温气态、高温液态和高温固态之分，高温腐蚀相应地也可分为高温气态介质腐蚀、高温液态介质腐蚀和高温固态介质腐蚀三种形式。•

1. 高温气态介质腐蚀

气态介质中包括有单质气体分子（如 O_2、H_2、N_2、Cl_2、S_2）、非金属化合物气体分子（如水蒸气，NO_2、SO_2、CO、CH_4、NH_3、H_2S、HF 等）、金属氧化物气态分子（如 MoO_3、V_2O_5 等）和金属盐气态分子（如 Na_2SO_4、$NaCl$ 等）。由于这种高温腐蚀是在高温、干燥的气体分子环境中进行的，所以常称为高温气体腐蚀、干腐蚀、化学腐蚀等。

（1）高温氧化腐蚀 金属材料与空气在其表面发生化学反应而产生了一层可见的腐蚀产物，通常称为锈皮。高温氧化的锈皮就是氧化皮。不同的金属在各种环境中高温腐蚀的结果产生了状态多变，颜色各异的各种锈皮。

高温条件下，金属表面氧化皮对界面反应发展产生了一定的影响。图 5-1 所示为高温氧化动力学曲线。

高温氧化动力学曲线有直线规律、抛物线规律、立方规律、对数规律、反对数规律等几种。

1）直线规律说明了氧化皮并未对界面化学反应造成不利的影响，对金属进一步氧化没有抑制和保护作用。直线规律反映氧化皮多孔，不完整。如镁、碱土金属、钨、钼、钒等元素遵循这一线性规律。

2）抛物线规律表明氧化皮对界面的化学反应造成了不利的影响，抑制或减缓了反应的进行。氧化反应生成致密的厚膜，能对金属产生保护作用。多数金属元素（如 Fe、Ni、Cu、Ti）在中等温度范围内的氧化都符合简单抛物线规律。

3）立方规律通常仅局限于短期的暴露，在低温

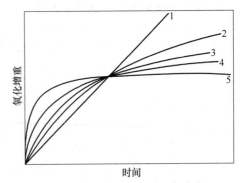

图 5-1 高温氧化动力学曲线
1—直线规律 2—抛物线规律 3—立方规律
4—对数规律 5—反对数规律

薄氧化膜时出现。例如，铜在 100~300℃ 各种气压下等温氧化均服从立方规律。

4）对数规律与反对数规律表明氧化皮对界面的化学反应造成了不利的影响，较大地抑制或减缓了反应的进行。在温度比较低时，氧化膜在时间不太长时膜厚实际上已不再增加。例如，铝、银等的氧化符合对数规律。

金属材料高温氧化速度的两个控制因素：氧化初期，控制因素为界面反应速度；随氧化膜的增厚，控制因素为反应物质通过氧化膜的扩散速度。

（2）高温硫化腐蚀　金属材料的高温硫化腐蚀是在炼油、石油化工、火力发电、煤的气化液化以及各种燃料炉中普遍遇到的一类高温腐蚀问题。原则上，金属的硫化与氧化在很多方面是相似的，但硫化速度一般比氧化速度要高 1~2 个数量级，硫化环境比单纯的氧化环境要苛刻得多。高温硫化腐蚀在各类高温腐蚀事例中占有很大的比重。

含硫环境一般分为 SO_2 等含硫的燃烧产物、有机硫化物、H_2S 气体、硫酸钠与含硫气体等。其中，SO_2 气体腐蚀性较弱，有机硫化物和 H_2S 气体的腐蚀性较强，而硫酸钠和含硫气体的腐蚀性最强。

（3）高温氯化腐蚀　垃圾焚烧的工况环境十分恶劣，由于富含各种氯化物、硫化物、重金属低熔点灰分，以及它们之间高温反应的生成物等腐蚀性极强的固-气-熔融多相混合物，使得许多垃圾焚烧炉的金属部件腐蚀十分严重。高温氯化腐蚀的原理是，高温时氯的渗透能力很大，它可以通过氧化膜同金属反应生成相应的氯化物；氯化物在高温时的蒸气压较高，容易蒸发；蒸发的氯化物同氧气反应生成氯气和相应的氧化物；由于该反应需要的氧压不大，且氧化层可能有催化作用，所以氯化物在靠近金属表面的地方就被氧化生成氯气；新生成的氯气又重新返回金属表面，因而能以较大的速率进行腐蚀反应。

（4）高温碳化腐蚀　在石油化工、炉气转化或热处理中经常使用耐热铸钢与合金的零部件、容器及炉管等，处于高温 CO 或 CH_4 等含碳气氛中，它们与碳的反应过程称为耐热钢的碳腐蚀或碳化。例如，燃料燃烧不充分时，可能在零件表面产生积炭现象，也可以发生碳化反应，碳原子与合金中的铬形成碳化铬，而碳化铬附近贫铬区可能发生严重氧化。发生碳化反应，致使碳化物形成，随气体碳活度不同，碳化物分别是 $Cr_{23}C_6$ 和 M_7C_3，铬含量高的合金，还生成 Cr_3C_2，这将会使合金性能发生变化。

在渗碳气氛的高温条件下，耐热钢或合金与碳氧化物或含碳气氛发生反应。首先发生碳的吸附，然后扩散到合金内部。大部分活性合金元素（铬、铌、钛）形成碳化物在钢中基体和晶界处析出，通常效果是降低塑性。

抗渗碳能力取决于合金中的铬含量，增加铬含量可降低渗碳反应。在碳-氧环境中，含铬合金表面形成 Cr_2O_3 氧化层，可降低碳的溶解度和扩散速度。另外，硅、钛、铌也阻碍渗碳，同时提高镍含量也有利于抗渗碳。

2. 高温液态介质腐蚀

液体介质包括液态金属，如 Zn、Pb、Sn、Bi、Hg 等，低熔点金属氧化物，如 V_2O_5、Na_2O 等和液态熔盐，如硝酸盐、硫酸盐等。高温液态介质腐蚀的机理，取决于液态介质和固态金属之间的相互作用。

当液态金属用作导热物质时，若存在冷热温差的场合，液态金属在热端将构件金属溶解，而在冷端又将其沉积出来，这种腐蚀形式则属于物理溶解。

液态金属中的杂质与固态金属发生化学反应，在固态金属表面生成金属间化合物或其他化合物，这种腐蚀形式则属于化学腐蚀。以热镀锌为例，其工艺温度为 450~480℃，钢铁制沉没辊在连续运转过程中与熔融的锌液发生腐蚀效应，铁与锌产生扩散反应形成疏松多孔的 $FeZn_{13}$ 低熔点锌渣，并漂浮到锌液中，如此反复进行，逐渐使金属溶解于锌液中，使沉没辊很快被蚀穿产生点蚀、蚀坑而报废。低熔点金属氧化物腐蚀，通常发生在含钒或钠等的燃料燃气中。例如，含钒燃料燃烧后生成 V_2O_5，其熔点只有 670℃，在金属表面上呈熔融状态存在。它属于酸性氧化物，可以破坏金属表面的氧化膜，从而加速金属腐蚀，这种形式的腐蚀也属于化学腐蚀。

液态熔盐中的高温腐蚀也称为熔盐腐蚀。熔盐属离子导体，具有良好的导电性，金属在熔盐中会发生与在水溶液中相似的电化学腐蚀。金属在熔盐中也可能发生与熔盐或与溶于熔盐中的氧和氧化物之间的化学反应，即化学腐蚀。

3. 高温固态介质腐蚀

金属材料在带有腐蚀性的固态颗粒状物质的冲刷下发生的高温腐蚀称为高温固态介质腐蚀。这类腐蚀介质包括固态燃灰以及燃烧残余物中的各种金属氧化物、非金属氧化物和盐的固态颗粒，如 C、S、V_2O_5、NaCl 等。腐蚀形式既包括固态燃灰与盐颗粒对金属材料的腐蚀，又包括这些固态颗粒状物质对金属材料表面的机械磨损，所以人们又把这种腐蚀称为"高温磨蚀"或"高温冲蚀"。例如，发电厂锅炉用喷燃气火嘴是煤粉输送的重要部件，工作环境十分恶劣，要在 900~1200℃ 高温下长期运作，除燃气中的硫化物气体对金属产生腐蚀外，同时还受到高速运行煤粉的冲刷磨损。

5.1.2　高温蠕变

所谓高温蠕变是指在温度 $T \geqslant (0.3 \sim 0.5)T_m$（$T_m$ 为熔点，温度为 K）及远低于屈服强度的应力下，材料随加载时间的延长缓慢地产生塑性变形的现象。引起蠕变的这一应力称为蠕变应力。在这种持续应力作用下，蠕变变形逐渐增加，最终可以导致断裂，这种断裂称为蠕变断裂。由于施加应力方式的不同，可分为高温压缩蠕变、高温拉伸蠕变、高温弯曲蠕变和高温扭转蠕变。

典型的高温蠕变曲线如图 5-2 所示。蠕变过程可分为三个阶段：

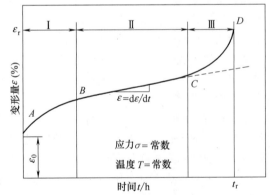

图 5-2　典型的高温蠕变曲线

第 I 蠕变阶段，是在载荷的直接作用下发生的初始弹性应变，即 AB 段，又称为初始蠕变阶段或减速蠕变阶段。该阶段里的应变-时间曲线呈上凸形，应变速率呈由大变小的规律，产生的变形均为弹性变形。如果此阶段里突然卸去外荷载，产生的变形将先有一部分变形急剧恢复，其余部分变形将随着时间推进慢慢恢复该阶段的变形，无永久变形，材料仍保持弹性。

第 II 蠕变阶段，又称为稳定蠕变阶段或等速蠕变阶段，即 BC 段。该阶段里的应变-时间曲线近似一条直线，应变随着时间呈近似等速增长，是塑性应变速率的恒定区。该阶段里的变形既包含弹性变形，又包括塑性变形。此阶段里把作用的应力卸除后，则会出现永久变形。

第 III 蠕变阶段，又称为加速蠕变阶段。该阶段里的应变-时间曲线向上弯曲，其应变速率急剧加快直至材料破坏。此阶段内的变形均为塑性变形，材料内部出现较明显的破坏，直至形成宏观破坏和材料失稳。

蠕变曲线的形式与应力和温度的关系十分密切。温度一定的条件下，如果应力很大，则蠕变稳态阶段（第 II 阶段）会很快结束，随后立即进入蠕变的加速阶段；反之，如果应力很小，那么蠕变曲线中就可能不包括蠕变的加速阶段，且稳态阶段持续的时间很长。

金属材料在温度和应力的共同作用下，一方面位错的运动和增殖会引起应变及强化；另一方面原子的扩散和移动则会产生回复现象和微观组织的老化，使滑移带上的位错通过交错滑移和攀移的方式逐渐消失，导致应变强化消失。金属材料的蠕变便是在这种矛盾的过程中进行的。而在高温下，由于温度的升高加速了原子的扩散和移动，使回复过程容易进行，显微组织容易老化。例如，碳钢零件在高温下长期服役会发生珠光体的分散，珠光体中的碳化物发生球化和石墨化。低合金钢零件在高于 500℃ 下长期运行，一方面珠光体分散，珠光体中的碳化物发生球化长大；另一方面固溶于基体中的碳会脱溶，与基体中固溶的 Cr、Mo、V 等合金元素形成碳化物，并逐步球化长大，向晶界偏聚。马氏体高合金钢零件在高温下长期运行，一方面会出现马氏体分解，位错密度下降，形成碳化物并球化长大，向晶界偏聚；另一方面还会析出金属间化合物，如 $w(Cr) = 9\% \sim 12\%$ 钢中的 σ 相。奥氏体耐热钢零件在高温下长期运行，则会出现孪晶的消失，晶界碳化物的偏聚，还会析出 σ 相。因此，温度是影响铸钢高温蠕变特性的一个重要因素，随着温度升高，铸钢的强度极限逐渐降低。常温下用来强化铸钢的各种手段，如固溶强化、沉淀强化及加工硬化等，强化效果会随着温度的升高而逐渐减弱。

5.1.3　高温疲劳

高温疲劳是指材料在温度 $T \geqslant (0.3 \sim 0.5)T_m$ 或高于再结晶温度时受到交变应力的作用所引起的疲劳破坏。生产中有许多机器零件是在高温和交变载荷作用下工作，如汽轮机、燃气轮机的叶轮和叶片，柴油机的排气阀等，容易产生高温疲劳破坏。高温疲劳的疲劳曲线无水平部分，疲劳强度随循环周次 N 增加不断降低。因此，高温下的材料疲劳强度用规定循环周次下的疲劳强度表示，一般取 5×10^7 或 5×10^8 次。高温疲劳总伴随蠕变发生，温度越高蠕变所占比例越大，疲劳和蠕变交互作用也越强烈。不同材料显著发生蠕变的温度不同，一般当材料温度超过 $0.3T_m$ 时蠕变显著发生，使材料的疲劳强度急剧降低。

高温疲劳的另一种形式是热疲劳，它指的是零件在没有外加载荷的情况下，由于工作温度的反复变化而导致的开裂。温度反复变化，热应力也随着反复变化，如材料抗热应变的能力差，热应力就容易达到材料的断裂应力而引起疲劳裂纹。热疲劳裂纹的特征是呈龟裂状；裂纹走向可以是沿晶型的，也可以是穿晶型的；一般裂纹端部较尖锐，裂纹内有或充满氧化物；宏观断口呈灰色，并为氧化物覆盖；裂纹源于表面，裂纹扩展深度与应力、时间及温差变化相对应。热疲劳失效与工况条件有关，也与材料的塑性、晶粒度、第二相、热膨胀系数、几何结构等密切有关。

5.2　耐热钢的高温性能及强化机制

耐热钢是指在高温下工作的钢材，其发展是高温下工作的动力机械的需要，如火电厂的蒸汽涡轮机、航空工业的喷气发动机，以及航天、舰船、石油和化工等领域的高温工作部件。它们在高温下承受各种载荷，如拉伸、弯曲、扭转、疲劳和冲击等。此外，它们还与高温、蒸汽、空气或燃气接触，表面发生高温氧化或气体腐蚀。因此，其工况条件复杂恶劣，一方面部件材料的微观组织和结构会随着服役时间的延长而老化，另一方面伴随着金属组织的老化会引起材料性能的劣化，同时伴随着机组启停和载荷较大的波动还会产生疲劳损伤。

因此，对铸造耐热钢不仅要求在室温下具有较好的强度和韧性、塑性，更重要的是在高温工况下具有良好的高温强度、组织稳定性和抗高温腐蚀能力，从工艺性能考虑还应具有良好的冶金、铸造、焊接等性能。

5.2.1 耐热钢的高温力学性能

耐热钢的高温力学性能主要包括蠕变极限、持久强度、疲劳性能、松弛性能等。

1. 蠕变极限

耐热钢零件如果在服役期内产生过量的蠕变变形，将会引起零件的早期失效。因此，需要用一个力学性能指标来描述在高温条件下对耐热钢材料长期加载所产生的蠕变抗力。蠕变极限就是这样一个力学性能指标，它表示材料对高温蠕变变形的抗力，是高温下选料、设计构件的主要依据之一。蠕变极限的表达方式可分为两种：

1）温度一定，当试件的稳态应变速率达到规定值时，所施加的应力即称为蠕变极限。

2）试验时间和温度一定的条件下，试件产生了规定的应变量，则把这时所施加的应力称为应变极限。一般在蠕变时间短且蠕变速率较大的情况下使用这种定义方法。原因是短期蠕变试验的第一阶段蠕变变形量所占比例较大，第二阶段的应变速率测定时较为困难，所以用总变形量作为测量对象较为方便。

2. 持久强度

对于某些重要的零件，不仅对耐热钢材料的蠕变极限有一定的要求，同时还要求材料具有一定的持久强度和持久塑性，两者都是选材的重要依据。持久强度是指在给定的温度下和规定的时间内断裂时的强度，要求给出的只是此时所能承受的最大应力。持久塑性是通过试样的断后伸长率和断面收缩率来表示的，它所体现的是材料在高温长时间作用下的塑性，是衡量材料蠕变脆性的一个重要指标。很多材料在高温下，长期工作后，断后伸长率降低，而导致脆性破坏，如锅炉中导管的脆性破坏及螺栓的脆性断裂。

持久强度试验不仅反映耐热钢材料在高温长期应力作用下的断裂应力，而且还能反映持久塑性。

3. 疲劳性能

高温疲劳裂纹的形成是塑性变形逐渐积累损伤的结果，因此用塑性变形幅度作为高温疲劳过程受载特性，建立起塑性变形幅度与热循环次数间的关系作为耐热钢的热疲劳强度。高温疲劳试验条件（如热循环上下限温度、热循环速度、高温上下限停留时间和平均温度）对热疲劳强度有很大影响。应力集中（如横截面过渡不均匀、异种材料焊接及两端固定的导管等）也会引起热疲劳裂纹和破裂，降低材料的热疲劳强度。材料的显微组织在热循环中的变化（如耐热钢中的碳化物析出与聚集，晶粒长大和粗化等）都会降低钢的热疲劳强度。

4. 松弛性能

耐热钢在高温长期应力作用下，其总变形不变，材料所承受的应力随时间的增长而自发地逐渐降低的现象称为应力松弛。材料抵抗应力松弛的能力称为松弛稳定性。在高温下工作的弹簧、锅炉与汽轮机的紧固件等都是在承受应力松弛下工作的，必须考虑钢的松弛稳定性。如果材料的松弛稳定性较差，那么剩余应力会随着工作时间的推移变得越来越小。当剩余应力小于紧固件的预紧应力时，就会产生泄漏。

材料的松弛稳定性通过松弛试验来评定。在规定温度下对试样加载，并保持初始变形量恒定，就能通过试验测得材料的松弛曲线。松弛稳定性取决于材料的成分、组织等内部因素。

5.2.2 耐热钢的耐高温腐蚀性能

耐热钢经常处于高温复杂的腐蚀性环境中工作，耐高温腐蚀性能是耐热钢的一项很重要的性能要求。它包含两方面的含义：一是指耐热钢本身在高温腐蚀环境中热力学稳定，在它表面很难形成锈皮，耐蚀性由耐热钢本身提供；二是耐热钢很快在表面生成一层能抑制界面反应的锈皮，耐蚀性由腐蚀锈皮所提供，它要求锈皮必须连续均匀、致密、稳定牢固地黏附于金属表面上。

根据环境介质的类型，耐热钢的耐高温腐蚀性能可分为以下几方面。

1. 抗高温氧化

钢在 575℃ 以下表面生成 Fe_2O_3 和 Fe_3O_4 层，在 575℃ 以上出现 FeO 层，此时氧化膜外表层为 Fe_2O_3，中间层为 Fe_3O_4，与钢接触层为 FeO。当 FeO 出现时，钢的氧化速度剧增。FeO 为铁的缺位固溶体，铁离子有很高的扩散速率，因而 FeO 层增厚最快，Fe_3O_4 和 Fe_2O_3 层较薄，氧化膜的生成依靠铁离子向表层扩散，氧离子向内层扩散。由于铁离子半径比氧离子小，因而氧化膜的生成主要靠铁离子向外扩散。要提高钢的抗氧化性，首先要阻止 FeO 出现。加入形成稳定而致密氧化膜的合金元素，如铬、硅、铝等，能使铁离子和氧离子通过氧化膜的扩散速率减慢，并使氧化膜与基体牢固结合，可以提高钢在高温下的化学稳定性。

耐热钢的抗高温氧化性能可以直接用钢在一定时间内经氧化腐蚀之后的质量损失的大小，即用金属减重的速度来表示；当钢的腐蚀产物呈致密薄膜附着在材料表面不易脱落下来时，则可用增重的速度来表示。

2. 抗高温硫化

高温硫化是一种比纯氧化更严重的高温腐蚀形态，因为硫化物膜比氧化膜的缺陷浓度大，更容易开裂和剥落，特别是硫化物的熔点低、蒸汽压高，多数硫化物共晶点低。硫化时，硫的存在形式对高温硫化速度有影响。气相的硫可能是以硫蒸气、二氧化硫、三氧化硫、硫化氢和有机硫化物等形态存在。当硫和氧同时存在时，在金属表面上常形成氧化物和硫化物的混合锈层产物，这种锈层比在有 H_2S 或有机硫以及硫蒸气中产生的硫化物锈层的保护性好。

由于硫化与氧化相似，因此氧化的基本理论和防止氧化的基本措施都适用于硫化。在钢中加入铬、铝、硅等元素都可以在一定程度上防止或减缓高温硫化。

3. 抗高温氮化

氮化与氧化、硫化不同，其产生的失效形式也有所不同。氮化的最终产物可以全是氮化物层，但该层的耐水溶液腐蚀性能很差，或者由于氮扩散到金属中去而降低金属的塑性。当在金属表面不能形成一层连续的氮化物层时，该层很脆，对基体几乎无任何保护作用。

铁、铬、铝、钛等元素很容易形成氮化物，镍、铜等元素即使在高温下也不形成稳定的氮化物，因此镍、铜等元素对抑制氮化是有作用的。在混合气氛中（如含有硫的气氛），由于镍易被硫化，因此镍也是不能抑制氮化的。但在实际工程中，高镍铬的材料仍是抗高温氮化的最佳材料。材料的预氧化对提高其抗氮化性能有一定作用，对耐热钢，效果尤其明显。

4. 抗高温碳化

高温碳化是材料暴露在高温下含碳的气体或液态环境中，由于气体与材料表面发生高温反应，吸附在其表面上那一部分碳原子产生的表面增碳现象。金属表面吸收大量的碳，碳连续不断地渗入金属内部，当超过了碳在金属中的溶解度时，高温下将形成许多不稳定的碳化物、析出石墨等，这就大大降低了材料的耐蚀性和综合力学性能。特别是不锈钢和耐热钢，由于碳化，在钢中出现大量的碳化铬，从而造成钢的贫铬，使耐蚀性及抗高温氧化性能显著降低。碳化是一种危害很大的高温腐蚀形态，但它不像高温氧化和硫化那样普遍。

使用高合金耐热钢是解决高温碳化的重要途径。在工程中常用 Cr25Ni20 和 Cr25Ni35 耐热钢来制造高温裂解炉的炉管，效果很好。硅是提高钢抗高温碳化的有利因素之一，但它在钢中的质量分数不宜超过 2%。铌、钛、钨等对提高抗高温碳化性能是有利的。改变气氛的成分能改变碳化条件，从而改善高温碳化的环境。

5. 抗氢腐蚀

氢腐蚀是高温腐蚀的形态之一，一般发生在露点以上的高温高压氢环境中，如合成氨的生产和石化工业中的加氢装置等都是在高温高压的氢环境中进行的。

氢腐蚀是指高温下钢中首先发生脱碳现象，即钢中的碳化物分解，在钢的表面上形成脱碳层，从而严重地降低钢的力学性能。钢中碳化物分解形成的碳原子在高温高压的氢环境中与氢反应生成甲烷气体。氢腐蚀是一种不可逆的氢损失形态。

钢中碳含量与氢腐蚀有直接关系。钢中碳含量增加，使钢的抗氢腐蚀性能变坏。在氢腐蚀条件下，选择碳含量低的钢是有益的。在钢中加入能形成稳定性高的碳化物的合金元素（如铬、钼、钨、钛、铌等）是提高钢的抗氢腐蚀的主要措施。

6. 抗热腐蚀

热腐蚀是金属材料在高温含硫的燃气工作条件下，与沉积在其表面上的盐发生反应而引起的高温腐蚀形态。最典型的实例是在含氯化钠的大气与含硫的油料燃烧时，沉积在其表面上的硫酸钠引起的高温腐蚀。

环境中的硫与氯化钠是导致产生热腐蚀的主要环境因素。硫主要来自燃料，而氯化钠主要来自大气，一旦形成硫酸盐类时，会加速材料的热腐蚀过程。燃料中的硫含量及燃烧用的空气中的氯化钠含量是影响热腐蚀的主要环境因素。因此，提高燃料的质量，减少燃料中的杂质含量是减缓热腐蚀的重要措施。提高合金元素氧化物的稳定性是抗热腐蚀的主要因素。材料中含有钨、钼、钒等合金元素时，易于形成酸性熔融热腐蚀，特别是钒，它对热腐蚀的影响较大。但材料中含有铬、铝等合金元素对材料的抗热腐蚀极为有利，它们能与氧形成保护性良好的氧化膜，也可能形成尖晶石型复合氧化膜，这对提高材料的抗热腐蚀性能有很大好处。在材料中加稀土元素等微量元素，也能提高材料的抗热腐蚀性能。

5.2.3 耐热钢的强化机制

耐热钢的强化对其性能提高具有重要作用。总体而言，耐热钢一般有以下几种强化机制：

1. 第二相强化

金属材料在热处理或工作的环境中，通过一次析出相和二次析出相的析出与形成，达到强化的方式称为第二相强化。通过弥散的第二相粒子阻碍位错移动来提高屈服强度，是金属材料最常见的强化方法之一。第二相强化不仅用于常温强化，还是高温金属材料必不可少的强化手段。

根据第二相物理特性及分布特征，第二相强化机制主要有 Orowan 位错绕过机制（见图 5-3）和位错切过机制（见图 5-4）。其中 Orowan 位错绕过机制以弹性应变能与位错的交互作用产生强化效果，而位错切过机制可由多种交互作用（共格应变、化学有序、模量差异等）造成，变形时位错以抵抗力的方式通过这些粒子。

与其他强化方法相比，第二相强化对屈服强度的增强效果更为显著，且工艺流程简单。在保证第二相与基体形成良好界面的基础上，通过热动力学优化控制第二相的分布形态、体积分数以及与基体的匹配关系是产生高强度的关键。

常规的引入第二相强化的方法有内生和外加两种：内生常指通过合金化及工艺控制使得过饱和固溶体在适当温度下时效析出硬脆化合物的方法，如析出弥散细小金属间化合物及碳化物等；外生多指以机械混入的方式加入第二相来增强基体，如氧化物弥散强化钢等。但是，对于多

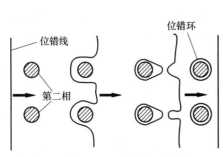

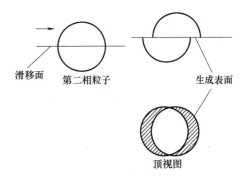

图 5-3　Orowan 位错绕过机制　　　　　　图 5-4　位错切过机制

晶传统材料，由于第二相结构及点阵常数往往与基体存在较大差异，一方面使得形核势垒高，不利于高密度析出；更为关键的是，其显著的强化效果往往来源于位错与粒子产生的弹性应变能之间的交互作用，但这不可避免地会促进裂纹在界面附近的潜在萌生，造成高强度低韧性的性能特点。

2. 固溶强化

通过溶质原子固溶于基体形成晶格畸变，使材料的强度和硬度增加的强化方式称为固溶强化。溶质原子半径一般较小，基体原子一般较大且存在间隙，适当的溶质与溶剂配比，可以显著提高材料的强度和硬度。溶质原子根据溶于基体能力的强弱和半径大小又分为强固溶元素和弱固溶元素，其中 C 和 N 是强固溶元素，而 W 和 Mo 是弱固溶元素。

3. 细晶强化

通过添加元素提高晶粒等级，进而增加屈服强度的方式称为细晶强化。晶粒的细化使位错在晶界内滑移的时候，滑移较短的距离就会遇到晶界阻碍其进一步滑移，此时位错在晶粒内塞积而产生强化。钢铁材料中获得细晶强化的方式有多种，其中增加过冷度和调质处理是最常用的做法。

5.3　合金元素对耐热钢高温性能的影响

耐热钢中，铁为耐热钢的基本元素，常见的合金元素有铬、镍、钼、钨、钒、硅、铝、钛、铌、硼、钴、锰、碳、氮、稀土元素等。磷和硫一般为有害的杂质元素。合金元素在耐热钢中的作用如下：

（1）铬　铬会在铸钢表面形成致密的 Cr_2O_3 氧化膜，是耐热钢中抗高温氧化和抗高温腐蚀的主要元素。铬溶于基体，能增强基体原子间结合强度，提高再结晶温度，因而能显著提高基体的蠕变抗力，从而提高耐热钢的热强性。耐热钢的抗高温腐蚀性能与其铬含量有一定的关系，可以提高 FeO 出现的温度，$w(Cr)$ 为 1.03% 可使 FeO 在 600℃ 出现。在高温工况下使用的耐热钢中 $w(Cr)$ 通常不低于 12%。

（2）镍　镍是耐热钢中的重要合金元素之一。为了使钢在室温下获得纯奥氏体组织，其中 $w(Ni)$ 不低于 25%。但当钢中含有其他合金元素时，为获得纯奥氏体组织，镍含量可适当减少。例如，当钢中 $w(C)$ 为 0.1%，$w(Cr)$ 为 18% 时，为了获得钢的纯奥氏体组织，$w(Ni)$ 为 8% 即可，这就是典型的 18-8 型奥氏体耐热不锈钢。当钢中含有其他铁素体形成元素时，为获得纯奥氏体组织，镍含量就要增加，如不增加镍含量，或降低镍含量，就会出现双相组织，或出现不稳定的奥氏体组织，冷加工时可能产生相变（奥氏体组织转变为马氏体组织）。

（3）钼 钼为难熔金属，熔点高（2625℃）。钼溶于 α 基体，能增强基体原子间结合强度，提高再结晶温度，因而能显著提高基体的蠕变抗力，对提高耐热钢的热强性有较好的作用。但是，钼降低钢的抗氧化能力，这是由于氧化膜内层贴着金属生成含钼的氧化物，而 MoO_3 具有低熔点和高挥发性，使抗氧化能力变坏。

（4）钨 钨为难熔金属，熔点高（3380℃）。钨对于 α 基体，能增强基体原子间结合强度，提高再结晶温度，因而能显著提高基体的蠕变抗力，提高钢的热强性。但是，钨降低钢的抗氧化能力，这是由于氧化膜内层贴着金属生成含钨的氧化物，而 WO_3 具有低熔点和高挥发性，使抗氧化能力变坏。

（5）钒 钒为难熔金属，熔点高（1910℃），是提高铁素体耐热钢的热强性的有效元素，钒也在奥氏体耐热钢中获得应用。

（6）硅 硅是耐热钢中抗高温腐蚀的有益元素，它可以提高 FeO 出现的温度，质量分数为 1.14% 的硅可使 FeO 在 750℃ 出现。含硅钢中生成 Fe_2SiO_4 氧化膜，有良好的保护作用。同时，在钢中加入硅也能改善钢在室温条件下工作的性能。

（7）铝 铝是耐热钢中抗氧化的重要合金元素，它可以提高 FeO 出现的温度，质量分数为 1.1% 的铝和 0.4% 的硅可使 FeO 在 800℃ 出现。当铝含量高时，钢的表面可生成致密的 FeO·Al_2O_3 等尖晶石类型的氧化膜，有良好的保护作用。耐热钢中的 $w(Al)$ 一般不超过 6%。

（8）钛 钛是强碳化物形成元素之一，可防止晶间腐蚀。

（9）铌 铌也是强碳化物形成元素，铌的碳化物在高温下十分稳定，只比钛的碳化物略差些。由于铌具有良好的热强性，因此铌在低合金耐热钢和高合金耐热钢中获得了广泛的应用。高合金耐热钢中的 $w(Nb)$ 一般为 1%~2%。

（10）硼 硼与氮和氧都有很强的亲和力，钢中微量硼 [$w(B)$ = 0.001%] 就可以成倍地提高其淬透性。在珠光体耐热钢中，微量硼可以提高钢的高温强度；在奥氏体耐热钢中加入质量分数为 0.025% 的硼可以提高其抗蠕变性能，但硼含量较高时，其作用相反。加入硼可强化晶界，对增强耐热钢的持久强度十分重要。硼原子主要分布在晶界上，因此硼对强化晶界起着重要的作用。

（11）钴 钴在奥氏体耐热钢中的作用与镍的作用类似，在铬镍奥氏体耐热钢中加钴，对提高该钢的耐高温腐蚀性能是有利的。钴是一种稀有而昂贵的金属，应当节约使用。

（12）锰 锰是良好的脱氧剂和脱硫剂，它使钢形成和稳定奥氏体组织的能力仅次于镍，以锰代镍的耐热钢，有广泛的用途。锰对钢的高温瞬时强度虽有所提高，但对持久强度和蠕变强度则没有什么显著的作用。

（13）碳 碳是钢中不可缺少的元素。碳在钢中的强化作用与它形成的碳化物的成分和结构有着密切的关系，其强化作用也与温度有关。随着温度的升高，由于碳化物的聚集，强化作用有所下降。钢中碳含量增加，会降低钢的塑性和焊接性。因此除强度要求较高的钢外，一般奥氏体耐热钢的碳含量都控制在较低的范围内。

（14）氮 氮作为合金化元素，在奥氏体耐热钢中的作用与碳有些类似。在铬镍奥氏体耐热钢中，氮可提高钢的热强性，几乎对脆性无影响。其原因可能是析出弥散的氮化物所致。

（15）稀土元素 稀土元素对提高耐热钢的抗氧化性能有较明显的作用，特别在 1000℃ 以上，使高温下晶界优先氧化的现象几乎消失。稀土元素的氧化物可以增加基体金属与氧化膜之间的附着力，这是因为稀土氧化物对基体金属有"钉扎"作用。稀土元素对钢的晶粒度细化有一定的作用。稀土元素与氧、硫、磷、氮、氢等的亲和力都很强，是很好的脱氧、去硫和清除其他有害杂质的添加剂。

5.4 铸造耐热钢的分类、典型牌号及其性能

5.4.1 铸造耐热钢的分类

1. 按钢的特性分类

耐热钢在高温下工作，它要具有两方面的性能，即高温稳定性（热化学稳定性）和高温强度。按此特性，耐热钢可分为抗氧化钢和热强钢两类。

（1）抗氧化钢 通常在高温下抗氧化或抗高温介质腐蚀而不破坏的钢叫作抗氧化钢，或称热稳定钢、耐热不起皮钢。此类钢在高温下（一般在 550~1200℃）具有较好的抗氧化性能及抗高温腐蚀性能，并有一定的高温强度，可用于制造各类加热炉用零件和热交换器、热汽轮机的燃烧室、锅炉吊爪、加热炉炉底板和辊道以及炉管等。抗氧化性能是主要指标，部件本身不承受很大压力。

根据抗氧化和高温介质腐蚀的能力，有以下分级：腐蚀速度≤0.1mm/年，为完全抗氧化；腐蚀速度>0.1~1.0mm/年，为抗氧化；腐蚀速度>1.0~3.0mm/年，为次抗氧化；腐蚀速度>3.0~10.0mm/年，为弱抗氧化；腐蚀速度>10.0mm/年，为不抗氧化。

（2）热强钢 在高温下有一定抗氧化能力并具有够的强度而不会出现大量变形或断裂的钢叫作热强钢。该类钢在高温（通常在 450~900℃）既能承受相当的附加应力，又具有优异的抗氧化、抗高温气体腐蚀能力，一般还要求承受周期性的可变应力。热强钢通常用作汽轮机、燃气轮机的转子和叶片，锅炉的过热器，高温下工作的螺栓和弹簧，内燃机的进排气阀，石油加氢反应器等。

热强钢的热强性主要取决于原子间结合力和钢的组织结构状态。往基体钢中加入一种或几种合金元素，形成单相固溶体，可提高基体金属原子间的结合力和热强性。溶质原子和溶剂金属原子尺寸差异越大，熔点越高，则基体热强性越高。W、Mo、Cr、Mn 是提高基体热强性合金元素。W、Mo 等高熔点金属溶入固溶体，阻碍扩散过程，增强原子结合力，提高基体的再结晶温度，从而提高钢的热强性。其次，从过饱和的固溶体中沉淀出弥散的强化相，也可以显著提高钢的热强性。W、Mo、V、Ti、Ni 等元素在钢中能形成各种类型的碳化物或金属间化合物，如 Mo_2C、V_4C_3、VC、NbC 等。这些强化相在沉淀时与基体保持共格或半共格联系，产生很强的应力场，阻碍位错运动，使钢得到强化，在高温下能保持很高的强化效果，从而显著提高钢的热强性。另外，晶界是钢在高温下的一个弱化因素，加入化学性质极活泼的元素（如 Ca、Nb、Zr 及稀土等）与 S、P 及其他低熔点杂质形成稳定的难熔化合物，可以减少晶界杂质偏聚，提高晶界区原子间结合力。加入 B、Ti、Zr 等表面活化元素，可以充填晶界空位，阻碍晶界原子扩散，提高蠕变抗力。

2. 按照显微组织分类

耐热钢的应用十分广泛，而且数量繁多，按其显微组织主要分为四类：珠光体耐热钢、奥氏体耐热钢、铁素体耐热钢和马氏体耐热钢。其中珠光体耐热钢属于低、中合金耐热钢，其他类型为高合金耐热钢。

1）珠光体耐热钢是以 Cr、Mo 为基的低、中合金珠光体耐热钢，是动力工业、石油化工等领域广泛应用的结构材料。这类钢一般在正火+高温回火得到铁素体-珠光体组织后使用。其合金总的质量分数一般不超过 5%。由于这类钢的抗氧化合金元素含量不高，故它的工作温度范围为 350~620℃，常用作锅炉、汽轮机耐热零件。

2）马氏体耐热钢一般经过淬火+高温回火后使用。这类钢中一部分是在 12Cr13 马氏体不锈钢基础上发展起来的，使用状态是回火马氏体，主要用作汽轮机叶片；另一部分马氏体耐热钢主要用于制造汽油机或柴油机的阀门钢，使用状态是回火索氏体。

3）铁素体耐热钢属于抗氧化钢，是由高铬钢加入硅、铝等元素形成的钢。它以 α-Fe 为基，加入了各种强化合金元素，一般在 350~650℃ 温度范围内工作，主要用于制造炼油设备、锅炉、蒸汽涡轮、燃气涡轮及内燃机中的耐热零部件。

4）奥氏体耐热钢是以 γ-Fe 为基，Cr、Ni 等元素的含量较高，具有稳定奥氏体组织的耐热钢。奥氏体耐热钢是在奥氏体不锈钢 18-8 的基础上发展起来的，可以在 600~800℃ 范围使用。它作为抗氧化钢可以工作到 1200℃ 左右。

3. 按照强化方法分类

据强化方法的不同，耐热钢可分为简单奥氏体耐热钢、固溶强化奥氏体耐热钢和沉淀强化奥氏体耐热钢。

由于 γ-Fe 原子排列较 α-Fe 致密，原子间结合力强，再结晶温度高。因此，奥氏体耐热钢具有高的蠕变强度，良好的韧性、耐蚀性和抗氧化性，并且其工作的温度也较高。

固溶强化奥氏体耐热钢是以钨、钼进行固溶强化，以硼进行晶界强化。这类钢的沉淀强化相为 MC 型碳化物，并含有钨、钼等固溶强化元素。当钒、铌和碳的比例正好和 VC 和 NbC 的化学式相等时，具有最佳的高温强度。VC 最高析出速度的温度为 670~700℃，在此温度时效后，钢具有最高的沉淀硬化。

4. 按合金元素分类

（1）低碳钢　在此类钢中不含或很少含有其他合金元素，其碳的质量分数一般不超过 0.2%。

（2）低合金耐热钢　在此类钢中都含有一种或几种合金元素，但含量不高，一般钢中所含合金元素总的质量分数不超过 5%，碳的质量分数不超过 0.2%。

（3）高合金耐热钢　在此类钢中合金元素多，合金元素总的质量分数一般在 10% 以上，甚至高达 30% 以上。

5. 按钢的主要用途分类

火电机组锅炉、蒸汽管道、再热器等部件工作环境恶劣，须长期承受高的温度和蒸汽压力作用，以及机组频繁的开机和关机的影响，这就要求制备这些部件的耐热钢须同时具备高的蠕变强度和热导率、低的热膨胀性以及良好的耐蚀性。耐热钢的发展是决定超超临界机组未来发展的关键因素。目前，世界上高蒸汽参数发电机组广泛采用综合性能优良的高铬铁素体系耐热钢 $[w(\mathrm{Cr}) = 9\% \sim 12\%]$。

除反应堆、电站锅炉、石化工业炉外，在冶金、机械、建材、轻工等领域中，耐热钢：广泛用作热交换器、加热炉管、反应罐等多种炉窑中的各种耐热部件，除采用板、管、棒等耐热钢变形材外，并采用大量的耐热钢铸件。冶金厂的各种退火炉罩，可控气氛连续加热炉的马弗罐、辐射管、装料框架、链带等，连续式加热炉和热处理炉中大量的炉底辊和辐射管也采用高合金耐热钢离心铸管。

在水泥工业中，湿法水泥窑预热带中的耐热钢链条、大型水泥窑箅冷机用的箅子板、冷却机用的物料斗等，均使用了大量的耐热钢件。

5.4.2　铸造铁素体耐热钢

铁素体耐热钢是在常温下呈铁素体组织且在高温下不发生奥氏体转变的耐热钢。铁素体耐热钢具有较好的抗氧化性和耐高温气体腐蚀的能力，特别是在含硫介质中具有足够的耐蚀性，且不含镍，比较经济，已逐渐成为热电厂中主要设备用材的主选或更新换代材料。按抗氧化性或使用温度，铁素体不锈钢可分为多种型号。

1. 铬铁素体耐热钢

简单成分的铬铁素体耐热钢以铬为耐热耐蚀元素，铬的质量分数达到 12% 以上的高铬铁素体耐热钢具有较高的蠕变断裂强度、低的热膨胀性、好的导热性和耐蚀性、足够好的淬透性以及焊接性能。部分铸造铬铁素体耐热钢的牌号与化学成分见表 5-1。碳是强碳化物形成元素，低铬铁素体耐热钢的碳含量必须低，才能获得铁素体组织。

表 5-1　铸造铬铁素体耐热钢的牌号与化学成分

牌号	化学成分(质量分数,%)							
	C ≤	Si ≤	Mn ≤	P ≤	S ≤	Cr	Ni ≤	其他
ZG022Cr12	0.03	1.00	1.00	0.040	0.030	11.00~13.00	0.60	—
ZG10Cr17	0.12	1.00	1.00	0.040	0.030	16.00~18.00	—	—
ZG16Cr25N	0.20	1.00	1.50	0.040	0.030	23.00~27.00	0.60	Cu≤0.30,N≤0.25

高铬铁素体耐热钢一般具有 475℃ 脆性，在加热和冷却时应迅速通过此温度区间。这类钢为单一铁素体组织，没有相变，所以晶粒较粗大，韧性低。在过高温度停留易引起晶粒长大，并且在此后难以消除，因而引起室温脆化，对铬含量较高的钢在 700~900℃ 长期停留，容易析出铁铬金属间化合物，而使钢变脆。冷加工变形和焊后应进行退火。

铸造铬铁素体耐热钢主要用于承受载荷较低而要求良好的高温抗氧化和耐腐蚀的部件，见表 5-2。

表 5-2　铸造铬铁素体耐热钢的适用范围

牌号	适用范围
ZG022Cr12	耐高温氧化,用于 900℃ 以下工作的要求焊接的部件、汽车排气阀净化装置、锅炉燃烧室、喷嘴
ZG10Cr17	不起皮钢,用于 900℃ 以下无载荷的、不渗碳的电热设备构件、重油燃烧器部件、散热器等

2. 铬硅（铝）铁素体耐热钢

铬硅（铝）铁素体耐热钢是在铬铁素体耐热钢的基础上，加入硅、铝等元素形成的高合金钢。硅可以作为钢中主要的脱氧剂和还原剂，提高钢液的流动性，改善钢的铸造性能。硅、铝都是铁素体形成元素，它们促进铁素体形成的能力分别约为铬的 1.5 倍和 2.5 倍。根据各元素氧化产物生成的吉布斯自由能（见表 5-3），判断出钢中各元素氧化物生成的优先顺序均是：$Al_2O_3 > SiO_2 > Cr_2O_3 > CrO_2 > Fe_2O_3 > FeO$，Al、Cr、Si 都会依次优先于 Fe 氧化。从氧化反应自由能来考虑，Al_2O_3 膜的形成比 Cr_2O_3 膜的形成容易，当热力学条件满足，Al 和 Cr 共存时，Al_2O_3 将优先形成。铬硅铝耐热钢的抗高温氧化性由三者的氧化物保证，Al_2O_3 的热稳定性高于 Cr_2O_3，熔点达到 2030℃，但 Al_2O_3 与基体的结合力不如 Cr_2O_3，抗剥落性差，须依附于 Cr_2O_3 和 SiO_2 氧化膜来提高合金的抗氧化性。

高温下，在含硅的耐热钢表面上形成一层保护性好、致密的 SiO_2 膜，对提高钢的抗氧化性能有很好的作用。从图 5-5 可以看出，ZG10Cr18AlSi 在 700℃ 的氧化增重试验中，氧化增重随着时间的增加而增长，且在氧化的前期走势较为陡峭，氧化后期走势趋于平缓。这是因为在氧化的前期，钢表面直接接触高温中的氧气，氧化过程受化学反应控制，所以氧化增重较大；在氧化后

表 5-3　氧化产物生成的吉布斯自由能

氧化反应	吉布斯自由能/J	
	800℃	1000℃
$4/3Fe(s)+O_2(g)=2/3Fe_2O_3(s)$	−436570.6548	−417182.9933
$Fe(s)+O_2(g)+FeO(s)$	−240454.0094	−236065.8082
$4/3Cr(s)+O_2(g)=2/3Cr_2O_3(s)$	−563086.2607	−528848.0388
$Cr(s)+O_2(g)=CrO_2(s)$	−478262.7078	−457829.9086
$4/3Al(s)+O_2(g)=2/3Al_2O_3(s)$	−874227.7771	−828330.7035
$Si(s)+O_2(g)=SiO_2(s)$	−763967.9657	−737535.1214

期，由于钢表面生成了致密的氧化膜，空气中的氧气不能与试验钢表面直接接触发生反应，氧化过程受扩散控制，所以氧化增重较为平稳。同时也发现，硅含量并非与抗高温氧化性正相关，$w(Si)=1.35\%$ 钢的氧化增重反而比 $w(Si)=0.77\%$ 钢高出一些。对比两种硅含量的钢在 700℃氧化 180h 后的表面形貌，两者表面均覆盖一层致密的氧化膜，但是 $w(Si)=0.77\%$ 钢的氧化膜主要由瘤状氧化物及少量颗粒状氧化物组成，而 $w(Si)=1.35\%$ 钢的氧化膜主要由不同尺寸的尖晶石氧化物和少量颗粒状氧化物组成，如图 5-6 所示。前者的表面氧化膜更为粗糙。其原

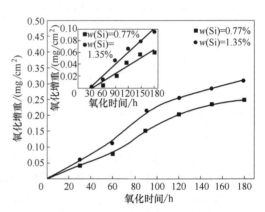

图 5-5　不同硅含量的 ZG10Cr18AlSi
在 700℃ 的氧化增重曲线

图 5-6　ZG10Cr18AlSi 在 700℃氧化 180h 的表面形貌
a)、b) $w(Si)=0.77\%$　c)、d) $w(Si)=1.35\%$

因在于，硅促进 $M_{23}C_6$ 析出，碳化物较多，形成的贫铬区较多，减少了固溶于基体及形成氧化膜的铬含量，其在高温氧化过程中，表面形成的 Cr_2O_3 氧化膜致密性较低，在氧化过程中会影响材料的抗高温氧化性。

硅在钢中起到固溶强化作用，可改善钢的力学性能。硅对铁素体耐热钢室温力学性能的影响可以归结为以下两个方面：一方面，硅含量增加会产生晶粒细化的作用，而晶粒越细小，晶界面积越大，在拉伸过程中作用于晶界的力会被分担，表现出较高的抗拉强度和屈服强度；另一方面，硅主要以固溶的方式存在，硅与铁的原子半径差会引起弹性畸变，因而与位错产生弹性交互作用，对位错产生阻碍作用，同时位错线上偏聚的硅原子对位错起到钉扎作用，位错的移动需要更多的能量，因此抗拉强度和屈服强度提高。

在耐热钢中，硅可以促进碳化物的析出，对提高钢的热强性也有明显效果。一般认为，铁素体耐热钢中 $M_{23}C_6$ 型碳化物的析出温度为 $480\sim650℃$，而硅含量的增加会提高 $M_{23}C_6$ 型碳化物的析出温度，析出温度的升高有利于钢中碳和铬元素的扩散，促进 $M_{23}C_6$ 型析出物的形核和长大，对钢产生析出强化作用。析出相种类主要包括 $M_{23}C_6$ 碳化物、M_7C_3 碳化物和 AlN 相。$M_{23}C_6$ 碳化物相主要分布在晶界，基本化合结构为 $(Cr，Fe)_{23}C_6$，具有复杂的面心立方结构，如图 5-7a 所示；细小的 M_7C_3 嵌在 $M_{23}C_6$ 内部，基本化合结构为 $(Cr，Fe)_7C_3$，晶体结构为正交立方结构，如图 5-7b 所示。

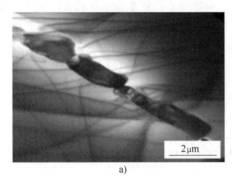
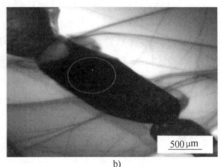

图 5-7　碳化物析出相的 TEM 形貌

a）$M_{23}C_6$ 碳化物　b）M_7C_3 碳化物

但是，当铬钢中的硅含量过高时，既会促进 σ 相的形成，也会使碳化物相聚集长大，使铸件脆化，塑性、韧性降低，焊接性能变差。

在耐热钢冶炼中，铝元素的添加能够细化铁素体晶粒，改善其冷成形加工性能，以及减少铁素体耐热钢中氮元素的含量和提高稳定化元素钛的利用率。耐热钢中加入适量的铝，可以使其表面在较高温度使用过程中生成一层具有优异的、致密且连续的 Al_2O_3 膜，Al_2O_3 膜比 Cr_2O_3 膜在高温下的抗氧化性更好，能够有效提高钢在高温环境下的组织稳定性。其次，铝还能够与镍反应生成 NiAl，在长期的氧化中，NiAl 可作为铝的存储相为 Al_2O_3 的形成提供充足的铝离子。与此同时，NiAl 相还会阻碍位错的攀移，从而提高钢的抗蠕变性能。当铝添加量较高时，铁素体耐热钢中可能会生成具有优异抗高温氧化性、耐蚀性及高温比强度的 FeAl 金属间化合物，从而使其在温度较高的环境中仍能满足服役要求。铝可以与氮结合形成弥散析出相，与位错交互作用，产生强化效果。铁素体基体在室温下的晶格结构为体心立方，AlN 析出相的形状为正方形，如图 5-8 所示，晶格结构为密排六方，两者的差距较大。金属液凝固时，AlN 很难与基体保持共格或半共格关系，产生的高界面能可促进形核。碳化物与 AlN 是完全共格关系，因此碳化物容易

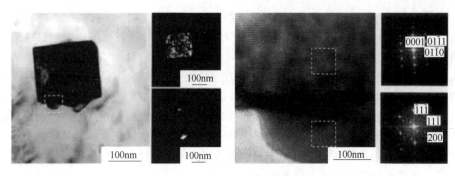

图 5-8　AlN 析出相的 TEM 形貌

在 AlN 与基体界面形核长大。

　　但是，大量铝元素的加入会使钢的韧脆转变温度升高，并且在钢中含有氮元素时，还会生成 AlN 夹杂物，造成铁素体晶粒粗化，从而损害其高温性能。而且过量的铝会导致晶粒粗大，恶化力学性能。其原因在于：钢的基体是 α 铁素体，而铝和铬元素具有扩大 α 铁素体晶格常数的作用。通常情况下，铁素体钢中铝的质量分数每增加 1%，α 铁素体的晶格常数将会增加 0.05%；铬的质量分数每增加 1%，α 铁素体的晶格常数将会增加 0.007%。晶格常数会影响晶体结构的致密度，晶格常数越大，晶体的致密度越小；晶体致密度越小，原子越易迁移，晶粒长大越快。因此，钢中铝会剧烈增加晶粒的长大速度，特别是钢中同时含 Al 和 Cr 时，钢在冷凝或热加工时晶粒的长大速度更快，导致晶粒普遍比较粗大。另外，由于铬硅铝系钢的基体组织为单相铁素体，纯铁素体钢基本没有奥氏体到铁素体的相变发生，因而不会发生钢的多晶型转变细化晶粒的过程，这也是铬硅铝系铁素体钢晶粒普遍比较粗大的原因。

　　铸造铬硅（铝）铁素体耐热钢的常见牌号与化学成分见表 5-4，它们的适用范围见表 5-5。

表 5-4　铸造铬硅（铝）铁素体耐热钢的常见牌号与化学成分

牌号	化学成分（质量分数，%）								
	C	Si	Mn	P≤	S≤	Cr	Mo≤	Ni≤	其他
ZG06Cr13Al	≤0.08	≤1.00	≤1.00	0.040	0.030	11.50~14.50	—	0.60	Al0.10~0.30
ZG30Cr7Si2	0.20~0.35	1.00~2.50	0.50~1.00	0.040	0.030	6.00~8.00	0.50	0.50	—
ZG40Cr13Si2	0.30~0.50	1.00~2.50	0.50~1.00	0.040	0.030	12.00~14.00	0.50	1.00	—
ZG40Cr17Si2	0.30~0.50	1.00~2.50	0.50~1.00	0.040	0.030	16.00~19.00	0.50	1.00	—
ZG40Cr24Si2	0.30~0.50	1.00~2.50	0.50~1.00	0.040	0.030	23.00~25.00	0.50	1.00	—
ZG40Cr28Si2	0.30~0.50	1.00~2.50	0.50~1.00	0.040	0.030	27.00~30.00	0.50	1.00	—
ZGCr29Si2	1.20~1.40	1.00~2.50	0.50~1.00	0.040	0.030	27.00~30.00	0.50	1.00	—

表 5-5　铸造铬硅（铝）铁素体耐热钢的适用范围

牌号	适用范围
ZG06Cr13Al	适合 900℃ 以下的高温工况，如燃气透平压缩机叶片、退火箱、淬火台架、炉用构件等
ZG40Cr17Si2	适合 900℃ 以下的高温工况，冶金、石油、化工、电力等工业领域，如筛条、支撑梁、衬板、炉底板等
ZG40Cr24Si2	适合 1050℃ 以下的高温工况，如喷煤嘴、抓斗、锅炉用耐磨耐热铸件等
ZG40Cr28Si2	用于 1100℃ 以下的高温工况，如对强度要求不高的炉用构件及含有硫化、重金属蒸气等焙烧炉构件等

3. 析出强化铁素体耐热钢

铬铁素体钢和铬硅铝系铁素体钢的高温力学性能不理想，钢的晶粒普遍比较粗大，在加热或冷却过程中没有相变，不能利用相变细化晶粒，只有通过再结晶来细化晶粒，导致晶界数量减少，影响钢的强度、塑性及韧性。对铁素体耐热钢进行强化的方法中，第二相强化是保持长期稳定性最有效的方法，合金化方法是提高铁素体耐热不锈钢高温力学性能的主要途径。常用的合金化元素有 Nb、Ti、W、Mo、V 等，它们由于具有稳定 C、N 能力强、强化效果好且易控制等优点而被广泛应用。

在传统的高强度低合金钢中，Nb 作为最常见和最有效的微合金元素之一，具有提高非再结晶温度、延缓再结晶的发生和细化再结晶晶粒的作用。另外，Nb 固溶在奥氏体中时，还可抑制铁素体的转变，促进针状铁素体（或低碳贝氏体）生成。Nb 在钢中的存在形式主要有两种：固溶在基体中产生溶质原子的拖曳效应；与 C 结合形成 NbC 析出产生晶界钉扎效应，能够细化奥氏体在热成形过程中的晶粒，改善材料的强度与韧性的平衡。在 Fe-30Cr-3Al-Nb 铁素体耐热钢中，初始组织析出细小分布的碳化物，阻止位错运动，延长了该钢在温度大于 700℃ 条件下的蠕变寿命，添加质量分数为 1% 的铌可以促进细小的析出相形成，并可以提高高温强度，细化晶粒尺径。研究发现，在合金化改善铁素体不锈钢高温力学性能的研究过程中，虽然小尺寸析出相可以为铁素体不锈钢提供优越的高温性能，但在长期高温使用过程中，不可避免的析出相粗化将导致高温强度和热疲劳抗力严重恶化。因此，应通过协同合金化的方式来改善铁素体不锈钢中析出相的强化效果。

铁素体耐热钢在高温长期服役过程中性能的退化和失效与析出第二相的转变有关。在蠕变过程中，上述强化作用能否保持取决于材料显微组织的稳定性，而材料显微组织的稳定性实际上又主要取决于析出相的稳定性。高铬铁素体耐热钢的主要析出物有 VN、$M_{23}C_6$、Laves 相和 Z 相等，如图 5-9 所示。

高铬铁素体系耐热钢的显微组织特征是在基体上分布有细小 MX（M 是指强碳氮化物形成元素 V、Nb 等，X 是指 C 和/或 N）型碳氮化物和 $M_{23}C_6$ 型（M 是 Cr 和可置换 Cr 的金属元素，如 Fe）碳化物强化相。在高温长期使用过程中位错密度下降，Laves 相析出并粗化，$M_{23}C_6$ 型碳化物发生粗化溶解，MX 型纳米析出相向易粗化的 Z 相转化，S、P 等杂质偏聚而引起的晶界弱化等。这些因素的共同作用会使材料蠕变强度明显降低，使用寿命大为缩短。因此，生成

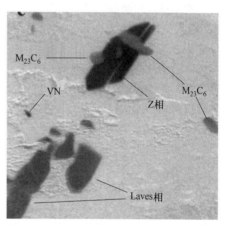

图 5-9　高铬铁素体耐热钢的各种析出物

足够的弥散分布的 MX 型碳氮化物强化相是保证耐热钢高温强度的根本，而耐热钢在高温条件下长期保持组织稳定性是提高耐热钢高温性能的关键。

耐热钢的碳化物主要有 $M_{23}C_6$、M_3C 和 M_7C_3 型等，但这些碳化物在长期高温条件下会向 $M_{23}C_6$ 型转变。$M_{23}C_6$ 型是在回火过程中形成的，主要沿板条界和原奥氏体晶界分布，它的析出有助于稳定板条边界。尽管 $M_{23}C_6$ 型是这些碳化物中最稳定的，但蠕变时间较长时也会发生粗化溶解，导致强化作用降低。

如在 550~800℃ 区间缓慢冷却或重新加热，碳化物会从固溶体中析出，形成富铬的碳化物 $Cr_{23}C_6$，这是因为碳化铬成核和长大的临界温度区间是 550~800℃。有时 Fe 和 Mo 也会部分置换 Cr。随保温温度的提高和保温时间的延长，$M_{23}C_6$ 中铬含量会逐渐增大。

如果合金成分中存在 V 和 Nb，在耐热钢基体上将会有弥散分布的 V/Nb 碳氮化物 MX、M_2X（一种高铬高氮沉淀相）颗粒。这些 MX 碳氮化物颗粒中，小尺寸一般被认为是 VN 或 VC，大尺寸的是 NbN 或 NbC。高铬耐热钢经正火处理后内部存在着粗大的 NbX 颗粒，回火处理后形成细片状 VX 颗粒和细球状 NbX 析出物，蠕变过程中在细的 NbX 粒子内形成 VX。高温时 MX 颗粒对位错有钉扎作用，有助于延迟显微组织的回复，是高铬耐热钢保持高温强度稳定的重要有益相。但 MX 相并不是耐热钢中最稳定的析出相，在一定条件下还会向 Z 相转变。目前认为 Z 相是高铬耐热钢中最稳定的氮化物，一旦形成，迅速粗化，弥散强化效果很小，并且 Z 相形成会消耗大量的弥散强化相 MX 型碳氮化合物，是高铬耐热钢中的有害相。

5.4.3 铸造珠光体耐热钢

珠光体耐热钢在加热、冷却时都能发生 α 相向 γ 相的转变。经正火后，容易得到珠光体组织，因此这类钢称为珠光体耐热钢。

1. 珠光体耐热钢的性能特点

珠光体耐热钢有一定的优点：合金元素少，价格比较便宜；冷热加工性能和焊接性能较好，热膨胀系数低，导热性强，从而可避免焊接时引起局部过热和产生较大的应力；热处理工艺简单，一般为正火+回火，能改善力学性能，也能利用热处理细化组织。

但珠光体耐热钢的耐热性较差，它的工作温度一般不超过 580℃。在高温、应力长期作用下，由于扩散过程加快，钢的组织将逐渐发生变化。由于组织的不稳定性将引起钢的性能的变化，特别是对钢的热强性、松弛稳定性等性能都会带来不利的影响。在高温长期工作条件下，常见的组织不稳定现象如下所述。

（1）石墨化 珠光体耐热钢在高温、应力长期作用下，珠光体内渗碳体分解为游离石墨的现象称为石墨化。石墨化会导致钢脆化，强度与塑性降低。

（2）珠光体球化 低合金珠光体耐热钢在高温和应力长期作用下，珠光体组织中片状渗碳体逐渐自发地趋向形成球状渗碳体，并慢慢聚集长大，该现象称为珠光体球化。影响珠光体球化的主要因素是温度、时间和化学成分。

（3）固溶体中合金元素的贫化 无论低合金珠光体耐热钢，还是奥氏体耐热钢，在高温和应力条件下长期服役时，固溶体中的合金元素都会由于碳化物或金属间化合物的析出而导致固溶体的贫化，影响钢的高温耐蚀性和力学性能。

（4）蠕变过程中析出相类型的转变 在高温和应力条件下长期作用下，由于珠光体中 Fe_3C 的球化和分解，固溶体内合金元素向碳化物过渡，以及碳在 α 固溶体内扩散过程加速进行，在铁素体基体中开始析出 M_7C_3、$M_{23}C_6$、M_2C 等不同类型的碳化物，同时发生固溶体内合金元素的贫化。随工作时间的增长，碳化物颗粒也聚集长大，最后转变为 M_6C 型碳化物。蠕变过程中碳化物相析出类型的变化会影响钢的热强性。

（5）碳化物在晶内和沿晶析出和聚集 几乎所有耐热钢和合金中碳化物相都首先是在晶界上开始析出。由于碳化物相沿晶界析出，使晶界性质发生较大的改变。碳化物相积聚在晶界上呈连续薄膜状时，就削弱了晶界的强度，从而促使晶界裂纹的形成，钢的热强性显著降低，并呈现出脆性破裂。

为此，在珠光体耐热钢中，应选择合适的合金元素进行合金化。在钢中加入钒、铌等强碳化物形成元素，能有效地阻止石墨化；添加铬、铝、钨、钒、铌等合金元素，能减弱碳在 α 固溶体中的扩散，同时又能与碳形成稳定的碳化物，从而减弱珠光体钢的球化过程，改善钢的固溶体的贫化，提高其热强性。

2. 铸造珠光体耐热钢的典型牌号

珠光体耐热钢的合金元素以铬、钼为主，合金元素总的质量分数一般不超过 5%。其组织除珠光体、铁素体外，还有贝氏体。这类钢在 500~600℃ 有良好的高温强度及工艺性能，价格较低，广泛用于制作 600℃ 以下的耐热部件。常用铸造珠光体耐热钢的牌号与化学成分见表 5-6。

表 5-6　常用铸造珠光体耐热钢的牌号与化学成分

牌号	化学成分（质量分数，%）							
	C	Si	Mn	Cr	Mo	其他	$S \leqslant$	$P \leqslant$
ZG16Mo	0.13~0.19	0.17~0.37	0.40~0.70	—	0.40~0.55	—	0.04	0.04
ZG12CrMo	≤0.15	0.17~0.37	0.40~0.70	0.40~0.60	0.40~0.55	—	0.04	0.04
ZG15CrMo	0.12~0.18	0.17~0.37	0.40~0.70	0.80~1.10	0.40~0.55	—	0.04	0.04
ZG20CrMo	0.17~0.24	0.17~0.37	0.40~0.70	0.80~1.10	0.15~0.25	—	0.04	0.04
ZG12CrMoV	0.08~0.15	0.17~0.37	0.40~0.70	0.90~1.20	0.25~0.35	V：0.15~0.35	0.04	0.04
ZG15CrMoV	0.12~0.18	0.17~0.37	0.40~0.70	0.80~1.10	0.40~0.55	V：0.15~0.35	0.035	0.035
ZG12MoWVBRE	0.08~0.15	0.60~0.90	0.40~0.70		0.45~0.65	V：0.35~0.55 W：0.15~0.3 B：0.007 RE：0.15 Ti：0.06	0.04	0.04
ZG12Cr2MoWVTiB	0.08~0.15	0.46~0.75	0.45~0.65	1.60~2.10	0.50~0.60	V：0.28~0.42 W：0.30~0.50 B：0.008 Ti：0.06~0.12	0.04	0.04

3. 铸造珠光体耐热钢的热处理与应用

铸造珠光体耐热钢一般应经过热处理，改善显微组织，以提高蠕变极限和持久强度。其热处理规范与适用范围见表 5-7。

表 5-7　铸造珠光体耐热钢的热处理规范与适用范围

牌号	热处理规范	适用范围
ZG16Mo	正火：900~950℃，空冷 高温回火：630~700℃，空冷	用于锅炉中壁温＜540℃ 的受热面管子，壁温＜510℃ 的联箱、蒸汽管道和介质温度＜540℃ 的管路中的大型锻件和高温高压垫圈
ZG12CrMo	正火：920~930℃，空冷 高温回火：720~740℃，空冷	用于制造蒸汽温度为 450℃ 的汽轮机零件，如隔板、耐热螺栓、法兰盘，以及壁温达 475℃ 的各种蛇形管和相应锻件圈
ZG15CrMo	正火：910~940℃，空冷 高温回火：650~720℃，空冷	用于介质温度＜550℃ 的蒸汽管道、法兰等锻件，用于壁温＜550℃ 的高压锅炉水冷管道、联箱和蒸汽管等
ZG20CrMo	调质淬火：860~880℃，油冷 高温回火：600℃，空冷	可在 500~520℃ 使用，用作汽轮机隔板、隔板套、叶片
ZG12CrMoV	正火：910~960℃，空冷 淬火：910~960℃，油冷 高温回火：700~750℃，空冷	用于超高压锅炉中工作温度＜585℃ 的过热器管及介质温度＜570℃ 的管路附件、法兰、法兰盘等

（续）

牌号	热处理规范	适用范围
ZG15CrMoV	正火：910~960℃，空冷 淬火：910~960℃，油冷 高温回火：700~750℃，空冷	广泛应用于机械制造、航空航天、汽车制造、石油化工、核工业等领域，工作温度<570℃
ZG12MoWVBRE	正火：950~1050℃，空冷 高温回火：600~750℃，空冷	用于锅炉钢管、汽轮机叶轮、转子、紧固件。工作温度<580℃
ZG12Cr2MoWVTiB	正火：1025℃，空冷 高温回火：770℃，空冷	用于锅炉钢管、汽轮机叶轮、转子、紧固件。工作温度<600~620℃

　　ZG15CrMoV 是一种综合性能比较好的热强铸钢，可在 570℃ 以下长期工作，用作汽轮机气缸、喷嘴室锅炉阀壳等铸件。它的铸造性能比 ZG20CrMoV 稍差，铸造时自由线收缩为 2.2%。由于钢的热导率较低，因此在凝固过程中容易产生热裂。在割除浇冒口过程中又容易产生冷裂。为保证有良好的综合性能，生产上一般采用正火+回火、淬火+回火的热处理工艺。

　　ZG15CrMoV 在不同状态下的显微组织如图 5-10 所示。其中图 5-10a 为铸态组织，灰色为铁素体与碳化钒沉淀物，黑色为珠光体；图 5-10b 为 1040~1060℃ 正火态组织，为均匀的贝氏体；图 5-10c 为 1040~1060℃ 正火+730~740℃ 回火态组织，为粒状贝氏体；图 5-10d 为两次正火+回火态组织，先经过 1040~1060℃ 保温 6h 空冷，再经 980~1000℃ 保温 6h 风冷，再经 730~740℃ 保

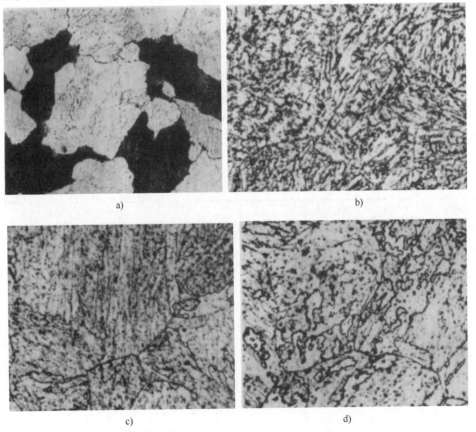

a)　　　　　　　　　　　　　　b)

c)　　　　　　　　　　　　　　d)

图 5-10　ZG15CrMoV 在不同状态下的显微组织　400×

a）铸态　b）正火　c）一次正火+回火　d）两次正火+回火

温 6h 炉冷，其基体组织为回火粒状贝氏体，白色块状为铁素体。

5.4.4 铸造马氏体耐热钢

马氏体耐热钢经热处理得到的室温组织为马氏体，或是马氏体与贝氏体混合组织，一般也会含有少量铁素体。马氏体耐热钢要求在高温下有良好的强度及韧性，并有良好的高温持久强度和蠕变强度，有一定的耐高温氧化和高温腐蚀的能力，在许多高温行业获得了广泛应用。例如，在火力发电行业，用于超临界、超超临界汽轮机组转子、阀门、气缸、涡轮叶片等，锅炉用炉体、传热管道等；在航空航天工业，用于飞机发动机、火箭发动机，以及各种飞机的尾焰喷口等，起降飞机耐受飞机尾焰腐蚀的航母甲板等；在船舶工业中，用于制造抗低温和海水腐蚀的船舶螺旋桨和破冰船螺旋桨、火箭发动机液氧容器及其他小型薄壁压力容器等；在核工业中，用作快中子反应堆壳体第一层防护层；在石油工业中，用作压力容器内衬和承力件等。

早期的 ZG12Cr13、ZG20Cr13 等马氏体耐热钢等添加的合金元素种类较少，在 450℃ 左右有较好的热强性和抗氧化性，但组织稳定性较差，多用于 450℃ 以下的汽轮机叶片及 800℃ 以下抗氧化性用零件。后来，人们又在合金中添加了钼、镍、钨、钒、铌、氮等元素，这使得马氏体耐热钢的热强性和耐氧化性都有提高，与奥氏体耐热钢相比有更好的综合力学性能，导热性好，热膨胀系数小，可用作 500~580℃ 高压锅炉蒸汽管道及汽轮机高温结构部件，如汽轮机叶片、盘、叶轮轴、螺栓等，且添加的贵重合金元素数量很低，所以具有较高的性能价格比。Mo、W 的作用：可以使钢中的两种主要碳化物 $Cr_{23}C_6$、Cr_7C_3 变为（Cr，Mo，W，Fe）$_{23}C_6$，并具有沉淀强化作用；同时添加的 Mo 和 W 溶入固溶体，可以有效地提高固溶强化效果。V、Nb 的作用：析出 VC 或 NbC，起沉淀强化作用。加入氮能增加沉淀强化相数量，利于加强沉淀强化效应。添加 B 可以强化晶界，降低晶界扩散，有利于提高热强性。

表 5-8 列举了部分铸造马氏体耐热钢的牌号与化学成分。

表 5-8　铸造马氏体耐热钢的牌号与化学成分

牌号	化学成分(质量分数,%)									
	C	Si	Mn	P≤	S≤	Cr	Ni	Mo	V	其他
ZG12Cr13	≤0.15	≤1.00	≤1.00	0.040	0.030	11.50~13.50	≤0.60	—	—	—
ZG20Cr13	0.16~0.25	≤1.00	≤1.00	0.040	0.030	12.00~14.00	≤0.60	—	—	—
ZG12Cr5Mo	≤0.15	≤0.50	≤0.60	0.040	0.030	4.00~6.00	≤0.60	0.40~0.60	—	—
ZG14Cr11MoV	0.11~0.18	≤0.50	≤0.60	0.035	0.030	10.00~11.50	≤0.60	0.50~0.70	0.25~0.40	—
ZG15Cr12WMoV	0.12~0.18	≤0.50	0.50~0.90	0.035	0.030	11.00~13.00	0.40~0.80	0.50~0.70	0.15~0.30	W:0.70~1.10
ZG13Cr13Mo	0.08~0.18	≤0.60	≤1.00	0.040	0.030	11.50~14.00	≤0.60	0.30~0.60	—	Cu≤0.30
ZG42Cr9Si2	0.35~0.50	2.00~3.00	≤0.70	0.035	0.030	8.00~10.00	≤0.60	—	—	—
ZG40Cr10Si2Mo	0.35~0.45	1.90~2.60	≤0.70	0.035	0.030	9.00~10.50	≤0.60	0.70~0.90	—	—

（续）

牌号	化学成分（质量分数，%）									
	C	Si	Mn	P≤	S≤	Cr	Ni	Mo	V	其他
ZG18Cr11MoNbVN	0.15~ 0.20	≤0.50	0.50~ 0.80	0.020	0.015	1.00~ 12.00	0.30~ 0.60	0.60~ 0.90	0.20~ 0.30	N:0.04~ 0.09 Nb:0.20~ 0.60 Cu≤0.10 Al≤0.30
ZG14Cr17Ni2	0.11~ 0.17	≤0.80	≤0.80	0.040	0.030	16.00~ 18.00	1.50~ 2.50	—	—	—
ZG17Cr16Ni2	0.12~ 0.22	≤1.00	≤1.50	0.040	0.030	15.00~ 17.00	1.50~ 2.50	—	—	—
ZG80Cr20Si2Ni	0.75~ 0.85	1.75~ 2.25	0.20~ 0.60	0.030	0.030	19.00~ 20.50	1.15~ 1.60	—	—	—
ZG22Cr12NiMoWV	0.20~ 0.25	≤0.50	0.50~ 1.00	0.040	0.030	11.00~ 13.00	0.50~ 1.00	0.75~ 1.25	0.20~ 0.40	W:0.70~ 1.25

在马氏体耐热钢中添加适量的硅元素可形成氧化硅层，从而提高其耐蚀性。但硅在提高马氏体耐热钢耐蚀性的同时会降低其韧性。为保证耐热钢有低的韧脆转变温度，在提高耐热钢耐蚀性的同时，还必须充分考虑钢的韧性。$w(C)=9\%~12\%$ 马氏体耐热钢通常采用正火+高温回火的热处理工艺，以获得良好的强韧性匹配。但研究发现，含硅型高铬马氏体耐热钢 ZG30Cr12Si2W2V 具有回火脆性，该钢在 760℃ 回火，回火温度和冷却方式对钢的冲击吸收能量和硬度产生影响，如图 5-11 所示。冲击试样的断口形貌也有较明显的差异，油冷后的冲击断口为准解理和少量沿晶断口，空冷断口中沿晶比例稍有增加，而炉冷后的冲击试样中沿晶比例相对于油冷和空冷有显著增加，为"冰糖状"沿晶断口，断口中只有极少量的准解理断口，如图 5-12 所示。油冷与空冷具有相似的析出相尺寸和分布，即在基体中析出了大量粒状碳化物，且沿晶界析出了粗大的 $Cr_{23}C_6$ 碳化物，而炉冷后的试样基体组织中的析出相非常弥散细小。

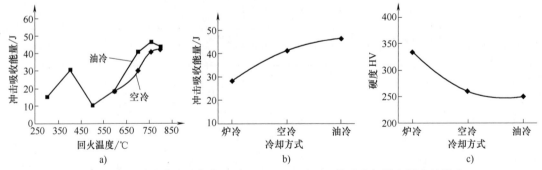

图 5-11　回火温度和冷却方式对 ZG30Cr12Si2W2V 的冲击韧性和硬度的影响
a) 回火温度的影响　b)、c) 冷却方式的影响

$w(C)=9\%~12\%$ 的马氏体耐热钢具有较好的淬透性，一般采用淬火、高温回火的热处理方式得到板条马氏体组织，部分钢中含有少量铁素体相，过多铁素体会恶化钢的性能，但少量铁素体可以起到细化原奥氏体晶粒、提高塑性的作用。淬火后的组织中只有少量的沉淀相，合金元素都固溶在基体中，位错密度和内应力较大，组织不稳定，因此要进行高温回火处理。回火处理是

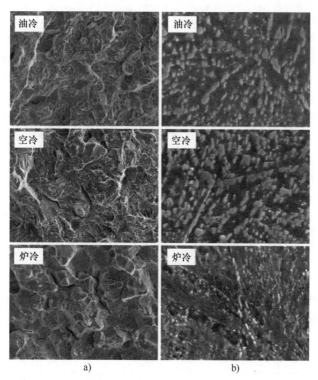

图 5-12 ZG30Cr12Si2W2V 在不同回火冷却方式下的冲击断口形貌与 SEM 组织
a) 冲击断口形貌 b) SEM 组织

内应力的释放和沉淀相的生成，能够提高组织稳定性，大量的第二相和碎化的板条亚结构也是在这个过程形成的。热处理后的马氏体耐热钢中含有回火马氏体板条及板条亚结构、弥散分布的沉淀相和一定密度的位错网，兼具优异的高温强度、韧性和组织稳定性，其强化方式主要包括马氏体基体强化、沉淀强化、晶界强化、位错强化等。铸造马氏体耐热钢的热处理工艺规范与适用范围见表 5-9。

表 5-9 铸造马氏体耐热钢的热处理工艺规范与适用范围

牌号	热处理工艺规范	适用范围
ZG12Cr13	淬火：950~1050℃，油冷 回火：700~750℃，空冷	主要用于制作汽轮机的变速轮及其他各级动叶片，并经氧化后制造一些承受摩擦且在腐蚀介质中工作的零件
ZG20Cr13	淬火：950~1050℃，油冷 回火：700~750℃，空冷	多用于制作大容量的机组中的末级动叶片，它们的工作温度都低于 450℃，还可制作高压汽轮发电机中的阀件螺钉、螺母等
ZG14Cr11MoV	淬火：1050~1100℃，油冷 回火：720~740℃，空冷	用于制作工作温度为 535~540℃ 的汽轮机静叶片、动叶片及渗氮零件
ZG15Cr12WMoV	淬火：1000~1050℃，油冷 回火：680~700℃，空冷	用于制作工作温度为 550~580℃ 的汽轮机叶片、隔板、隔板套、紧固件、叶轮、转子
ZG42Cr9Si2	淬火：950~1050℃，油冷 回火：700~850℃，空冷	用于制作工作温度在 700℃ 以下受动载荷的部件，如汽车发动机、柴油机的排气阀，也可用于制作工作温度在 900℃ 以下的加热炉构件，如料盘、炉底板等
ZG40Cr10Si2Mo	淬火：1000~1050℃，油冷 回火：750~800℃，空冷	用于制作正常载荷及高载荷的汽车发动机和柴油机排气阀，以及中等功率的航空发动机的进气阀和排气阀，也可作为温度不太高的炉子构件

部分马氏体耐热钢在600℃以上的高温下，会发生软化，使强度急剧下降。因此，马氏体耐热钢适用于工作温度在600℃以下、要求高温强度的部件。此外，由于马氏体耐热钢的铬含量较少 [$w(Cr)=12\%$]，并且一部分铬还消耗在碳化物中，不能保证母相中的铬含量，所以马氏体耐热钢的抗氧化性常常不及铁素体耐热钢和奥氏体耐热钢。提高抗氧化性的元素 Si 和 Al 同样可在马氏体耐热钢氧化皮上生成保护性氧化膜。

超超临界高效发电技术是当今世界最先进的火力发电技术，它是利用给水泵将水升压至超超临界压力 25MPa 以上，再通过锅炉内燃料燃烧，将水加热至超超临界温度 580℃后，通过汽轮发电机组进行发电的高效发电技术。超超临界机组对电站关键部件材料带来了更高和更新的要求，尤其是耐热钢材料的热强性能、抗高温腐蚀和氧化能力、冷加工和热加工性能等，因此耐热钢材料和制造技术成为发展先进机组的技术核心。自 20 世纪 80 年代以来，美国、日本、欧洲等在开发析出强化马氏体耐热钢方面进行了大量的研究，先后开发出了 P91、P92、E911 和 P122 等一系列新型耐热钢，见表 5-10。

表 5-10　析出强化铁素体耐热钢的牌号与化学成分

钢种	牌号	化学成分(质量分数,%)													
		C	Si	Mn	P	S	Cr	Ni	W	Mo	V	Nb	N	B	Cu
P91	ZG10Cr9Mo-1VNbN	0.08~0.12	0.20~0.50	0.30~0.60	≤0.030	≤0.030	8.00~9.50	≤0.40	—	0.85~1.05	0.15~0.25	0.06~0.10	0.03~0.07		—
P92	ZG10Cr9Mo-W2VNbN	0.07~0.13	0.20~0.50	0.30~0.60	≤0.020	≤0.010	8.50~9.50	≤0.40	1.50~2.00	0.30~0.60	0.15~0.25	0.04~0.09	0.03~0.07	0.001~0.006	
E911	ZG10Cr9Mo-WVNbNB	0.09~0.13	0.10~0.50	0.30~0.60	≤0.020	≤0.010	8.50~9.50	≤0.40	0.50~1.10	0.50~1.10	0.18~0.25	0.06~0.10	0.05~0.09	0.001~0.006	—
P122	ZG10Cr12W2-Cu1MoVNbNB	0.07~0.14	≤0.50	≤0.70	≤0.020	≤0.010	10.00~12.50	≤0.50	1.50~2.50	0.25~0.60	0.15~0.30	0.04~0.10	≤0.005		0.30~1.70

P91 钢是由美国橡树岭国家实验室与燃烧工程公司联合开发的马氏体耐热钢，它是以 9Cr-1Mo 钢为基础，降低碳含量，添加微量的铌、钒合金元素，控制氮含量而得到的新型耐热钢。该钢具有优良的高温强度和高温抗氧化性，在 593℃/10 万 h 条件下的蠕变断裂强度可达到 100MPa，韧性较好，是超超临界机组蒸汽参数由 566℃向 593℃过渡的关键材料，可作为超超临界机组的受热面管和蒸汽管使用，壁温超过 600℃，蒸汽压力超过 24MPa。

E911 是欧洲开发的钢种，它是在 P91 的基础上加入质量分数为 0.50%~1.10% 的钨而形成的。该钢在 600℃下外推 10 万 h 的持久强度为 118MPa，比 P91 钢高 30%，也高于 TP304H 和 TP347H，可以替代奥氏体耐热钢用于过热器、再热器以及联箱等部件。E911 钢中的铬、钼能强化固溶体，提高再结晶温度，加入铌、钒等元素形成的碳化物起到了沉淀强化的作用，同时，氮也是强化元素，因而材料的强度得以提高，韧性也有提高。另外，铌、钒有利于焊接，钒/铌的碳氮化物的沉淀强化使钢的持久强度增加。钨使材料得到了固溶强化和析出强化，提高了蠕变强度。硼起强化晶界的作用，从而提高持久强度。

P92 钢是日本开发的一种新型耐热钢，它的出现得益于 P91 钢的成功。它以 P91 钢为基础，加入质量分数为 1.50%~2.00% 的钨，钼的质量分数则降为 0.30%~0.60%，形成以钨为主的钨钼复合强化，综合性能优良，且许用温度更高，最高可达 630℃。P92 钢抗疲劳损伤性能优于奥氏体耐热钢，常温强度和高温强度高于 P91 钢，在 550℃、600℃和 625℃等不同温度下 10 万 h 的蠕变断裂强度分别为 199MPa、131MPa 和 101MPa，抗烟灰氧化和抗水蒸气氧化的性能与 P91 钢大致相同。P92 钢可在电站锅炉中的高温过热器、再热器中部分替代奥氏体耐热钢 TP304H 等，但长期运行下会有蠕变脆性倾向。

P122 是日本以德国 X20CrMoV12.1 钢为基础开发出来的铁素体耐热钢，它在钢中以钨取代部分钼，并添加了铜元素，以避免铬含量较高而出现 δ 铁素体。铜元素的添加提高了高温强度，但是韧性有所降低。

5.4.5　铸造奥氏体耐热钢

奥氏体耐热钢属于高合金钢，钢中加入的合金元素不仅使等温转变曲线右移，而且使 Ms 降低至室温以下，钢在空冷后的组织则仍然是奥氏体。由于含有较多的奥氏体形成元素，在高温条件下其组织非常稳定。奥氏体耐热钢基体的晶格结构为面心立方结构，通常奥氏体基体中还分布着不同形态、不同类型的碳化物。由于奥氏体基体具有面心立方晶格，原子排列致密，原子间结合力较强，原子的扩散能力低，造成再结晶的温度提高，再结晶的过程较为缓慢。奥氏体能溶入更多的合金元素，合金元素能通过固溶强化、第二相强化以及细晶强化等多种强化方式，使奥氏体不锈钢具有优良的塑性和韧性、高温强度、抗高温蠕变性能、热疲劳性能、抗高温氧化性能及耐蚀性。奥氏体耐热钢比珠光体、马氏体耐热钢具有更高的热强性和抗氧化性，尤其是合金化后，最高使用温度可达 1100℃，已成为应用最广泛的一类钢种。

1. 奥氏体耐热钢的分类

按其合金元素组成，奥氏体耐热钢可分为铬-镍系、铬-镍-氮系、铬-锰-镍-氮系、铬-锰-氮系、铁-锰-铝系等不同系列。

(1) 铬-镍系　铬-镍系是这类钢中应用最广、牌号最多的系列，以其不同的铬、镍含量，满足不同温度档次的需要，随着铬、镍含量的增高，抗氧化性及高温强度随之提高。根据需要在钢中加入固溶强化元素（钨、钼）、碳化物形成元素（钒、铌、钛）及微量元素（硼、锆、镁、稀土等），以进一步提高钢的热强性。最典型牌号是 ZG12Cr18Ni9，在此基础上演变的多个牌号可分别用于 600~650℃锅炉管，850℃左右并承受一定应力的石油化工用各种板管材料，如加热炉管、热交换器管、燃烧室筒体、炉罩等。适当提高铬、镍含量形成了 ZG06Cr23Ni13 钢，用于 1000℃左右的炉用耐热构件，ZG20Cr25Ni20Si2 是世界各国普遍采用的耐热钢牌号，其最高使用温度为 1200℃，连续使用温度为 1050~1100℃。为了提高耐热钢的抗渗碳性及热强性，国外发展了 Incoloy800（Cr21Ni32AlTi），用于石化及核能工业。ZG10Cr14Ni14W2MoNb 等钢加入较多的强化元素钨和钼，提高了热强性，可用于承受载荷较高的排气阀材料。

(2) 铬-镍-氮系　为了节约镍，同时提高钢的高温强度，在钢中加入氮，我国发展了 ZG30Cr24Ni7SiN（RE）等牌号，可代替 ZG16Cr23Ni13 等耐热钢。

(3) 铬-锰-镍-氮系和铬-锰-氮系　同时在钢中加入锰和氮，可节省大量的镍，国内外均发展了不少牌号，如 53Cr21Mn9Ni4N 为典型阀门钢，大量用于经受高温强度为主的汽油及柴油机排气阀。在此基础上，加入钨、钼、钒、铌可进一步提高高温强度，用于承受更大载荷的排气阀，如 ZG53Cr21Mn9WNbN、ZG22Cr20Mn10Ni2Si2N 等，它们有较好的高温强度，并具有良好的抗氧化性及抗渗碳性，耐急冷急热性能高，可用作吊挂支架、渗碳炉内构件、加热炉传送带、料盘等，前者抗氧化优于后者，还可用作盐浴坩埚及其他炉用材料。与铬-镍系钢相比，铬-锰-氮和铬-锰-镍-氮系钢强度较高，但由于钢中加入了较多的锰，对高温抗氧化性带来不利的影响，抗氧化性不如铬-镍系。

（4）铁-锰-铝系　这类钢完全不含铬、镍，以锰、碳形成奥氏体基体，靠铝解决高温抗氧化问题。早在 1934 年，德国首次发表了铁-锰-铝系铁角相图，发现了含碳的铁-锰-铝系存在一个稳定的奥氏体相之后，铁-锰-铝系奥氏体耐热钢的研究逐渐得到重视。20 世纪 60 年代初，为了节约镍、铬，我国开始了铁-锰-铝系耐热钢的研究，借鉴国外的经验，发展了以锰、铝为主要合金元素的耐热钢，用于 700~950℃ 的炉用构件。

2. 铸造奥氏体耐热钢的牌号

奥氏体抗氧化钢大多采用高温固溶处理，以获得良好的冷变形性。奥氏体热强钢则先用高温固溶处理，然后在高于使用温度 60~100℃ 条件下进行时效处理，使组织稳定化，同时析出第二相，以强化基体。耐热钢多在铸态下使用，也有根据耐热钢的种类采用相应的热处理的。一些铸造奥氏体耐热钢的牌号与化学成分见表 5-11。

表 5-11　一些铸造奥氏体耐热钢的牌号与化学成分

牌号	化学成分（质量分数，%）							
	C	Si	Mn	P≤	S≤	Cr	Ni	其他
ZG06Cr19Ni10	≤0.08	≤1.00	≤2.00	0.045	0.030	18.00~20.00	8.00~12.00	—
ZG12Cr18Ni9	≤0.15	≤1.00	≤2.00	0.045	0.030	17.00~19.00	8.00~10.00	N≤0.10
ZG45Cr14Ni14W2Mo	0.40~0.50	≤0.80	≤0.70	0.040	0.030	13.00~15.00	13.00~15.00	Mo：0.25~0.40 W：2.00~2.75
ZG16Cr3Ni13	≤0.20	≤1.00	≤2.00	0.040	0.030	22.00~24.00	12.00~15.00	—
ZG06Cr3Ni13	≤0.08	≤1.00	≤2.00	0.045	0.030	22.00~24.00	12.00~15.00	—
ZG16Cr25Ni20Si2	≤0.20	1.50~2.50	≤1.50	0.040	0.030	24.00~27.00	18.00~21.00	—
ZG06Cr25Ni20	≤0.08	≤1.50	≤2.00	0.040	0.030	24.00~26.00	19.00~22.00	—
ZG16Cr20Ni14Si2	0.20	1.50~2.50	≤1.50	0.040	0.030	29.00~22.00	12.00~15.00	—
ZG12Cr16Ni35	≤0.15	≤1.50	≤2.00	0.040	0.030	14.00~17.00	33.00~37.00	—
ZG22Cr21Ni12N	0.15~0.2	0.75~1.25	1.00~1.60	0.040	0.030	20.00~22.00	10.50~12.50	N：0.15~0.30
ZG26Cr18Mn12Si2N	0.22~0.30	1.40~2.20	10.50~12.50	0.050	0.030	17.00~19.00	—	N：0.22~0.33
ZG53Cr21Mn9Ni4N	0.48~0.58	≤0.35	8.00~10.00	0.040	0.030	20.00~22.00	3.25~4.50	N：0.35~0.50
ZG22Cr20Mn10Ni2Si2N	0.17~0.26	1.80~2.70	8.50~11.00	0.040	0.030	18.00~21.00	2.00~3.00	N：0.20~0.30

3. 奥氏体耐热钢的铸造性能

奥氏体耐热不锈钢的铸造性能主要有以下四方面的特点。

1）钢液流动性差，容易产生冷隔。由于钢中含有较多的铬，浇注过程中容易产生 Cr_2O_3 夹杂，使钢液流动性降低，且 Cr_2O_3 还易使铸件产生冷隔和表面皱皮等缺陷。当钢液温度过低或浇注时间过长，氧化程度将会加重。因此，应适当提高浇注温度，缩短浇注时间，优化浇注系统。

2）体收缩大，易产生缩孔、缩松。为使铸件组织致密，应力求使铸件进行顺序凝固，且冒口尺寸应比碳钢铸件大 20%~30%。

3）奥氏体耐热钢的线收缩大，且高温强度低，因此铸件容易因收缩受阻而产生热裂。为防止热裂，应加强铸型和型芯的容让性。

4）易产生热粘砂。由于钢液温度高，所以易产生热粘砂。为了保证铸件表面质量，可采用耐火度高的涂料，如铬矿粉涂料、镁砂粉涂料、锆砂粉涂料等来涂刷铸型和型芯的表面。

4. 铸造奥氏体耐热钢的应用

一些铸造奥氏体耐热钢的适用范围见表 5-12。

表 5-12　一些铸造奥氏体耐热钢的适用范围

牌号	使用温度/℃	适用范围
ZG12Cr18Ni9	900	在空气中有优良的耐蚀性,不耐盐酸、稀硫酸腐蚀和氯离子应力腐蚀,用于制作 900℃以下承受载荷的构件
ZG16Cr23Ni13	1000	抗热疲劳性好,可用于制作 1000℃以下承受载荷的构件
ZG16Cr25Ni20Si2	1200	最常用的不起皮钢和热强钢。较高的硅含量可阻止深层氧化
ZG06Cr25Ni20		
ZG12Cr20Ni35	1200	
ZG26Cr18Mn12Si2N	950	常用的不起皮钢和热强钢,有较高的抗硫腐蚀性能和抗渗碳性能,用于气氛保护热处理设备

第6章 铸造耐磨钢

6.1 概述

耐磨铸钢是广泛应用于各种磨损工况的一类合金钢，100多年来新的耐磨铸钢钢种层出不穷。其冶炼、铸造、热处理和机加工工艺不断改进，耐磨铸钢的综合力学性能、耐磨性和使用寿命逐步提高，其应用领域日渐扩大，例如采矿、冶金、建材、电力、建筑、石化、机械、交通、国防等重要工业领域的研磨设备、挖掘机械、破碎机械、筑路机械、输送机械、烧结设备等。

耐磨铸钢的磨损是十分复杂的。耐磨性不是钢的固有性能，而是钢在一个磨损系统中的性能，它既受钢固有性能（如硬度、韧性和强度）的影响，又受磨损工况的影响。因此，要获得良好的耐磨性，必须了解磨损工况，掌握磨损特性及其主要机制。

6.1.1 耐磨铸钢的磨损特性

磨损是物体相对运动时相对运动表面的物质不断损失或产生残余变形的过程。一般将磨损分为磨料磨损、腐蚀磨损、黏着磨损、疲劳磨损等类型。

1. 磨料磨损

磨料磨损是因物料或硬突起物与材料表面相互作用使材料产生迁移的磨损。据估计，在各种磨损造成的损失中，磨料磨损造成的损失占50%以上。磨料磨损涉及范围很广，影响因素复杂，有多种分类方法。

1）按照磨料对材料的力学作用特点，可以把磨料磨损分为：①凿削磨料磨损，这类磨损通常有较严重的冲击作用，例如颚式破碎机颚板、圆锥破碎机轧臼壁和破碎壁的磨损，如图6-1所示；②研磨磨料磨损，又称高应力碾碎磨料磨损，例如球磨机磨球和衬板的磨损、中速磨辊和磨盘的磨损等，如图6-2所示；③刮伤磨料磨损，又称低应力磨料磨损，有时也称冲蚀或冲刷磨损，例如渣浆泵叶轮和泵壳的磨损、管道的磨损，如图6-3所示。

图6-1 圆锥破碎机破碎壁的凿削磨料磨损

图6-2 球磨机磨球和衬板的研磨磨料磨损

2）按照磨料相对于被磨损材料的软硬程度，可以将磨料磨损分为软磨料磨损和硬磨料磨损。通常以被磨材料硬度 H_m 和磨料硬度 H_a 的相对比值来大致划分，$H_m/H_a > 0.8$ 时为软磨料磨损，$H_m/H_a < 0.5$ 时为硬磨料磨损，H_m/H_a 值介于 $0.5 \sim 0.8$ 之间时，要根据实际情况进行判断。

图 6-3　渣浆泵泵壳的刮伤磨料磨损

3）按照环境介质分为干磨料磨损、湿磨料磨损和流体磨料磨损。对于湿磨料磨损和液体冲蚀磨损，还可根据液态介质是否具有腐蚀性，再区分出腐蚀磨料磨损和腐蚀冲蚀磨损。

4）按照环境温度分为普通磨料磨损和高温下的磨料磨损。

5）按照磨料与被磨材料的组合方式，将磨料磨损分成两体磨料磨损和三体磨料磨损。两体磨料磨损指磨料与一个材料表面作用导致的材料磨损，包括凿削磨料磨损和刮伤磨料磨损。三体磨料磨损指两个材料表面碾压磨料时材料表面发生的磨损。工业上遇到的三体磨料磨损多属于高应力磨料磨损。

2. 腐蚀磨损

腐蚀磨损是指摩擦副对偶表面在相对滑动过程中，表面材料与周围介质发生化学或电化学反应，并伴随机械作用而引起的材料损失现象。腐蚀磨损通常是一种轻微磨损，但在一定条件下也可能转变为严重磨损。常见的腐蚀磨损有氧化磨损和特殊介质腐蚀磨损等形式。图 6-4 所示为盐泵轴套的腐蚀磨损。

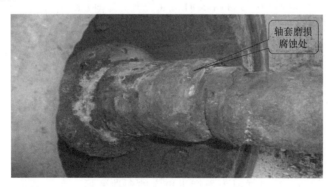

图 6-4　盐泵轴套的腐蚀磨损

3. 黏着磨损

黏着磨损又称咬合磨损，它是指滑动摩擦时摩擦副接触面局部发生金属黏着，在随后相对滑动中黏着处被破坏，有金属屑粒从零件表面被拉拽下来或零件表面被擦伤的一种磨损形式。按照黏着结点的强度和破坏位置不同，黏着磨损可分为轻微黏着磨损、一般黏着磨损、擦伤磨损和胶合磨损等不同形式。图 6-5 所示为螺杆螺套螺纹的黏着磨损。

4. 疲劳磨损

疲劳磨损是指摩擦副两对偶表面做滚动或滚滑复合运动时，由于交变接触应力的作用，使表面材料疲劳断裂而形成点蚀或剥落的现象。图 6-6 所示为轴承座表面的疲劳点蚀。

在生产实践中遇到的磨损，往往是几种磨损类型同时存在且相互影响，但是总有一种磨损

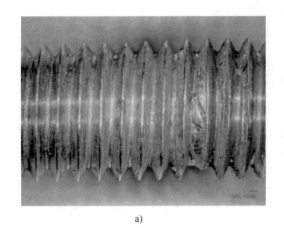
a)

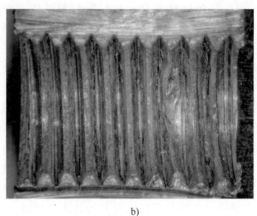
b)

图 6-5　螺杆螺套螺纹的黏着磨损

a）螺杆上的磨损　b）螺套内的磨损

类型及磨损机制起主导作用。因此，在分析耐磨铸钢件的磨损及耐磨铸钢选材时，首先要搞清具体的工况条件及起主要作用的磨损类型和磨损机制。耐磨铸钢应用时常见的主要磨损类型是磨料磨损和腐蚀磨损。

图 6-6　轴承座表面的疲劳点蚀

6.1.2　耐磨铸钢的磨料磨损机制

磨料磨损机制是指磨料颗粒与材料表面相互摩擦作用过程中，材料表面的磨屑从材料表面产生和脱落的方式、本质和规律，常分为微切削机制、塑性变形断裂机制、微观断裂机制和疲劳断裂机制。

1. 微切削机制

当一个磨粒在外力作用下与材料表面发生相互作用时，磨料作用在材料表面上的力可分为法向力和切向力。法向力使磨粒压入表面，如硬度试验一样，在表面形成压痕。切向力使磨粒向前推进。当带有锐利棱角的磨粒的位向合适时，磨粒就像刀具一样对表面进行切削而形成切屑，如图 6-7 所示。由于大部分磨粒具有负前角的特征，且大部分磨粒棱角比车床、刨床所用刀具刃口钝得多，因此磨粒切削过程使材料表面产生更大的塑性变形，变形部位主要在切槽底部及两

侧。但在显微镜下观察，这些微观切屑仍具有机加工中切屑的特征，其长宽比一般较大，常有卷曲现象。

微切削类型的磨损是经常见到的，特别是在固定磨料磨损和凿削式磨损中，是材料表面磨损的主要机理。即使在磨粒极易发生滚动的三体磨料磨损过程中，也会发生微切削形式的磨料磨损。

2. 塑性变形断裂机制

对于塑性较好的材料，当磨粒形状较

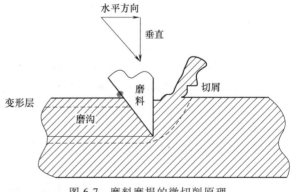

图 6-7　磨料磨损的微切削原理

圆钝或者磨粒和被磨材料表面间的夹角（迎角）太小时，磨粒在表面滑过后，往往只犁出一条沟来。若磨料作用于材料，形成犁沟时的全部沟槽体积被推向两旁和前缘而不产生任何切屑，则称之为犁皱。犁沟或犁皱后堆积在两旁和前缘的材料以及沟槽中的材料，当受到随后的磨料作用时，可能把堆积起的材料重新压平，也可能使已变形的材料遭到再一次的犁沟或犁皱变形。如

此反复塑性变形，使材料局部不足以承受外力而撕裂脱落，或者使材料因加工硬化或其他强化作用（如形变诱导相变、再结晶等）而变脆，最终剥落而成为磨屑，如图 6-8 所示。这种机制产生的磨屑大多呈片块状。材料越软，越容易发生反复塑性变形机制。

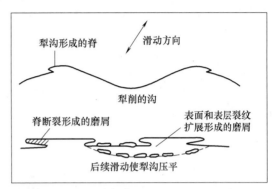

图 6-8　磨料磨损的塑性变形断裂

3. 微观断裂机制

磨料磨损时，由于磨粒的压入，大多数材料都会发生塑性变形。但有些材料，特别是脆性材料，塑性变形很小，裂纹扩展导致断裂脱落的机制可能占支配的地位。

4. 疲劳断裂机制

此处的疲劳指应力疲劳，是应力幅不超过材料的弹性极限的重复应力循环引起的一种特殊破坏形式。其发生的原因是多晶材料变形的不均匀性，即虽然平均应力小于弹性极限，但局部微观组织上的实际应力会大于屈服强度而产生塑性变形。疲劳断裂过程包括疲劳裂纹萌生（第 I 阶段）、稳定扩展（第 II 阶段）及失稳断裂（第 III 阶段）三个阶段，如图 6-9 所示。

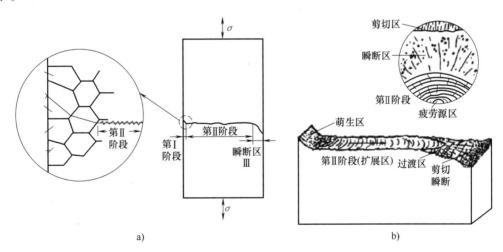

图 6-9　疲劳断裂的过程

a）疲劳断裂过程三阶段　b）宏观疲劳断口

6.1.3　耐磨铸钢的腐蚀磨损机制

腐蚀磨损的工况比磨料磨损更复杂，已提出的几种磨损机制还有待深入探讨和完善。

1. 空蚀机制

液流与材料做高速相对运动，在材料表面局部位置产生涡流，伴随有气泡在材料表面迅速

生成和破灭。气泡破灭的冲击波和电化学腐蚀对
材料的交互作用导致材料的流失。当材料表面受
冲击的强度超过材料的极限强度时，材料表面出
现裂纹。但空蚀多发生在含有气体的多相流且有
一定振动的冲刷条件下。图 6-10 所示为水泵叶轮
的空蚀。

图 6-10　水泵叶轮的空蚀

2. 材料表面膜的机械去除机制

材料在介质中发生均匀腐蚀并形成完整覆盖
的腐蚀产物表面膜，磨料或硬质点的剪切作用导
致腐蚀膜的去除，如图 6-11 所示。

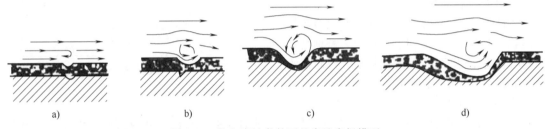

a)　　　　　　　　　　b)　　　　　　　　　　c)　　　　　　　　　　d)

图 6-11　均匀腐蚀条件下的腐蚀磨损模型

a）材料表面形成腐蚀膜　b）磨料在腐蚀膜局部扰动　c）腐蚀膜局部破坏去除　d）局部腐蚀加剧

3. 氢致磨损机制

在易发生析氢反应的介质中，表面层中的裂纹、晶界等缺陷随周期性变形发生体积变化，氢
原子进入这些缺陷后形成氢分子或脆性氢化物，磨损应力作用下缺陷体积减小时，产生高度应
力集中，在磨损层和亚表层产生大量微裂纹，导致材料剥落，如图 6-12 所示。

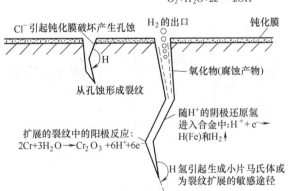

图 6-12　氢致磨损机制

4. 电化学机制

磨损时，磨料的剪切作用使材料表层发生形变，造成材料表面的电化学性质呈不均匀性，使
腐蚀过程加速，如图 6-13 所示。

5. 腐蚀与磨损交互作用机制

腐蚀磨损造成的材料流失量不是单纯腐蚀量及干磨损失重量的简单算术叠加，而是腐蚀可

以加速磨损，磨损也可以促进腐蚀，从而加速材料的破坏。研究结果表明，在腐蚀和磨损的共同作用下，材料的腐蚀磨损速度可达纯磨损和纯腐蚀速度之和的 8~35 倍。腐蚀与磨损的交互作用是腐蚀磨损中的普遍现象，而且交互作用失重率往往在腐蚀磨损总失重率中占很大的比例。

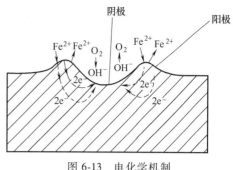

图 6-13 电化学机制

6.2 铸造耐磨锰钢

铸造耐磨锰钢具有高韧性、一定的强度、优良的加工硬化性能，已成为应用广泛的一类耐磨钢。在早期的 Mn13 标准型高锰钢的基础上，已发展到 Mn13 系高锰钢、Mn18 系超高锰钢和 Mn7 系中锰钢。

6.2.1 铸造 Mn13 系高锰钢

标准型的 Mn13 高锰钢是由英国的 Robert Hadfield 研制的，其基本成分（质量分数）是 Mn 11%~14%，C1.1%~1.4%，于 1883 年获得英国发明专利。后经大量研究，其技术日趋成熟，形成了 Mn13 系铸造高锰钢，在全世界被广泛生产应用。

Mn13 系高锰钢作为耐磨材料，在抵抗强冲击、大压力作用下的磨料磨损或凿削磨损方面，其耐磨性是其他材料难以比拟的。高锰钢在较大的冲击载荷或接触应力作用下，其表层迅速产生加工硬化，高密度位错和形变孪晶相继生成，从而产生高耐磨的表层，而此时内层奥氏体仍保持着良好的韧性。高锰钢的最大的特点有两个：一是外来冲击载荷越大，其自身表层耐磨性越高；二是随着表面硬化层的磨耗，在外载荷作用下新的加工硬化层连续不断地形成。高锰钢的这些特殊性能使其长期以来广泛应用于冶金、矿山、建材、铁路、电力、煤炭等机械装备中，如破碎机锤头、齿板、轧臼壁、挖掘机斗齿、球磨机衬板、铁路道岔等。高锰钢问世 100 多年来，不但没有被其他材料所取代，而且发展速度很快。随着科研工作不断深入，新产品不断涌现，尤其是近年来现代工业的高速发展和科学技术的突飞猛进，高锰钢已成为磁悬浮列车、凿岩机器人、新型坦克等先进装备的首选耐磨材料。

1. 铸造 Mn13 系高锰钢的化学成分与力学性能

GB/T 5680—2023《奥氏体锰钢铸件》对铸造 Mn13 系高锰钢铸件的化学成分进行了规定，见表 6-1，其力学性能见表 6-2。该标准规定了铸造 Mn13 系高锰钢铸件必须进行不低于 1040℃ 的水韧处理，化学成分为必检项目。此外，制造厂可根据检测能力，经供需双方商定，选择金相组织、力学性能和无损检测中的一项或多项作为产品验收的必检项目。

表 6-1 铸造 Mn13 系高锰钢铸件的化学成分（GB/T 5680—2023）

牌号	化学成分（质量分数，%）								
	C	Si	Mn	P ≤	S ≤	Cr	Mo	Ni	W
ZG110Mn13Mo	0.75~1.35	0.3~0.9	11~14	0.060	0.040		0.9~1.2		
ZG100Mn13	0.90~1.05	0.3~0.9	11~14	0.060	0.040				
ZG120Mn13	1.05~1.35	0.3~0.9	11~14	0.060	0.040				
ZG120Mn13Cr2	1.05~1.35	0.3~0.9	11~14	0.060	0.040	1.5~2.5			

（续）

牌号	化学成分（质量分数，%）								
	C	Si	Mn	P ≤	S ≤	Cr	Mo	Ni	W
ZG120Mn13W	1.05~1.35	0.3~0.9	11~14	0.060	0.040	1.5~2.5			0.9~1.2
ZG120Mn13Ni3	1.05~1.35	0.3~0.9	11~14	0.060	0.040			3~4	
ZG90Mn14Mo	1.05~1.35	0.3~0.9	13~15	0.070	0.040		1.0~1.8		

表 6-2　铸造 Mn13 系高锰钢铸件的力学性能（GB/T 5680—2023）

牌号	力学性能			
	下屈服强度 R_{eL}/MPa	抗拉强度 R_m/MPa	断后伸长率 A（%）	冲击吸收能量 KU_2/J
	≥	≥	≥	≥
ZG120Mn13	370	700	25	118
ZG120Mn13Cr2	390	735	20	96
ZG120Mn13W	370	700	25	118
ZG120Mn13Cr2Mo	390	735	20	96
ZG120Mn13Ni3	370	700	25	118

2. 化学成分对高锰钢组织和性能的影响

（1）碳　高锰钢属于碳含量高的钢种，$w(C)$ 在 0.9%~1.5% 之间变化。碳在高锰钢中的作用有三个：一是强烈扩大奥氏体区，使固溶处理后获得单一的奥氏体组织；二是碳属于间隙固溶元素，碳固溶引起晶格畸变，产生了明显的固溶强化效果；三是提高耐磨性，一般而言，随着碳含量的增加，耐磨性增加。

碳对高锰钢铸态及固溶处理后的力学性能的影响见表 6-3。随着碳含量增加，在铸态下钢的强度和硬度增加，韧性和塑性降低，尤其是当 $w(C)$ 增加到 1.3% 以上时，韧性、塑性趋近于零。这是由于铸态组织中出现了连续网状碳化物，造成晶界被脆性相包围，使钢失去了韧性、塑性。因此，对于碳含量较高的高锰钢铸件，在落砂清理和吊运操作时要慎防锤击和高空落地，防止铸件破裂。

表 6-3　碳对高锰钢铸态及固溶处理后力学性能的影响

$w(C)$（%）	铸态力学性能					固溶处理后力学性能（1050℃水淬）								
	冲击韧度 a_K/（J/cm²）	抗拉强度 R_m/MPa	断后伸长率 A（%）	断面收缩率 Z（%）	硬度 HRC	不同温度时的冲击韧度 a_K/（J/cm²）					抗拉强度 R_m/MPa	断后伸长率 A（%）	断面收缩率 Z（%）	硬度 HRC
						20℃	0℃	-20℃	-40℃	-60℃				
0.63	284	420	32.0	36.2	15	300	300	292	227	189	589	42.2	48.0	—
0.74	268	458	30.7	33.0	15	289	280	265	203	150	593	41.7	46.5	15
0.81	143	484	22.4	26.5	15	242	235	207	162	96	607	38.5	32.0	15
1.05	23	526	10.0	27	15	229	212	180	142	79	693	27.2	30.1	15
1.18	6	553	2.2	0	19	195	172	112	86	47	760	23.4	24.0	16
1.32	0	598	0	0	21	115	102	68	43	19	823	18.5	16.3	18
1.48	0	612	0	0	24	83	68	36	27	6	855	12.2	7.4	20

注：试验钢成分（质量分数）为：Mn11.6%，Si0.58%，S0.032%，P0.096%。

经过 1050℃ 淬水固溶处理后，高锰钢的性能得到了本质性的改善，强度、韧性、塑性都显著提高，尤其是韧性。固溶处理将碳化物溶解于奥氏体中并均匀化，碳作为溶质原子固溶于奥氏体中，属于间隙固溶，能在位错周围压应力区富集，构成柯氏气团。碳原子与位错间交互作用，钉扎位错，阻碍位错运动，在力学性能上表现为强度增加，韧性、塑性下降。

一般来说，在非强烈冲击磨粒磨损工况下，随着碳含量的增加，高锰钢的加工硬化能力增强，耐磨性提高，通常 $w(C)$ 控制在 $1.25\% \sim 1.35\%$ 之间。在强烈冲击载荷下工作的高锰钢铸件，通常要将 $w(C)$ 控制在 1.25% 以内，个别工况要求在 $0.9\% \sim 1.05\%$。例如铁路道岔，选用碳含量低的高锰钢，固溶处理后的原始硬度为 $170 \sim 210HBW$，使用后硬度高达 $450 \sim 480HBW$。如选用碳含量高的高锰钢，其加工硬化效果反而不好，硬度只有 $350 \sim 400HBW$，硬化深度也只有 $7 \sim 8mm$。

在选择高锰钢铸件的碳含量时，也应考虑铸件的结构。厚壁件冷却速度慢，为防止碳化物大量析出，碳含量应该较低。薄壁件冷却速度快，碳化物不易充分析出，碳含量可以选择高一些。结构复杂件铸造时容易产生裂纹，也宜选择偏低的碳含量。就磨损工况条件而言，强冲击（或挤压）硬物料应选碳含量偏低的高锰钢；低应力、软物料磨粒磨损工况，可选用碳含量偏高的高锰钢。

（2）锰　锰在钢中扩大奥氏体区，是稳定奥氏体的主要元素。锰在高锰钢中的主要作用是与碳配合，促使钢获得奥氏体组织，提高钢的韧性。锰在钢中大部分固溶于奥氏体中，形成置换固溶体，少量存在于 $(Fe, Mn)_3C$ 型的碳化物中。锰固溶于奥氏体中能引起固溶强化，但由于锰的原子半径与铁原子半径接近，晶格畸变小，固溶强化效果较弱。

根据钢的设计理论，Mn 在面心立方纯铁中的溶解度是无限的，即 Mn 可以按各种比例固溶于 γ-Fe 中，Mn、Ni、Co 均可极大地扩大铁碳合金的奥氏体区。锰含量对奥氏体区的影响如图 6-14 所示。当锰含量增高到一定数值时，可使奥氏体区扩大到室温以下。Mn、Ni、Co 这三个元素中，以 Mn 的这种作用为最大。C、N、Cu 元素也有一定的类似作用，但不能将 γ 区扩大到室温，而在较高的温度使 γ 区封闭起来。所以只靠 C、N、Cu 是得不到室温奥氏体组织的，它们只能起辅助作用。

在高锰钢中，$w(Mn)$ 一般为 $10\% \sim 14\%$。随着锰含量的增加，高锰钢的强度、塑性和韧性均提高，但高锰含量不利于加工硬化。锰对高锰钢冲击韧度的影响见表 6-4。

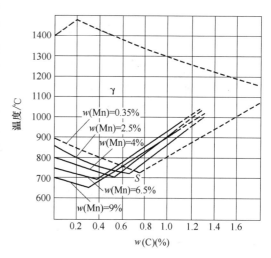

图 6-14　锰含量对奥氏体区的影响

表 6-4　锰对高锰钢冲击韧度的影响

$w(Mn)(\%)$		7.2	8.6	9.5	11.0	12.2	13.8
锰碳质量比		7.5	9.1	10.0	11.5	12.8	14.5
冲击韧度 $a_{KV}/$	20℃	62.8	95.1	130.4	185.4	225.6	272.6
(J/cm^2)	-40℃	19.6	37.3	64.7	116.7	142.6	176.6

　　锰是过热敏感元素，在铸件凝固冷却过程中促使奥氏体树枝晶迅速长大，在铸件热处理高温保温过程中，促使奥氏体晶粒长大。高锰钢钢液导热性差，浇入铸型能出现严重的高温梯度，因此在金属型及砂型薄壁铸件中引起粗大的柱状晶组织，严重的引起穿晶结构。柱状晶尤其是穿晶结构，如果外力作用和柱状晶生长方向一致，严重的会引起断裂和破碎。在高锰钢铸件生产中用金属型一定要覆砂，内冷铁禁用，外冷铁也宜覆一定厚度的砂，以防形成穿晶组织。

　　钢中锰含量的选择和碳一样，主要取决于工况条件、铸件结构复杂程度、壁厚等方面的因素，而不是从保持一定的锰碳质量比出发调整锰、碳含量。高应力下服役的壁厚较厚、形状较复杂的铸件，为获得高韧性防止使用过程中断裂，锰含量一般选择高一些，$w(Mn)$ 一般在 12% 以上。非强烈冲击载荷下服役的简单件，薄壁件可适当降低锰含量。锰碳质量比在 10 左右时，可以得到较好的强韧性配合。低应力下服役、薄壁简单件的锰碳质量比可以稍降低，以利于加工硬化来提高耐磨性。

　　(3) 硅　硅在钢中的主要作用是脱氧。硅可使奥氏体晶格产生明显畸变，起到固溶强化作用。硅是非碳化物形成元素，但能促进高锰钢铸态时碳化物的析出。随着硅含量的增加，析出的碳化物也增加，并使碳化物变得粗大。

　　$w(Si)$ 低于 0.5% 时，因高锰钢脱氧不足，影响力学性能；$w(Si)$ 超过 0.5%，尤其是超过 0.8% 后，将会造成碳化物粗大并过量析出，固溶处理时晶粒粗大，导致韧性降低。对于低应力下服役的中小件，尤其是薄壁件，硅含量可偏上限，因铸造时冷却快，碳化物析出受到限制，不会像厚大型件那样碳化物粗大或过量析出。因此，在高锰钢中一般控制 $w(Si)$ 在 0.5% 左右 (0.4%~0.6%)，此时在正常固溶处理工艺下基本上能使碳化物固溶，保证高锰钢的脱氧，也有利于低应力下耐磨性的提高。

　　(4) 磷　磷是高锰钢中的有害元素。磷在奥氏体中的溶解度低，磷含量高时会以二元磷共晶 (Fe+Fe₃P) 和三元磷共晶 (Fe+Fe₃C+Fe₃P) 存在于最后凝固的枝晶间和一次结晶的晶界上。二元磷共晶的熔点为 1005℃，三元磷共晶的熔点为 950℃。磷共晶是脆性组织，会大幅降低高锰钢的力学性能和耐磨性，尤其是对韧性影响显著，磷含量高时容易引起冷脆现象。磷含量对高锰钢不同温度下冲击韧度的影响见表 6-5，磷含量对高锰钢力学性能和耐磨性的影响见表 6-6。

表 6-5　磷含量对高锰钢不同温度下冲击韧度的影响

温度/℃		200	100	20	-20	-60
冲击韧度 a_K/ (J/cm²)	$w(P)=0.09\%$	161.81	163.77	158.87	87.28	35.30
	$w(P)=0.034\%$	295.18	293.22	281.45	280.47	205.94

表 6-6　磷含量对高锰钢力学性能和耐磨性的影响

材料	抗拉强度 R_m/MPa	断后伸长率 $A(\%)$	断面收缩率 $Z(\%)$	冲击韧度 a_K/(J/cm²)	耐磨系数
$w(P)=0.07\%~0.09\%$ 的普通高锰钢	689	20.1	17.6	162	1.0
$w(P)=0.02\%~0.05\%$ 的普通高锰钢	789	38.1	35.5	287	2.15
$w(P)=0.07\%~0.09\%,w(Ti)=0.05\%~0.10\%$ 的高锰钢	724	28.6	22.4	230	1.70
$w(P)=0.02\%~0.05\%,w(Ti)=0.05\%~0.10\%$ 的高锰钢	868	43.2	44.3	348	—

　　高锰钢中的高碳含量能降低磷在奥氏体中的溶解度，会促进磷的偏析和三元磷共晶的形成。磷共晶的形成会增加铸件开裂的倾向，提高废品率。高锰钢耐磨件在反复载荷作用下（如颚式破碎机和圆锥破碎机），脆性的磷共晶区会萌生裂纹，裂纹在应力作用下逐步扩展，致使工件断

裂。为此，矿山破碎机械中的高锰钢耐磨件适宜的磷和碳含量之间有以下经验公式：

$$w(C) = 1.25\% - 2.5w(P)$$

即磷含量高时要降低碳含量来改善韧性。一些重要铸件的 $w(P)$ 要求控制在 0.04% 以内。

（5）硫　一般钢中的硫以 FeS 形式存在，它能溶解在钢液中。由于高锰钢中含有大量的锰，锰和硫的化合能力大于铁，因而能夺取 FeS 中的硫，形成熔点高（熔点为 1785℃）、不溶于钢液的 MnS，作为非金属夹杂物的 MnS 又大部分上浮（密度为 5.8g/cm³）至炉渣中排除。因此，高锰钢中的硫含量很低，残留的硫大多数以球形的硫化锰夹杂形态存在，对钢的性能影响不大。国内外高锰钢标准中规定硫的质量分数小于 0.05%，在实际生产中大都能控制在 0.02% 以内。

（6）铬　铬是国内外高锰钢中应用最广泛的合金元素，在高锰钢中加入的质量分数一般为 1.5% ~ 2.5%。铬是弱碳化物析出元素，但与碳的亲和力大于锰，比锰更容易析出碳化物。由于铬在高锰钢中含量不高，只能析出 $(Fe, Cr)_3C$ 型合金渗碳体，它比 $(Fe, Mn)_3C$ 更稳定，要在更高温度下分解，原子扩散速度慢，因此含铬高锰钢固溶处理时加热温度要比普通高锰钢高出 30 ~ 50℃，保温时间更长。

铬是体心立方结构，原子半径与铁差异较大，因而铬固溶于奥氏体后对奥氏体强化作用较大，能提高奥氏体锰钢的屈服强度和初始硬度，但韧性、塑性均降低。铬含量对高锰钢力学性能的影响见表 6-7，铬含量对高锰钢冲击韧度的影响见表 6-8。

表 6-7　铬含量对高锰钢力学性能的影响

化学成分（质量分数，%）						力学性能			
C	Mn	Si	Cr	P	S	规定塑性延伸强度 $R_{p0.2}$/MPa	抗拉强度 R_m/MPa	断后伸长率 A（%）	断面收缩率 Z（%）
1.16	11.72	0.62	—	0.070	0.020	382.46	588.4	23.5	23.5
1.06	11.65	0.62	—	0.066	0.015	392.3	588.4	14.0	22.0
1.10	11.70	0.58	1.00	0.071	0.021	431.5	578.6	13.0	26.0
1.16	11.90	0.50	1.82	0.069	0.021	431.5	603.11	15.0	29.0
1.07	11.83	0.51	3.00	0.070	0.020	441.3	612.9	13.5	18.0

表 6-8　铬含量对高锰钢冲击韧度的影响

$w(Cr)$（%）	冲击韧度 a_{KU}/（J/cm²）					
	30℃	-20℃	-40℃	-60℃	-80℃	-100℃
—	220.65	139.25	113.76	71.59	27.46	29.42
—	176.52	166.71	107.87	91.20	46.09	39.23
0.70	248.1	150.0	68.7	39.2	25.5	17.6
1.00	140.2	134.4	63.7	41.2	27.5	—
1.79	127.5	78.4	57.9	41.2	28.4	22.7
1.82	113.8	74.5	62.8	38.2	29.4	21.6
3.00	88.3	56.9	57.9	55.9	30.4	24.5

加铬的高锰钢用于非强烈冲击磨料磨损时，耐磨性无明显变化；用于强冲击磨料磨损工况时，铬的加入使高锰钢加工硬化性能改善，耐磨性有明显增加。

（7）钼　钼属于碳化物形成元素，与碳的亲和力大于锰和铬，钼含量高时可形成特殊碳化物，如 MoC、Mo_2C、$(Fe，Mo)_{23}C6$、$(Fe，Mo)_6C$ 等。这些碳化物在奥氏体晶界形核困难，故含钼高锰钢铸态组织中不出现晶界连续网状碳化物，晶界碳化物数量也比普通高锰钢少，其形状也得以改善为块状为主，因而铸态高锰钢的强度、韧性、塑性都提高了。钼的质量分数达到约 2% 时，即使铸件截面厚度达到 250mm 仍能保持这种碳化物的分布和形状，减少了高锰钢铸件在铸造、焊接、切割和高温使用过程中的开裂倾向。

含钼高锰钢经固溶处理后，钼固溶入奥氏体使其进一步合金化，能抑制过冷奥氏体分解，阻止奥氏体晶粒在加热和保温过程中长大。由于钼的碳化物溶解困难，少量粒状碳化物弥散分布在奥氏体中，有利于改善抗磨料磨损性能。

含钼高锰钢在较为恶劣的磨料磨损工况条件下具有良好的耐磨性，因此国内外广泛使用钼作为高锰钢合金化的主要元素；但由于钼价格昂贵，它在高锰钢中的质量分数一般在 2% 以内。

（8）镍　高锰钢中加入镍，可以明显增加奥氏体的稳定性。镍能在 300～550℃ 之间抑制碳化物的析出，从而使高锰钢对焊接、切割及使用温度的开裂敏感性减小。镍可以提高高锰钢的低温冲击韧性，而不影响钢的加工硬化性能和耐磨性。高锰钢中加入质量分数为 0.9%～3.0% 的镍，可细化铸态晶粒并减少穿晶现象。

（9）钛、钒、铌　钛的化学性质活泼，与钢中的碳、氧、氮都能形成稳定的化合物。氮化钛和碳化钛的熔点和硬度都很高，可以作为结晶核心，细化奥氏体晶粒。高锰钢中加少量钛可使高锰钢晶粒细化 1～2 级，但是其细化效果与铸件壁厚有关，薄壁件凝固快，细化效果明显；厚壁件凝固慢，TiC 和 TiN 颗粒长大将失去作为外来晶核的作用。在高锰钢中加入钛的质量分数一般为 0.1%～0.3%，过高时将恶化高锰钢的铸造性能，尤其是流动性。

钒是强碳化物和氮化物形成元素。碳化钒和氮化钒熔点高，可作为奥氏体结晶核心，常以细小颗粒存在，在固溶处理时很难完全溶于奥氏体中，沉淀析出在晶界处，能抑制晶界移动，阻止高温固溶处理时奥氏体晶粒长大。碳化钒和氮化钒的硬度很高，是高硬质点耐磨相，对高锰钢低应力（冲击）磨粒磨损性能有所提高，在较高冲击载荷下抗磨粒磨损性能提高明显，尤其是与钛联合加入时效果更佳，见表 6-9。但钒的加入使高锰钢的低温冲击韧性降低，使冷脆转变温度提高。高锰钢中 $w(V)$ 一般在 0.5% 以内。

表 6-9　不同合金化对高锰钢件耐磨性的影响

合金化（质量分数）	轧臼壁、破碎壁		挖掘机铲齿	
	使用寿命/h	相对耐磨性（%）	磨损量/（kg/t 物料）	相对耐磨性（%）
Mn13+Ti（0.05%～0.1%）	535	100	6.61	100
低磷 Mn13（P0.02%～0.05%）	715	134	4.50	144
低磷 Mn13+Ti	720	135	3.43	193
低磷 Mn13+Ti（0.05%～0.1%）+ V（0.2%～0.3%）	810	151	3.25	203

铌是强碳化物和氮化物形成元素，可作为结晶核心细化奥氏体晶粒，减少铸态组织中的网状碳化物，阻止固溶处理时奥氏体晶粒粗化，有效提高高锰钢的韧性、塑性，并明显提高屈服强度，改善耐磨性。但是铌价格昂贵，在高锰钢中其质量分数一般在 0.2% 以下。

Mn13 高锰钢经常规水韧处理之后，在 200～400℃ 时效处理，钢的抗拉强度提高，但塑性和韧性下降，而在 400℃ 以上的温度进行时效，会形成片状碳化物，引起各项力学性能明显降低，韧脆转变温度提高。添加钛、钒、铌等强碳化物形成元素后，在 400℃ 时效处理，得到弥散的粒状碳化物。当向 Mn13 钢中同时添加 Ti 和 B，可获得耐磨性极高的 TiB_2 化合物。当 TiB_2 的质量分数为 8.8% 时，形成固溶体与 TiB_2 的共晶组织。分散镶嵌在奥氏体基体上的 TiB_2 明显提高钢的磨料磨损性能。

（10）稀土　稀土是我国的优势资源，在铸钢中的应用可非常广泛。稀土在高锰钢中的作用主要有：净化钢液，改善高锰钢的冶金质量；改善一次结晶，优化高锰钢组织；改善高锰钢的铸造性能；增加高锰钢的力学性能；促进加工硬化，改善高锰钢的耐磨性。实践证明，高锰钢中的最佳稀土加入的质量分数为 0.3% 左右，低于 0.1% 时效果不明显。

3. 高锰钢的显微组织

（1）高锰钢的铸态组织　高锰钢的铸态组织通常是由奥氏体、碳化物和珠光体所组成，有时还含有少量的磷共晶。碳化物数量较多，在晶内的碳化物一般呈块状、条状、针状等，在晶界上则常呈网状出现。因此，铸态高锰钢的强度、韧性和塑性都很低，难以工程应用。ZG130Mn18Cr2 的铸态组织如图 6-15a 所示。

（2）水韧处理的高锰钢组织　为了提高高锰钢的强度、韧性和塑性，使其具有工程应用价值，通常对高锰钢进行固溶处理——水韧处理，即将高锰钢加热到 1040℃ 以上，并保温适当时间，使其碳化物固溶于单相奥氏体中，随后将钢淬入水中，使钢快速冷却得到过冷的奥氏体组织。高锰钢经水韧处理后，理想的显微组织是单一奥氏体，但在工业生产条件下，只有薄壁铸件上才可得到。通常允许奥氏体晶粒内或晶界上有少量碳化物（见图 6-15b）。

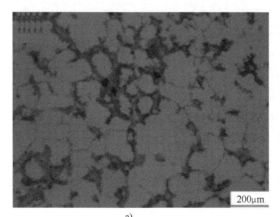
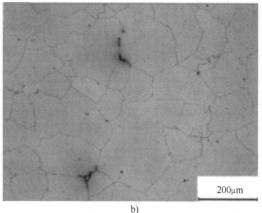

图 6-15　ZG130Mn18Cr2 的显微组织
a）铸态组织　b）水韧处理组织

高锰钢组织中的碳化物，按其产生的原因分为三种：第一种是未溶碳化物，是水韧处理未能溶解的铸态组织中的碳化物；第二种是析出碳化物，是因为水韧处理时冷却速度不够高，在冷却过程中析出的；第三种是过热过烧碳化物，是因为水韧处理时加热温度过高而产生的共晶碳化物。前两种碳化物，可通过再次热处理予以消除，过热过烧产生的共晶碳化物则不行。

为评定高锰钢组织中的碳化物，我国已制定了 GB/T 13925—2010《铸造高锰钢金相》。与该标准配套使用的 GB/T 5680—2023《奥氏体锰钢铸件》中规定了合格品允许的碳化物级别，见表 6-10。

4. 高锰钢的物理性能

（1）液相线和固相线温度　高锰钢液相线温度为 1400℃，固相线温度为 1300℃。

表 6-10　高锰钢组织中的碳化物评级

碳化物分类	级别及其特征		评定
	级别代号	特征	
未溶碳化物	W1	晶界、晶内平均直径小于或等于 5mm 的未溶碳化物总数为一个	合格
	W2	晶界、晶内平均直径小于或等于 5mm 的未溶碳化物总数为二个	合格
	W3	晶界、晶内平均直径小于或等于 5mm 的未溶碳化物总数为三个	合格
	W4	晶界、晶内平均直径小于或等于 5mm 的未溶碳化物总数多于三个	不合格
	W5	晶内、晶界有平均直径大于 5mm 的未溶碳化物或有聚集	不合格
	W6	未溶碳化物呈大块状沿晶界分布有部分聚集	不合格
	W7	未溶碳化物大块状沿晶界分布有大量聚集	不合格
析出碳化物	X1	少量碳化物以点状沿晶界分布	合格
	X2	少量碳化物以点状及短线状沿晶界分布	合格
	X3	碳化物以细条状及颗粒状沿晶界呈断续网状分布	合格
	X4	碳化物以细条状沿晶界呈网状分布	不合格
	X5	碳化物以条状沿晶界呈网状分布,晶内并有细针状析出	不合格
	X6	碳化物以条状及羽毛状沿晶界两侧呈网状分布	不合格
	X7	碳化物以片状及粗针状沿晶界两侧呈粗网状分布	不合格
过热过烧碳化物	G1	单个过热共晶碳化物沿晶界分布	合格
	G2	少量过热共晶碳化物沿晶界或晶内分布	合格
	G3	过热共晶碳化物呈晶界呈断续网状分布	不合格
	G4	过热共晶碳化物沿晶界呈粗网状分布	不合格

注: 1. 在放大倍数为 500 的金相显微镜下观察。

　　2. 表格中的评定为一般标准,有特殊要求时可由供需双方另行商定。

　　3. 平均直径小于 2 mm 的未溶碳化物在评级时不予计数。

（2）密度　高锰钢在 15℃ 时,密度为 7.870～7.9805g/cm³；高锰钢液的密度为 7.0500g/cm³。

（3）热导率、线胀系数及比热容　高锰钢的热导率低,线胀系数大,见表 6-11,这是高锰钢的一大特点。在铸件设计和制造工艺上应加以考虑,否则,在铸造和焊接过程中易出现裂纹。

表 6-11　高锰钢的物理性能

热导率 $\lambda / [W/(m \cdot K)]$						线胀系数 $\alpha_l / (10^{-6}/K)$						比热容 $c / [J/(kg \cdot K)]$					
0℃	200℃	400℃	600℃	800℃	1000℃	0～100℃	0～200℃	0～400℃	0～600℃	0～800℃	0～1000℃	50～100℃	150～200℃	350～400℃	550～600℃	750～800℃	950～1000℃
12.98	16.33	19.26	21.77	23.45	25.54	18	19.4	21.7	19.9	21.9	23.1	519	565	607	703	649	674

（4）磁导率　水韧处理后高锰钢的组织为单相奥氏体,无磁性。磁导率为 1.003～1.03H/m,高锰钢热处理后表面脱碳层磁导率为 1.3H/m。

5. 高锰钢的铸造性能

高锰钢的凝固收缩率约为 6.5%,自由线收缩率为 2.4～3.0%。线收缩率比铸造碳钢大许多,在铸型设计上要相应改变。

高锰钢的流动性较好,凝固收缩率大,易形成缩孔；高锰钢因碳含量较高,导热性较低,以及结晶生长速度较快，易产生粗大的柱状晶组织；高锰钢因线胀系数大，导热性较低，热应力和收缩应力较大，加之铸态强度和塑性较低，其热裂、冷裂和变形倾向较碳钢大。

6. 高锰钢的力学性能

高锰钢力学性能中最突出的是高韧性，高锰钢单一的奥氏体组织保证了钢的高韧性，使得高锰钢在强烈冲击工况条件下不易断裂，保证了使用中的安全性。但是，高锰钢的强度不高，特别是普通高锰钢的屈服强度较低，屈强比在 50% 左右，这一性能情况可能使部分高锰钢件在使用中发生塑性变形。通过添加铬、钼等元素，可提高高锰钢的屈服强度。

除化学成分外，高锰钢的力学性能还受到工艺条件和铸件截面效应的显著影响。浇注温度高，浇注后冷却速度慢，均将导致晶粒粗大和力学性能下降。对水韧处理后的高锰钢进行加热，将导致碳化物析出，影响其韧性、塑性，影响程度取决于钢的化学成分、加热温度和保温时间。

高锰钢的力学性能特点是具有很好的冲击韧性和兼有表层突出的加工硬化性能，从而表现出在承受冲击载荷的条件下优异的耐磨性。这种表层加工硬化后硬度通常可达到 700HV，类似中高碳钢淬火后所能得到的马氏体组织的硬度。这种表层显微组织的转变不遵循一般的相变动力学原理，而是表层金属（含 Mn、C 过饱和的奥氏体）在受到高能激烈冲击时，晶体在切应力作用下而形成高硬度的马氏体。常态下的奥氏体组织硬度通常在 220HBW 以下，而马氏体的硬度（与碳含量有关）通常可达 60~67HRC。这种硬化层随着逐层被磨失，又逐层转变成新的马氏体。因此，高锰钢在激烈地冲击性磨损条件下表现出良好的耐磨性，从而保证了铸件使用寿命的延长。

6.2.2　铸造 Mn18 系超高锰钢

采用 Mn13 系列高锰钢制造厚大截面铸件，存在三个问题：一是水韧处理后，内部常出现碳化物使韧性下降；二是在低温条件下使用常出现脆断现象；三是耐磨性不足，屈服强度较低。超高锰钢在一定程度上解决了上述问题，在 ZGMn13 的基础上增加锰含量，提高了奥氏体的稳定性，增大了奥氏体固溶碳、铬等元素的能力，阻止碳化物的析出，进而提高钢的强度和塑性，提高加工硬化能力和耐磨性。GB/T 5680—2023 中，列举了两种 Mn18 系超高锰钢，其化学成分见表 6-12。经 1050~1100℃水韧处理后，其力学性能见表 6-13。

表 6-12　铸造 Mn18 系超高锰钢的化学成分　（GB/T 5680—2023）

牌号	化学成分(质量分数,%)					
	C	Si ≤	Mn	P ≤	S ≤	Cr
ZG120Mn18	1.05~1.35	0.8	16~19	0.070	0.050	—
ZG120Mn18Cr2	1.2~1.6	0.5	16~20	0.070	0.040	1.5~2.5

表 6-13　铸造 Mn18 系超高锰钢的力学性能　（GB/T 5680—2023）

牌号	抗拉强度 R_m/MPa ≥	下屈服强度 R_{eL}/MPa ≥	断后伸长率 A(%) ≥	断面收缩率 Z (%) ≥	冲击韧度 a_{KU}/ (J/cm²) ≥	硬度 HBW
ZG120Mn18	750	400	30	35	180	200~240
ZG120Mn18Cr2	735	440	15	15	—	200~240

实践证实，ZG120Mn18Cr2 制作的风扇磨冲击板，寿命比 ZG120Mn13 提高 50% 以上。超高锰钢可以在低温下使用，这对于北方冬季较严寒的特点具有很大的意义，如 ZG120Mn18 用于北方

的铁道辙叉，寿命比 ZG120Mn13 提高 20% ~ 25%。

　　Mn18 系超高锰钢的晶粒度及夹杂物等对其性能有显著影响。在高锰钢铸件生产中，通过合金化、变质处理、热处理工艺、铸造工艺等各种途径来细化晶粒，改善夹杂物的数量、形态、分布。

　　分别采用砂型、铁型覆砂、金属型浇注 ZG120Mn18Cr2 试样并对比它们的组织性能。在铸态时，砂型铸造工艺的非金属夹杂物数量最多，呈块状和线状分布，如图 6-16a 所示；铁型覆砂铸造工艺的非金属夹杂物数量较少，呈块状分布，如图 6-16b 所示；金属型铸造工艺的非金属夹杂物数量最少，且呈点状弥散分布，如图 6-16c 所示。随着冷却速度的加快，高锰钢的晶粒越来越细化，如图 6-17 所示，高锰钢的拉伸性能、冲击韧性、耐磨性得到比较大的提升。金属型铸造工艺的拉伸性能和冲击韧性最好，铁型覆砂铸造工艺次之，砂型铸造工艺最差。

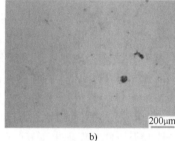
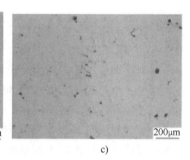

图 6-16　ZG120Mn18Cr2 中的非金属夹杂物

a）砂型铸造　b）铁型覆砂铸造　c）金属型铸造

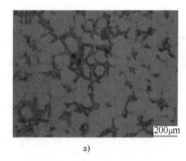
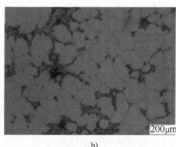
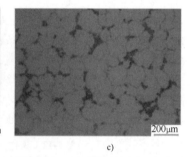

图 6-17　ZG120Mn18Cr2 的铸态组织

a）砂型铸造　b）铁型覆砂铸造　c）金属型铸造

6.2.3　铸造中锰钢

　　高锰钢在强烈冲击条件下（如坦克履带板），加工硬化能力可以充分发挥，表面硬度由原来的 200HBW 左右提高到 450HBW 左右。但在非强烈冲击条件下（如拖拉机履带板），其加工硬化能力不能充分发挥，工作表面硬度仅为 350HBW 左右，因此耐磨性差，工作寿命短。为提高奥氏体锰钢的加工硬化能力，开发了系列中锰耐磨铸钢，目前正逐步应用于矿山、工程机械等行业。与 Mn13 系列高锰钢相比，中锰钢的锰含量降低，奥氏体稳定性下降，提高在低冲击能量下的加工硬化性能，使这类钢在非强烈冲击工况下的耐磨性高于标准型 Mn13 高锰钢。常用的中锰耐磨铸钢分为高碳中锰钢、中碳中锰钢、低铬中锰钢、低铬中锰钢、铸态耐磨中锰钢等几类。

　　（1）高碳中锰钢　高碳中锰钢 ZG120Mn7 的化学成分见表 6-14。该钢适用于非强烈冲击工况，可用于矿山和采矿部门的各种破碎机锤头、破碎辊、磨球、挡板、衬板，建筑行业的各种装料器，挖泥船斗齿、钻头、凿子、推土机刮板等。

表 6-14　ZG120Mn7 的化学成分

元素	C	Si	Mn	P ≤	S ≤
含量（质量分数，%）	1.05 ~ 1.35	0.3 ~ 0.9	6 ~ 8	0.060	0.040

减少锰含量引起的奥氏体稳定性降低，使塑性变形抗力增加并提高强度，这是锰钢在冲击磨料磨损时耐磨性的主要标准。当 $w(Mn)$ 从 10% 减少到 6% 时，相对耐磨性有很大提高，进一步降低锰含量，钢的耐磨性下降，这与淬火时直接形成 α 马氏体有关。ZG120Mn8 制造的履带链环的强度高于 ZG110Mn13，在超过 3t 级拖拉机运行系统公称操作时，前者制造的履带拉杆和链环可保持 1183500 周期，而后者只有 677400 周期。究其原因，是 ZG120Mn8 链环孔的工作层在使用过程中的强化程度高于 ZG110Mn13 的结果（分别为 600 ~ 700HBW 和 300 ~ 350HBW），这与变形引起 γ→α 转变有关。在磨损的 ZG120Mn8 链环孔的工作层中形成 15% ~ 20% 的高度弥散的形变 α 马氏体；而在 ZG110Mn13 的同样部位未出现 α 马氏体。由此可见，保证有高硬度，并在链环工作层具有微细弥散结构的中锰钢 ZG120Mn8，在耐磨性方面符合要求，并能对履带链环材料提供强度。用这种钢制造链环，1t 铸件可节约 60 ~ 70kg 锰铁。热处理时也可减少铸件在高温的加热时间，降低形成氧化皮的金属消耗。

（2）中碳中锰钢　在奥氏体锰钢中，当降低钢内碳含量时，奥氏体稳定性降低，在经受变形时会形成六角形 ε 马氏体，而降低锰含量时会形成体心立方 α 马氏体。在 $w(C)$ 小于 0.9% 的钢内［$w(Mn)$ 为 12% ~ 14%］，出现经受变形的 γ→ε 转变，而 $w(Mn)$ 小于 9%［$w(C)$ 为 1.0% ~ 1.3%］则呈现 γ→α 转变。

降低钢中碳含量可降低奥氏体的稳定性，但会导致塑性变形抗力下降并降低耐磨性，如 $w(C)$ 从 1.6% 降低到 0.27% 时［$w(Mn)$ 为 12.6% ~ 13.2%］，使钢的相对耐磨性下降 2/3。特别是钢中 $w(C)$ 小于 0.6% 时，钢的耐磨性、韧性和塑性急剧降低。当钢中 $w(C)$ 降低到 0.5% 以下，淬火时除了有不稳定的奥氏体之外，还会形成 ε 相。继续降低碳量，ε 相的数量大大增加。例如，在 $w(C)$ 为 0.27% 的钢中，ε 相达到 36%。此外，在这种钢中还形成少量的 α 马氏体（体积分数为 6% ~ 8%）。

在中碳中锰钢中，$w(C)$ 为 0.6% ~ 0.9%，加入适量的 Cr、Mo、V、Ti、RE 等合金元素，经固溶和时效处理后，由于锰含量降低，奥氏体的稳定性较差，在较低冲击应力下也能加工硬化；又由于碳含量降低，碳化物析出倾向比高碳中锰钢小，因此韧性也较好，用于非强烈冲击载荷工况可获得较高的耐磨性。

（3）低铬中锰钢　该类中锰钢一般 $w(C)$ 为 1.1% ~ 1.25%，$w(Mn)$ 为 6% ~ 7.5%，$w(Cr)$ 为 1% ~ 2%。经常规水韧处理后，其抗拉强度大于 600MPa，屈服强度大于 400MPa，断后伸长率大于 13%，初始硬度大于 200HBW。

（4）低钼中锰钢　表 6-15 列举了几种低钼中锰钢的化学成分。对 $w(C)$ 为 1% ~ 1.15%，锰碳质量比为 7 ~ 7.5，$w(Mo)$ 为 0.3% ~ 0.6% 的中锰钢，经常规水韧处理后，其屈服强度大于 440MPa，断后伸长率大于 12%，初始硬度大于 200HBW。该钢适用于冲击不大的磨损工况。在非强烈冲击工况下的耐磨性高于标准型 Mn13 高锰钢。用于铸造颚式破碎机颚板，其冲击韧性能满足使用要求，耐磨性比 Mn13 高锰钢提高 13%，并优于其他合金化奥氏体高锰钢。它使用后的表面硬度远高于高锰钢，当硬化层较浅时，更适合破碎较软物料。

表 6-15　低钼中锰钢的化学成分

序号	化学成分(质量分数,%)						备注
	C	Si	Mn	P	S	Mo	
1	1.05~1.35	≤1.00	6.00~8.00	≤0.070	≤1.00	0.90~1.20	美国 ASTM 牌号 F
2	1.05~1.35	0.30~0.90	6.00~8.00	≤0.060	≤0.045	0.90~1.20	ISO 牌号 GX120MnMo7-1
3	1.10~1.40	0.30~0.90	5.00~7.00	≤0.060	≤0.040	0.80~1.20	
4	1.20~1.30	0.30~0.90	5.00~6.50	≤0.060	≤0.040	0.60~0.90	

（5）铸态耐磨中锰钢　奥氏体中锰钢的基体组织主要受碳、锰含量控制。铸态条件下，中锰钢的组织为奥氏体+碳化物+珠光体，未变质的中锰钢铸态组织粗大，碳化物连续分布在晶界，珠光体片较大。通过调整中锰钢的化学成分，并通过适当的变质处理及微合金化，可得到冲击韧度大于 $11J/cm^2$，硬度大于 45HRC 的铸态中锰钢，这是在中等冲击载荷下使用的优良耐磨钢。其化学成分见表 6-16。

表 6-16　铸态耐磨中锰钢化学成分

元素	C	Si	Mn	P	S	V	Ti
含量(质量分数,%)	1.40~1.60	1.60~2.00	8.00~9.00	≤0.040	≤0.040	0.10~0.20	0.10

采用钒、钛、铌、稀土元素变质处理，可以有效细化晶粒，提高铸钢强韧性。中锰钢奥氏体基体的显微硬度为 200HV 左右，而 $(Fe, Mn)_3C$ 和 $(Fe, Cr)_7C_3$ 的显微硬度分别为 800~900HV 和 1600HV 左右，因此碳化物的增加能显著提高基体硬度。但是，当未经变质处理的中锰钢中，大量碳化物出现在晶界上时，就会导致晶界强度降低，冲击时易萌生裂纹，导致冲击韧性显著降低。变质中锰钢的晶粒内弥散分布着颗粒状的碳化物，它们形成柯氏气团，阻碍了变质中锰钢在拉伸时位错的运动，致使经过相同的热处理后变质中锰钢的强度明显高于普通中锰钢。此外，少量的 Nb 和 Ce 能净化钢液并形成 NbN、Nb_2C、CeO_2 等难溶物，这些难溶物在其后的凝固结晶过程中充当异质核心，可以显著细化晶粒，起到细晶强化的作用。在高锰钢的晶体生长过程中，Ce 会富集在结晶前沿，破坏胞晶稳定性，使之向枝晶发展，造成枝晶的熔断与游离，使柱状晶缩短，等轴晶区扩大，同时还能降低 Mn 元素的偏析。碳化物球团化是铸态中锰钢的生产关键，通过变质处理实现铸态碳化物球团化，显示出优良的耐磨性。在中低冲击载荷下，变质处理中锰钢的耐磨性明显优于高锰钢，用其制作的阶梯衬板在 $\phi1.8m \times 7m$ 球磨机上使用，耐磨性比高锰钢提高 2 倍以上。

6.3　铸造高合金耐磨钢

铸造高合金耐磨钢主要用于磨粒磨损、高速摩擦磨损、腐蚀磨损、高温磨损等工况，可用于制作大型球磨机衬板（如湿法球磨机衬板）、高速线材轧机辊环及导辊、火电厂锅炉喷火嘴、水泥厂回转窑出料管、冷却机箅板、钢铁厂导卫板等。

耐磨高合金钢以高铬合金钢最为常见，其显微组织以马氏体为主，最大特点是强韧性优于马氏体高铬铸铁，并具有一定的硬度。之所以称为钢，是依据国内外的有关标准，将 $w(C)$ 低于 2% 的铁碳合金称为钢。但该钢种具有较高的铬含量，铬强烈缩小奥氏体区并使共晶点左移，因而 $w(C)$ 为 1.0%~2.0% 的成分范围内已出现了共晶碳化物，据此业内也有人称之为低碳高铬铸铁。高铬耐磨铸钢强韧性较好，硬度较高，应用广泛。

（1）化学成分 生产中常用马氏体高铬耐磨铸钢的化学成分，见表 6-17。

表 6-17 常用马氏体高铬耐磨铸钢的化学成分

项目	化学成分(质量分数,%)								
	C	Si	Mn	P	S	Cr	Mo	Ni	V
一般范围	1.00~2.00	≤1.20	≤1.00	≤0.10	≤0.060	10.00~15.00	≤2.00	≤2.00	—
水泥厂球磨机衬板高铬钢	1.20~1.50	<1.20	<1.00	≤0.10	≤0.060	13.00~15.00	1.00~2.00	1.00~2.00	—
氧化铝厂渣浆泵过流件高铬钢	1.50~1.90	—	—	—	—	11.00~15.00	适量	适量	—
ZG150Cr12V	1.50	0.50~0.70	0.50~0.70	≤0.040	≤0.040	10.00~14.00	—	—	0.18
ZG140Cr13MoNi	1.20~1.60	0.30~0.80	0.40~1.00	≤0.050	≤0.050	11.00~15.00	0.15~0.50	0.15~0.50	—

（2）金相组织 高铬钢中的碳在奥氏体中的极限溶解度随温度降低而下降，这是热处理的主要基础。高铬耐磨铸钢在不同状态下的组织见表 6-18。

表 6-18 高铬耐磨铸钢在不同状态下的组织

牌号/名称	状态	金相组织
高铬钢	铸态(冷却很慢时)	奥氏体+共晶碳化物$(Fe,Cr)_7C_3$
高铬钢加入 Mo、Ni 后铸态组织有变化	铸态	奥氏体+铁素体+共晶碳化物$(Fe,Cr)_7C_3$
高铬钢	淬火+低温回火	回火马氏体+$(Fe,Cr)_7C_3$+$M_{23}C_6$+残留奥氏体
ZG150Cr12V ZG140Cr13MoNi	铸态	奥氏体+共晶碳化物+二次弥散碳化物
	退火	珠光体+共晶碳化物+二次弥散碳化物
	970℃淬火(油冷)+480℃回火	回火马氏体+$(Fe,Cr)_7C_3$+$M_{23}C_6$+残留奥氏体

（3）力学性能 几种高铬耐磨铸钢的力学性能见表 6-19。

表 6-19 高铬耐磨铸钢的力学性能

牌号/名称	抗拉强度 R_m/MPa	冲击韧度 $a_{KV}/(J/cm^2)$	断后伸长率 $A(\%)$	硬度 HRC
水泥厂球磨机衬板高铬钢	600~800	5~10	0~1	45~56
氧化铝厂渣浆泵过流件高铬钢		5~6		57~61
ZG150Cr12V	1880(抗弯强度)			56.4
ZG140Cr13MoNi(淬火+回火)		6.64		57.2

6.4 铸造中合金耐磨钢

铸造中合金耐磨钢是适用于中小冲击磨粒磨损工况条件下的一类材料，以中铬铸钢最为常用。

中铬铸钢是在中小冲击磨粒磨损工况替代高锰钢的一类材料，$w(Cr)$ 一般为 3.5%~7%，热处理可采用空冷、油冷喷雾等冷却淬火方式，工艺简单，操作方便。其显微组织以马氏体为主，钢的强韧性好，屈服强度高，硬度较高，在使用中有抗断裂、不变形、耐磨损的特点。在水泥厂、发电厂、铁矿、金矿、铜矿、石墨矿的设备中，该类钢用来制作球磨机衬板、锤式破碎机锤头、反击式破碎机板锤、掘进机盘形滚刀刀圈等，取得了良好的使用效果和技术经济效益。

1. 中铬铸钢的化学成分

中铬铸钢是中碳马氏体（或含有一定量的贝氏体）铸钢，其化学成分（质量分数，%）范围：C 0.2 ~ 0.7，Cr 3.5 ~ 7，Mo 0.2 ~ 1.0，Si 0.4 ~ 1.2，Mn 0.4 ~ 1.2，Ni ≤ 1.0，P、S ≤ 0.04。根据工况可添加少量 RE、V、Ti、Nb 等合金元素。表 6-20 列举了几种典型中铬铸钢的化学成分。

表 6-20　几种典型中铬铸钢的化学成分

牌号	化学成分(质量分数,%)								
	C	Si	Mn	S ≤	P ≤	Cr	Mo	Ni ≤	微量元素
ZG30Cr5Mo	0.25 ~ 0.35	0.40 ~ 1.00	0.50 ~ 1.20	0.040	0.040	4.00 ~ 6.00	0.20 ~ 0.80	0.50	适量
ZG40Cr5Mo	0.35 ~ 0.45	0.40 ~ 1.00	0.50 ~ 1.20	0.040	0.040	4.00 ~ 6.00	0.20 ~ 0.80	0.50	适量
ZG50Cr5Mo	0.45 ~ 0.55	0.40 ~ 1.00	0.50 ~ 1.20	0.040	0.040	4.00 ~ 6.00	0.20 ~ 0.80	0.50	适量
ZG60Cr5Mo	0.55 ~ 0.65	0.40 ~ 1.00	0.50 ~ 1.20	0.040	0.040	4.00 ~ 6.00	0.20 ~ 0.80	0.50	适量

在上述成分中，C、Cr、Mo 是主要合金元素。

碳是影响中铬铸钢强度、硬度、韧性和淬透性的主要元素。碳含量过高时，钢中的碳化物量过多，热处理后形成的是高碳马氏体，钢的硬度高而韧性低，且热处理容易开裂；碳含量过低，则铸件的淬硬性不足，硬度过低，耐磨性不足。

铬的主要作用是提高淬透性，使中碳钢能实现空淬。铬同时固溶强化基体，提高钢的耐蚀性。铬与碳结合形成高硬度的颗粒状碳化物，有利于提高钢的硬度。回火过程中，阻碍碳化物的析出与聚集，从而提高钢的回火稳定性。但铬含量过高，将降低钢的导热性、铸造性能变差且易出现热裂，同时也增加生产成本。

钼明显提高钢的淬透性，固溶强化基体。钼促使奥氏体等温转变图中珠光体区和贝氏体区分离，并对珠光体区的推移较大，有利于淬火贝氏体的形成。钼与铬、锰等导致回火脆性的元素配合使用，能抑制和降低钢的回火脆性。钼是中铬铸钢中不可或缺的合金元素，但由于其价格较高，要根据实际情况适量采用。

2. 中铬铸钢的热处理

中铬铸钢热处理基于两方面考虑：一是操作简便，并尽可能减少因淬火而引起的变形和开裂的可能性；二是通过热处理获得需要的以马氏体为主的基体组织。

热处理试验研究发现，在相同回火条件下，碳含量较低的中铬铸钢的硬度和冲击韧性达到峰值的淬火温度较高，而碳含量较高时淬火温度较低。对碳含量较低的钢而言，较高的淬火温度有利于铸态组织向奥氏体转变，有利于提高奥氏体的固溶度和均匀性，有利于提高淬透性。这种条件下，其组织主要为板条马氏体和下贝氏体及部分残留奥氏体，硬度和冲击韧性较高。对碳含量较高的钢而言，A_3 线温度较低，有一定的淬透性，淬火温度过高，易导致晶粒粗大，降低钢的性能。ZG50Cr5Mo 的适宜淬火温度为 930 ~ 950℃。

淬火后及时回火是消除淬火应力并提高中铬铸钢综合力学性能的必要措施。在 200 ~ 550℃ 的回火温度范围内，随着回火温度升高，硬度逐渐降低，而冲击韧性逐渐升高。但回火温度超过 400℃时，产生二次硬化现象。在 450℃ 时，硬度达到峰值，冲击韧性则最低。当回火温度进一步升高到 550℃ 时，出现回火索氏体，硬度再次降低，冲击韧性又升高。因此，空淬温度和回火温度对铸钢组织和性能有较大影响，应根据工况条件选用不同成分的中铬钢，并采用相宜的热处理工艺，最终获得适于工况的铸钢件。

3. 中铬铸钢的显微组织

含铌的 ZG30Cr5Mo 经空淬+低温回火处理后，其显微组织以板条马氏体为主，并含有相当数量的下贝氏体和少量残留奥氏体。在空淬条件下，贝氏体优先形成，分割原奥氏体晶粒，使后生成的马氏体细化，改善钢的强度、硬度、韧性、抗冲击疲劳性能和抗冲击磨损性能。残留奥氏体呈薄膜状，基本上分布在马氏体板条之间，平均体积分数为 1%～3%。它比较稳定，可以阻碍显微裂纹的萌生和扩展，提高钢的韧性、塑性和抗冲击疲劳性能。

ZG40Cr5Mo 的组织是片状马氏体和板条马氏体及少量残留奥氏体，ZG50Cr5Mo 和 ZG60Cr5Mo 的显微组织除了马氏体和残留奥氏体外，还有析出的二次碳化物。

4. 中铬铸钢的力学性能

中铬铸钢的力学性能见表 6-21。从表 6-21 中可以看出，中铬铸钢的强韧性较好，屈服强度较高，不易变形，初始硬度高，有利于抗磨损。但是韧性随碳含量的变化而剧变，总体趋势是韧性低而硬度高，这为磨损工况的选材提供了诸多的方案。因此，必须对具体的磨损工况做调研，并就易损件做准确的失效分析，依工况冲击载荷和磨损强度来选择不同硬度和韧性的中铬铸钢。

表 6-21　中铬铸钢的力学性能

牌号	金相组织	抗拉强度 R_m/MPa ≥	规定塑性延伸强度 $R_{p0.2}$/MPa ≥	冲击韧度 a_{KU}/(J/cm²) ≥	硬度 HRC ≥
ZG30Cr5Mo	马氏体+贝氏体+残留奥氏体	1200	800	100	40
ZG40Cr5Mo	马氏体+残留奥氏体	1500	900	25	44
ZG50Cr5Mo	马氏体+残留奥氏体+碳化物	1300	—	20	45
ZG60Cr5Mo	马氏体+残留奥氏体+碳化物	1200	—	15	50

5. 中铬铸钢的工业应用

中铬铸钢主要用于球磨机衬板、锤式破碎机中小型锤头、反击式破碎机板锤、颚式破碎机中小型颚板及耐磨管道等非大冲击磨粒磨损工况的耐磨件。用于水泥厂球磨机和火电厂磨煤机的中铬铸钢衬板的使用寿命可达普通高锰钢衬板的 2 倍以上，在某些矿山球磨机上应用也取得了较好的效果。

6.5　铸造低合金耐磨钢

铸造低合金耐磨钢中合金成分总的质量分数小于 5%，具有良好的耐磨性等和强韧性等综合力学性能，成本较低。常用的合金元素为铬、钼、硅、锰、镍、稀土等。该类钢主要用于制作矿山、水泥、电力、化工、农业、工程等机械的耐磨零部件。铸造低合金耐磨钢一般都要进行热处理，以形成马氏体、贝氏体等组织。

6.5.1　水淬低合金耐磨铸钢

水淬低合金耐磨铸钢是指 $w(C)$ 为 0.2%～0.35% 的多元低合金钢。该类钢具有良好的韧性和较低成本等优点，可适用于大中型耐磨件。在实际生产中，采用水淬处理的低合金耐磨铸钢有很多种，现以几种常用的低合金耐磨铸钢为例进行介绍。

（1）ZG31Mn2SiREB 马氏体耐磨铸钢　ZG31Mn2SiREB 马氏体耐磨铸钢是洛阳工学院 20 世纪 80 年代初与中国第一拖拉机制造公司、洛阳拖拉机研究所合作，针对拖拉机履带板而开发的。其化学成分见表 6-22。

表 6-22　ZG31Mn2SiREB 的化学成分

元素	C	Si	Mn	S	P	RE	B
含量（质量分数,%）	0.25~0.35	0.80~1.10	1.00~1.60	≤0.030	≤0.030	0.10~0.15	0.005~0.007

该钢采取的热处理工艺：奥氏体化温度为 1000~1050℃，保温时间根据铸件壁厚和装炉量确定，水冷淬火；回火温度为 200℃，保温 3~4h 即可。

ZG31Mn2SiREB 的淬火、回火组织是由不同比例的板条马氏体和片状马氏体组成的，板条马氏体所占比例较大，且板条马氏体间存在有残留奥氏体薄膜，在马氏体晶内、晶界上分布有回火碳化物和球状夹杂物。这种组织具有良好的硬度和强韧性配合。

ZG31Mn2SiREB 经淬火、回火后的力学性能：抗拉强度 $R_m \geq 1550MPa$，规定塑性延伸强度 $R_{p0.2} \geq 1300MPa$，冲击韧度 $a_K \geq 30J/cm^2$，硬度为 45~52HRC。

ZG31Mn2SiREB 可代替高锰钢应用于拖拉机履带板、颚式破碎机齿板、球磨机衬板等耐磨配件，综合性能优良。但是，由于该钢的淬透性有限，不能用于生产厚壁耐磨件。

（2）ZG30CrMn2SiREB 马氏体耐磨铸钢　该钢是针对非强烈冲击工况而研制的一种代替高锰钢的新型耐磨材料。其化学成分见表 6-23。

表 6-23　ZG30CrMn2SiREB 的化学成分

元素	C	Si	Mn	S	P	Cr	RE	B
含量（质量分数,%）	0.27~0.33	0.80~1.10	1.00~1.50	≤0.030	≤0.030	0.80~1.20	0.10~0.15	0.005~0.007

ZG30CrMn2SiREB 是在 Si-Mn 钢的基础上添加了另一个主要合金元素铬，形成 Cr-Mn-Si 钢。因为在 Si-Mn 钢中由于硅并不强烈增加钢的淬透性，因此 Si-Mn 钢的淬透性较低。但当 Cr 与 Si、Mn 配合使用，却能大大提高钢的淬透性。该钢适宜的热处理工艺：在 650℃ 均热 1h，然后加热到 1000~1050℃，保温时间根据铸件壁厚和装炉量确定，水冷淬火；回火温度为 150~200℃，保温 3~4h。经热处理后，其组织主要是由板条马氏体+少量残留奥氏体+回火碳化物+球状夹杂物组成，板条马氏体细小，排列整齐。其力学性能见表 6-24。

表 6-24　ZG30CrMn2SiREB 的力学性能

抗拉强度 R_m/MPa	规定塑性延伸强度 $R_{p0.2}$/MPa	断后伸长率 A（%）	冲击韧度 a_k/（J/cm²）	硬度 HRC	断裂韧度 K_{IC}/（MPa·m^{1/2}）
1700~1770	1300~1398	2.8~3.2	55~65	48~50.5	105~118.5

ZG30CrMn2SiREB 在低载荷两体磨损条件下，其磨损失重量比中锰钢和高锰钢分别降低 52% 和 83.7%，在高载荷磨损条件下，分别降低 22% 和 38.5%。因此，该钢具有硬度高、耐磨性好、具有足够韧性储备的特点，在非强烈冲击条件下具有比中锰钢和高锰钢更好的耐磨性。该钢适用于磨料硬度适中的各类耐磨件，如颚式破碎机齿板、锤式破碎机锤头、反击式破碎机板锤、球磨机衬板等。

（3）ZG31CrMnSiNiMoCuRE 耐磨蚀铸钢　矿山用耐磨铸钢件是选矿企业用来制粉的主要耐磨件之一。它不仅承受矿石的冲击磨损，而且受到矿浆的腐蚀磨损，矿山湿磨条件下矿浆的腐蚀磨损作用是衬板失效的主要原因之一。矿浆的腐蚀作用能加速磨损过程中材料表面物质的流失速度，并且会改变磨料粒子对材料表面的冲蚀特性。研究发现，磨料的机械作用可以使材料的腐蚀速度提高 2~4 个数量级。而腐蚀介质通过对材料表面结构的破坏，又大大加速了其机械磨损速度。ZG31CrMnSiNiMoCuRE 是针对矿山湿磨工况而开发的耐磨蚀铸钢。其化学成分见表 6-25。

表 6-25　ZG31CrMnSiNiMoCuRE 的化学成分

元素	C	Si	Mn	Cr	Ni	Mo	Cu	RE
含量 （质量分数,%）	0.30~0.35	0.80~1.20	0.80~1.30	0.80~1.20	1.00~1.20	0.20~0.50	0.50~1.50	0.10~0.15

ZG31CrMnSiNiMoCuRE 的热处理工艺：在 650℃ 均热 1h，然后加热到 1000~1050℃，保温时间根据铸件壁厚和装炉量确定，水冷淬火；回火温度为 150~200℃，保温 3~4h。其组织为一定比例的高密度位错马氏体和片状马氏体的混合物及夹杂物组成，板条马氏体占多数，板条马氏体束细小，发展齐整。片状马氏体被板条马氏体所包围，夹杂物以细小的球状弥散分布在晶内核晶界上。经 1050℃ 淬火，200℃ 回火后，该钢的力学性能见表 6-26。

表 6-26　ZG31CrMnSiNiMoCuRE 的力学性能

抗拉强度 R_m/MPa	规定塑性延伸强度 $R_{p0.2}$/MPa	断后伸长率 A(%)	冲击韧度 a_K/(J/cm^2)	硬度 HRC
1487~1439	1186~1228	2.1~3.5	43~57	47~51

在 1J 的冲击功试验条件下，ZG31CrMnSiNiMoCuRE 的相对耐磨性是高锰钢的 1.6 倍。在 pH 值为 5~6，磨料（40/70 目硅砂）与水质量比为 4∶3 的弱酸性试验介质中进行磨蚀实验，ZG31CrMnSiNiMoCuRE 的耐腐蚀磨损系数是高锰钢的 2.81 倍。在扫描电镜下观察腐蚀磨损试验后的表面，发现高锰钢试样表面出现了大量的冲蚀剥落坑，腐蚀坑大而深，而 ZG31CrMnSiNiMoCuRE 试样表面仅有砂粒造成的微切削磨痕和晶界腐蚀痕迹，没有明显的腐蚀剥落坑。高锰钢在腐蚀磨损过程中，由于其组织中未溶碳化物和夹杂物的电极电位高于基体，腐蚀过程总是沿碳化物、夹杂物与基体晶界进行，这种晶间腐蚀大幅度削弱，甚至使基体完全丧失对碳化物和夹杂物的支撑作用，致使在高速磨粒的撞击下，碳化物和夹杂物被折断、脱落而形成磨蚀坑。同时，试样在腐蚀磨损过程中，其表面的腐蚀产物在砂粒的冲蚀作用下不断被去除，使得活性基体不断暴露在浆体中，从而促进了腐蚀过程的进一步发生。而浆料对高锰钢试样表面腐蚀产生疏松的腐蚀产物，使得磨料对试样的磨损更容易进行。这两者之间的相互作用也会导致高锰钢试样表面出现腐蚀磨损剥落坑。而在 ZG31CrMnSiNiMoCuRE 中由于加入了铜、镍、铬、硅、锰、钼、稀土等合金元素，可以在表面形成致密的氧化膜，既能提高钢在氧化性介质中的稳定性，又能有效提高钢的抗酸碱、抗大气腐蚀能力。在腐蚀磨损中，试样表面一方面不断有保护性富铜相、硅酸盐和铬酸盐层产生，保护新的表面不被浆体进一步腐蚀；另一方面能显著阻止试样表面疏松的产物产生，使得磨料对材料的腐蚀磨损过程难以进行，从而抑制了表面腐蚀磨损剥落坑的出现，使钢的抗腐蚀磨损性能大幅度改善。

ZG31CrMnSiNiMoCuRE 应用于钼矿和铁矿球磨机衬板，使用寿命分别达到 18 个月和 20 个月，为高锰钢的 3 倍左右。

（4）ZG30CrMnSiMoTi 耐磨钢　该耐磨钢是针对矿山球磨机衬板的工况条件开发的一种水淬耐磨钢，具有合适的金相组织，较高的本体硬度和韧性。该钢的化学成分见表 6-27。

表 6-27　　ZG30CrMnSiMoTi 的化学成分

元素	C	Si	Mn	Cr	Mo	Ti	P、S
含量(质量 分数,%)	0.28~0.34	0.80~1.20	1.20~1.70	1.00~1.50	0.25~0.50	0.08~0.12	≤0.040

　　该钢采用 900~1000℃ 奥氏体化淬火+250℃ 回火的热处理工艺。随着淬火温度的提高,钢的屈服强度和冲击韧性提高,对抗拉强度和硬度影响不大,但是断后伸长率降低。

6.5.2　油淬和空冷低合金耐磨铸钢

　　水淬耐磨钢的碳含量一般较低,淬火后的工件硬度较低,耐磨性不足。为满足低冲击、高耐磨性工况条件下零件的使用要求,采用增加碳含量提高硬度,适当牺牲韧性,并通过变质处理的方法改善组织,从而提高耐磨性。增加碳含量虽可提高硬度和耐磨性,但是淬火时容易产生淬火裂纹,因此要采用油淬或空冷的热处理工艺。

　　(1) 油淬 Cr-Mo 低合金马氏体耐磨铸钢　表 6-28 和表 6-29 分别列举了几种油淬 Cr-Mo 低合金马氏体耐磨铸钢的化学成分和力学性能,这些耐磨钢的韧性低于前述 $w(C)=0.20\%~0.35\%$ 的水淬热处理低合金耐磨钢,因而在选用时,要考虑工况的冲击载荷。油淬低合金马氏体耐磨钢适用于球磨机衬板、中小型颚板、锤头、板锤等。

表 6-28　油淬 Cr-Mo 低合金马氏体耐磨铸钢的化学成分

牌号	化学成分(质量分数,%)					
	C	Si	Mn	Cr	Mo	Ni
ZG38Cr2SiMo	0.30~0.45	0.30~1.30	0.50~0.80	1.00~3.00	0.20~0.50	微量
ZG60Cr2Mo	0.50~0.70	0.50~0.80	0.50~0.80	2.00~3.00	0.20~0.50	微量
ZG40NiCrMo	0.37~0.44	0.40~0.90	0.50~0.80	0.60~0.90	0.15~0.25	1.20~1.70
ZG40CrSiMnMo	0.37~0.44	0.80~1.80	0.80~1.80	0.80~2.20	0.30~0.50	——

表 6-29　油淬 Cr-Mo 低合金马氏体耐磨钢的力学性能

牌号	热处理	抗拉强度 R_m/MPa	断后伸长率 $A(\%)$	冲击韧度 a_K (无缺口试样)/(J/cm²)	硬度 HRC
ZG38Cr2SiMo	油淬	800~1500	1~5	10~40	45~56
ZG60Cr2Mo	油淬	800~1500	1~4	10~40	45~52

　　(2) 油淬 ZG40CrMnSiMoRE 低合金耐磨钢　该钢属于中碳多元低合金钢,其化学成分和力学性能见表 6-30 和表 6-31。经淬火、低温回火后,该钢具有很高的强度、硬度和足够的韧性。ZG40CrMnSiMoRE 的淬透性好,油淬时临界淬透直径大于 100mm。该钢具有较好的回火稳定性,经 400℃ 回火后,钢的硬度仍保持在 55HRC。

表 6-30　　ZG40CrMnSiMoRE 的化学成分

元素	C	Si	Mn	P	S	Cr	Mo	Ti	RE
含量(质量 分数,%)	0.30~0.45	0.30~1.30	0.50~0.80	≤0.040	≤0.040	0.80~1.50	0.30~0.50	0.20	0.04~0.08

表 6-31　ZG40CrMnSiMoRE 的力学性能

热处理	金相组织	硬度 HRC	冲击韧度 a_K/(J/cm^2)
860~880℃退火	细珠光体+少量铁素体	18~24	
860~880℃油淬	板条状马氏体+片状马氏体	57~60	
250~300℃回火	回火马氏体	55~60	60~80

（3）油淬 ZG38SiMn2BRE 耐磨钢　这是针对我国中小型球磨机衬板而开发的一种耐磨材料。它具有耐磨性优良，强度高，成本低等特点，可替代高锰钢作为耐磨衬板材料，解决了高锰钢衬板因屈服强度较低、抵抗变形能力差等问题。ZG38SiMn2BRE 的化学成分见表 6-32。

表 6-32　ZG38SiMn2BRE 的化学成分

元素	C	Si	Mn	B	RE	P	S
含量(质量分数,%)	0.35~0.42	0.60~0.90	1.50~2.50	0.001~0.003	0.02~0.04	<0.040	<0.040

ZG38SiMn2BRE 的铸态组织为块状铁素体+珠光体组成。经 850℃在水玻璃溶液中淬火，然后在 200~250℃回火后，组织为回火马氏体+残留奥氏体。其力学性能见表 6-33。

表 6-33　ZG38SiMn2BRE 的力学性能

回火温度/℃	抗拉强度 R_m/MPa	断后伸长率 A(%)	断面收缩率 Z(%)	冲击韧度 a_K(J/cm^2)	硬度 HRC
200	1942.7	1.2	3.9	63.38	55.3
250	1738.8	3.6	7.9	66.31	54.0

ZG38SiMn2BRE 用于某铁矿湿式溢流型球磨机衬板，耐磨性是相同工况下高锰钢衬板的 1.5 倍。

（4）油淬 ZG50SiMnCrCuRE 耐磨钢　该钢是针对中小型球磨机衬板在湿式腐蚀磨损工况条件下研制的耐磨材料。它通过合金化、变质处理和热处理，可获得良好的淬透性、淬硬性和力学性能。表 6-34 列出了该钢的化学成分。

表 6-34　ZG50SiMnCrCuRE 的化学成分

元素	C	Si	Mn	Cr	Cu	RE	P	S
含量(质量分数,%)	0.45~0.55	0.60~1.20	1.30~1.80	1.50~2.50	0.50~1.00	0.10~1.50	<0.030	<0.030

用 ZG50SiMnCrCuRE 制作的球磨机衬板，先进行一次高温淬火+低温回火，再经一次常温淬火+低温回火后，衬板具有较理想的性能。热处理工艺：650℃均热后升温到 1000℃，保温 2h 淬火，200℃回火；然后再加热到 650℃均热后升温到 820℃，保温 2h 后油淬，230℃回火。热处理后 ZG50SiMnCrCuRE 的抗拉强度为 1110~1190MPa，冲击韧度为 8~19J/cm^2，硬度为 54~59HRC，其硬度为 ZGMn13 的 2.5 倍以上，强度是 1.8 倍以上。尽管其冲击韧度比高锰钢低得多，但并不影响衬板的使用效果。在某金矿试用，ZGMn13 衬板的寿命为 3~4 个月，ZG50SiMnCrCuRE 衬板的寿命可达 9~11 个月，提高 2 倍左右。

（5）风冷 ZG50SiMnCrMo 耐磨钢　该钢是针对锤式破碎机锤头研制的耐磨钢，适用于制作中小型锤头。其化学成分见表 6-35。

表 6-35 ZG50SiMnCrMo 的化学成分

元素	C	Si	Mn	Cr	Mo	P	S
含量(质量分数,%)	0.45~0.53	0.80~1.00	1.00~1.40	2.00~3.00	0.20~0.40	<0.030	<0.030

该钢适合的热处理工艺:920℃保温 2.5h 后风冷,250℃保温 3h 回火。热处理其硬度约为 53HRC。用该钢制作的锤头,在相同工况条件下使用寿命是高锰钢的 1.69 倍,性价比较好。

(6)空冷低合金珠光体耐磨钢 该类耐磨钢是 w(C)为 0.55%~0.90% 的铬锰钼珠光体钢,经过正火+回火热处理,可得到珠光体基体。其化学成分和力学性能见表 6-36。

表 6-36 低合金珠光体耐磨钢的化学成分和力学性能

序号	化学成分(质量分数,%)						力学性能	
	C	Si	Mn	Cr	Mo	Ni	硬度 HBW	冲击韧度 $a_{KV}/(J/cm^2)$
1	0.55	0.30	0.60	2.00	0.30	—	275	
2	0.65	0.70	0.90	2.50	0.40	0.20	325	9~13
3	0.75	0.70	0.90	2.50	0.40	0.20	363	8~12
4	0.85	0.70	0.90	2.50	0.40	0.20	400	6~10

珠光体耐磨钢具有良好的韧性和抗冲击疲劳性能,高的加工硬化能力,生产成本较低,适用于有一定冲击载荷的磨粒磨损工况,如 E 型磨煤机的空心大磨球和球磨机衬板。

6.5.3 低合金贝氏体和 M-B 复相耐磨铸钢

过冷奥氏体在不同温度下进行转变时,所得到的组织是不同的:奥氏体化后过冷到 450℃ 左右,转变为上贝氏体;过冷到 300℃ 左右,转变为下贝氏体;过冷到低温转变区 240℃ 以下,转变为马氏体。贝氏体是奥氏体在中温区的共析产物,是由含碳过饱和的铁素体与碳化物组成的混合物,具有优异的强韧性,特别是下贝氏体。磨粒磨损的多种实验证实,贝氏体组织比相同硬度的马氏体组织具有更高的耐磨性,其韧性也比马氏体组织好得多。

国外贝氏体钢主要是采用 Mo 系和 B-Mo 系,添加一定量的 Cr、Ni、V 等合金元素,统称为 Mo-B 系贝氏体钢。这类钢大多采用等温淬火热处理方式,工艺设备较复杂,生产周期长,价格较高。

国内开发的低合金贝氏体钢,大体分为两类:一是 Mn-B 系低合金贝氏体钢,这类钢使用廉价的锰、硅和微量硼合金化,使成本大大降低。为弥补硼回收率不稳定的问题,采用钛铁和稀土变质处理,采用提高碳含量和空冷自硬,可保证好的强韧性。二是 Si-Mn 系低合金贝氏体钢,这类钢采用廉价的硅、锰,有时加入少量铬,采用复合变质剂进行变质处理。复合变质剂中如含有钼、硼,则有利于提高贝氏体淬透性。

(1)Mn-B 系低合金贝氏体钢 Mn-B 系低合金贝氏体钢的化学成分见表 6-37。它具有较好的强韧性,可用于制作耐磨钢球、耐磨钢管、离心铸管、衬板、锤头、刮板、截齿等。

表 6-37 Mn-B 系低合金贝氏体钢的化学成分

元素	C	Si	Mn	B	Ti	RE
含量(质量分数,%)	0.31~0.44	1.60	1.50~2.50	0.01~0.03	0.05~0.10	0.10~0.30

（2）Si-Mn 系低合金贝氏体钢　Si-Mn 系低合金贝氏体钢具有较好的韧性，初始硬度也较高，在中低应力的工况下，其耐磨性优于高锰钢，也比相同硬度的马氏体组织的耐磨性高，而且比马氏体组织具有更高的可靠性。表 6-38 列举了三种 Si-Mn 系低合金贝氏体耐磨钢的化学成分，其力学性能见表 6-39。

表 6-38　Si-Mn 系低合金贝氏体耐磨钢的化学成分

牌号	化学成分（质量分数，%）							
	C	Si	Mn	S	P	Cr	Mo	微量元素
ZG50SiMn2Mo	0.40~0.60	1.50~2.00	2.00~3.00	<0.035	<0.040	—	0.20~0.50	B、V、RE 微量
ZG50SiMn2Cr2RE	0.40~0.60	0.80~1.50	1.50~2.00	≤0.030	≤0.030	1.00~2.00	—	RE<0.030
ZG70SiMn2Cr2MoBRE	0.60~0.90	≤1.00	1.20~1.80	<0.040	≤0.040	1.50~2.00	0.20~0.60	B：0.004~0.008，RE：0.12~0.20

表 6-39　Si-Mn 系低合金贝氏体耐磨钢的力学性能

牌号	状态	组织	规定塑性延伸强度 $R_{p0.2}$/MPa	抗拉强度 R_m/MPa	断后伸长率 A（%）	断面收缩率 Z（%）	冲击韧度 a_K/（J/cm²）	硬度 HRC
ZG50SiMn2Mo	850~900℃铸造余热空冷，240℃回火	以贝氏体为主的组织。该贝氏体板条中，存在高密度的位错，板条间含有碳含量较高、稳定性较好的奥氏体膜	1540	1860	6	36	16.5	52
ZG50SiMn2Cr2RE	900~930℃空冷，250~300℃回火	板条状贝氏体+富碳残留奥氏体+少量马氏体					32	54
ZG70SiMn2Cr2MoBRE	940~960℃空冷，250~300℃回火	贝氏体为主					20	≥50

实践证实，采用 ZG50SiMn2Mo 生产的 PCL1250-3 立式破碎机锤头用于水泥原料破碎，使用寿命比高锰钢提高 50%；用于破碎钨矿石的 250mm×400mm 颚板，使用寿命比高锰钢提高 133.3%；用于 ϕ1.87m×7m 水泥熟料球磨机磨球，使用寿命比白口铸铁提高 212%。采用 ZG70SiMn2Cr2MoBRE 制作的球磨机衬板用于某金矿 ϕ1.5m×3m 球磨机上，粗磨段使用寿命比高锰钢提高 50%，细磨段提高 56%；用于某铅锌矿 ϕ1.5m×3m 球磨机衬板上，使用寿命比高锰钢提高 68%；用于破碎中硬矿石的圆锥磨衬板，使用寿命比高锰钢提高 53%。

（3）低合金贝氏体-马氏体复相耐磨钢

1）盐浴 Si-Mn 贝氏体-马氏体耐磨铸钢。贝氏体-马氏体钢具有优良的综合力学性能和耐磨性，一直为人们所关注。科研人员结合控制冷却工艺和 Si、Mn 复合合金化，研制成功了盐浴 Si-Mn 贝氏体-马氏体复相耐磨铸钢。该钢的化学成分见表 6-40。

表 6-40　Si-Mn 贝氏体-马氏体复相耐磨铸钢的化学成分

元素	C	Si	Mn	S	P
含量(质量分数,%)	0.40~0.60	1.50~2.50	2.50~3.50	<0.060	<0.060

该钢通常在 800℃奥氏体化，淬火冷却介质（质量分数）为 50% KNO_3+50% $NaNO_3$ 混合盐，盐浴温度波动不超过±4℃，在 280℃等温 3h 处理后，可获得含量适当的下贝氏体-马氏体复相组织，具有最佳的综合力学性能。

2）空冷马氏体-贝氏体耐磨铸钢。贝氏体组织有较高的硬度和韧性，而获得贝氏体组织需要进行等温淬火或加入合金元素进行合金化。为使空冷条件下获得马氏体-贝氏体复相组织，从而获得具有优良力学性能和耐磨性的材料，对材料的化学成分、复合变质处理工艺应严格控制，以满足空冷下获得马氏体-贝氏体组织的要求。空冷马氏体-贝氏体耐磨铸钢的化学成分见表 6-41。该钢在 850~900℃时具有较高的淬硬性，在 350℃左右回火，硬度和冲击韧性均最高。

表 6-41　空冷马氏体-贝氏体耐磨铸钢的化学成分

元素	C	Si	Mn	Cr	Mo	Ni
含量(质量分数,%)	0.40~0.80	0.70~1.30	0.70~1.10	1.50~2.50	0.50~1.00	0.40~0.60

第7章 铸钢熔炼基本知识

7.1 铸钢熔炼的目的与要求

铸钢熔炼就是将固体炉料熔化成钢液，并通过一系列复杂的冶炼过程获得符合预期的钢液的生产过程。

铸钢熔炼是铸钢件生产过程中的一个重要环节，铸钢件质量很大程度上取决于铸钢的冶金质量。铸钢的力学性能由钢的化学成分和冶金质量所决定，尤其是韧性、塑性，在相同化学成分条件下，冶金质量影响很大，且多种铸造缺陷，如气孔、夹渣、渣孔、热裂等都与冶金质量关系很大。因此，要生产优质的铸钢件，首先要炼好钢。

铸钢熔炼不是简单的熔化炉料，它包含着十分复杂的冶金过程。概括来说，铸钢熔炼的目的和要求包括以下三个方面：

1）将固体炉料（生铁、废钢、铁合金等）熔化成钢液，并使钢液温度达到预期要求，以满足浇注的需要。

2）将钢液中要求的合金元素（如碳、硅、锰及其他合金元素）的含量控制在规格范围以内。

3）将钢液中的有害元素磷和硫的含量减少到规定限度以下，并去除钢液中的气体和非金属夹杂物，使钢液内在质量符合预期的要求。

7.2 铸钢熔炼用原材料

铸钢熔炼用原材料涵盖了废钢、铸造生铁、铁合金、纯金属等。

7.2.1 废钢

废钢是钢铁厂生产过程中不成为产品的钢铁废料（如切边、切头等），以及使用后报废的设备、构件中的钢铁材料，是金属回收当中对钢铁废料的统称，包括废钢、废铁、冶金废渣、氧化废料、合金废钢、不锈废钢等。

1. 废钢的来源

1）自产废钢，也称为内部废钢、返回废钢或循环废钢，主要是炼钢及铸钢生产过程中产生的的边角料。自产废钢的产量取决于钢铁产量以及钢材成材率，即粗钢产量越高、成材率越高，自产废钢产量越多。自产废钢通常只在钢厂本厂内部循环利用，较少流向市面。近年来，自产废钢供应量随我国粗钢产量上涨而逐年上升。2021 年，我国自产废钢产量约为 6000 万 t，占我国废钢总量的 20%～24%。

2）加工废钢，也称为短期废钢，主要来源于钢材的冷热加工环节，大多是冲压边角料、切屑以及料头等。因质量较高、品质平均，加工废钢通常在较短时间内就能返炉。加工废钢的产量取决于钢材消费量及加工收得率，即钢材消费量越大、加工收得率越低，加工废钢产量越多。2021 年，我国加工废钢产量约为 5000 万 t，占我国废钢总量的 15%～17%。

3）折旧废钢，也称为长期废钢，主要是各种金属制品、设备、建筑结构等使用一定年限后报废形成的废钢。典型的来源包括报废的汽车、机器设备、飞机、轮船、集装箱、钢结构建筑等。折旧废钢的产量取决于钢铁积蓄量以及钢材回收周期，例如传统的汽车报废周期为 15 年左右，而钢结构工程建筑的正常使用年限则为 50 年左右。2017 年以来，我国折旧废钢供应量快速上升，在历史 5 年区间实现了接近翻倍的增长。2021 年，我国折旧废钢产量约为 1.7 亿 t，占我国废钢总量的 61%~64%。

4）社会废钢，也称为垃圾废钢，主要是生活用品中产生的废旧钢铁，如罐头盒、家具和用具等，此外也包括积存的废钢块、打捞的沉船等，来源颇为复杂。因回收难度较高，且质量难以掌控（废钢内包含的化学成分过于复杂），社会废钢产量占废钢总供应量比重较小。

5）进口废钢，主要来源于美国、日本。

综上所述，自产废钢与加工废钢的特征是：在炼钢及钢材加工技术相对稳定的情况下，供应相对平稳；并且因品质可控性较强，可实现内循环或快速作为原材料回炉。折旧废钢每年的产量较大，品质把控难度高于自产废钢与加工废钢，但因回收源较佳，所以质量远高于社会废钢，预期是我国废钢供应的主要增长点。社会废钢在回收难度、质量把控等方面均存在较大缺陷。进口废钢由于量较少可忽略不计。

2. 废钢的分类

熔炼用废钢按其化学成分分为非合金废钢、低合金废钢和合金废钢。GB/T 4223—2017《废钢铁》中，按照外形尺寸和质量将熔炼废钢分成重型废钢、中型废钢、小型废钢和轻薄料废钢等，见表 7-1。废钢中碳的质量分数一般小于 2%，磷、硫的质量分数均不大于 0.05%。非合金废钢中，残余元素镍、铬、铜的质量分数均不大于 0.3%，除硅、锰外，其他残余元素总的质量分数不大于 0.6%。熔炼用合金废钢中，依据钢类可归为合金结构钢、弹簧钢、轴承钢、合金工具钢、高速工具钢、不锈钢、耐热钢等类别，按照钢中所含合金元素可分成不同组别和等级。

表 7-1 熔炼用废钢分类 （GB/T 4223—2017）

型号	类别	外形尺寸及质量要求	供应形状	典型举例
重型废钢	I 类	1200mm×600mm 以下，厚度≥12mm，单个质量 10~2000kg	块、条、板、型	钢锭和钢坯、切头、切尾、中包铸余、冷包、重机解体类、圆钢、板材、型钢、钢轨头、铸钢件、扁状废钢等
	II 类	800mm×400mm 以下，厚度≥6mm，单个质量≥3kg	块、条、板、型	圆钢、型钢、角钢、槽钢、板材等工业余料，螺纹钢余料，纯工业用料边角料，满足厚度单重要求的批量废钢
中型废钢	—	600mm×400mm 以下，厚度≥4mm，单个质量≥1kg	块、条、板、型	角钢、槽钢、圆钢、板材、型钢等单一的工业余料，各种机器零部件，铆焊件，大车轮轴，拆船废料，管切头、螺纹钢头等各种工业加工料边角料废钢
小型废钢	—	400mm×400mm 以下，厚度≥2mm	块、条、板、型	螺栓、螺母、船板、型钢边角余料、机械零部件、农家具废钢等各种工业废钢，无严重锈蚀氧化废钢及其他符合尺寸要求的工业余料
轻薄料废钢	—	300mm×300mm 以下，厚度<2mm	块、条、板、型	薄板、机动车废钢板、冲压件边角余料、各种工业废钢、社会废钢边角料（无严重锈蚀氧化）

（续）

型号	类别	外形尺寸及质量要求	供应形状	典型举例
打包块	—	700mm×700mm×700mm 以下，密度≥1000kg/m³	块	各类汽车外壳、工业薄料、工业扁丝、社会废钢薄料、扁丝、镀锡板、镀锌板冷轧边料等加工而成（无锈蚀、无包芯、夹杂）
破碎废钢	Ⅰ类	150mm×150mm 以下，堆密度≥1000kg/m³		各种汽车外壳、箱板、摩托车架、电动车架、大桶、电器柜壳等经破碎机加工而成
	Ⅱ类	200mm×200mm 以下，堆密度≥800kg/m³		各种龙骨、各种小家电外壳、自行车架、白铁皮等经破碎机加工而成
渣钢	—	500mm×400mm 以下或单个质量≤800kg	块	炼钢厂钢包、翻包、渣罐内含铁料等加工而成（渣的质量分数≤10%）
钢屑	—			团状、碎切屑及粉状

废钢内不应混有铁合金、有害物等，非合金废钢、低合金废钢不应混有合金废钢，合金废钢内不应混有非合金废钢和低合金废钢。对于单件表面有锈蚀的废钢，其每面附着的铁锈厚度不大于单件厚度的 10%。废钢表面和压包件内部不应存在泥块、水泥、粘砂、油污及珐琅等。当前废钢市场经常出现钢筋压块里面掺泥土，冷热轧压块掺泥土，钢筋压块里面有轻薄料等差料，铁皮压块里面有碎铁片、橡胶件、整包铁丝等掺假问题。图 7-1 所示为废钢筋压包前里面掺有泥土。因此，铸钢生产厂要加强废钢质量的检查，按照国家标准，废钢各检验批次中非金属夹杂物的质量不应超过该检验批次质量的 0.5%。

废钢中禁止混有爆炸性武器弹药及其他易燃易爆物品，禁止混有两端封闭的管状物、封闭器皿等物品，禁止混有塑料和橡胶制品（见图 7-2）。废钢中禁止混有超过标准的腐蚀性浸出液和有毒有害物，禁止夹杂放射性废物。废钢不应有成套的机器设备及结构件，各种形状的容器（如罐筒等）应全部从轴向割开。机械部件容器应清除易燃品和润滑剂的残余物。废钢中曾经盛装液体和半固体化学物质的容器、管道和碎片，必须清洗干净。

图 7-1 废钢筋压包前里面掺有泥土

图 7-2 废钢中混有橡胶制品

　　铸钢用回炉合金钢废铸件、浇冒口等只能同钢种回炉，不能混用，尤其是含氮钢。在切割浇冒口和报废铸件时，应按照材质类别分别处理的方式进行切割和分类管理，如图 7-3 所示。

图 7-3　铸造回炉料切割时应分类管理

7.2.2　铸造生铁

　　生铁分炼钢生铁和铸造生铁两类，前者有 L04、L08 和 L10 等牌号，后者有 Z14、Z18、Z22、Z26、Z30 和 Z34 等牌号，各种牌号有其对应的化学成分。对于铸钢而言，通常优先选用铸造生铁，GB/T 718—2005 对铸造用生铁进行了规范，见表 7-2。

表 7-2　铸造用生铁（GB/T 718—2005）

牌号			Z14	Z18	Z22	Z26	Z30	Z34
化学成分（质量分数,%）	C		≥3.30					
	Si		1.25~1.60	>1.60~2.00	>2.00~2.40	>2.40~2.80	>2.80~3.20	>3.20~3.60
	Mn	1 组	≤0.50					
		2 组	>0.50~0.90					
		3 组	>0.90~1.30					
	P	1 级	≤0.060					
		2 级	>0.060~0.100					
		3 级	>0.100~0.200					
		4 级	>0.200~0.400					
		5 级	>0.400~0.900					
	S	1 类	≤0.030					
		2 类	≤0.040					
		3 类	≤0.050					

　　铸钢冶炼中有时还会用到一些废铁，废铁有灰口类废铁、白口类废铁、合金废铁、高硫废铁、高磷废铁等，应根据生产需要进行选择。

7.2.3　铁合金

铸钢熔炼用铁合金品种较多，常用的主要有硅铁、硅钙、锰铁、铬铁、镍铁、钼铁、钨铁、铌铁、钒铁、钛铁、硼铁、稀土硅铁、氮化铬铁等。对于这些铁合金，大都已制定了相关标准，对各铁合金的牌号、技术要求等进行了规定。铸钢用铁合金的相关标准见表 7-3。

表 7-3　铸钢用铁合金的相关标准

序号	现行标准	在铸钢行业的用途	列举牌号
1	GB/T 2272—2020《硅铁》	脱氧剂、合金剂、孕育剂、球化剂	四大类 40 个
2	YB/T 5051—2016《硅钙合金》	脱氧剂、脱硫剂	5 个
3	GB/T 3795—2014《锰铁》	脱氧剂、合金元素添加剂	13 个
4	GB/T 5683—2008《铬铁》	合金元素添加剂	28 个
5	GB/T 25049—2010《镍铁》	合金元素添加剂	25 个
6	GB/T 3649—2008《钼铁》	合金元素添加剂	6 个
7	GB/T 3648—2013《钨铁》	合金元素添加剂	4 个
8	GB/T 7737—2007《铌铁》	合金元素添加剂	7 个
9	GB/T 4139—2012《钒铁》	合金元素添加剂	9 个
10	GB/T 3282—2012《钛铁》	合金元素添加剂	15 个
11	GB/T 5682—2015《硼铁》	合金元素添加剂	12 个
12	GB/T 4137—2015《稀土硅铁合金》	添加剂、合金剂	13 个
13	YB/T 5140—2012《氮化铬铁》	合金元素添加剂	7 个

硅铁常用的牌号有 PG FeSi75Al1.5、GG Fe-Si90Al2.0 等，储存时应不出现粉化。

硅钙合金中一般钙、硅的质量分数分别为 25%~35%、55%~65%，主要用于钢液脱氧、脱硫精炼。

锰铁中一般锰的质量分数为 70%~85%，有低碳锰铁、中碳锰铁和高碳锰铁几类，根据铸钢的碳含量、硅含量、磷含量等要求进行相应选择。低碳锰铁的熔点约为 1380℃，牌号如 FeMn84C0.4、FeMn84C0.7；中碳锰铁的熔点约为 1350℃，牌号如 FeMn82C1.0、FeMn82C1.5、FeMn78C2.0 等；高碳锰铁的熔点约为 1250~1300℃，牌号如 FeMn78C8.0、FeMn74C7.5、FeMn67C7.0 等。

铬铁中铬的质量分数为 55%~67%，按碳含量可分为微碳铬铁、低碳铬铁、中碳铬铁和高碳铬铁四种。微碳铬铁中碳的质量分数在 0.03%~0.15% 之间，熔点超过 1650℃，牌号如 FeCr65C0.03、FeCr65C0.06、FeCr65C0.10、FeCr65C0.15 等；低碳铬铁中碳的质量分数在 0.25%~0.50% 之间，熔点为 1620~1650℃，牌号如 FeCr65C0.25、FeCr65C0.50、FeCr55C0.50 等；中碳铬铁中碳的质量分数在 1.0%~6.0% 之间，熔点为 1570~1640℃，牌号如 FeCr65C1.0、FeCr65C2.0、FeCr55C2.0、FeCr65C4.0 等；高碳铬铁中碳的质量分数在 6.0%~10.0% 之间，熔点为 1500~1550℃，牌号如 FeCr67C6.0、FeCr55C6.0、FeCr67C9.5 等。

镍铁是镍的质量分数为 15%~80% 的铁合金，其中含有碳、硅、磷及其他元素。牌号如 FeNi20LC、FeNi30LP、FeNi40MC、FeNi50MC LP、FeNi70HC 等。镍铁在铸钢工业中作为合金元素添加剂，可提高钢的抗弯强度和硬度。镍铁的熔点为 1430~1480℃，密度为 8.1~8.4g/cm³。

钼铁是钼的质量分数为 55%~75% 的铁合金，牌号如 FeMo70、FeMo60、FeMo55 等。钼铁熔点高（1750℃），密度大，不易氧化，可在熔化期就加入，使钢液慢慢溶解它。

钨铁是钨的质量分数为 70%~85% 的铁合金，并含有铜、硫、锡等杂质，其牌号如 FeW80、FeW70 等。钨铁的密度约为 16.4g/cm³，熔点为 1700~2000℃，质硬而韧，不易破碎，配料时应以小块配入。钨铁熔点高，不易氧化，应在熔化初期加入。

铌铁是铌+钽的质量分数为 15%~80%、钽的质量分数小于 2.5% 的铁合金，其牌号如 FeNb70、FeNb60、FeNb50 等。铌铁的熔点为 1520~1600℃，铌易氧化，可在出钢前 10~15min 内加入，加入前可加铝进行充分脱氧。

钒铁是钒的质量分数为 48%~80% 的铁合金，牌号如 FeV50、FeV60、FeV80 等。FeV50 和 FeV60 的熔点为 1540~1600℃，密度约为 7.0g/cm³；FeV80 的熔点为 1680~1800℃，密度约为 6.4g/cm³。钒较易氧化，密度小于钢液，直接加入钢液中有困难，一般应在钢液成分脱氧后，在出钢前 8~15min，将其砸成小块后，用铁皮包好，插入炉底熔化，保证收得率。

钛铁是钛的质量分数为 25%~80% 的铁合金，牌号如 FeTi30、FeTi40、FeTi50、FeTi60、FeTi70、FeTi80 等。钛是强脱氧剂，仅次于铝，它和氧的亲和力远高于锰和硅。钛铁应在对钢液充分脱氧后加入，加入方法包括用铁皮包好插入炉底，或者用小粒钛铁在出钢时进行冲包。

硼铁是硼的质量分数为 9%~25% 的铁合金，分为低碳硼铁和中碳硼铁，前者包括 FeB22C0.05、FeB20C0.05、FeB18C0.1、FeB16C0.1 等，后者包括 FeB20C0.15、FeB20C0.5、FeB18C0.5、FeB16C1.0、FeB14C1.0、FeB12C1.0 等。硼铁的熔点约为 1400℃，密度约为 7.2g/cm³。硼铁易氧化受潮，因此要妥善保管，用塑料袋装好放置在铁桶内，置于干燥仓库中保存。熔炼时一般将硼铁破碎成小于 3mm 的小颗粒，采用冲包法加硼。

稀土元素化学性质活泼，是钢液的强脱氧剂和脱硫剂，并且能固氢固氮，它的加入能有效提高钢的韧性。稀土合金用于铸钢熔炼中主要有稀土硅铁合金，稀土的质量分数为 21%~39%，牌号包括 RESiFe-23Ce、RESiFe-26Ce、RESiFe-29Ce、RESiFe-32Ce、RESiFe-35Ce、RESiFe-38Ce 等牌号。稀土硅铁合金要在铁桶中盛装，存放时防潮。稀土硅铁合金的熔点约为 1300℃，便于炉外包中加入。稀土硅铁合金在 200~300℃ 时吸氢能力强，故不要求加入前进行烘烤。

氮化铬铁和氮化锰铁用于铸钢冶炼时引入氮元素，氮化铬铁中氮的质量分数为 3%~4.5%。按照冶炼方式和碳含量的不同，氮化铬铁分为 FeNCr3、FeNCr6、FeNCr10、FeNCr15 等 7 个牌号。

为保证冶金质量，铁合金入炉前最好经过烘烤，几种铁合金的烘烤要求见表 7-4。

表 7-4　铁合金的烘烤要求

项目	硅铁	锰铁	铬铁	钼铁	钨铁	钛铁	硼铁
烘烤温度/℃	≥800	≥800	≥800	200~400	200~400	≈200	<200
烘烤时间/h	≥2	≥2	≥2	>1	>1	>1	>1

7.2.4　纯金属

铸钢熔炼中，可能涉及的纯金属包括纯铁、金属铬、金属镍、金属锰、金属铜等，这些纯金属在相关的国家标准中均有规定，见表 7-5。

表 7-5　铸钢用铁合金的相关国家标准

序号	相关国家标准	在铸钢行业的用途	列举牌号
1	GB/T 9971—2017《原料纯铁》	铸造超低碳不锈钢等	4 个
2	GB/T 3211—2023《金属铬》	铸造超低碳不锈钢、耐热钢等	6 个

（续）

序号	相关国家标准	在铸钢行业的用途	列举牌号
3	GB/T 6516—2010《电解镍》	合金元素添加剂	5 个
4	GB/T 2774—2006《金属锰》	合金元素添加剂	电硅热法 8 个，电解重熔法 3 个
5	GB/T 2040—2017《铜及铜合金板材》	合金元素添加剂	无氧铜、纯铜、磷脱氧铜共 6 个

工业纯铁用电弧炉、转炉、平炉冶炼后再加电渣重熔获得。感应炉冶炼精密合金、高温合金、电热合金、低碳或超低碳高合金钢时用工业纯铁作原料。工业纯铁中主要杂质是氧和氮，转炉钢氧含量较高，电炉钢氮含量较高。

由于冶炼特殊钢的电解金属锰供货状态是带有金属光泽的小薄片，要注意保管，防止受潮和氧化。金属锰一旦氧化，较难熔于钢液，且增加钢液中的氢含量。电解锰本身带有大量气体，加入电解锰较多时，对钢液要精炼，一般采用吹氩精炼。

金属镍有火冶镍块和电解镍两类。火冶镍块的纯度较低，吸气多，氧含量高，使用时要注意除气和脱氧。电解镍中氢含量较高，尤其是有节瘤的镍板，使用时须用清水冲洗掉电解液黏着物，再经 700℃/4h 以上烘烤除氢。

金属铬中除含有微量的低熔点元素外，还含有氢、氧、氮等气体，用作原料时要对钢液加强除气和脱氧。

7.3 铸钢熔炼用辅助材料

7.3.1 造渣材料

1. 石灰（CaO）

石灰石经过沸腾焙烧形成密度小、气孔半径小、气孔面积大的活性石灰，能促进冶金活性反应，是铸钢冶炼的优质造渣材料，尤其是碱性渣的主要造渣材料。石灰和氟石、石英以一定比例配合，可用于碱性、中性、酸性炉衬的造渣材料。

冶金石灰分为普通冶金石灰和镁质冶金石灰两大类。依据其化学成分、灼烧减量、生烧率、过烧率、活性度等指标，普通冶金石灰可分为特级、一级、二级和三级等品级，镁质冶金石灰可分为特级、一级、二级和三级等品级。

石灰很容易吸潮，保存时要防潮保温。石灰一旦受潮后即粉化成熟石灰，不能作造渣材料。

2. 氟石

氟石又称萤石，主要成分是氟化钙（CaF_2），含有二氧化硅、氧化铁等杂质。依据其化学成分分为特级、一级、二级、三级和四级等品级，对应牌号分别为 FC-97.5、FC-97、FC-96、FC-95、FC-93。感应炉冶炼时要使用一、二品级，其氟化钙的质量分数超过 90%。

3. 石灰石

感应炉、电弧炉也可用石灰石造渣，半烧成石灰石得到广泛应用。

4. 普通碎玻璃

普通碎玻璃广泛用于感应炉炼钢，属于非晶体，没有固定熔点，通常在 1300℃ 左右变成液体。有色玻璃和含铅的光学玻璃不能用作造渣材料，一般门窗玻璃用作造渣材料较好。碎玻璃存放要防潮防水，防杂物污染。

7.3.2　氧化剂

1. 铁矿石

铁矿石是电炉炼钢中广泛应用的一种氧化剂，作用是脱碳去磷，同时还能达到去气、清除夹杂、净化钢液的目的。铁矿石的主要成分是氧化铁（Fe_2O_3 或 Fe_3O_4），对其使用要求是氧化铁含量高，磷、硫含量低，杂质少。使用前应在 500℃ 以上烘烤 2h 以上。

2. 氧化皮

氧化皮是锻造、轧制、热处理过程中剥落下来的铁的氧化产物，用于电炉熔化末期和氧化初期，以改善炉渣流动性，提高脱磷效果。氧化皮疏松多孔，易吸附油污及水分，使用前必须烘烤干燥。

7.3.3　脱氧剂

铸钢熔炼用的脱氧剂较多，块状脱氧剂（如锰铁、硅铁、铝块、钛铁等）用于沉淀脱氧，粉状脱氧剂（如炭粉、硅铁粉、铝粉、硅钙粉等）用于扩散脱氧。

1. 铝

铝主要作为终脱氧剂，有块状、丝状等形状。脱氧产物为 Al_2O_3，熔点为 2050℃，硬度为 3000HV。

优点：脱氧能力强；价格便宜；使用方便；可以保留较少的烟灰，并防止二次氧化。

缺点：与氮形成 AlN，易偏聚在晶界，导致铸件脆化（析出温度在 1150℃ 以下），铸件越厚越容易产生 AlN；脱氧产物熔点高，硬度高，影响钢液的流动性和铸件的可加工性，体积小，不易上浮；一般添加量为 0.1%（质量分数）左右，容易形成 Ⅱ 型硫化物，对铸件的力学性能（特别是韧性）不利。

采用铝脱氧时，一般要控制残铝的质量分数在 0.03%~0.07% 之间（铝的氧化损失在 50% 左右，所以铝的添加质量分数在 0.1% 左右），厚铸件要适当减少。为降低 AlN 的危害，可以先用 Zr 或 Ti 除去 N，再加入 Al（ZrN 或 TiN 危害较小）。在加入 Al 后加入 Ca，形成低熔点（1400℃）的铝酸钙（$CaO \cdot Al_2O_3 \cdot SiO_2$），提高流动性和可加工性（硬度为 HV1200），同时可形成 Ⅰ 型氧硫化物，提高力学性能（特别是韧性）。铝粉用作冶炼不锈钢和某些低碳合金钢扩散脱氧剂时，粒度不超过 0.5mm，水分控制在 0.2%（质量分数）以内。

2. 钙

钙主要作为扩散脱氧剂，也可作为终脱氧剂，脱氧产物为 CaO，熔点为 2600℃。

优点：氧化性强，能形成稳定的氧化物；加 Al 后加可以改善 Al_2O_3 的缺乏；脱氧反应快；促进 Ⅰ 型硫化，提高力学性能（特别是韧性）；既能脱氧，又能脱硫；与稀土合金一起使用，可降低铸件热裂倾向。

缺点：沸点低（1492℃），易挥发，有效时间短（60~90s），不易残留，不能防止铸造时的二次氧化；纯金属不易储存（易氧化），一般是合金，常见的是 Ca-Si；在钢液中的溶解度低，仅用它不能脱氧。

采用钙脱氧时，为减少合金的挥发，可采用 CaSiBa、CaSiBaAl 等合金。

3. 锰

锰通常在熔化过程的中间或结束时用作脱氧剂。

优点：锰是一种脱氧剂和良好的脱硫剂，可使低熔点（1200℃）的 FeS 转化为高熔点（1600℃）的 MnS，降低热脆性；可以增加钢的韧性（晶粒细化），硅也可以起到类似的作用；

脱氧产物 MnO 对加工性无害；有助于抑制针孔的形成。

缺点：锰的脱氧力不足，常添加其他强脱氧剂，如 Al、Ca、Ti 等；锰含量过高时，钢液容易与硅砂型反应，产生夹杂物（$2Mn+SiO_2 \rightarrow 2MnO+Si$）。

4. 硅

硅与锰类似，一般在熔化过程的或结束时用作脱氧剂，以硅铁粉应用最为普遍。

优点：硅的脱氧能力比锰强；增加钢液的流动性；提高钢的耐蚀性和高温强度。

缺点：硅含量高对焊接性能有害（容易开裂）；脱氧产物 SiO_2 对加工性能不利。

硅铁粉用硅铁破碎而成，粒度不大于 1mm，水分小于 0.2%（质量分数）。

5. 钛

钛作为终脱氧剂，脱氧力不如 Al、Zr，但比 Si、Mn 强，通常在控制 Al、N 含量时作为附加脱氧剂使用。

优点：钛能形成稳定的碳化物和氮化物，因此可以减少不锈钢晶界的腐蚀（类似于 Nb）；控制氮气孔效果好，同时还有细化晶粒的作用；脱氧产物为 TiO_2，熔点为 1855℃，对钢液流动性的影响低于 Al_2O_3。

缺点：作用时间短（约 30s），残余质量分数大于 0.05% 时易发生 TiC 脆性；湿砂型制造高钛钢时，会促进针孔的产生。

钛添加的时间因目的而异。如果用于稳定的不锈钢以避免晶界腐蚀，应在脱氧脱氮后添加。为了避免一般钢的 AlN 问题，应在去除硅和锰之后（即在添加 Al 之前）添加氧气。

6. 稀土元素

稀土元素作用类似于硅钙合金，有轻稀土和重稀土之分，以稀土合金形式加入。

优点：这些元素作用复杂，能形成稳定的氧化物和氮化物、硫化物，在一定程度上还能形成氢化物；能改善高合金钢的热脆性，同时具有细化晶粒和夹杂物球化的作用；在高合金钢或不锈钢中，可提高断后伸长率和强度（对高温强度也有提高），对腐蚀也有帮助；降低液相线，使用得当，有助于提高流动性；减少磷在晶界的偏析；增加枝晶数量，细化晶粒；抑制回火脆性；降低氢脆的敏感性（焊接裂纹的成因之一），降低石油化工行业中不锈钢、耐热钢铸件发生硫化氢应力敏感性裂纹的敏感性。

缺点：加入过量会形成粗大的夹杂物，影响钢液的流动性和铸件的力学性能（La_2O_3 熔点为 2327℃）；作用时间短（约 30s）；添加量过高时，会与炉衬发生反应，生成大量夹杂物。

稀土合金一般在钢包中添加，添加的质量分数在 0.02% 左右，多与其他脱氧剂配合使用，很少单独使用。合适的量是硫含量的 3 倍，以使夹杂物球化。

7.3.4　增碳剂

在钢产品的冶炼过程中，常常会因为冶炼时间、保温时间、过热时间较长等因素，使得钢液中碳元素的熔炼损耗量增大，造成钢液中的碳含量有所降低，导致钢液中的碳含量达不到预期的理论值。

为了补足钢铁熔炼过程中烧损的碳含量而添加的含碳类物质称为增碳剂。

常用的增碳剂有增碳生铁、电极粉、石油焦粉、木炭粉和焦炭粉。在中频感应炉熔炼中使用增碳剂，可按配比或碳当量要求随料加入电炉中下部位，回收率可达 95% 以上。

7.3.5　孕育剂和变质剂

孕育处理是指在凝固过程中，向液态金属中添加少量其他物质，促进形核、抑制生长，达到细化晶粒的目的。习惯上，向铸铁中加入添加剂称为孕育处理，向有色合金中加入添加剂则称变质处理。从本质上说，孕育处理主要影响形核和促进晶粒游离，而变质处理则是改变晶体的生长机理（抑制长大），从而影响晶体形貌。

变质剂在耐磨材料熔炼中的应用日渐广泛，类别也多种多样，概括来说有以下几种：向钢液中加入同类金属颗粒、结构对应的高熔点颗粒或少量合金元素，促进非自发形核；向钢液中加入活性元素，形成无数微小的富集区，促使晶体弥散形核析出，或阻碍晶粒长大并促进形核；作为精炼剂、净化剂，具有脱氧、脱硫、脱磷、固氢、固氮等作用，纯净钢液质量，减少或改善夹杂物形态，消除氢的白点危害，消除氮气孔的生成量。

在铸钢熔炼中，复合稀土是应用最广泛的孕育剂或变质剂，市场上有多种商品化稀土合金销售，铸钢企业可根据生产要求进行选择。

7.3.6　除渣材料

1. 除渣剂

目前，市场上有多种商品化除渣剂供应，典型的有两类，一类是珍珠岩型，另一类是浮石砂型。

（1）珍珠岩型除渣剂　珍珠岩型除渣剂通常为透明或半透明玻璃质岩石，较为致密，密度为 $1.235g/cm^3$，熔点为 $1300 \sim 1380℃$，化学成分（质量分数）为：$SiO_2 68\% \sim 74\%$，$Al_2O_3 10\% \sim 12\%$，$K_2O 2\% \sim 3\%$，$Na_2O 4\% \sim 5\%$，结晶水 $2\% \sim 6\%$。高效珍珠岩聚渣剂撒在金属液表面，能在高温作用下膨胀，形成黏稠状材料，迅速吸附金属液中的熔渣，并形成塑性渣壳覆盖在金属液表面，起到聚渣、除渣、净化金属液的效果，同时其热导率低，可有效起到保温作用，可用于铸钢的熔炼聚渣，如图 7-4所示。

图 7-4　珍珠岩型除渣剂的除渣现场

（2）浮石砂型除渣剂　浮石砂型除渣剂以日本产石川除渣剂为代表，呈浅黄色小颗粒砂状，疏松多孔，密度为 $0.885g/cm^3$，熔点为 $1300 \sim 1800℃$，化学成分（质量分数）为：$SiO_2 66\% \sim 80\%$，$Al_2O_3 7.5\% \sim 19.5\%$，$K_2O 2\% \sim 8\%$，$Na_2O 1.5\% \sim 5\%$。该除渣剂可用于铁液、钢液除渣，有多种型号，分别适合电炉、冲天炉熔炼铸铁、合金钢等场合。浮石砂型除渣剂具有如下优点：除渣次数少，挑渣方便，作业时间短；扩散快，聚渣力强，渣壳有一定的韧性，形成的渣不易散开；覆盖保温性能好，可以减少金属的热损和合金元素的氧化烧损。

2. 挡渣棉

挡渣棉形如絮毡，质轻柔软，是一种聚渣性好而对钢液无污染的中性耐高温材料，主要成分为 $Mn_2O_3 \cdot ZrO_2 \cdot SiO_2$。

使用时，可将挡渣棉剪成不同大小的条状。挡渣棉置于高温钢液表面后微有软化和收缩，而条状挡渣棉始终浮在钢液的表面并强效集结浮渣。浇注时，挡渣棉始终在浇包口处形成挡渣、滤渣、集渣防线，而又不与包壁粘连，如图 7-5 所示。挡渣棉有优良的隔热、保温、遮光、防辐射作用，有效保证了钢液浇注的纯净度和浇注过程的安全性，浇注完毕一扒即落。

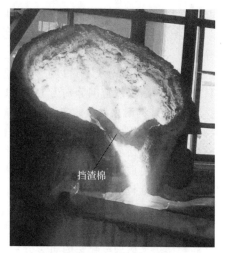

挡渣棉

图 7-5　挡渣棉的挡渣效果

7.3.7　耐火材料

耐火材料是各种炼钢炉不可缺少的内衬材料。炼钢炉炉衬不仅受到高温钢液及炉渣的侵蚀，还要受到高温钢液、炉渣的冲刷及炼钢原料的机械冲击。因此，耐火材料的质量直接关系到炉衬的使用寿命、冶金质量、钢液产量及生产成本等。

1. 耐火材料的主要性能

评价耐火材料的性能主要有以下指标：

1）耐火度：耐火材料抵抗高温作用而不熔化的性能。耐火材料是一种由多种矿物组成的物质，无固定的熔点，耐火度实际上是指耐火材料在受热过程中使其软化到一定程度的温度。它是耐火材料的重要指标，选用耐火材料时应使其耐火度高于最高使用温度。

2）抗热震性：耐火材料对急冷急热式的温度变化的抵抗能力，又称热稳定性。

3）荷重软化温度：耐火制品在高温和恒定压载荷条件下，产生一定变形时的温度。它是评价耐火材料高温强度的指标。

4）抗渣性：耐火材料在高温下抗炉渣的侵蚀能力。它与炉渣性质、温度、耐火材料致密度等有关。

5）体积密度：耐火材料在 110℃干燥后其质量与体积之比，以 g/cm^3 表示。

6）真密度：耐火材料在 110℃干燥后其质量与其真体积（试样总体积与试样中孔隙所占体积之差）之比，以 g/cm^3 表示。

7）气孔率：耐火材料中的气孔体积占总体积的百分比。它是衡量耐火材料致密程度的指标。气孔率有三种：一是显气孔率（或称开口气孔率），是耐火材料中与大气相通的孔隙的体积与总体积的百分比；二是闭口气孔率，即耐火材料中不与大气相通的孔隙的体积与总体积的百分比；三是真气孔率，即耐火材料中全部孔隙体积与总体积的百分比。耐火材料的气孔率通常是指显气孔率。

8）常温耐压强度：在室温下单位面积试样所承受的极限载荷，以 MPa 表示。

9）热膨胀系数：当温度升高 1℃时，耐火材料的长度或体积的相对增长率，单位为 $℃^{-1}$。

此外，耐火材料还有吸水率、透气度、加热永久线变化、抗氧化性、抗折强度、高温蠕变性、导热性、电阻率、可塑性等指标。耐火材料的形状和尺寸对其实际使用影响很大，包括尺寸公差、缺角、缺棱、扭曲、裂缝、渣孔等。一般尺寸公差不得超过尺寸的 3%。

2. 炼钢用耐火材料的主要类别

炼钢用耐火材料有以下几种分类方法：

1）按照化学性质分类，有碱性耐火材料、酸性耐火材料、半酸性耐火材料、中性耐火材料。碱性耐火材料以氧化镁或氧化钙为主要成分，用作碱性炉炉衬，在高温下可以抵抗碱性炉渣的侵蚀，如镁砂砖、镁铝砖、白云石砖、镁砂、镁质耐火泥、白云石等。酸性耐火材料以二氧化硅为主要成分，用作酸性炉衬，抗酸性炉渣侵蚀，如硅砖、天然硅石、硅砂等。中性耐火材料在高温下有较好的抗酸性渣和碱性渣的侵蚀，如黏土砖、高铝砖、铬砖等。

2）按照化学成分分类，可以分为黏土质、镁铝质、高铝质、硅质、镁质、镁铬质、白云石质等类别。

3）按照耐火度分类，可以分为普通耐火材料、高级耐火材料、特级耐火材料和超特级耐火材料，它们的耐火度范围分别为 1500～1770℃、1770～2000℃、2000～3000℃ 和大于 3000℃。

3. 常用炼钢耐火材料的特点

铸钢熔炼常用的耐火材料包括硅石、硅砖、半硅砖、黏土砖、高铝质耐火砖、铬砖、镁砂、镁质耐火砖、镁铬质耐火砖、镁碳砖、镁钙砖、白云石及白云石砖等。

硅石的主要成分为二氧化硅。硅砖以硅石为主要原料，加入石灰和黏土烧成。硅砖的荷重软化温度和耐火度较高，但抗热震性较差。

黏土砖是由耐火黏土或高岭土在高温下焙烧后经研磨成粉（熟料），再加入黏土作为黏结剂，制坯后烧成砖。黏土砖有良好的抗热震性和抗渣性，缺点是荷重软化温度较低。

高铝质耐火砖中氧化铝的质量分数在 48% 以上，耐火度及荷重软化温度较高，抗热震性和抗渣性均较好。

铬砖用天然铬铁矿为原料制成，属中性耐火材料，不易与酸或碱其化学作用，耐火度较高，但抗热震性较差。其密度约为 4.5g/cm³，是密度较大的耐火材料。

镁砂以氧化镁为主要成分，耐火度较高。镁质耐火砖以氧化镁为主要成分，具有高的熔点和荷重软化温度，但抗热震性差，在经受剧烈温度变化时易发生碎裂。

镁铬质耐火砖以氧化镁为主要成分，并含有一定量的氧化铬，高温性能及抗渣性优异，但抗热震性较差。

镁碳砖以电熔镁砂、烧结镁砂和天然鳞片状石墨为主要原料，以酚醛树脂为黏结剂制成，抗渣性和抗热震性良好。

镁钙砖以氧化镁和氧化钙为主要成分，高温性能和抗渣性优异，但抗热震性较差，易水化，不宜长期存放。

7.3.8 熔炼用其他材料

1. 石墨电极

供电弧炉用的石墨电极有普通功率用的石墨电极、高功率石墨电极和超高功率石墨电极，其理化指标可参考 YB/T 4088—2015《石墨电极》、YB/T 4089—2015《高功率石墨电极》和 YB/T 4090—2015《超高功率石墨电极》。

2. 氧气

电炉吹氧可强化熔炼，缩短冶炼时间，降低能耗，且有助于排除钢中气体和非金属夹杂，有利于冶金质量提高。对炼钢氧气的要求：纯度高（氧气的体积分数大于 99.5%），脱水，气压稳定。瓶装氧气一般是用压缩机将氧压到 15MPa 的压力后注入钢制氧气瓶中，最常用的氧气瓶容量为 40L。

3. 氩气

炼钢用氩气的技术指标在 GB/T 4842—2017《氩》中进行了规定，要求氩气的体积分数不低于 99.99%。

7.4 铸钢熔炼的主要方法及特点

在铸钢生产中，三相电弧炉，尤其是碱性炉应用较普遍，感应炉，尤其是中频感应炉已被大量应用。碱性电弧炉炼钢时对废钢要求不高，但冶金质量较高，熔炼周期适中，开炉停炉较方便，比较容易与造型合型工序协调，便于组织生产。

随着科技的进步，对铸钢件质量提出了更高的要求，新型炼钢设备和新炼钢方法不断涌现，如真空炉、等离子炉、AOD炉、直流电弧炉等已用于铸钢件生产。炉外精炼设备也方兴未艾，钢液质量大幅度提高。

7.4.1　电弧炉熔炼

1. 电弧炉熔炼的原理

电弧炉炼钢是靠电极与炉料之间电弧放电产生热能，并借助煤气、氧气作为辅助热源，直接加热熔化金属和炉渣，冶炼出各种成分的钢。电弧炉的工作原理如图 7-6 所示。

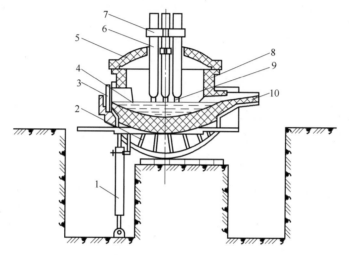

图 7-6　电弧炉的工作原理

1—液压缸　2—倾动摇架　3—炉门　4—熔池　5—炉盖　6—电极
7—电极夹持器　8—炉体　9—电弧　10—出钢槽

2. 电弧炉炼钢的优缺点

电弧炉炼钢是生产优质铸钢的主要方法，与转炉炼钢、中频感应炉熔化法相比有以下工艺特点：

1）熔炼温度高。电弧炉炼钢靠电弧加热，电弧的温度可达 4000~6000℃，而电弧高温区熔池的温度可达 2000℃ 以上，能熔炼高熔点合金钢，并能充分利用和回收合金料中的贵重金属。

2）热效率高。热效率可达 65% 以上。因为熔化期电弧大部分时间被炉料所包围，绝大部分热量被铁料吸收，避免了大量热能被废气带走造成热损失，因此电炉的热效率比转炉要高。

3）温度灵活控制。在冶炼过程中，可以根据操作的需要，通过对电压和电流的控制，灵活掌握温度。

4）炉内气氛可以控制。在冶炼过程中，根据需要既可以造成氧化气氛，也可以造成还原气氛，这是转炉和平炉无法达到的。尤其是碱性电弧炉具有很好的除钢中磷、硫和其他杂质的能力，有利于提高钢的质量。电弧炉炼钢能够应用各种合金元素，冶炼不同钢种，钢的化学成分也易控制。

由于电弧炉炼钢具有上述特点，因此能冶炼出杂质含量低、力学性能高的各种类型的优质钢和合金钢，如滚动轴承钢、不锈钢、高速工具钢、电工用钢、高温合金等。

电弧炉炼钢的缺点：电弧是点热源，炉内温度分布不均匀，熔池各部位钢液温差较大。

7.4.2　感应炉熔炼

1. 感应炉熔炼原理

感应炉熔炼时利用交流电感应的作用，使坩埚内的金属炉料以及钢液本身发出热量，来进行熔炼的一种炼钢方法。

感应炉的工作原理如图 7-7 所示。在一个用耐火材料筑成的坩埚外面，套着螺旋形的感应器（感应线圈）。坩埚内装有金属炉料，它犹如插在线圈当中的铁芯，由变频电源和电容器等组成基本电路。当往线圈上通交流电时，由于交流电的感应作用，在金属炉料内部产生感应电动势，并因此产生电的涡流。由于金属材料有电阻，因而当电流通过时就会发热，这种产生热量的方法称为感应加热。感应炉炼钢所用的热量就是利用这种原理产生的，容量的大小与相应的线圈感应器配合。

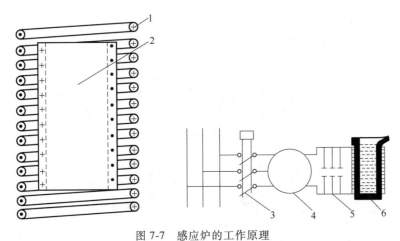

图 7-7　感应炉的工作原理

1—感应器　2—金属炉料　3—开关　4—变频电源　5—电容器　6—感应线圈和坩埚

2. 感应炉熔炼的优缺点

感应炉炼钢有以下优点：

1）加热速度快，炉子的热效率高。电弧炉热量来自电弧，炼钢时必须通过炉渣间接地将热量传给钢液，而感应炉熔炼中，热量是在炉料内部产生，无须从外界传导，加热速度较快。自身加热方法中热量散失也比外部加热少，因此感应炉的热效率较高。

2）氧化烧损较轻，吸收气体较小。由于没有电弧炉电弧的超高温作用，使得钢中元素的烧损率较低，没有电弧产生的电子冲击作用，使得水蒸气不致被电离为氢原子和氧原子，因而减少了钢液中气体的来源。

感应炉的缺点：炉渣不能充分地发挥它在冶炼过程中的作用。电弧炉炼钢中，电弧产生的高温是通过炉渣传递给钢液的，因此炉渣的温度高于钢液。在高温下，炉渣的化学性质很活泼，能充分发挥控制炼钢过程（如脱磷、脱硫、脱氧等）的作用。而感应电炉炼钢过程中，从炉料以及钢液中发出的热量通过炉渣向炉气中散失，因而炉渣的温度较低。低温使炉渣的化学性质不活泼，不能充分发挥炉渣在冶炼过程中的作用。

3. 感应炉炼钢的特有电现象

（1）感应电流的趋肤现象　由感应器产生的磁通穿过坩埚内的金属炉料或钢液，产生感应电流。金属内部磁通的分布是不均匀的，越靠近外层（坩埚壁）磁通密度越大，越靠近坩埚中心，磁通密度越小。外层中产生的感应电动势和电流比里层要大，这称为趋肤效应。趋肤效应与电的频率有关，电流频率越高，趋肤效应越显著。因此，坩埚内钢液温度分布是不均匀的，大致可以分为图 7-8 的几个区域：1 区为低温区，因为钢液向炉渣供热并使炉渣维持一定温度，而炉渣又向大气散热，通过炉渣散失的热量占总热损失的 30% 左右，因此该区温度低于其他区域；2 区和 4 区为高温区，由于感应电流的趋肤效应，处于坩埚内表面的钢液内电流密度大，产生的热量多，因此属于高温区。但是该区钢液通过坩埚壁向外散失的热量占总热损失的 50% 左右，因此它不是最高温区；3 区是中温区，该区钢液通过坩埚底部向外传热，并且本身无热量来源，因此温度不高；5 区为最高温区，该区四周被高温钢液所包围，热量不易散失，成为最高温度区域，它一般处于坩埚的中央偏下部位。感应炉的用电频率与其容量之间有一定的对应关系。坩埚越大，其中心发热越小，即炉子容量大时，电流的频率也应低些。

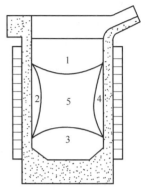

图 7-8 感应炉坩埚内温度分布
1—低温区 2、4—高温区
3—中温区 5—最高温区

（2）"驼峰"——电磁搅拌现象 在坩埚中，钢液的上表面不是平的，而是中间凸起的，称为"驼峰"现象。钢液内部不是静止的而是在不断搅拌的，称为电磁搅拌。这是由电磁作用引起的物理现象的两个方面。由于感应器中的电流方向和钢液中的感应电流方向是相反的，电磁力的作用使得感应器和钢液之间互相排斥，这样就使得坩埚中心部分的钢液上升，产生"驼峰"现象；中心部分钢液上升必然引起边缘部分钢液下落，如此循环不止就产生了电磁搅拌现象，使坩埚内的钢液不停地运动翻滚。从炼钢上看，电磁搅拌作用是有利的，钢液的翻动促使化学成分和温度均匀，并有利于钢液中的非金属夹杂物上浮；而"驼峰"现象则是不利的，它使得炉渣不易覆盖住钢液表面，为了要保证炉渣覆盖住钢液表面就必须加大渣量，这样会使电耗增加。

通常单相供电加热时产生 2 段 4 区搅拌，电磁搅拌力与输入功率成正比，输入功率越高，"驼峰"现象越明显，且不利于密度悬殊的成分均匀。对于大容量感应炉，设计制造时用改变感应器接线方式，把感应器分成三组，开始时三组都用，当金属熔化后，上面一组断电，这样就实现了整体搅拌（两区搅拌），抑制金属液的"驼峰"现象，如图 7-9 所示。

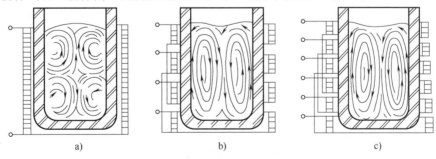

图 7-9 感应炉中钢液的运动
a）单相供电，两段四区搅拌 b）两相供电，整体搅拌 c）三相供电，整体搅拌

4. 感应炉的种类

感应炉按结构和用途分为有芯感应炉和无芯感应炉。有芯感应炉的炉体装有用硅钢片制成的铁芯，在交流电感应产生磁场时，铁芯起着加强导磁的作用，适用于熔炼有色金属和铸铁。无

芯感应炉中没有铁芯，适用于熔炼铸钢和铸铁，铸钢生产中所用的感应炉都是无芯感应炉。

按照交流电频率高低，感应炉分为高频感应炉（频率在 10000Hz 以上）、中频感应炉（频率在 500~3000Hz 之间）、工频感应炉（频率为 50Hz）。

炉子的额定容量与用电频率之间有大致的对应关系，容量越小，用电频率越高。高频感应炉容量一般在 100kg 以下，中频感应炉容量一般在 60~5000kg 之间，工频感应炉一般在 5000~10000kg 之间。

按照坩埚材料的性质，感应炉可分为酸性炉和碱性炉。酸性炉采用硅砂捣打炉衬，炼钢过程中造酸性渣，不能脱磷、硫；碱性炉采用镁砂、镁铝尖晶石等捣打炉衬，炼钢过程中造碱性渣，能够脱磷、硫。

7.5 铸钢熔炼炉前分析

铸钢材料的化学成分是决定材料性能和质量的重要因素，因此准确分析铸钢材料的化学成分对控制材料性能有着重要作用。在配料计算时，虽然对成分进行了控制，但是生产中的不可控因素很多，在熔炼过程中可能由于各种原因而发生合金成分的变化。比如，炉料过秤不准确（规程允许的称重误差可达 1%）、使用的中间合金成分不匀、烧损超出预计值、熔体偏析跑漏等，都可使熔体的实际化学成分偏离控制范围。因此，在合金化元素都加完之后，必须从熔体中取样进行炉前快速分析，并根据结果对熔体成分进行调整，以保证化学成分符合控制标准。

7.5.1 炉前分析方法

化学成分可以通过化学物理的多种方法来分析鉴定，目前用于铸钢熔炼炉前分析的方法主要有化学分析法和直读光谱法等。

1. 化学分析法

根据化学反应来确定被测物质的组成成分及含量，这种方法统称为化学分析法。化学分析法分为定性分析和定量分析两种。通过定性分析，可以鉴定出被测物质含有哪些元素，但不能确定它们的含量；定量分析，可用来准确测定各种元素的含量。实际生产中主要采用定量分析。定量分析的方法为重量法和滴定法（容量法）。

重量法：通过适当的方法如沉淀、挥发、电解等使待测组分转化为另一种纯的、化学组成固定的化合物而与样品中其他组分得以分离，然后称其质量，根据称得到的质量计算待测组分的含量，这样的分析方法称为重量法。

滴定法：根据滴定所消耗标准溶液的浓度和体积，以及被测物质与标准溶液所进行的化学反应计量关系，求出被测物质的含量，这种分析方法称为滴定法，也叫容量法。

在钢铁材料中，碳、硅、锰、磷、硫五大元素常用的化学分析方法如下：

（1）碳含量的测定

1）碱石棉吸收重量法。原理：试料与助溶剂在高温管式燃烧炉中加热并通氧气燃烧，碳完全氧化生成的二氧化碳等混合气体经除硫后，用已知质量的碱石棉吸收瓶吸收混合气体中的二氧化碳，称量吸收瓶的增量，由所增加的质量计算出碳的质量分数。

2）燃烧气体滴定法。原理：试料置于管式炉中加热并通氧燃烧，生成的二氧化碳等混合气体经除硫后收集于量气管中，然后以氢氧化钾溶液吸收其中的二氧化碳，吸收前后体积之差即为二氧化碳的体积，计算出碳的质量分数。

3）燃烧非水滴定法。原理：试样在高温氧气流中燃烧，碳完全氧化为二氧化碳，经除硫后，用氢氧化钾的甲醇-丙酮溶液进行吸收，并用氢氧化钾非水标准溶液进行滴定，以此计算出碳的质量分数。

4）红外吸收法。原理：试样在高频感应炉内通氧燃烧生成二氧化碳，利用二氧化碳在4260nm 红外光处具有很强的特征吸收这一特性，通过测量气体吸收光强，根据朗伯-比尔定律计算，测得二氧化碳和二氧化硫的含量，再通过换算得到碳和硫的质量分数。

（2）硅含量的测定

1）高氯酸脱水重量法。原理：试样以酸分解，加高氯酸蒸发冒烟，使硅酸脱水，经过滤洗涤后，灼烧成二氧化硅，称量，再经氢氟酸处理，由氢氟酸处理前后的质量差计算出硅的质量分数。

2）硅氟酸钾沉淀碱滴定法。原理：试样以硝酸或盐酸-硝酸混合酸溶解，在室温且有氢氟酸和氯化钾存在的条件下，试样中的硅生成硅氟酸钙沉淀析出。经过滤洗涤后，用碱中和少量残留于滤纸和沉淀上的游离酸。将沉淀用热水溶解，硅氟酸钾水解释放出相应量的氢氟酸，以溴百里酚蓝、酚红混合指示剂为指示剂，用氢氧化钠标准滴定溶液进行滴定。根据所消耗的氢氧化钠标准滴定溶液的体积，计算出硅的质量分数。

3）硅钼蓝光度法。原理：试样以稀硫酸溶解，在微酸性介质中，硅与钼酸铵生成氧化型硅钼酸盐黄色络合物。在草酸存在下，用硫酸亚铁铵将其还原成硅钼蓝，进行光度法测定，计算出硅的质量分数。

4）电感耦合等离子体发射光谱法。原理：试样以盐酸、硝酸溶解后，稀释至一定体积。在电感耦合等离子体发射光谱（ICP-AES）仪器上，以钇为内标元素，在所推荐分析线的波长处测量其发射光强度比。由工作曲线查出硅的浓度，计算出硅的质量分数。

（3）锰含量的测定

1）亚砷酸钠-亚硝酸钠滴定法。原理：试样经酸溶解，在硫酸、磷酸介质中，以硝酸银为催化剂，用过硫酸铵将锰氧化成七价，用亚砷酸钠-亚硝酸钠标准滴定溶液滴定，计算出锰的质量分数。

2）硝酸铵氧化滴定法。原理：试样经酸溶解后，在磷酸微冒烟的状态下，用硝酸铵将锰定量氧化至三价，以 N-邻氨基苯甲酸为指示剂，用硫酸亚铁铵标准溶液滴定，计算出锰的质量分数。

3）高氯酸氧化亚铁滴定法。原理：试料经硝酸、磷酸分解，在磷酸存在下以高氯酸将锰氧化至三价，以 N-邻氨基苯甲酸为指示剂，用硫酸亚铁铵标准溶液滴定，由标准滴定溶液的消耗量计算出锰的质量分数。

4）高碘酸钠（钾）氧化光度法。原理：试料经酸溶解后，在硫酸、磷酸介质中用高碘酸钠（钾）将锰氧化为七价，测量其吸光度，计算出锰的质量分数。

5）过硫酸铵氧化光度法。原理：试样用硫酸-磷酸混合酸溶解，以硝酸银为催化剂，用过硫酸铵氧化二价锰为七价锰，在分光光度计上于波长 530nm 处测量其吸光度，计算出锰的质量分数。

6）原子吸收光谱法。原理：试料用盐酸和硝酸分解，高氯酸冒烟，用盐酸溶解盐类。将溶液吸入空气-乙炔火焰中，用锰空心阴极灯作光源，于原子吸收光谱仪在波长 279.5nm 处测量吸光度，计算出锰的质量分数。

（4）磷含量的测定

1）铋磷钼蓝光度法。原理：试样以盐酸、硝酸、氢氟酸溶解，高氯酸冒烟赶氟并将磷氧化成正磷酸。在硫酸介质中，磷与铋及钼酸铵形成黄色络合物，用抗坏血酸将铋磷钼黄还原为铋磷钼蓝，在分光光度计上于波长 700nm 处进行光度法测定，计算出磷的质量分数。

2）氟化钠-氯化亚锡光度法。原理：试样用稀硝酸溶解，以高锰酸钾氧化磷成正磷酸，或以盐酸-过氧化氢溶解，高氯酸冒烟氧化磷。磷酸与钼酸铵生成磷钼杂多酸（磷钼黄），用氟化钠络合铁等元素，加氯化亚锡将其还原为磷钼蓝，在分光光度计上于波长 660nm 处进行光度法测定，计算出磷的质量分数。

（5）硫含量的测定

1）燃烧碘量法。原理：试料与助溶剂在高温下通氧燃烧，硫被完全氧化成二氧化硫，用酸性淀粉溶液吸收并以碘酸钾标准溶液滴定。根据所消耗碘酸钾标准溶液的体积，计算出硫的质量分数。

2）红外吸收法。原理：试样在高频感应炉内通氧燃烧生成二氧化硫，利用二氧化硫在 7400nm 红外光处具有很强的特征吸收这一特性，通过测量气体吸收光强，根据朗伯-比尔定律计算，测得二氧化碳和二氧化硫的含量，再通过换算得到碳和硫的质量分数。

化学分析法的特点是准确，但是这种方法是常规的分析方法，每个元素单独测定，需要很长的时间，检测周期长、操作繁杂而且操作要求较高，不能满足炉前分析的要求，还会增加中频感应炉的电耗，加大铸钢件的生产成本。为解决这一问题，可以使用碳硫分析仪与化学分析相结合，合理交叉试验的方式。例如，在铸造不锈钢的分析中，铬、镍元素采用一份样品溶解后分取测定，分别采用滴定法和光度法，此外，在溶样的过程中使用碳硫分析仪测定另一份样品，可节约大量时间，符合炉前分析的要求。

2. 直读光谱法

直读光谱仪是定量和定性分析的重要仪器设备，在很多领域得到应用，具有快速、精准性高、选择性良好、操作简单、无损等方面的优点，被广泛应用于冶金、机械、质量检查和科学研究等领域。图 7-10 所示为典型的火花直读光谱仪。

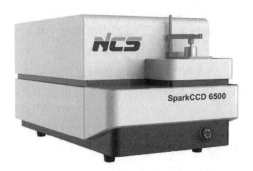

图 7-10　火花直读光谱仪

（1）直读光谱分析原理　通过样品和电极之间放电形成高能电火花，产生能量来激发原子，最终使样品中的各个原子核外电子变得异常活跃。处于较高激发状态的电子十分不稳定，而激发态原子存在时间只有 8~10s，在这期间，当激发态电子以新高能态回迁到基础状态，多余的能量就以光能的形式释放出来。因为每一种元素的基态和激发态不同，所以发射光子的波长不同，依据波长可以决定元素种类，根据光子的数目（强度）确定元素的含量。

（2）直读光谱仪在钢铁工业领域的应用优势　在钢铁工业化学分析的过程中，直读光谱检测能够有效提升化学分析速度，为炉前炼钢生产、加工节省一定的时间和成本。

1）多渠道多元素的分析检测。使用光电直读光谱仪能够实现多个元素的检测分析。光电直读光谱仪在几分钟时间内就能够同时报出二三十个元素的结果，钢铁企业可根据这些精准的数据情况来更好地控制钢铁冶炼过程，提高了生产率。

2）固态分析形式，不需要复杂的前期处理。直读光谱仪的前期处理模式要比化学分析模式简单，在应用直读光谱仪检测分析之前只要将被检测样品表面磨平即可；而采用化学分析处理则要提前粉碎试样，且后续加热分解处理试样比较烦琐。

3）自动化、多功能。随着技术的进步，直读光谱仪开始朝着智能化、自动化的方向发展。突出表现为在微电子技术、计算机技术的支持下，直读光谱仪的检测分析开始实现高效、智能、自动化，在计算机控制机器、数字模型的整合应用方面能够有效提升直读光谱仪的数据信息提取、处理能力。

4）定量范围广。直读光谱仪的定量分析范围能够从 10^{-6} 级含量发展到百分含量，十分适合应用于微量、痕量分析。在元素的质量分数处于 0.1% ~ 1% 范围之间以至更低时，光电直读光谱的精准度超过化学分析的精准度，同时，直读光谱仪的使用还能够减少人为操作对系统误差的干扰，进而提升直读光谱仪分析的精准度。

（3）直读光谱分析的缺点

1）对于非金属和界于金属和非金属之间的元素很难做到准确检测。

2）不是原始方法，不能作为仲裁分析方法，检测结果不能作为国家认证依据。

3）购买和维护成本都比较高，性价比较低。

4）需要大量代表性样品进行化学分析建模，对于小批量样品检测显然不切实际。

5）模型要不断更新，在仪器发生变化或者标准样品发生变化时，模型也要变化。

6）易受光学系统参数等外部或内部因素影响，经常出现曲线非线性问题，对检测结果的准确度影响较大。

7.5.2　炉前取样要求

在炉前取样试样时，应注意以下问题：

1）试样规格应符合技术要求。通常，供光谱分析的应采用直径为 7mm、长度为 70mm 的叉形圆棒试样；供化学分析的应采用直径为 70mm、厚度为 10 ~ 15mm 的圆饼试样。

2）试样必须在所有合金成分加完且熔体充分搅拌以后选取。

3）试样应具有代表性。为此，试样应在每个炉门的中间、熔体深度一半处选取，而且光谱试样和化学试样要用同一勺金属浇注。

4）试样应无夹渣、气孔、疏松和偏析等缺陷。为此，取样时，取样温度应不低于熔炼温度的下限。试样勺应事先涂覆涂料并充分干燥预热，勺内不许有金属或非金属杂质。试样模应预热，且以采用钢模或铜模为宜。

第一次取样分析后，如果发现快速分析结果与配料值的偏差，或者两个炉门的分析值的偏差，或者来料炉与受料炉分析结果的偏差超过规定时，不能急于补料冲淡，必须对分析结果进行仔细的审查，从多方面查找原因，并进行炉前二次取样分析。补料冲淡后，为了确保成分准确，应再次取样分析。

7.6　铸钢熔炼技术发展趋势

目前我国铸钢市场产能过剩，市场竞争越来越激烈。企业的根本出路是提高技术和管理水平，生产高质量、高附加值的铸件。近年来，铸钢件产品种类复杂，并且对其生产质量有着较高的要求。控制钢液含气量和非金属夹杂物，以及分析铸钢件气孔、热裂纹、脆性裂纹等冶金缺陷是影响冶炼质量的两个主要因素，同时也是铸钢件生产企业提升生产质量的关键性因素。当然，在没有真空的情况下，生产高质量的铸钢件存在较大的困难。据研究表明，在冶炼过程中选用适当的炉子和应用外部真空冶炼技术来提高冶金质量，能够有效实现降低铸钢液中气体和非金属骨料含量的目的。但同时真空冶炼设备所需要的企业资金投入相对较大，而且现阶段我国铸钢件生产企业拥有先进真空冶炼设备的数量极少。因此，开展对非真空环境下铸钢件的冶炼工艺的探究，可实现铸钢件质量的有效提升。

　　铸钢件具有较高的强度和良好的韧性，适用于制造承受重载荷及经受冲击和振动的零件。好的铸钢件需要优质的钢液。通过机械化、自动化、数字化、智能化技术不断发展及深入应用，工艺技术的不断改进，采用炼钢新技术，国内外在铸钢熔炼及净化技术水平方面都有很大的提升，钢液质量不断提高。

　　铸钢生产上应用最广泛的是电弧炉炼钢，在一些小型铸钢件的生产中，感应炉应用也比较普遍。通过电弧炉炼钢，在钢液中仍存在气体和非金属夹杂物，微量元素也难以控制，对于质量要求较高的铸件很难达到标准要求，影响铸钢件性能。随着炉外精炼技术和真空处理技术的发展，与电弧炉和感应炉相配合，形成联合熔炼精炼技术，极大提高了钢液的纯净度和冶炼质量，使钢的力学性能，特别是韧性大为提高，为高强度铸钢、超高强度铸钢、特种铸钢和不锈钢的生产创造了条件。

　　国内一些企业和研究单位对铸钢熔炼和净化技术也开展了很多研究工作，大型铸钢件金属熔炼中成分的精确控制技术、杂质及有害元素去除技术、真空净化除气技术等方面都取得了显著成效，对促进大型铸钢件向高水平、高质量发展有着重要作用。但目前我国一些钢种的洁净度水平还低于国外先进水平，O、N、S、P、H 等杂质元素总的质量分数之和略高 0.002% 左右。

　　目前，铸钢冶炼领域的发展趋势主要有以下几个方面：

　　1）钢液熔炼向高纯净度钢液技术发展，严格控制熔炼过程，控制 $w(S) \leqslant 0.005\%$，$w(P) \leqslant 0.012\%$，$w(O) \leqslant 0.003\%$ 和 $w(H) \leqslant 0.0005\%$。通过钢液精炼，控制微量元素，提高钢液质量，保证铸件质量稳定性。

　　2）开展绿色铸造技术，提高清洁化生产水平，钢液熔炼向智能化方向发展。通过机械化与智能化控制冶炼过程，减少人为操作过程的不确定性。

　　3）在冶炼和铸造工艺设计过程中，采用计算机模拟技术，了解冶炼材料特性，模拟铸件的充型、凝固过程，从而优化工艺，提高铸件质量。

　　4）继续开展高端铸件的材料及冶炼工艺研究，尤其是高端铸件熔炼过程中有害元素及标准成分的优化问题。完善铸造材料工程应用基础数据，如海工装备用耐海水腐蚀双相铸造不锈钢材料体系等，建立起以服役条件为指导的质量及制造体系。

　　5）开展新型发电设备用大型高端铸钢件铸造技术研究，通过技术创新和工艺改进，摆脱对部分核电设备用大型不锈钢铸件和新型火电设备用耐高温铸件进口的依赖。国内特大型合金钢铸锭熔铸过程内部缺陷控制技术和极端工作条件下服役过程可靠性仍须攻关。

第8章 铸钢的感应炉熔炼工艺

8.1 中频感应炉的结构与筑炉工艺

8.1.1 中频感应炉的结构

按照不同的用途和工作特点，坩埚式感应炉有立式和卧式两类。大部分坩埚式感应炉属立式，如坩埚式感应熔化炉，坩埚式感应保温炉，以及后来发展起来的短线圈感应保温炉和等离子感应炉等。

坩埚式中频感应熔化炉是最常见的一种类型，其炉体部分结构与安装现场如图8-1和图8-2所示。

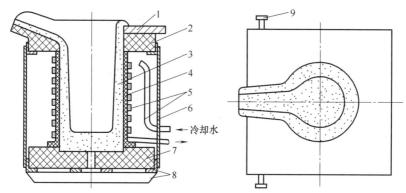

图 8-1　中频感应炉炉体部分结构

1—水泥石棉盖板　2—耐火砖上框　3—捣制坩埚　4—玻璃丝绝缘布　5—感应器　6—水泥石棉防护板
7—耐火砖底座　8—不感磁边框　9—转轴

中频感应炉主要采用由炉体、倾炉传动装置、操作控制台、母线、电容器柜（或与中频电源装置组合在一起）、中频电源装置与冷却水路系统等组成。一般一套中频电源装置配一台或两台中频无芯炉，（其中一台用于熔化，另一台备用或同时进行保温、浇注和装料作业）；也可配更多炉体，如两台同时熔化，另一台进行保温、浇注和装料，以提高生产率。配多台炉体时如需配备相应容量的换炉开关，炉体一般为立式可倾动结构，炉膛为耐火材料捣筑的坩埚或其他类型的坩埚，炉体上部的炉盖可开闭，炉体可倾动部分安装在固定炉架

图 8-2　中频感应炉安装现场

上，由液压或电动或手动倾动。中频无芯炉通常为落地式安装或半地下安装。

1. 倾动炉架

倾动炉架为钢制或铝合金制炉壳结构或框架结构，感应线圈、磁轭与其连接成一整体。倾动炉架应有足够的刚性，在承载最大装料量倾动时应能保持运行平稳。炉台面板应覆盖严密。

2. 固定炉架

固定炉架应能支承炉体自重（包括最大装料量）及炉体倾动时的作用力，轴承座底板与固定炉架以及固定炉架与安装基础应牢固连接。

3. 感应线圈

感应线圈导体材质应是不低于 T2 的圆铜管或方形铜管或矩形铜管。当铜管由于长度规格所限而必须焊接加长时，应制定相应焊接工艺和严格的检验规则，以确保可靠导电和不渗漏。连接板的焊接应保证导电性和水路畅通，抽头位置适当，连接拆换方便。

感应线圈绕制成形后，应经 1.5 倍最大工作压力的水压试验（0.2～0.3MPa），历时 5min 应无渗漏现象；然后进行绝缘处理，所用绝缘层及绝缘漆的耐热绝缘等级应不低于 B 级。

感应线圈及其匝间应采用坚固的胶木柱作为结构支承件，由螺栓、螺母紧固；磁轭和拉杆等也要进行定位和固定，以增强刚性，使其在运行中不产生变形和位移。

4. 磁轭

磁轭应由硅钢片叠装而成，其截面积和长度应能限制漏磁通和支撑感应线圈载荷，并应与炉体紧固成一体。

5. 坩埚外部的绝缘层和绝热层

在炉衬与感应线圈之间应有 H 级以上绝缘材料的绝缘层和工作温度不低于 500℃保温料制作的绝热层。当要求炉衬整体可推出时，应考虑设置炉衬的松散层，禁止使用含石棉的材料。

6. 坩埚炉衬

坩埚炉衬厚度应符合设计尺寸，其捣筑、烘烤和烧结等应按耐火材料厂商提供的工艺操作。

7. 炉盖和排烟除尘装置

1t 及以上的中频感应炉应有可移动的炉盖，其上可设观察孔，可用手动或其他动力开闭。大容量中频无芯炉应配置排烟除尘装置。

8. 水冷系统

中频感应炉水冷系统可为开放式或封闭式循环给水系统。水冷系统中应设有水温、水压监测和保护环节，各支路还应设置流量调节阀。

9. 传动装置

中频感应炉应装设倾炉和炉盖开闭的传动机构，且运转应均匀、平稳、灵活、可靠。倾炉运动在炉子冷态和热态下均不应有卡死、冲击和颤动，最大倾炉角度为 95°。对大容量中频感应炉，当要求有后倾功能以便除渣时，在倾炉极限位置应有可靠的限位装置。

中频感应炉一般采用液压或电动传动系统，但小容量的中频率无芯炉也可以采用手动传动系统。液压系统由液压泵和油箱等组成，油箱内回油处应装有网式滤油器或磁性滤油器，以滤去油液中的杂质和铁锈。油箱盖上应装有空气过滤器，以防尘埃进入油箱，油箱盖与箱体之间应密封。为便于检修，液压泵及主要附属装置应安装在油箱外部，液压系统的各都分管路应无漏油现象，以防因熔化金属偶然飞溅而引起意外事故。为防止周围环境的沙尘和金属液污损液压系统的液压缸工作表面，应采取适当的保护措施。

中频感应炉的结构应重点考虑炉体整体装配的刚性、漏磁对结构材料的影响、感应线圈的电气性能、漏炉报警、水路监测等，其安全措施应有效可靠。中频电源的输出功率应能根据烘炉、熔化和保温等各工况的需要进行调节；配多台炉体同时运行时，各炉功率分配应能按工艺要求进行调节。在保证安全及操作、维护方便的前提下，中频无芯炉振荡回路母线与软电缆应尽量短，以减少线路阻抗和损耗。

8.1.2　中频感应炉的筑炉工艺

1. 筑炉前炉体的检查与准备工作

筑炉前应认真检查水冷系统、感应线圈、磁轭、支撑胶木、绝缘涂料、耐火胶泥等，确定连接部件之间是否稳固，各通电元件本身有无隐患、是否保持规定的距离，通水元件有无渗漏，感应线圈上有无多余金属残留物等。

感应线圈内侧圆周之间必须要涂抹专用耐火胶泥，如图 8-3 所示。耐火胶泥在线圈内部形成的柱（锥）面必须光滑，不允许出现凸凹点，使之在线圈每匝之间形成良好的连续填充。凡涂抹料、耐火胶泥在筑炉前必须干燥，可以自然停留 24～48h 晾干，也可以晾干 12h 后置入坩埚中，小功率（10kW 左右）烘烤 1～2h 烘干。尽量减少因为炉体的绝缘（胶木发烟、匝间短路和感应线圈吸附铁豆）、漏电、炉体内圆柱（锥）面影响炉衬自然收缩产生裂纹等意外事故，而导致难以判断的停炉、拆炉。

在感应线圈和耐火胶泥内壁衬垫由玻璃丝布、云母板或石棉布（板）等组成的绝缘保温层（设有漏炉报警装置的须再垫上漏炉报警电极网），并用胀圈或者耐火胶泥将其紧贴于耐火胶泥内壁，用石棉布（板）铺好炉底的保温层，如图 8-4 所示。

图 8-3　在感应线圈内涂抹专用耐火胶泥　　　　图 8-4　在感应线圈内壁铺设石棉板

2. 准备炉衬料

根据熔炼材质选择适宜的炉衬材料，目前国内的炉衬材料按化学成分可分为以下几类：

（1）硅砂酸性耐火材料　以硅砂为基本耐火材料修筑的炉衬，通常也称为酸性炉衬。其主要成分为二氧化硅，要求 $w(SiO_2)$ 大于 98%，$w(Fe_2O_3)$ 小于 0.46%，黏结剂为硼酸或硼酐，可适应各种容量的炉子。硅砂的优点如：资源丰富，价格低廉；以硅砂为基本耐火材料制成的坩埚，在接近其熔点的高温下仍具有很好的强度，耐骤冷、骤热的性能好；炉衬烧结过程中，硅砂的石英相变膨胀能弥补烧结过程中的体积收缩，从而提高烧结层的致密度，降低炉衬烧结层中的孔隙率。因此，各国铸造行业中，用于熔炼各种铸铁的坩埚式感应炉都广泛采用以硅砂为基础的炉衬材料。

但是，SiO_2 的耐火度低，用于铸钢熔炼时不太适应。而且，SiO_2 在高温下的化学活性很强，能与炼钢过程中的各种碱性氧化物乃至中性氧化物发生反应，例如，FeO 与硅砂接触后易于生成熔点为 1205℃ 的铁橄榄石（Fe_2SiO_4），铁橄榄石还能进一步与 SiO_2 或 FeO 发生反应，生成熔点为1130℃的共晶组分。此外，SiO_2 还可能被钢液中一些活性较强的元素还原。

因此，硅砂炉衬用于炼钢，既不能保证钢的冶金质量，也不能保证炉衬的寿命。我国迄今仍有一些企业采用硅砂炉衬熔炼铸钢，这种状况是亟待改进的。

（2）氧化铝中性耐火材料　其主要成分为氧化铝，要求 $w(Al_2O_3)$ 大于92%，$w(SiO_2)$ 小于4.4%。它适应于6t以上的炉子，具有优良的耐蚀性、较低的热膨胀系数、良好的热稳定性。黏结剂为水玻璃。

单用氧化铝作炉衬材料，抗裂和防止酸性炉渣侵蚀的能力较强，但不适于造碱性炉渣。而且，由于其耐火度高，烧结性能较差，炉衬寿命也不很高。

（3）镁砂碱性耐火材料　常用的镁砂炉衬材料是冶金镁砂，是由菱镁矿经高温煅烧制成的，主要成分为氧化镁，要求 $w(MgO)$ 大于90%，$w(CaO)$ 小于4%，$w(SiO_2)$ 小于4%，$w(FeO)+w(Al_2O_3)$ 小于1.5%。如果将冶金镁砂置于电弧炉中重熔，可使其中 SiO_2、Fe_2O_3 等杂质的含量降低，得到纯度更高（MgO纯度在96%以上）的电熔镁砂。电熔镁砂多用于制作真空感应炉的炉衬。

冶金镁砂的耐火度很高，是碱性电弧炼钢炉的常规炉衬材料。MgO熔点很高，不容易烧结，热膨胀系数大，但是由于电弧炉的炉衬很厚，借助于加入大量的黏结材料、用湿法打结，可以弥补这方面的不足。

如果将冶金镁砂作为感应炉的炉衬材料，由于炉衬厚度的制约，又不宜用湿法打结，容易因热胀冷缩导致炉衬龟裂、剥落及烧结层增厚，增加炉衬热损失，间歇作业的炉子情况尤为严重。

（4）尖晶石型碱性耐火材料　尖晶石矿物具有类质同象的特征，品种很多，成分也比较复杂。其分子式可以写成 $M^{2+}O \cdot M_2^{3+}O_3$，分子式中：$M^{2+}$ 代表一些二价金属原子，如 Mg、Fe、Zn、Mn 等；M^{3+} 代表一些三价金属原子，如 Al、Fe、Cr 等。因而，其分子式也可写成 $(Mg, Fe, Zn, Mn)O \cdot (Al, Cr, Fe)_2O_3$。尖晶石类矿物所含的二价金属原子中，$Mg^{2+}$ 和 Fe^{2+} 可以任何比例互相取代；所含的三价金属原子中，以 Al^{3+} 居多，但 Cr^{3+} 可以任何比例取代 Al^{3+}，Fe^{3+} 则只能在一定的限度内取代 Al^{3+} 或 Cr^{3+}。

常见的尖晶石有镁铝尖晶石 $MgO \cdot Al_2O_3$、铁铝尖晶石 $FeO \cdot Al_2O_3$、铬铁矿（铁铬尖晶石）$FeO \cdot Cr_2O_3$、磁铁矿（铁尖晶石）$FeO \cdot Fe_2O_3$、镁铁尖晶石 $(Mg, Fe)O \cdot (Al, Fe)_2O_3$、锌铝尖晶石 $ZnO \cdot Al_2O_3$、镁铬尖晶石 $MgO \cdot Cr_2O_3$、锌铁尖晶石 $ZnO \cdot Fe_2O_3$、锰铬尖晶石 $FeO \cdot Cr_2O_3$、锰铝尖晶石 $MnO \cdot Al_2O_3$。

目前，在各工业国家中，用作炼钢用感应炉炉衬材料的，主要是镁铝尖晶石（$MgO \cdot Al_2O_3$），通常简称为尖晶石。纯镁铝尖晶石中，MgO的质量分数只不过是28.2%，但仍属于碱性耐火材料。镁铝尖晶石系材料的耐火度高，热膨胀系数小，高温下的热稳定性好，抗碱性炉渣侵蚀的能力强。尤其应该提到的是，MgO 和 Al_2O_3 在烧结形成尖晶石的过程中有7.9%的体积膨胀，可以弥补烧结过程中的体积收缩，减少烧结层的孔隙率，这一点与硅砂炉衬的优点是一致的。

镁铝尖晶石基本上没有天然的矿产，都是由人工合成的，制备的方法有电熔和烧结两种方式。尖晶石型炉衬材料，实际上并不是全部由尖晶石构成，而是以粒状 Al_2O_3 或粒状 MgO 材料为基础，在其中配加相应的粉状或细粒状尖晶石形成材料，使之均匀分布在颗粒耐火材料之间，烧结过程中在氧化铝颗粒之间形成镁铝尖晶石网络，起结合作用。此外，还应加入少量硼酸或硼酐，使之能在较低的温度（1300℃左右）即形成尖晶石网络。

一些知名的耐火材料供应厂商，都有多种预配的尖晶石炉衬材料供应，可根据企业的炉型和熔炼的钢种选用，但价格都比较高。铸钢企业具备条件时，也可自行配制炉衬材料，以降低生产成本。以氧化铝为基础颗粒材料时，保持炉衬材料中 Al_2O_3 的质量分数为 85%~88%，MgO 的质量分数为 22%左右；以氧化镁为基础颗粒材料时，保持炉衬材料中 MgO 的质量分数为 75%~85%，Al_2O_3 的质量分数为 15%~22%。配料过程中注意材料的粒度级配，使大颗粒耐火材料的空隙之间能由细粒材料填充。

上述炉衬材料各有特点，企业应根据自身生产实际进行选择。熔炼铁液，一般可选用二氧化硅为骨料配硼酸黏结剂的酸性炉料，熔炼合金钢液、高锰钢液等，优先选择镁砂、镁铝尖晶石等碱性炉衬料。对于一般的铸钢企业而言，最好选取专业炉衬材料厂配制好的"捣打料"，可从热导率、膨胀系数、稳定系数、耐火度等方面的性能指标评价炉衬材料的优劣。

炉衬材料使用前，必须检查是否回潮结块，有此现象时应停用，或将其仅用于修筑炉嘴；否则，容易导致炉衬局部裂纹、剥落。

3. 准备筑炉用的坩埚胎具

筑炉用坩埚胎具如图 8-5 所示，在上面的 1/3 尺寸内，根据炉衬厚度，确定外径尺寸，制作成圆柱形，余下的部分，采用 3°锥度制成，圆锥过渡处一定要圆滑。整个坩埚胎具的高度应为炉底炉衬上平面至炉沿平面垂直距离 +50mm，这个高度有利于后面的满炉金属液烧结炉衬，具体高度以不影响合上炉盖为准。坩埚胎具底面与侧面的转角处的尺寸和形状是至关重要的，因为在高温（1500~1550℃）下此处易产生"大象脚"侵蚀，而且此处的耐火胶泥层直径也较小，所以是可能穿炉的"薄弱环节"。这个地方的转角应该平缓圆滑。在坩埚胎具底及侧壁上应按 200~300mm 的间距钻出呈菱形分布的小孔，这有利于烘烤阶段炉衬材料中水分的排出和增大电阻，从而提高发热烘烤效果。孔的直径在 3mm 左右较好，太小则排气效果不好，太大则导致筑炉时炉衬材料从孔中泄出。坩埚胎具底部平

图 8-5　筑炉用坩埚胎具

面不能向内凹进，最好水平，要么由中心向外凸出 1mm 左右，以免筑炉后底部有气隙和结构性应力而导致烘烤烧结时"底爆"。坩埚胎具用 5~8mm 低碳结构钢焊接成形，焊缝必须打磨光滑不留锐角，坩埚胎具的外圆尺寸公差及同心度严格限制在 5mm 以内，备用坩埚胎具应在使用前除锈。

4. 筑炉方法

筑炉方法按材料形态可分为干式打结筑炉法和湿式打结筑炉法两种。干式打结筑炉法是指在干燥的打结炉衬材料中加入干燥的黏结剂，经搅拌后进行打结。干式打结筑炉法目前在坩埚式感应炉的筑炉中得到广泛的应用，由于不加黏结剂，可以最大限度地发挥炉衬材料的耐火性能，使炉衬的烧结层减薄，粉状层加厚，炉衬散热损失降低，炉衬裂纹的倾向减小，从而提高炉衬的可靠性。湿式打结筑炉法是指在打结炉衬材料中加入水、水玻璃、卤水或硼酸水溶液等黏结剂进行搅拌后打结。由于打结材料中含有水分，故施工时粉尘少，成型性好。但该方法打结也存在一系列的缺点：感应炉打结的炉衬材料不够致密，炉衬的耐火度有所下降；炉衬干燥所消耗的时间较长；炉衬内的水分汽化时使感应器的绝缘性能下降，处理不好，往往导致匝间打火击穿，也可能引起接地短路。因此，对于容量较大的感应炉，应该尽量避免采用该方法打结炉衬。

筑炉方法按操作方式可分为手工打结筑炉法、电动振锤筑炉法、电动筑炉机筑炉法和气动锤击机筑炉法。手工打结筑炉法适用于 1.5t 以下坩埚式感应炉的炉衬打结；电动振锤筑炉法、电动筑炉机筑炉法、气动锤击机筑炉法适用于大吨位的感应炉的炉衬打结。

以 1~2t 酸性中频感应炉为例，采用干式打结筑炉法，其筑炉工艺过程如下：

1）将炉体内部清理干净。

2）硅砂粒度组成（质量分数）为：5~6 目硅砂 25%，12~20 目硅砂 25%，40~70 目硅砂 30%，140~200 目硅砂 20%。对硅砂进行手选或磁选，去除块状物及其他杂质。

3）用硼酐（B_2O_3）或硼酸（H_3BO_3）作黏结剂，加入的质量分数为 2%。加少量水将硅砂与硼砂混合均匀。

4）在感应圈内围上石棉板，保持平整。

5）打结炉底。炉底厚度约为 280mm，分 4 次填砂。人工打结时，优先采用叉形捣打器（见图 8-6），沿圆周方向顺序捣打（见图 8-7），防止各处密度不均，造成烘烤与烧结后的炉衬不致密。必须严格控制加料厚度，一般每次填砂厚度应 ≤100mm；用力均匀，以免造成密度不均。炉底打结达到所需高度时，可采用气动振实机振实刮平，如图 8-8 所示。

6）放置坩埚胎具。当炉底刮平后，即可放置坩埚胎具，如图 8-9 所示。应注意保证坩埚胎具与感应圈同心，上下调整垂直，胎具尽量与炉底紧密结合，调整周边间隙相等后用 3 个木楔卡紧，中间吊重物压上，以避免打结炉壁时胎具移位。

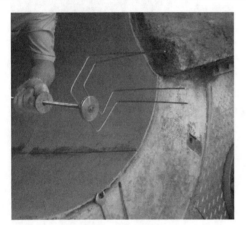

图 8-6　叉形捣打器

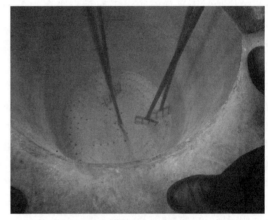

图 8-7　捣打炉底

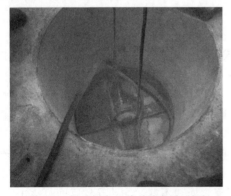

图 8-8　气动振实机将炉底振实刮平

图 8-9　放置坩埚胎具

7）打结炉壁。根据炉体感应圈大小，打结炉壁炉衬厚度为 90~120mm。布料应均匀，围绕炉壁间隙填料，如图 8-10 所示。每次填料厚度 ≤40mm，填料前将表面划花，采用叉形或十字形捣打器，不可采用平头式气锤头。务必层层均匀捣打至结实，直至与感应圈上缘平齐，如图 8-11 所示。

图 8-10　填炉衬料

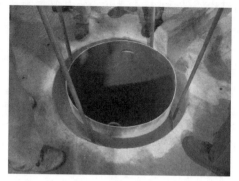

图 8-11　均匀捣打炉壁

8）打结炉领。当炉领料和炉壁料相同时，继续捣打封顶。当采用加固炉领料时，刮松连接处，填料捣打。采用湿封顶料时，刮松连接处，加入封口料充分混合过渡区，捣紧，继续填料捣打。在炉领表面间隔 150mm 扎气孔，以利于出气，如图 8-12 所示。在打结完后，坩埚胎具不取出，烘干和烧结时起感应加热作用。

注意：炉衬耐火材料的厚度对电能是否能高效地熔化金属液有很大的影响。一般情况下，1t以下的小炉，炉衬厚度控制在 75～90mm，1t 以上的炉子，控制在 90～125mm。炉底的高度和感应器底部高度是否相匹配，影响电效率和炉衬寿

图 8-12　在炉领表面扎出气孔

命，并不是越高越好。底面高度超过有效线圈 100mm 时，底部耐火材料会因为感应搅拌作用，强力冲刷底部，急剧降低使用寿命，但炉底太低会有生产安全隐患。一般炉底的高度：小炉为 200～250mm，大炉为 350～450mm。筑炉时捣实质量对于炉衬寿命影响很大，筑不紧实时不仅使用寿命短，而且容易产生裂纹，甚至在熔炼过程中发生穿炉事故。

8.1.3　中频感应炉的炉衬烘烤烧结工艺

科学的烘烤烧结炉衬，是获得长寿命炉衬的关键条件。应制订炉衬烘烤烧结工艺，以供工人参照执行，并用热电偶、温度数字显示仪进行监控。炉衬烘烤烧结工艺的总体原则是低温烘烤阶段缓慢升温、阶段保温，持续时间长，有利于炉衬材料吸附水和结晶水的逸出；烧结阶段温度要高，目的是在高温下使炉衬料与钢液的接触面上出现液相熔合，形成连续的烧结网络，通过网络使整个炉衬料联成一个整体，提高炉衬的致密性、强度和体积稳定性，以适应冶炼条件的需要。

烧结过程所需的热量，可以来自石墨坩埚胎具、钢板胎具因加热而放散的热量，也可以由钢液直接供给。烧结后坩埚的理想截面结构如图 8-13 所示，可分为烧结层、半烧结层和未烧结层三个区域。这样炉衬既有一定抗高温侵蚀性能，又有较好的强度和韧性。烧结层与钢液直接接触，厚度占炉衬厚度的 35%～40%，其特点是烧结网络致密，孔隙率低，强度高；与烧结层相接的是半烧结层，厚度大体上与烧结层相同，其特点是烧结网络不完全，强度不高，因而可以缓冲烧结层所受的热应力，如果烧结层产生裂纹，可阻止裂纹向外延伸；炉衬的外缘、在感应线圈与半烧结层之间的是未烧结层，耐火材料仍保持打结后的颗粒状态。未烧结层有隔热的作用，并能

减缓烧结层向线圈的热传导，其厚度占炉衬厚度的 25%~30%。

中频感应炉的炉衬烧结方法按烧结温度可分为低温烧结法和高温烧结法两种。

1. 低温烧结法

低温烧结时，用钢板胎具打结制作炉衬，在初烧时利用感应电流将钢板胎具加热，通过胎具把能量传给砂料。钢板胎具最高温度可达 1300℃，当烧结温度达此温度后，停电取出胎具。然后，利用洗炉和冶炼过程钢液本身的温度进一步将砂料逐步烧结。绝大多

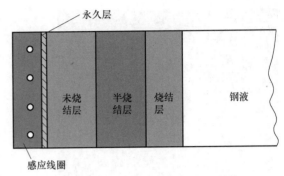

图 8-13　烧结后坩埚的理想截面结构

数酸性坩埚和一部分碱性坩埚都使用这种烧结方法。低温烧结温度一般不超过 1700℃。因为初始烧结层很薄，容易产生裂纹而使炉衬破坏，所以在初期冶炼时应特别细心操作，严防"架桥"现象出现，避免重料冲击炉衬而使烧结层破坏。表 8-1 列举了 3t 中频感应炉硅砂酸性炉衬的烘烤烧结工艺制度。对于熔炼铁液的硅砂酸性炉衬，缓慢烘烤到 900℃ 左右保温 2~3h 后，石英会稳定发生相变；否则，如升温过快将导致石英急剧相变，内应力过大将导致以后炉衬开裂、剥落，显著降低炉衬寿命及影响使用安全。

表 8-1　硅砂酸性炉衬的烘烤烧结工艺制度

烘烤烧结温度/℃	处理时间/h	总计处理时间/h	升温速度/(℃/h)
<900	11	11	82
900	2	13	
>900~1100	3	16	100
>1100~1400	2	18	150
1400	2	20	
>1400~1580	1	21	180
>1580~1650	2	23	

2. 高温烧结法

高温烧结法适用于镁砂和镁铝尖晶石炉衬，而酸性炉衬很少使用此法。

如采用永久型钢胎筑炉，则在打结完毕后即可取出钢胎，然后进行烧结。如打结时采用石墨胎具，则在烧结温度达到 1800℃ 左右，保温 10min，停电。松动石墨胎具，直到温度下降到 1400~1500℃ 后，取出石墨型芯，检查坩埚内表面是否存在明显裂纹。如果无裂纹，清理后即可以装料进行洗炉。当发现炉衬内表面有明显裂纹时，应进行热补或修补后再投入使用。如果采用消耗式钢板胎具，可以一直升温直至胎具全部熔化掉。表 8-2 列举了 3t 中频感应炉镁铝尖晶石炉衬的烘烤烧结工艺制度。

表 8-2　镁铝尖晶石炉衬的烘烤烧结工艺制度

烘烤烧结温度/℃	升温速度/(℃/h)	保温时间/h	作用与特点
<150	30		
150		3	使炉衬材料比较彻底地脱水
>150~400	35		

（续）

烘烤烧结温度/℃	升温速度/(℃/h)	保温时间/h	作用与特点
400		2	使炉衬材料比较彻底地脱水
>400~850	50		
850		1	
>850~1300	30		形成尖晶石网络
>1300~1650	50		尖晶石网络长大,在表面张力的推动下增强扩散、传质的功能,孔隙率显著降低,烧结层趋于紧密
>1650		1~2	

8.2　感应炉熔炼工艺过程及质量控制

感应炉炼钢过程包括配料、装料、熔化、预脱氧、合金化、钢液温度调整、终脱氧和出钢等。如钢液中硫、磷及气体含量过高,在熔化过程中和出钢前应进行脱磷、脱硫和吹氩除气工艺。

8.2.1　感应炉熔炼配料

1. 配料依据

配料的首要任务是保证冶炼的顺利进行。科学的配料既要准确,又要合理地使用钢铁料,同时还要确保缩短冶炼时间,节约合金材料,并降低金属及其他辅助材料的消耗。

配料的准确性包括炉料质量及配料成分两个方面。配料质量不准,容易导致冶炼过程化学成分控制不当或造成铸件浇不足,也可能出现钢液剩余过多增加消耗。炉料化学成分配得不准,会给冶炼操作带来极大的困难,严重时将使冶炼无法进行。例如,在熔炼合金钢时,如果配入的合金元素含量高于冶炼钢种的规格,应加入其他金属料或进行改钢处理,既延长了冶炼时间,降低了炉衬的使用寿命,增加了各种原材料的消耗,又影响钢的质量,如果配得过高而又无其他钢种可更改时,只有终止冶炼。实际上,影响配料准确性的因素较多,除与计划、计算及计量有关外,还与收得率、炉体情况、钢铁料及铁合金的科学管理、装料工和炼钢工的操作水平等有关。

配料时,要考虑冶炼方法、装料方法、钢种的化学成分以及产品对质量的要求等来合理使用炉料,还应预先掌握钢铁料的块度和单位体积质量。感应炉炼钢基本采用不氧化法熔炼,配料时主要金属炉料化学成分必须明确,回炉料只知道牌号时,各元素均按照中上限计算。碳含量按中限配入,炉料中的碳不计烧损。碱性炉熔炼,硫、磷含量不大于标准规定值;酸性炉熔炼,由于酸性炉衬限制了渣的碱度,一般的酸性渣不能很好地完成脱硫和脱磷,因此所用炉料必须是低磷低硫的,一般应低于合金的规格上限 0.005%~0.010%。要根据铸钢牌号和性能要求,炉料质量和炉子实际情况,确定合理的回收率和控制值。中频感应炉炼钢各元素的回收率见表 8-3。

表 8-3　中频感应炉炼钢各元素的回收率

元素符号	铁合金名称	加入时间	回收率(%)		
			酸性炉	中性炉	碱性炉
C	碳块	装料时	80	80	80
Mn	锰铁	装料时	60~70		80~90
		出炉前 5~8min	90	85	95

（续）

元素符号	铁合金名称	加入时间	回收率（%）		
			酸性炉	中性炉	碱性炉
Si	硅铁	装料时	90~100		60~70
		出炉前5~8min	100	90	95
Mo	钼铁	装料时	98		100
		出炉前15~30min	95	95	98
Cr	铬铁	装料时	95		97~98
		出炉前5~8min	95	95	95
W	钨铁	装料时	98		100
		出炉前15~30min	95	95	98
V	钒铁	出炉前约10min	92~95	80~90	95~98
		出炉前5~8min 质量分数<0.3%	80~90	80~90	80~90
		出炉前5~8min 质量分数>1.0%	90	90	90
Nb	铌铁	出炉前5~8min	85	90	90
Ni	镍板	装料时	100	98	100
Al	铝块	出炉前3~5min			93~95
Cu	电解铜	装料时	100	98	100
		出炉前15~30min	95	98	98
Ti	钛铁	终脱氧后，冲包		50~70	85~92
B	硼铁	终脱氧后，冲包	85	90	90
	石墨电极粉	出炉前	90	90	90
	焦炭粉	出炉前	80	80	80

2. 配料计算步骤

（1）计算铁合金加入量

$$铁合金加入量 = \frac{炉料总质量 \times 控制质量分数 \div 回收率 - 回炉料中该元素的质量}{铁合金中该元素的质量分数}$$

对于低合金钢：$$铁合金加入量 = \frac{出钢质量 \times（控制质量分数 - 炉内钢液中该元素的质量分数）}{铁合金中该元素的质量分数 \times 收得率}$$

对于高合金钢：$$铁合金加入量 = \frac{炉内钢液质量 \times（控制质量分数 - 炉内钢液中该元素的质量分数）}{（铁合金质量分数 - 控制质量分数）\times 收得率}$$

（2）计算碳素废钢（或原料纯铁）预加量

$$碳素废钢预加量 = 炉料总质量 - 回炉料质量 - 铁合金总质量$$

（3）核算炉料中 C、Si、Mn 平均质量分数

$$平均质量分数 = \frac{\sum 各种炉料质量 \times 元素质量分数}{炉料总质量} \times 100\%$$

（4）计算生铁、硅铁、锰铁加入量

$$加入量 = \frac{炉料总质量 \times (控制质量分数 \div 回收率 - 炉料中平均质量分数)}{生铁中碳的质量分数(或硅铁、锰铁中硅、锰的质量分数)}$$

（5）计算碳素废钢的实际加入量

　　碳素钢实际加入量 = 碳素废钢预加量 - 生铁加入量 - 硅铁加入量 - 锰铁加入量

（6）验算硫、磷含量

$$\frac{\sum 各种炉料质量 \times 各种炉料中硫、磷的质量分数}{炉料总质量} \times 100\% \leqslant 炉料中硫、磷允许质量分数$$

3. 配料注意事项

配料时要正确地进行计算。使用高碳锰铁配料时，因为锰铁要带入较多的碳，生铁的加入量应比实际计算结果适当减小，计算时要考虑炉衬材料及钢种的质量要求。配料时按大小比例搭配，以达到"好装快熔"的目的，要准确称量，防止钢液不足或剩余过多。

8.2.2　装料

1. 造底渣

装料最好先在炉底铺 1%～3% 的底渣，这样做有几点好处：防止或减轻加金属炉料时对坩埚的机械损伤；熔池一旦形成，钢液面上已有炉渣覆盖，可保护钢液，减少氧化、吸气和温度损失，吸收钢液中氧和非金属夹杂物；对碱性炉底渣，可帮助钢液脱磷脱硫。底渣成分根据炉衬性质确定，中频感应炉炉渣组成见表 8-4。

表 8-4　中频感应炉炉渣组成

炉渣类型	炉渣组成（质量分数，%）				用途
	CaO	CaF₂	SiO₂	其他	
碱性渣	60～70	30～40			碱性炉衬通用
	60～70	15～20	15～20		碱性炉熔炼不锈钢用
酸性渣	20		80	或全部采用普通玻璃	酸性炉衬通用
中性渣	50		50		中性炉衬通用

2. 加炉料

炉料的块度不得太大，应根据炉料和熔炉的性质来选择。低频率、大容量炉子可以采用大炉料，高频率、小容量炉子可以采用小料块。高熔点和高熔点的炉料，如钨铁、钼铁、微碳铬铁等，必须破碎成较小的物料。高密度、低熔点的炉料，允许使用较大的料块。

炉料的装填区域也与炉料和熔炉的性质有关。坩埚底部为坩埚低温区，如高中碳钢料块、高碳铁合金、电解镍块、锰铁、硅铁及铜、锰金属料等，均应在坩埚低温区域装入；中间为坩埚高温区，应加高熔点、高密度的难熔炉料，如钨铁、钼铁、微碳铬铁、低碳铬铁、铌铁、铌铁，以及钨、钼、铌、铬、钴等金属炉料；上部为坩埚低温区，应加钢、工业纯铁等。对于回炉料装料，大块重料装入坩埚中下端，轻薄料，采用捆装、包装装入坩埚上部。

装料时按照下紧上松的原则，坩埚的中下部堆密度尽可能大，以便提高中下部磁力线密集程度，从而提高加热效率。顶部堆密度小，有利于在熔化时顺利下料，减少架桥的发生概率。在感应线圈有效容积内尽量多装料，以求快速熔化。一般不能少于额定质量的 1/3，否则功率上不去，熔化速度过慢。长料要轴向顺装，否则熔化过程中易架料。坩埚边缘部位加大块料，并在大块料的缝隙中填塞小块料。炉料应装得紧，以利于透磁和导电。投料过程中，要减少炉料对炉壁、炉底的冲击。轻薄料切屑等待熔化后期直接加到钢液中，以求快速熔化。

对于大容量的中频感应炉，特别是在连续生产的条件下，适于采用料斗装料。料斗用钢板焊制而成，其形状与尺寸应与坩埚轮廓一致。将预先装好炉料的料斗随炉料一起装入坩埚内融化。这种加料方法能提高中频感应炉的利用率，并改善加料操作的劳动条件。

加料时严防加入封闭形炉料，管状的炉料要注意其排气通畅，防止炉料受热爆炸伤人毁物。

8.2.3　熔炼

1. 碱性感应炉熔炼工艺

碱性感应炉熔炼是应用最广泛的冶炼方法。它通过造碱性渣可得到一定的脱磷脱硫效果，可以用来冶炼低合金钢、不锈钢、耐热钢、工模具钢、电热合金、精密合金、耐蚀合金、高温合金等品种。

（1）熔化期　装料完毕，检查电路和水冷系统，一切正常后即可送电熔化。熔化过程中要勤观察、勤捅料，避免架料。为减少炉衬因为反复骤热骤冷的热疲劳导致开裂，连续开炉对炉衬寿命的延长是相当重要的，但是由于突发性事件导致电炉停电，造成炉内的钢液冷凝后重新开炉加热的情况难以避免。发生这种情况，重新熔化开始时，必须将炉体合上炉盖并向前倾斜15°左右，以低于电炉的保温功率开始送电，在冷凝金属没有软化之前不得提高功率，因为此时升温太快将导致金属的膨胀严重超过炉衬的膨胀而导致金属凝块将炉衬拉裂，最终导致穿炉等严重事故。冷凝金属软化后可以将功率升到保温功率左右，直到冷凝金属上面的金属壳被下面的液体金属熔穿，此时可将炉体放平，以较高的功率升温熔化。

熔化期是感应炉冶炼的重要阶段。其任务是迅速熔化炉料，脱硫脱磷，减少合金元素的烧损。在熔化期发生的化学反应主要是碳、硅、锰的氧化。用碳素废钢作炉料，熔清后碳一般有0.02%～0.04%被氧化，钢液中残余硅的质量分数约为0.1%～0.15%，残余锰的质量分数约为0.2%～0.25%。随着熔化的进行，氧化锰和氧化硅可结合形成低熔点的硅酸锰进入炉渣。如废钢中带有铝、钛、锆、硼、稀土等元素，几乎会全部被氧化。

如底渣为 $CaO\text{-}CaF_2$ 并保持一定数量，则熔化期可脱除部分磷、硫。其反应式（方括号表示钢液中，圆括号表示渣中）为

$$[FeS]+(CaO)=(FeO)+(CaS)$$

$$2[Fe_2P]+5(FeO)+4(CaO)=(CaO)_4 \cdot P_2O_5+9[Fe]$$

因此，碱性炉熔炼时要降低磷、硫含量，必须造好高碱度的 $CaO\text{-}CaF_2$ 底渣，并保证底渣的质量分数在2%以上。

整个熔化期不允许钢液裸露在大气中，一旦发现裸露立即用渣料覆盖，以减少钢液氧化和吸气。炉料熔毕后升温，扒渣后造新渣，当钢液温度升到1540℃时可进行预脱氧。预脱氧剂为锰铁、硅铁，加入时按照先加锰铁后加硅铁的顺序。预脱氧后可取熔毕样分析化学成分，转入精炼期。

（2）精炼期　此阶段主要任务是脱氧和钢液升温。在造好的熔点低、流动性好的炉渣上加入硅铁粉、硅钙粉、铝粉、碳粉等，对钢液进行扩散脱氧。

$CaO\text{-}CaF_2$ 炉渣一旦有炉衬材料 MgO 进入，炉渣变黏，可适当加入一些氟石、硅砂、耐火砖碎块等，以降低炉渣熔点，提高炉渣流动性。根据冶炼钢种选择合适的扩散脱氧剂，见表8-5。

表 8-5　扩散脱氧剂的使用范围及用量

脱氧剂	使用范围及钢种	用量（质量分数）
Al-Ca 粉、Al 粉	$w(C) \leqslant 0.05\%$、$w(Si) \leqslant 0.2\%$ 的高温合金、精密合金、低硅钢	Al-Ca 粉 $0.4\% \sim 0.6\%$，Al 粉 $0.3\% \sim 0.4\%$
Si-Ca 粉、Si-Fe 粉	$w(Si) > 0.5\%$ 的铬（镍）不锈钢、耐热钢、高硅钢、合金钢、碳素钢	Si-Ca 粉 $0.2\% \sim 0.4\%$，Fe-Si 粉 $0.3\% \sim 0.5\%$
C 粉、CaC_2 粉	$w(C) > 0.5\%$ 的合金工具钢、高铬铸铁、模具钢、高碳钢	C 粉 $0.1\% \sim 0.2\%$，CaC_2 粉 $0.2\% \sim 0.4\%$

将炉渣壳点破，把脱氧剂均匀地、定期地加到渣层上，不要和钢液接触。然后用铁棍轻轻地点渣，使脱氧剂和炉渣尽可能多地接触，以脱除渣中的（FeO）和（MnO）。炉渣颜色逐渐变浅，当颜色变白时，表示渣中（FeO）的质量分数已降到 2% 以下，扩散脱氧效果良好。扩散脱氧时间视炉子容量而定，一般 1t 炉需要 20~25min，1.5t 炉需要 25~30min。如钢液中的氧含量高，仅靠扩散脱氧不够时，可根据情况进行先用锰后用硅沉淀脱氧。

（3）钢液合金化和成分调整　在精炼后期或精炼以后，当钢液温度升到 1580~1600℃，可以进行合金化操作。此时钢液已经过预脱氧和扩散脱氧，钢液中氧含量已较低，合金元素加入后不会被严重氧化。

合金元素一般有如下加入原则：要使合金元素在钢液中快速熔化、分布均匀；收得率要高，成本要低；合金材料带入钢液中的杂质，如 SiO_2、Al_2O_3 等能有机会去除；加入的合金材料不要使熔池温度波动过大。在冶炼过程中，为了满足上述的加入原则，应根据合金元素的性质、使用量和冶炼方法等来确定加入时机和加入方法。

一些重要的钢种，除应符合技术条件的规定外，还要控制在某一更加严格的范围内，才能满足对该钢种质量和性能的更高要求。成分范围较窄的钢种，合金元素加完后，立即搅拌钢液，取样分析，根据分析结果做最终成分调整。对于没有特殊要求的钢种，成分一般按中下限控制，这样既可保证钢的质量和性能的要求，又能节约合金材料。调整成分的所有铁合金须在出钢前8min 内加完。

（4）出钢温度调整　出钢温度根据铸钢浇注或炉外精炼的要求加以调整，这对转包浇注尤为重要，因为转包出钢时钢液表面没有很厚的渣层保温，钢液入包后冷却速度不一，钢液表面冷却快，中下部冷却慢。如果出钢温度过高，在包中冷却，钢液表面已冷却到浇注温度要求，但下部温度还较高，造成浇注温度偏高；如果出钢温度过低，钢液表面温度下降过快，形成结壳无法浇注。出钢温度 t 可按照下面的经验公式确定：

$$t = t_0 + \Delta t_1 + \Delta t_2 + (50 \sim 100)℃ \tag{8-1}$$

式中，t_0 为钢种的液相点；Δt_1 为出钢时钢液进入钢包后产生的温降，它要根据浇包大小、浇包壁厚、浇包烘烤状况确定，一般取 40~70℃；Δt_2 为出完钢到浇注这段时间的温降，对中小浇包一般按 2~3℃/min 确定。

不同的钢种具有不同的特点，也有不同的性能和质量检验标准，因而对出钢温度的要求也相应不同。通常情况下，高碳钢的熔点低、流动性好，出钢温度应低一些，低碳钢的出钢温度应高一些；黏度大的，如高铬钢等，出钢温度应高一些，而流动性较好或对耐火材料腐蚀作用大的，如高硅钢、高锰钢或高锰高硅钢，出钢温度应低一些；合金元素较多和杂质较多的高合金钢出钢温度控制应高一些，而一般合金钢的出钢温度控制相应要低一些；对发纹或断口等缺陷敏感性强的钢种出钢温度控制应高一些，而对裂纹、缩孔、白点或碳化物不均匀等缺陷敏感性大的钢种出钢温度控制应低一些；转包浇注时的出钢温度应比底注时的低一些；小件浇注的出钢温度应比大件浇注的高一些，对于没有升温能力的炉外精炼或包中合金化或包中加固体合成渣的，出钢温度要求更高一些；一般夏季出钢温度要比冬季低一些；出钢量少的出钢温度应比出钢量多的高一些。

为准确控制出钢温度，应借助仪表进行测温，主要有光学高温计和热电偶两种方法。

1）光学高温计又叫比色高温计。它的原理是将高温计的电阻丝通以电流后的颜色与钢液的颜色比较，当一致时，高温计的温度读数即是钢液的光学温度。此法测量简便，但误差大，测得的结果也不是钢液的实际温度，一般钢液的光学温度比热电偶温度低 $80 \sim 100 \, ℃$。

2）热电偶是利用不同的金属在不同的温度下具有不同的热电动势制成的。热电偶的种类较多，然而根据使用方式不同分为点测和连测两种：点测多使用消耗型浸入式热电偶，而连测是将连续测温仪安放在炉体或钢包的某一部位上进行测量。热电偶测得的数值基本上能反映钢液的实际温度，因此目前获得了比较广泛的应用。

除利用仪表来测量钢液的温度外，条件不具备时也可以利用生产经验来判断钢液温度，主要有钢液结膜判断法、钢液颜色判断法、试样凝固状态判断法、钢液流动情况判断法、钢条熔蚀判断法。

1）钢液结膜判断法。不同钢种的钢液具有不同的表面结膜温度。钢液的温度越高，下降到结膜温度所需的时间越长，因此根据钢液的结膜时间可以间接地判断钢液的温度。该法是一种简单易行的方法，在生产上得到了广泛的应用。但往往受生产或外界条件的影响，有时也难以确切反映钢液的真实温度。例如，在冷空气流的作用下，或操作不标准（如没有熔渣覆盖或钢液量少），钢液在勺内散热快，从结膜时间看温度不高，而实际温度可能高；也有的将样勺反复多次粘渣或用红勺盛取高温钢液，或样勺容量尺寸超标准，从结膜时间看温度很高，而实际温度可能不高。因此，利用该法进行判断时，不要被这些假象所迷惑。由于样勺的容积大小、勺壁的厚度对钢液的结膜时间有直接影响，所以选用标准的样勺是很重要的。

2）钢液颜色判断法。由于钢液在不同的温度下具有不同的颜色，钢液面上冒烟也不同，可以根据钢液的颜色和冒烟情况来判断温度的高低，见表8-6。

表 8-6　钢液温度特征

温度/℃	1580	1600	1620	1640	>1640
冒烟情况	轻微	冒烟	烟较浓	浓烟	浓烟
钢液颜色	微黄	全白色	白而刺眼	刺眼界面模糊	发青

3）钢液粘勺测温法。该法是用几个样勺盛取钢液，分别静置不同的时间后将钢液倒出，观察钢液经过多少秒后开始粘勺，并以开始发生粘勺的秒数作为钢液温度的标志，称为粘勺秒数。此法经常用于含高铬、高铝、高钛的合金钢上。

4）试样凝固状态判断法。一般是将钢液慢慢地注入试样碗内，如收缩很厉害，边缘呈尖薄，说明温度高，呈圆形说明温度中等，凸起说明温度很低。

5）钢液流动情况判断法。将钢液从100mm左右的高度上慢慢地浇在光滑、清洁的铁板上，钢液流动的距离越长，说明温度越高；如果将铁板焊住，则说明温度更高。该法常用于熔点低或易氧化元素较多而用其他经验无法判断的高合金钢上。

6）钢条熔蚀判断法。将10~12mm的钢条弯成钝角，插入样勺的钢液中来回搅动，5~8s后抽出检查。如果钢条断面细而尖，说明温度较高，平而粗糙说明温度一般，钢条表面粘有残钢说明温度较低。

（5）终脱氧出钢　合金元素调整完毕，钢液温度达到出钢温度，就可以扒渣终脱氧。终脱氧时铝加入量根据铸型、钢种而定，一般为 0.6～1.2kg/t 钢液。铝加入量不够时会导致铸件产生皮下气孔，加入量过多时会导致产生夹杂物、针孔，恶化钢液流动性等问题。加入的铝须严格称量，用钢棒插入熔池深部。

插铝完毕要立即停炉或降低功率组织出钢。很多铸造厂在不停电状态下出钢，这种做法不可取，一是不安全，二是从能源和熔化工艺上讲也是错误的。大型的中频感应炉，感应圈分成双向反并联的上下两个部分。当炉内金属液面低于上部感应器的一半以下时，由于电阻的变化，上部感应器不再有工作电流通过，而全部集中在下部感应器上。下部金属液产生过热，冲刷炉壁，炉衬寿命急剧下降。因此，最好是停炉出钢，或起码应在出钢时及时降低功率。每次出钢后电炉应平放，减少炉内钢液对后壁的辐射烘烤和重力对整体炉壁的不均匀作用。炉内留的钢液在不影响金属加热性能和加料不飞溅的情况下应适当多些，但不宜超过 15%，这有利中频感应炉快速熔化，提高功率因数，避免所加炉料直接撞击炉底。

如分几包出钢，则要注意对钢液保温，一般 40% 功率是钢液（满炉）保温功率，随着炉内钢液减少，功率逐渐降低。脱氧铝衰退时间为 10min，终脱氧加铝 7min 后就要在炉中或浇包中补铝。如浇包中要合金化（加 RE 等），一定要在炉中补铝。补铝量按炉中钢液而定，一般按质量分数 0.03%～0.05% 计。

2. 酸性感应炉熔炼工艺

酸性感应炉具有电效率高、能耗较低、钢液黏度小、经济性好等优点。但由于炉衬的耐火度不高，只能采用不氧化法熔炼；不适合造高碱度渣，因而不能像碱性炉那样通过渣液进行扩散脱磷脱硫；低硅控制困难。酸性感应炉适合冶炼碳钢和除了含高锰成分的钢种以外的各种合金钢。酸性感应炉的熔炼过程相比碱性感应炉有许多相似之处，但更为简单些。

炉料装好后通电熔化，通电前 10min 内用较小的功率，以防电流波动太大，经过这段时间后，电流趋于稳定，就可使用大功率熔化，直至炉料熔清为止。熔化期中要经常调整电容器的容量，以便得到最大的功率因数。在熔化过程中要经常用炉钎捅料，注意避免炉料互相挤住而发生架料。当大部分炉料熔化后，加入造渣材料。

在整个冶炼过程中，硅先被氧化，但是硅氧化不像在碱性感应炉那么彻底，故废钢熔毕，钢液中残余硅的质量分数可达 0.25%。废钢熔化过程中锰的氧化比较彻底，约达 80%，故废钢熔毕残余锰的质量分数为 0.1%～0.15%，被氧化的锰与二氧化硅形成硅酸盐进入炉渣中。

炉料熔化完毕就可以进行预脱氧，仍遵循先锰后硅的顺序，将锰铁、硅铁直接加到钢液中的方法进行沉淀脱氧。酸性中频感应炉不用扩散脱氧法脱氧，因为其炉渣传递氧的能力低，再加上炉渣温度较低，氧的扩散过程需要很长时间才能完成。因此，酸性中频感应炉一般都是用沉淀脱氧法脱氧。脱氧后，取样进行成分分析，根据分析结果进行成分调整。此时锰铁应在硅铁后加入，即在终脱氧插铝前才能加入锰调整成分，锰加入后立即插铝终脱氧出钢。

如果炉料条件差，必须在炼钢过程中脱磷脱硫时，只能采用 Si-Ca 合金进行沉淀脱磷脱硫。扒掉旧渣，造中性或弱碱性还原渣，对钢液进行充分脱氧，尤其要加入质量分数为 0.08%～0.1% 的铝进行终脱氧。将粉状 Si-Ca 合金（一般钙的质量分数为 30%）用铁皮包好插入炉底。Si-Ca 合金的熔点为 1100℃ 左右，Ca 的沸点为 1350℃，加入硅后其沸点增加到 1484℃，但插入钢液后 Ca 仍呈气态，在炉底形成密集、细小的 Ca 蒸气包，气包在钢液上浮过程中形成 CaS 和 Ca_3P_2，钢液表面的炉渣将它们吸收，炉渣中最好有一定量的 CaO，防止返磷硫。由于 Ca 在钢液中的溶解度低，而 Ca 蒸气和钢液作用时间短，虽然它是很强的脱氧剂，但其脱氧效果并不好。因此，插 Si-Ca 合金前要对钢液进行彻底的脱氧，才能脱硫，一般加入质量分数为 0.35% 的钙后，脱硫率可达 20%~40%。Ca 脱磷的前提条件是钢液中的氧、硫含量都很低，其质量分数都要达到 0.004% 以下。脱硫脱氧的钢液后插 Si-Ca 才能取到一定的脱磷效果。由于在感应炉中将硫降到这个程度是困难的，因此采用 Si-Ca 进行沉淀脱磷十分困难，只有将 Si-Ca 粉插入钢液中或者采用喷吹技术，才能取得一定的脱磷效果。Si-Ca 合金加完后 3~5min 即可扒渣出钢。出钢前不再用铝进行终脱氧。

在熔炼后期，随着钢液温度升高，会出现硅还原的现象。由于硅还原时产生微弱的沸腾，又叫"硅沸"。当钢液温度达到 1600℃ 时，硅的还原反应为

$$SiO_2 + 2C \Longrightarrow [Si] + 2CO \uparrow \tag{8-2}$$

当钢液温度超过 1620℃ 时，硅的还原反应为

$$SiO_2 + 2Fe \Longrightarrow [Si] + 2[FeO] \tag{8-3}$$

即由钢液中的 Fe 元素对 SiO₂ 进行还原，形成 [FeO]，使得钢液中氧含量增加。当钢液温度达到 1640℃ 时，硅还原将非常剧烈。因此，酸性感应炉出钢温度不要超过 1620℃，以防止第二类硅还原产生。一旦炉温失控，超过此温度时，要强化插铝终脱氧。同时，硅还原会使硅的质量分数增加 0.05%~0.1%，因此在进行合金成分调整时，硅按 100% 回收，还要增加 0.05%~0.1% 的还原量。

硅还原的表征现象是沿炉衬内侧的渣面上再现点蜡烛现象，即沿炉衬内侧四周有无数股细小火焰冒出（类似蜡烛火焰），这是硅还原产物 CO 的燃烧。一旦出现硅还原，说明钢液温度较高，已达到出钢温度，应立即降低炉子功率，控制硅还原，以方便组织终脱氧出钢。

3. 中性感应炉熔炼工艺

中性感应炉采用高铝熟料和磷酸黏结剂打结炉衬，坩埚寿命较长，除冶炼高锰钢不如碱性感应炉，冶炼高硅钢不如酸性感应炉外，冶炼其他钢种时，其坩埚使用寿命优于酸性感应炉和碱性感应炉。中性感应炉也不能造高碱度的 CaO-CaF₂ 底渣进行扩散脱磷脱硫，整个冶炼期间造中性渣，但中性感应炉炼钢和碱性感应炉大同小异。

中性感应炉虽然不能造高碱度渣，但可以在中性渣下充分加 Si-Ca 剂进行沉淀脱硫脱磷，效果优于酸性感应炉。出钢前如发现钢液中硫含量较高，则在出钢温度下迅速扒掉旧渣，造 CaO60%-CaF₂20%-SiO₂20% 的新渣。新渣形成后停留 3~4min，立即插铝终脱氧。出钢时不扒渣，进行钢渣混出，使渣和钢液在钢包中充分作用，形成 CaS。待包中渣子上浮后，立即扒掉高硫渣，用覆盖剂覆盖钢液面，可脱硫 20%~40%。

中性感应炉的炉渣不像酸性感应炉的那么黏，也不像碱性感应炉的熔点那么高，可充分利用扩散脱氧法对钢液进行精炼，操作方法如酸性感应炉，要勤点渣，轻点渣。其他冶炼方法与出钢温度控制与碱性感应炉基本相同。

8.3　感应炉熔炼实例

8.3.1　酸性感应炉熔炼 ZG310-570

1. 配料计算

ZG310-570（ZG45）通常在酸性感应炉中熔炼，其化学成分和炉料计算化学成分见表 8-7，炉料中 ZG310-570 回炉料不超过 70%。

表 8-7　ZG310-570 的化学成分及炉料计算化学成分

项目	化学成分(质量分数,%)						
	C	Si	Mn	Cr	Ni	P	S
ZG310-570	0.45~0.52	0.20~0.45	0.50~0.80	—	—	<0.05	<0.05
炉料	0.53~0.58	0.25~0.30	1.10~1.50	<0.30	<0.30	<0.045	<0.045

　　采用熔炼量在 50kg 以下的小熔炼炉时，因熔炼时间短，往往就靠配料计算来控制熔炼合金的成分，而不进行炉前化学成分分析。配料计算时应遵循的原则是：为得到所需的化学成分，必须在炉料总量中补偿各化学元素的烧损量，并要验算炉料中有害杂质（如 P、S）是否超过限量，配料一般先按 100kg 的分量计算，然后按比例折成任一分量。炉料通常由新料、回炉料和废钢组成。配料前必须将各种炉料进行化学分析，确定 C、Si、Mn 等主要元素的含量，再根据配料比例和元素的烧损率（可根据表 8-3 的合金收得率确定），计算各种加入料的质量。

　　根据表 8-7 的化学成分，配料时炉前计算平均值（质量分数）为：C0.48%，Mn0.7%，配料量 100kg，炉料成分及配比见表 8-8。

表 8-8　炉料成分及配比

项目	化学成分(质量分数,%)		配比(%)
	C	Mn	
45 方钢	0.47	0.68	80
回炉料	0.50	0.60	20
锰铁	6.0	70.0	
电极碎块	85.0		

锰铁加入量的计算：

$$要求锰的质量分数 = \frac{锰的炉前取值}{1-锰的烧损率} = \frac{0.7\%}{1-15\%} = 0.824\%$$

钢料投锰量 = 钢料锰的质量分数 × 配比 × 100kg

45 方钢锰量 = 0.68% × 80% × 100kg = 0.544kg

回炉料锰量 = 0.60% × 20% × 100kg = 0.12kg

$$锰铁加入量 = \frac{要求锰的质量分数 × 100kg - 钢料投锰量}{锰铁中锰的质量分数} = \frac{0.824\% × 100kg - 0.544kg - 0.12kg}{70.0\%} = 0.229kg$$

电极块加入量的计算：

$$要求碳的质量分数 = \frac{碳的炉前取值}{1-碳的烧损率} = \frac{0.48\%}{1-5\%} = 0.505\%$$

钢料投碳量 = 钢料碳的质量分数 × 配比 × 100kg

45 方钢投碳量 = 0.47% × 80% × 100kg = 0.376kg

回炉料投碳量 = 0.50% × 20% × 100kg = 0.10kg

锰铁投碳量 = 锰铁加入量 × 锰铁中碳的质量分数 = 0.229kg × 6.0% = 0.014kg

总投碳量 = 0.376kg + 0.10kg + 0.014kg = 0.49kg

$$电极加入量 = \frac{要求碳的质量分数 × 100kg - 总投碳量}{电极中碳的质量分数} = \frac{0.505\% × 100kg - 0.49kg}{85.0\%} = 0.0176kg$$

其他元素的配料计算按此类推，再根据需要熔炼的钢液总量按比例折算。

2. 熔炼工艺

首先在坩埚底部装入部分小块料和电极碎料（增碳剂，用量小于20g时，可在熔化后加入），然后紧密地装入回炉料及新钢料通电进行熔化，未装完的炉料随着炉料的熔化陆续加入。钢的整个熔炼过程应在熔剂覆盖下进行。熔剂一般采用质量分数为80%的硅砂和20%的碎玻璃。

全部炉料熔化后，升温到1530~1540℃，加入预热好的锰铁和硅铁，继续升温到1560~1570℃，除去熔渣，并覆盖新熔剂，然后加入质量分数为0.2%的锰铁、0.1%的硅铁和0.1%的铝进行脱氧。脱氧后，当钢液温度达到1570~1590℃时，除净熔渣，出钢浇注。

8.3.2　酸性感应炉熔炼 ZG34CrNiMo

1. 配料

材质为ZG34CrNiMo，配料量为3000kg，其中同材质回炉料1000kg，在酸性感应炉中熔炼。ZG34CrNiMo的化学成分控制值见表8-9，生产所用炉料的化学成分见表8-10。

表 8-9　ZG34CrNiMo 的化学成分控制值

元素	C	Si	Mn	Cr	Ni	Mo	S	P
控制值(质量分数,%)	0.34	0.45	0.90	1.60	1.50	0.25	≤0.03	≤0.03

表 8-10　生产所用炉料的化学成分

炉料名称	化学成分(质量分数,%)							
	C	Si	Mn	Ni	Cr	Mo	S	P
碳素废钢	0.20	0.30	0.60	—	—	—	0.02	0.02
回炉料	0.36	0.50	0.90	1.50	1.65	0.30	0.025	0.025
生铁	4.10	1.60	0.30	—	—	—	0.02	0.06
镍板	—	—	—	100	—	—	—	—
中碳铬铁	1.00	1.50	—	—	67	—	—	—
钼铁	—	—	—	—	—	55	—	—
中碳锰铁	—	—	80	—	—	—	—	—
硅铁	—	75	—	—	—	—	—	—

（1）配料计算　各种铁合金加入量（中碳铬铁、钼铁设定回收率分别为95%、98%）：

镍板加入量 = 3000kg×1.50% − 1000kg×1.50% = 30kg

$$中碳铬铁加入量 = \frac{3000kg×1.60\%÷95\% − 1000kg×1.65\%}{67\%} = 43.4kg$$

$$钼铁加入量 = \frac{3000kg×0.25\%÷98\% − 1000kg×0.30\%}{55\%} = 8.5kg$$

铁合金加入总量 = 30kg+43.4kg+8.5kg = 81.9kg

碳素废钢预加量 = 3000kg−1000kg−81.9kg = 1918.1kg

$$炉料平均碳的质量分数 = \frac{1000kg×0.36\% + 43.4kg×1.00\% + 1918.1kg×0.20\%}{3000kg} ×100\% = 0.26\%$$

$$炉料平均硅的质量分数 = \frac{1000kg×0.50\% + 1918.1kg×0.30\% + 43.4kg×1.50\%}{3000kg} ×100\% = 0.38\%$$

$$炉料平均锰的质量分数 = \frac{1000kg \times 0.90\% + 1918.1kg \times 0.60\%}{3000kg} \times 100\% = 0.68\%$$

$$生铁加入量 = \frac{3000kg \times (0.34\% - 0.26\%)}{4.10\%} = 58.5kg$$

$$硅铁加入量 = \frac{3000kg \times (0.45\% - 0.38\%)}{75\%} = 2.8kg$$

$$中碳锰铁加入量 = \frac{3000kg \times (0.90\% \div 70\% - 0.68\%)}{80\%} = 22.7kg$$

废钢实际加入量 $= 1918.1kg - 58.5kg - 2.8kg - 22.7kg = 1834.1kg$

因此，初步配料计算结果见表 8-11。

表 8-11　初步配料计算结果

炉料名称	废钢	回炉料	生铁	镍板	中碳铬铁	钼铁	中碳锰铁	硅铁	合计
加入量/kg	1834.1	1000	58.5	30	43.4	8.5	22.7	2.8	300

（2）炉前成分调整计算　炉料熔化完毕，经取样做炉前分析，分析结果见表 8-12。

表 8-12　ZG34CrNiMo 炉前分析结果

元素	C	Si	Mn	Cr	Ni	Mo	P	S
炉前分析含量（质量分数,%)	0.34	0.40	0.60	1.50	1.40	0.23	0.027	0.025

根据炉前分析结果进行成分调整，计算各种铁合金补加量：

$$硅铁补加量 = \frac{3000kg \times (0.45\% - 0.40\%)}{75\%} = 2kg$$

$$中碳铬铁补加量 = \frac{3000kg \times (1.60\% - 1.50\%)}{67\% \times 95\%} = 4.7kg$$

$$中碳锰铁补加量 = \frac{3000kg \times (0.90\% - 0.60\%)}{80\% \times 90\%} = 12.5kg$$

$$镍板补加量 = \frac{3000kg \times (1.50\% - 1.40\%)}{100\%} = 3kg$$

$$钼铁补加量 = \frac{3000kg \times (0.25\% - 0.23\%)}{55\% \times 98\%} = 1.1kg$$

各种铁合金补加总量为 23.3kg，使炉料总量增加不足 1%，对钢液最终成分的影响可以忽略不计。为了计算简便和操作方便，取样分析后，只能加入不大于炉料总量 5% 的同牌号回炉料。

2. 熔炼工艺

采用质量分数为 80% 的硅砂和 20% 的碎玻璃造渣。先在炉底撒上一层厚度为 10~20mm 的渣料，并装入部分小料和生铁，然后装入镍板、钼铁和铬铁，最后紧密地装入回炉料及新钢材通电熔化。当出现钢液时，立即撒渣量覆盖。熔化中应不断向下捅料，并把未装完的炉料陆续加入。炉料全部熔化完毕后加入锰铁。升温到 1520~1530℃ 时，推开熔渣加入预热的锰铁和硅铁（合金化），搅拌后覆盖渣料。继续升温到 1580~1590℃，加质量分数为 0.1%~0.2% 的 Si-Ca 或 0.08%~0.1% 的 Al 进行终脱氧。脱氧之后即断电，并在 2~3min 内拔除熔渣，随即出钢浇注。

8.3.3　碱性感应炉熔炼 ZG12Cr18Ni9Ti

ZG12Cr18Ni9Ti 是一种最常见的铸造不锈钢，其碳含量低，并含有活泼金属元素钛，是熔炼工艺难以掌握的钢种之一。操作不当时，钛容易发生氧化而导致铸件表面出现一些密集的气孔、夹渣。因此，必须采用低碳的原材料，强化脱氧操作，保证有足够的钛含量以形成稳定的碳化物TiC，必须注意钛的加入时间，采取相应措施加速反应生成物的排出。

在碱性感应炉中熔炼 ZG12Cr18Ni9Ti 时，一般采用返回法和不氧化法。其化学成分及炉料计算成分见表 8-13。

表 8-13　ZG12Cr18Ni9Ti 的化学成分及炉料计算成分

项目	化学成分(质量分数，%)							
	C	Si	Mn	Cr	Ni	Ti	S	P
ZG12Cr18Ni9Ti	≤0.12	≤1.50	0.80~2.00	17.0~20.0	8.00~11.00	5(C-0.03)~0.80	≤0.030	≤0.040
炉料	≤0.12	≤0.7	≤1.8	18.0~19.0	9.0~11.0	0.9~1.0	<0.03	<0.045

先在坩埚底部撒一层渣料，其组成（质量分数）为 $CaO80\%+CaF_2 10\%+MgO10\%$；随即一次加锰作脱氧剂，其用量不超过合金的允许锰含量；然后紧密地装入回炉料及新钢料。通电进行熔化，开始通电时 6~8min 内供给 60% 的功率，待电流冲击停止后，逐渐将功率增到最大值，随着坩埚下部炉料熔化，随时注意捣料，防止架料，边熔化边将未装完的炉料陆续加入，并覆盖上熔渣。炉料全部熔化后，钢液温度在 1530~1540℃ 时，取样分析，调整化学成分，补加铬、镍、硅、锰。当温度达到 1560~1580℃ 时，加入质量分数为 0.2% 的锰铁、0.2% 的硅铁进行预脱氧。换渣后，加入质量分数为 0.2%~0.3% 细颗粒状的硅钙进行扩散脱氧，时间控制在 2min 左右，注意"点动"渣层，使硅钙充分熔化。然后再次除渣，测量钢液温度，并制作圆杯试样，检查钢液脱氧情况。当温度升到约 1650℃ 时，圆杯试样收缩良好，扒除一半炉渣后，加入钛铁。为了减少钛的烧损，将钛铁捆绑在钢棒上插入钢液中熔化。钛铁熔清后准备出钢，加入质量分数为 0.1% 的纯铝进行终脱氧（插入法）。插铝后 2~3min 内停电倾炉出钢，钢液在镇静 3~5min 后浇注。

8.3.4　碱性感应炉熔炼 ZG40Cr5Mo

ZG40Cr5Mo 为耐磨耐蚀耐热合金钢，其化学成分（质量分数）要求为：C0.35%~0.45%，Si0.60%~0.80%，Mn0.60%~1.0%，Cr4.0%~5.0%，Mo0.60%~0.90%，P、S≤0.035%。优良的冶金质量是获得良好耐磨蚀及耐热性能的基础，采用碱性感应炉熔炼此钢的几个关键点如下：

1）在熔化和钢液加热过程中，依据熔炼工况有选择地投入质量分数为 5%~10% 的废钢屑，其中碳氧化生成 CO，造成钢液浮动。垫料和投入钢屑时，视钢屑种类及氧化状况投入质量分数为 2%~3% 小颗粒的矿石+石灰石造渣料，以助于增强和调节钢液沸动程度。

2）快速熔炼。这样不仅可实现节电、节能，减少合金元素烧损，也是最大限度获得高品质熔炼的一个重要条件。在可能的条件下，适量增大回炉料用量，以减少精炼负担和加快熔炼速度。

3）采用覆盖剂精炼。覆盖剂可由硝酸盐+石墨粉+珍珠岩组成，质量比为 35∶5∶60。覆盖剂组成物经烘干、过筛混合后成圆块，在精炼后期投入熔池，并在熔池上半部施以轻度搅拌。在钢液加热期，视工况将质量分数为 0.10% 碲经干燥处理后投入炉内，以增强精炼效果。

4）控制液体搅拌力。优先使用配置固态电路静止变频装置的中频感应炉，可以对金属液搅拌力进行灵活调节，功率密度大，不需要三相平衡装置。能量高度集中和熔池内金属液的适度搅拌运动既有利于脱氧、脱气、去除夹杂物和使温度、成分均匀化，又有利于添加合金的迅速熔化而减少合金元素的烧损。

5）采用综合脱氧剂（如锰、硅、铝、钙综合脱氧剂）比单独使用铝、锰、硅、钙的脱氧效果好。综合脱氧剂的脱氧产物尺寸比单独脱氧剂产生的大得多，易于从钢液中排除，可有效地减少夹杂物。

6）将质量分数为 0.8%～1.4%的 1#稀土硅铁合金在脱氧后出炉前及出钢液时分两次加入。作为钢液的添加剂，稀土可起到还原剂、脱氧剂、脱硫剂、去气剂、变质剂、调质剂的作用。脱氧后，将稀土硅铁合金投入炉内，一方面起进一步净化钢液作用，另一方面由于使钢液激冷倾向增大而起到细化初晶组织的作用。出钢时，在炉前将稀土硅合金随流冲入浇包内，既可维持钢液脱氧后的氧活度，又能起变质剂作用，促进晶界净化，明显改变非金属夹杂的大小、形态和减少数量，细化晶粒。

7）在条件允许的情况下，还可考虑采取钢包液内吹惰性气体的处理工艺。

8.3.5 碱性感应炉熔炼高锰钢

1. 高锰钢熔炼配料计算

（1）配料量计算 高锰钢配料计算步骤如下：

根据碳含量计算高碳锰铁加入量：

$$高碳锰铁加入量的质量分数 = \frac{炉料要求碳的质量分数 - 废钢中碳的质量分数}{高碳锰铁中碳的质量分数 - 炉料要求碳的质量分数} \times 100\%$$

计算中碳锰铁预加量：

$$中碳锰铁预加量的质量分数 = \frac{控制值 \div 回收率 - 高碳锰铁加入量的质量分数 \times 高碳锰铁中锰的质量分数}{中碳锰铁中锰的质量分数} \times 100\%$$

计算废钢预加量：

废钢预加量的质量分数 = 1 - 高碳锰铁加入量的质量分数 - 中碳锰铁预加量的质量分数

计算中碳锰铁加入量：

中碳锰铁加入量的质量分数 =

$$中碳锰铁预加量的质量分数 - \frac{废钢预加量的质量分数 \times 废钢中锰的质量分数}{中碳锰铁中锰的质量分数} \times 100\%$$

计算废钢预加量：

废钢加入量的质量分数 = 废钢预加量的质量分数 +

（中碳锰铁预加量的质量分数 - 中碳锰铁加入量的质量分数）

验算 Si、S、P 含量：

Si（S、P）的质量分数 = ∑各种炉料加入量的质量分数×各种炉料中 Si(S、P) 的质量分数

（2）炉前调整计算 计算公式如下：

$$高碳锰铁补加量 = \frac{炉料总量 \times 碳的控制质量分数 - 炉内已加料量 \times 碳的分析质量分数}{高碳锰铁中碳的质量分数}$$

中碳锰铁补加量 =（炉料总量×锰的控制质量分数 - 炉内又加料量×锰的分析质量分数 -

高碳锰铁中锰的质量分数×高碳锰铁补加量）÷（中碳锰铁中锰的质量分数×

回收率）

废钢补加量 = 炉料总量 - 炉内已加量 - 高碳锰铁补加量 - 中碳锰铁补加量

2. 高锰钢感应熔炼的技术关键

（1）选择低磷炉料 磷对高锰钢性能影响显著，在熔炼时必须采取可行的措施将磷含量降

低到要求范围。中频感应炉炼钢无氧化期，钢中磷含量与原材料直接相关，所以要降低钢中磷含量，首先要从原材料下手，采用低磷废钢和低磷锰铁。我国生产的低磷锰铁中磷的质量分数在0.15%~0.2%之间，采用此种锰铁冶炼ZGMn13时，可以保证磷的质量分数在0.07%以下。

（2）脱磷措施　感应炉炼钢可采用底渣脱磷和沉淀脱磷。前者是在碱性感应炉炉底装入占炉料总质量2%的冶金石灰。在炉料熔化过程中，在熔池上覆盖一层高碱炉渣，炉渣和钢中磷产生脱磷反应，生成的磷酸钙进入渣中，然后在扒渣操作中被排除。后者是在金属炉料全部熔毕（温度宜低），对钢液进行充分脱氧（高锰钢中硫含量一般较低），得到低硫、低氧含量钢液，将Si-Ca粉用铁皮包好，分期分批插入炉底（最好用氩为载体气体，将Si-Ca粉吹入炉底）。这样炉底钢液中形成密集的细小的钙蒸气泡或小液滴，在其上浮过程中和钢液中的磷相遇，形成磷化钙。磷化钙上浮至顶部碱性炉渣中，随渣而排除。

（3）终脱氧　高锰钢液容易氧化，尤其是转包浇注时，包中钢液表面没有炉渣保护而裸露在大气中，会产生二次氧化。如果是厚壁件，浇注时和进入铸型未凝固前，钢液还会进一步氧化，形成大量的氧化锰夹杂偏聚于晶界，使高锰钢铸件韧性降低，产生热裂等一系列缺陷。对高锰钢而言，尤其是感应炉熔炼无还原期，主要靠插铝沉淀脱氧，故终脱氧铝加入量特别重要。

铝在钢中的脱氧产物主要是Al_2O_3，其熔点为2050℃，不溶于钢液，它和钢中其他元素的脱氧产物（如MnO、SiO_2）还能进一步结合形成低熔点夹杂，如$MnO \cdot Al_2O_3$（熔点为1560℃，密度约为3.6g/cm^3）、$Al_2O_3 \cdot SiO_2$（熔点为1487℃，密度约为3.05g/cm^3），也不溶于钢液，在钢液中聚集长大上浮到炉渣中排除。由于在高锰钢中，Al_2O_3和其他氧化物能形成更复杂的夹杂，一次结晶时很难起到结晶核心的作用。这也是高锰钢晶粒易粗大的原因。

钢中残留铝含量过高，可形成AlN。它在高温时溶解在奥氏体中，随温度降低从奥氏体中析出，沉积在晶界上，引起热裂和晶界脆化，造成晶间断裂，形成石板状断口，使高锰钢韧性降低。

铝加入钢液中，随时间延长，其脱氧能力在逐渐衰退，10min后将失去脱氧能力。加终脱氧铝后铸件必须在10min内浇注完毕，如浇注时间过长，视情况要补加铝进行再次终脱氧。对厚壁件、大型铸件，因浇入铸型后不能立即凝固，在铸型中仍进行着冶金学反应，故浇注前在包中最好补加质量分数为0.05%~0.08%的铝，保证铸件中残留铝的质量分数在0.035%~0.045%之间，这样才能保证钢液脱氧良好。

铝的脱氧能力比硅、锰强，但在高锰钢中由于锰含量高，根据质量作用定律，铝的脱氧能力有所削弱。加入过量铝并不能强化脱氧，还将产生不利影响，如恶化铸造性能，或由于与铸型反应使铸件出现氢气孔，降低钢的韧性、塑性。高锰钢中残留铝的质量分数超过0.3%时，会使高锰钢晶粒进一步粗大，恶化钢的力学性能，使耐磨性下降。

3. 高锰钢感应熔炼工艺过程

（1）熔化期　在炉底铺一层渣料，将废钢装入炉内，开始通电6~8min内供给40%~60%的功率，待电流冲击停止后，逐渐将功率增到最大值。随着下部炉料熔化，随时注意捣料，防止架料，并继续添加炉料，废钢化清后，扒除渣料，加入锰铁，加入新造渣料（石灰与萤石质量比为2:1）覆盖钢液，造渣材料加入的质量分数为1%~1.5%。炉料全部熔化后，取样进行炉前成分分析，并将同材质回炉料加入炉内。炉料熔清后，将功率降到40%~50%，扒渣，另造新渣。

（2）还原期　渣料化清后，往渣面上加脱氧剂，可以加铝石灰，石灰粉与铝粉质量比为1:2，也可以加硅钙粉进行扩散脱氧。脱氧过程中，可用石灰粉和萤石粉调节炉渣的黏度，使炉渣具有良好的流动性。

根据成分分析结果调节钢液成分，其中硅铁在出钢前5~10min内加入以调节钢液成分。

检测钢液温度，并做圆杯试样，检查钢液脱氧情况，也可用弯曲折角法来判断。当钢液温度达到 1500℃ 以上时，插入质量分数为 0.2% 的硅钙进一步脱氧，然后往渣面上再加一次脱氧剂。经 8~10min 后，除去全部炉渣，随即加入质量分数为 0.07% 的冰晶石粉（或造渣覆盖剂）并进行插铝终脱氧。

（3）出钢　终脱氧铝加入量（质量分数）要根据铸件大小、壁厚，浇包类型，铸型（金属型、干砂型、湿砂型）情况来确定：采用转包浇注，一般中小件（壁厚不超过 100mm），金属型、干砂型按 0.15% 加入（1.5kg/t 钢液），湿砂型按 0.2% 加入，对于大型厚壁件出钢时先在炉中或包中加 0.2%，浇注前 1~2min 在包中补加 0.05%~0.08%；采用底注包浇注，加铝量可适当降低，但最低加入量要保证 0.15%。大型厚壁件要保证钢中残留铝的质量分数为 0.035%~0.045%。

8.3.6　碱性感应炉熔炼 ZG270-500

（1）炉料　废钢料购进厂后取样分析，了解其化学成分中的碳含量及硫、磷等有害元素的含量。炼钢用各种铁合金采购进厂后，取样分析是否符合国家标准或职业标准的规定，铁合金中硫、磷含量应低于钢种规范。

锈蚀、潮湿、粘砂严重的废钢和其他炉料不能使用。将取样分析后符合要求的炉料进行气割，气割后待用。炉料长度不超过 100mm，宽度不超过 250mm，厚度不小于 20mm，最大块重 25kg 以下，人工能搬动，不能使用很轻薄废钢。

（2）装料熔化　启动中频电源，调整电流和电压，检查各部位运行良好后装料。在添加炉料时，炉料要求大小搭配，底部装少量碎料，大块料紧贴炉膛，难熔合金和炉料充填密实，充分利用炉膛空间。炉料熔化过程中，应经常注意捣料，逐批添加新料，防止因炉料搭棚、顶部结盖、熔化期延长和炉衬下部过热等，发生穿炉事故。随时观察熔炼情况，有异常时停炉检查。

（3）取样分析　炉料全部熔清后，用样勺取样分析。扒除初期渣，另用石灰、碎玻璃等造新渣，新渣量为钢液的 0.3%~0.5%。

（4）脱氧和合金化　新渣造成后，采用脱氧剂进行扩散脱氧。脱氧剂可采用硅铁粉（0.7~1kg/t 钢液）、焦炭粉（0.4kg/t 钢液），应根据熔化后钢液中的碳、硅含量做适当调整。将脱氧剂撒于渣面上，用棒轻轻搅拌，待渣颜色变浅后，观察炉内钢液温度。温度达到 1510~1530℃ 后，根据化验室取样分析的数据进行成分调整。调整碳、硅含量，不足的碳用电极粉补充，使成分符合要求。

添加合金时，合金事先必须烘烤预热，铬铁等易氧化合金元素必须在脱氧良好的条件下，扒开渣面加入，加入后立即充分搅拌。加入锰铁后至出钢时间，一般控制在 3min 以内。

（5）终脱氧、出钢　合金全部熔化后，调整钢液温度到 1530~1560℃，按照钢液质量的 0.07%~0.1% 的比例插铝中脱氧，在钢包内按照每吨钢液冲加 20g 铝及 50g 稀土。

出钢前，钢液应带渣在炉内镇静 1~2min，然后扒渣出钢。连续生产时，炉内可留部分钢液，以加速熔化。每次钢液浇注完毕后，观察炉膛内壁，炉膛内衬侵蚀严重、粘有杂物，必须修理或更换新炉。

8.4　感应熔炼操作安全事项及常见问题

感应炉作业时，对其操作疏忽或不当，易造成钢液飞溅、炉气爆炸、控制电路起火等事故。为此，操作者必须严格遵守操作规程，搞好安全文明生产，并掌握感应炉安全操作的基本知识，及时和有效地防止与排除事故，确保生产的安全与正常进行。

8.4.1　感应熔炼操作安全事项

1. 正确使用炉料

1）禁止使用潮湿、密封及管状炉料，潮湿的炉料应经过预热烘干去除水分，才可加入炉中。密封的炉料内含有气体或水分易引起钢液爆炸，管状炉料存在于钢液中会形成"烟囱效应"而造成钢液喷出，故都应挑拣剔除。

2）不得加入严重锈蚀和粘砂炉料。这种炉料的加入会产生过量的熔渣，也是造成炉料搭棚的原因之一。

3）炉料内尽量避免掺入镀锌钢板。锌的沸点为906℃，在钢液中的锌呈蒸气状态。锌蒸气在高气压的作用下，将有部分锌向炉衬的孔洞中移动，在420℃左右的温度区域，以氧化锌或金属锌的状态凝固并逐渐堆积，最终致使炉衬过早损坏而漏钢液。

2. 金属熔炼时的安全操作

（1）金属材料的加入方法　加料时要避免对炉衬造成撞击，不可一次性大量向炉内加入金属炉料，以防产生钢液凝固、炉料搭棚和气体爆炸等事故。禁止过量加料，否则有可能产生金属液外溢的危险，或者导致炉内钢液温度降得太低，造成钢液结壳。过量加料会导致感应炉上部轭铁劣化，也会造成金属液钻入炉衬内引起穿炉的可能。当钢液出现轻度结壳时，可用工具将结壳层捣开，再将结壳推入炉内。出现严重结壳时，首先用工具将结壳层捣或用气割枪割开，然后倾斜电炉炉体使已熔钢液至金属结壳处，利用已熔钢液逐步熔化。

（2）防止炉料搭棚　当使用松散炉料、浇注系统等多分叉炉料、粘砂及生锈易产生熔渣的炉料、全部采用钢屑熔炼等情况，容易出现搭棚问题，故应引起注意。生产前，对大、长型废钢和轻薄料以及铁合金预先处理，方便下料；装料时，合理搭配大中小炉料配比，保证炉料顺利熔塌；加料时勤捣料，使炉料顺利入炉。加料时要控制加料量，合理布料，经常用铁棒将棚料捣下。当发现冻结密封"棚炉"现象时，可采用以下措施进行处理：用工具挑开或捣断架料的金属炉料；用气割枪割断架料的金属炉料；倾斜电炉炉体使已熔金属料到架料处，逐步熔化。

（3）禁止过度升温操作　过度升温不仅造成合金元素严重烧损，恶化冶金质量，还会缩短炉衬使用寿命，特别是对于采用酸性耐火材料打结的炉衬，温度过高时炉衬烧损加剧，漏钢液的危险性则随其温度升高而加大。生产中，要勤观察炉衬状况，尤其是炉子使用到后期时，一旦炉衬出现亮红，应立即停炉，迅速倒出炉内钢液。每次停炉后，对炉衬被侵蚀严重的部位进行修补。

（4）防止钢液沸腾　钢液熔炼时，由于铬、锰等与氧亲和力强的金属熔化、钢液中氧与磷的结合，常产生钢液急剧喷冒现象。为此，必须预先准备好在任何时候都能方便加入的铝、硅铁等脱氧剂。

3. 出钢的安全操作

检查炉体台面有无落下物、起重机工作位置是否妥当、炉盖是否锁紧，为钢液出炉做好准备。关闭电源后再倾转炉体，以防在通电状态下倾转炉体造成钢液的飞溅。

4. 控制电路的安全运行

1）在整个熔炼操作过程中，应时时注意警报信号，以防事故发生，警报设定值严禁肆意变动。熔炼作业时，冷却水检测警报开关应设置在"开"的位置，以保证熔炼炉安全运行。

2）定期检查警报电路，特别是钢液、冷却水控制电路应每日检查一次，其他控制电路至少一个月检查一次。

3）实行定期检修，每年至少对设备进行整体检修一次。

8.4.2　感应熔炼常见问题及处理

1. 临时停电

对于感应炉熔炼，只要确保内部有冷却水，临时停电就不会有问题。但对于没有冷却水塔的无芯感应炉，在 10min 之内必须通过紧急发电装置使冷却水路畅通；当停电超过 10min，冷却管内水汽化、炉体通水橡胶管破裂，就不可以再通水冷却了。停电时间在 30min 内就能通电，对炉内钢液可不做处理；若长时间不能通电，应将钢液出炉，否则钢液将出现凝炉。

根据冶炼时炉内钢液的高度，通常将凝炉分为两类：一般凝炉和严重凝炉。前者指炉内凝炉钢液高度低于坩埚高度 70%，其特征为表面结壳现象较轻，结壳层较薄，可用工具捣开。后者是指炉内凝炉钢液高度大于坩埚高度 70%，其特征为表面结壳现象较重，结壳层较厚。

对坩埚使用前期或中期出现的凝炉，可采用逐步升温工艺进行处理。确定初始功率及每一功率段的保持时间时，应充分考虑炉衬的膨胀状况，使炉衬的膨胀基本上接近凝炉钢块的膨胀速率。在达到较高功率段时，应适当延长该功率段的保持时间，使坩埚上的缝隙较小，直至消失；然后才允许进一步提高送电功率，最后将炉料熔化。对坩埚使用到后期出现的凝炉，由于此时炉衬较薄，从安全生产考虑，宜打掉炉衬，取出金属料块。

2. 停水

感应炉熔炼过程中停水，必须在 10min 内接通冷却水。若停水时间过长，冷却水管内冷却水汽化将造成冷却水管破裂。

3. 钢液漏炉

当钢液漏炉警报出现时，应沉着、冷静地采取防范措施。若钢液已经流出炉外，应防止遇水发生蒸汽爆炸和发生火灾的可能，故应迅速切断电源并通告有关作业者抢救或隐避。应特别指出的是，炉坑潮湿或有积水必然会引起蒸汽爆炸事故发生；另外，当钢液漏炉发生时，即使关断冷却水，但炉体内冷却圈及冷却水管内仍有残留水，也不能排除发生蒸汽爆炸的可能性存在。

4. 感应线圈或水管漏水

当感应线圈冷却水或水管内冷却水已漏出炉外时，应立即出钢并待炉体冷却后再处理。感应线圈冷却水渗漏和冷却水管漏水，会导致感应线圈绝缘不良而使涂层短路或水管劣化，故应定期更新感应线圈绝缘或更换水管。

5. 冷却水不通

控制系统冷却水不通时，应立即停炉，用压缩空气将其清理畅通。同时向炉内撒保温材料以覆盖钢液，减小钢液结壳的严重程度，待管路畅通后，继续开炉生产。感应线圈内冷却水不通时，应立即停炉，倒掉炉内钢液，待炉体冷却后，通入压缩空气或稀硫酸溶液使其畅通。

平时应注意观察各冷却管路中冷却水的流量变化；定期用压缩空气或稀酸溶液进行清理，保持其畅通；保持冷却水的清洁干净；对硬水进行软化处理。

6. 发生火灾

因液压缸漏油而起火，可用泡沫性消防器或型砂将火扑灭。因钢液外漏而发生火灾，应使用金属火灾消防器材，并同时覆盖干燥砂灭火，禁止用注水方法灭火。

第 9 章　铸钢的电弧炉熔炼工艺

电弧炉自 19 世纪 70 年代发展至今，取得了巨大发展。电弧炉炼钢是目前国内外生产特殊钢的主要方法，它主要是利用电极与炉料之间放电产生电弧发出的热量来炼钢。其优点是：效率高，废气带走的热量相对较少，其热效率可达 65% 以上；温度高，电弧区温度高达 3000℃以上，可以快速熔化各种炉料；温度容易调整和控制，可以满足冶炼不同钢种的要求；炉内气氛可以控制，可去磷、硫，还可脱氧；设备简单，占地少，投资省。

电弧炉按照炉衬耐火材料的不同，可分为碱性电弧炉和酸性电弧炉；按照电弧炉的电源的不同，可分为交流电弧炉和直流电弧炉；按照电弧炉功率水平的高低，可分为中低普通功率电弧炉、高功率电弧炉和超高功率电弧炉。

9.1　电弧炉的结构

电弧炉主要包括炉体、炉盖、变压器、导电横臂、炉体倾动系统等部分。图 9-1 所示为 HX 型三相电弧炉的结构。

9.1.1　电弧炉的炉体构造

炉体是电弧炉最主要的装置，用来熔化炉料和进行各种冶金反应。电弧炉炉体由金属构件和耐火材料筑成的炉衬两部分组成。

1. 炉体的金属构件

电弧炉炉体的金属构件包括炉壳、炉门、出钢槽和电极密封圈等。

（1）炉壳　炉壳在工作过程中，除承受炉衬和金属的重力外，还要抵抗顶装料时的强大冲击力，同时还要受到炉衬热膨胀所引起的热应力。在正常情况下，炉壳外表面的温度为 100～150℃，当炉墙的耐火材料比较薄的时候，炉壳的温度还会提高，产生局部过热。因此，要求炉壳有足够的强度和刚度。

炉壳包括炉身、炉壳底和加固圈三部分，一般是用钢板焊接而成的。炉壳钢板的厚度与炉壳直径大小有关，根据经验约为炉壳直径的 1/200。炉身通常是圆桶形的，炉壳底有球形、截头圆锥形、平底三种。球形底坚固，砌筑时用耐火材料最少，但制造比较困难。平底制造简单，但因有死角，砌筑时耐火材料消耗较大，很少采用。目前多数采用焊制的截头圆锥形炉壳底，该炉壳底与球形炉壳底比较，坚固性略差，所需的耐火材料稍多，但制造和耐火材料的砌筑都较容易。

（2）炉门　炉门主要用于观察炉内情况、扒渣、吹氧、测温、取样、加料等操作。通常只设一个炉门，与出钢口相对。大型炉盖电弧炉有时在炉壳的侧面增设一个操作工作门。

炉门装置包括炉门、炉门框、炉门槛及炉门升降机构，要求炉门结构严密，升降灵活简便，牢固耐压，便于装卸。

（3）炉盖圈　炉盖圈须承受拱起的炉顶砖的重力和热膨胀的作用力。炉盖圈应通水冷却以防止变形，其直径应大于炉壳直径，这样才能使全部炉顶的重力加于炉壳加固圈而非炉壁之上。炉盖圈与炉壳之间必须有良好的密封，防止高温炉气逸出。

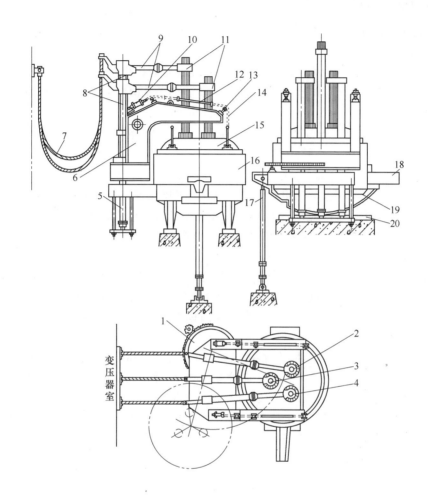

图 9-1　HX 型三相电弧炉的结构

1—转动炉盖机构　2、3、4—电极　5—升降电极液压缸　6—提升炉盖支承臂　7—电缆　8—升降电极立柱
9—电极支承横臂　10—提升炉盖液压缸　11—电极夹持器　12—拉杆　13—滑轮　14—提升炉盖链条
15—炉盖　16—炉体　17—倾炉液压缸　18—出钢槽　19—月牙板　20—支承轨道

（4）出钢口和出钢槽　出钢口正对炉门，位于液面上方，直径为 120～200mm，冶炼过程中用镁砂堵塞，出钢时用钢钎捅开。出钢槽用钢板和角钢焊成，槽内砌有耐火砖，一般采用预制整块的流钢槽砖，出钢槽与水平面呈 8°～12° 的倾角。

（5）电极密封圈　为便于电极能自由升降和防止炉盖受热变形时折断电极，要求电极孔的直径比电极直径大 40～50mm。它们之间的空隙必须采用密封圈，防止高温炉气大量外逸。常用的电极密封圈为环形水箱式。

2. 炉衬

炉衬是指电弧炉熔炼室的内衬，包括炉底、炉壁和炉盖三部分。炉衬的质量和寿命直接影响电弧炉的生产率、钢的质量和生产成本。有关炉底、炉坡、炉壁和炉盖的砌筑工艺见 9.2 节。

9.1.2　电弧炉的机械设备

电弧炉的机械设备包括倾炉机构、电极装置、炉顶装料系统等。

1. 倾炉机构

为了便于出钢、出渣，炉体应能倾动，因此须设置倾动机构。一般电弧炉前倾角（出钢口侧）不大于 45°，后倾角（出渣侧）不大于 10°~15°。倾动机构按传动方式可分为液压传动和电动机传动。

按操作需要，有的电弧炉配置了炉体回转机构，适用于整体调换炉壳，目的是加速炉料熔化。

2. 电极装置

电极装置的作用是夹紧、放松电极，输送电流，升降电极。每台电弧炉都装有三套电极装置，它们都装在框架中，可以旋转、移动或固定，有些小容量电弧炉将电极装置直接固定在炉壳上。电极装置包括电极夹持器、电极升降系统，前者由夹头本体、夹紧操纵机构组成，后者由横臂、立柱和升降液压缸等组成。

电极通过装于炉盖中央部位的三个电极密封圈伸入炉膛内，电极的分布既要能均匀地加热熔化炉料，又不致使炉衬产生过热。通常把它们分布在等边三角形的顶点上，且中间电极处于距电弧炉变压器最近的那个顶点上。三角形的外接圆称为电极分布圆，其直径一般为熔池堤坡直径的 0.25~0.30 倍。

电极装置是电弧炉的重要部件，直接关系到炉子工作的好坏。在整个冶炼过程中，电极的上下位置须随时而又准确地进行调节，以适应炉况的变化，而电极的自动调节效果取决于选用先进的自动调节系统，以及合理设计电极装置的结构。电极装置的工作条件极其恶劣：它工作在炉子高温区，受到强烈的热辐射；其上的导电部件通着强大的电流，整个电极装置由于磁场和电流冲击经常产生强烈振动。因此，电极装置应具有很大的系统刚性，以及可靠而又合理的绝缘结构，电磁感应最小，安装维修方便。

3. 炉顶装料系统

炉顶装料是将炉料装在料筐内，用料筐由炉顶装入炉内。它可以缩短装料时间，降低电耗，改善工人劳动条件，减少废钢处理工作，实现合理布料。

炉顶装料有三种方式：炉盖旋开、炉体开出和炉盖开出。炉盖旋开式电弧炉具有设备质量小、造价低、占地面积小、装料时间短、振动小、炉盖和电极使用寿命长等优点，得到了日益广泛的应用。炉体开出式电弧炉炉前应配置专门的炉前活动平台，结构庞大复杂，开出速度慢，装料时间比旋开式长，已很少采用。炉盖开出式的振动会波及炉盖和电极，已较少应用。

料筐有扇形活底式和柔性底式两种，后者应用较多。

9.1.3　电弧炉的电气设备

电弧炉的电气设备主要包括主电路和电极升降自动调节系统两大部分。

1. 主电路

由高压电缆到电极的电路称为主电路，其任务是将高压电转变为低压大电流输给电弧炉，并以电弧的形式将电能转变为热能。主电路主要由隔离开关、高压断路器、电抗器、电路变压器和低压短网等组成。

2. 电极升降自动调节系统

（1）石墨电极　电极的作用是将电流导入炉内，并与炉料产生电弧，将电能转化为热能。电极要传导很大的电流，电极上的电能消耗约占整个短网上电能消耗的 40%。电极工作时受到高温、炉气氧化及塌料撞击作用，工作条件极为恶劣，对其有如下要求：导电性良好，电阻系数小；在高温下有足够的强度；具有良好的抗高温氧化能力；几何形状规整且表面光滑，接触电阻小。

目前绝大多数电弧炉均采用石墨电极，通常可分为一般功率电极和高功率电极，其理化指标要求不一样。电极的价格很贵，电极的消耗直接影响着钢的生产成本。国家规定的电极消耗指标为每吨钢消耗电极 6kg，但不同生产企业差别很大。电极消耗的主要原因是折断、氧化，炉渣和炉气的侵蚀，以及在电弧作用下的剥落和升华。为降低电极消耗，主要应提高电极本身质量和加工质量，缩短熔炼时间，防止因设备和操作不当而引起的直接碰撞而损伤电极。降低电极消耗的具体措施有：减少因机械外力引起的折断和破损，避免因搬运和堆放、炉内塌料和操作不当引起的折断和破损，尤其是应重点保护螺纹孔和接头的螺纹；电极应存放在干燥处，谨防受潮，否则在高温下易掉块和剥落；装电极时要拧紧、夹牢，以免松弛脱落；加强炉子的密封性，减少空气侵入炉内，尽量减少炽热电极在炉外的暴露时间，减少电极周界的氧化消耗；可采用浸渍电极、涂层电极、水冷复合电极、水淋式电极等电极保护技术。

（2）电极升降自动调节装置　电极升降自动调节装置的作用是快速调节电极的位置，保持恒定的电弧长度，以减少电流波动，维持电弧电压和电流比值的恒定，使输入功率稳定，从而缩短冶炼时间和减少电能消耗。常用的电极自动调节器有电极放大机式、晶闸管-直流电机式、晶闸管-交流力矩电极式、晶闸管-电磁转差离合器式、电液随动式等。

9.1.4　电弧炉的辅助装置

1. 水冷装置

为提高电弧炉的使用寿命和改善炉前的劳动条件，电弧炉的许多部位是用水冷却的。通常用水冷却的部位有电极夹持器、电极密封圈、炉壳上部、炉门框、炉盖圈等，有些电弧炉还采用了水冷炉壁和水冷炉盖。

2. 排烟除尘装置

电弧炉在整个冶炼过程中均产生烟气，不同时期烟气量不同。氧化期吹氧时，烟气量最大，其次是熔化期，还原期最小。烟气的主要成分是 CO、N_2、CO_2、O_2、HF、SiF_4 等。

电弧炉烟尘的产生量、浓度和粒径及其组成成分主要随不同冶炼期而异，也与炉料种类及配比、冶炼钢种等有关。烟尘产生量一般为 $10\sim15kg/t$，烟尘浓度为 $4.5\sim8.5g/m^3$。

目前国内电弧炉采用的排烟方式大致可归结为炉内排烟、炉内外结合排烟、全封闭罩和电弧炉炉内排烟结合等。

3. 补炉机

电弧炉在冶炼过程中，炉衬由于受到高温作用及钢液冲刷和炉渣侵蚀而损坏，每次熔炼后应及时修补炉衬。人工补炉的劳动条件差，劳动强度高，补炉时间长，补炉质量受到一定限制，因此现在广泛采用补炉机进行补炉。补炉机有离心式补炉机和喷补机两种。

9.2　电弧炉的筑炉工艺

电弧炉炉衬主要受熔渣的侵蚀，钢液、熔渣和空气的冲蚀及装废钢的机械撞击等，并受高温强烈热辐射作用，炉衬的热点部位极易损毁。随着频繁地进行加料熔化等操作，炉盖经常开启，炉顶和炉衬热震作用也很突出，如出钢时炉衬表面温度达 1600℃ 以上，加料时约 1000℃，补炉时只有 500℃ 左右，所以耐火砖的工作条件是恶劣的、苛刻的。

电弧炉炉衬主要包括炉底、炉坡、炉壁、炉盖等部位，炉衬用的耐火材料有碱性和酸性两种。目前绝大多数电弧炉采用碱性炉衬，如图 9-2 所示。

9.2.1　炉底、炉坡的筑砌与打结

炉底和炉坡组成熔池，是装料和盛装钢液的部位，直接与钢液和熔液层接触。有的电弧炉还向钢液吹氧、造渣，进行精炼。因此，炉底、炉坡除经受弧光、高温、急冷急热作用或渣钢侵蚀与冲刷外，还要承受熔渣和钢液的全部重力及顶装料的振动与冲击，如果热停留时间过长，又将引起耐火材料的渣化与粉化；再者，还要承受氧化沸腾或还原精炼的各种物化反应的作用，如果吹氧、造渣、搅拌等操作不当，极易造成炉底和炉坡减薄、出现坑洼或鼓胀等而影响使用。

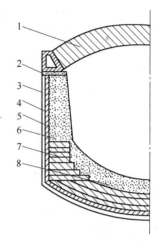

图 9-2　碱性电弧炉炉衬
1—高铝砖　2—填充物（镁砂）　3—钢板
4—石棉板　5—黏土砖　6—镁砂打结炉壁
7—镁砂永久层　8—镁砂打结炉底

碱性电弧炉的炉底、炉坡主要有焦油镁砂、卤水镁砂、焦油镁砂机制砖，镁砂混合料干式打结等方式，它们有各自的特点。

1. 炉底、炉坡的筑砌

炉底、炉坡分为绝热保温层、砌砖层和工作层三层。

绝热保温层的主要作用是绝热保温、减少炉内热量损失。通常的砌法是在靠炉壳钢板上铺厚度为 10~15mm 的石棉板，并将对准透气孔处的石棉板钻通，再铺上一层厚度为 20~30mm、粒度不大于 0.5mm 的硅藻土粉，然后再平铺平砌一层厚度为 65mm 的轻质黏土砖（泡沫砖）或黏土砖，砖缝不大于 1.5mm，并用硅藻土粉填充缝隙。

绝热保温层之上为砌砖层，主要作用是保证炉底炉坡的坚固性，一般采用烧结镁砖或镁铬砖等优质耐火制品。砌砖层的砖型有异型和标准型两种。砌砖层的厚度因炉子容量大小而异，但一般按下述原则考虑：砌砖层厚度+打结层厚度 ≈ 熔池深度；砌砖层厚度 ≈ 打结层厚度。炉底的砌砖方法有平砌、侧砌和竖砌三种。砌制时，首先在绝热保温层上人字形平砌 1~2 层，要求平整、挤紧，砖缝应小于 1.5mm，层与层之间的砌制要交叉成 60° 或 45° 角的错缝，不得平行或成直角，然后再侧砌或竖砌。每层砖砌完后，要用粒度小于 0.5mm 的同质砖粉填充砖缝。

炉底砌完后，用保温砖竖砌熔池的侧壁并高于渣线，然后再砌炉坡。炉坡一般采用竖砖环砌法，使内外层直缝错开，各种砖缝要小于 1.5mm。砌制过程中，用卤水混合与砖同质的耐火泥料抹缝。

在砌砖层的上部是容纳熔渣和钢液的工作层。工作层由于直接与渣钢接触，热负荷高，机械振动强烈，化学侵蚀、冲刷严重，所以极易损坏。因此，对工作层的筑砌或打结质量要求很严格。目前，炉底、炉坡工作层的筑砌方法主要有三种：镁砂或其他耐火材料的干式打结或与黏结剂混合的人工打结、机械振动浇灌成形捣制、耐火制品的筑砌。采用机制耐火砖筑砌的方法劳动条件好，生产率高，也有较高的使用寿命。

2. 炉底、炉坡的打结

（1）焦油（沥青）镁砂炉底、炉坡的打结 炉壳砖砌完后，在打结前要先烘烤，使砖表面温度达到 60~80℃，清除上面的浮尘杂物，均匀呈网状刷上少许焦油，然后铺砂打结。第一层铺砂应铺得略厚些，但不超过 30mm，其余各层铺砂厚度不超过 20mm。首先粗打一遍，然后再密锤细打，做到薄铺、多打。为保证打结层之间黏结牢固，在打好一层后，可划些沟道，并吹扫干净，再打下一层；如气温较低时，层与层之间也可呈网状刷少许的焦油（沥青）。高质量的打结表面呈青白色，不显砂纹，也不发泡，用风锤冲打时能发出金属的响声，或用尖铁锤敲击时，敲击处留有白点，未达到这个标准应继续打结或扒掉，重新铺砂后打结。

由于炉底、炉坡的工作条件恶劣，其工作层一般用 MS-88Ga 镁砂，其粒度配比见表 9-1。

表 9-1 焦油（沥青）镁砂炉底、炉坡的镁砂粒度配比

粒度	>8	>6~8	>2~6	≤2
配比(%)	60	30	5	5

大粒镁砂起骨料作用，用以保证强度，小粒镁砂填充空隙使其致密。焦油（沥青）主要起黏结作用，能使散状镁砂黏结成统一整体，并防止镁砂水化。

配油量、打结温度及打结压力是打结过程的三要素。油量过多，打结层发软，过少打结层又不坚固，一般焦油与镁砂的质量比为（6~8）：100；打结温度过高，表面发泡，过低不易打结，夏季一般控制在 100~120℃，冬季为 130~150℃；打结压力过大，易使镁砂层松动，甚至开裂，过小又不结实，一般压力应保持在 0.6~0.7MPa。打结过程最好是连续作业，打结完毕的炉底、炉坡应呈半球形，且出钢口前的部位要有合适的坡度。

（2）卤水镁砂炉底、炉坡的打结 卤水镁砂炉底、炉坡的特点是可防止钢液增碳，打结与焦油（沥青）镁砂打结基本相似。卤水、镁砂粉（≤0.5mm）与镁砂的质量比为 2：4：6。打结前应将砖面加热到 200℃ 左右。热打结时，打好一层后用煤气进行烘烤，待表面基本凝固后再打结下一层。

（3）镁砂混合料炉底、炉坡干式打结 该方法可以获得密度高、显气孔率低以及在烧结过程中不开裂的炉底和炉坡。打结时要使用大底面风锤，风压为 0.6~0.7MPa。一般先从炉边按圆周向中心捣打，然后由炉中心向边缘放射形捣打。

9.2.2 炉壁的筑砌

冶炼过程中，炉壁除承受高温、急冷急热作用外，还承受炉气、烟尘、弧光辐射作用和料框的碰撞与振动等；又由于渣线部位与熔渣、钢液直接接触，化学侵蚀、渣钢的冲刷相当严重。因此，炉壁在高温下应具有足够的强度和抵抗冲刷与冲击的能力。

炉壁与炉底、炉坡紧密相接，也分为绝热保温层、砌砖层和工作层。绝热保温层紧靠炉壳，是由厚度为 10~15mm 的石棉板和里面竖砌一层黏土砖组成。炉壁的工作层常见的有用砖砌制、大块镁砂打结砖装配、卤水镁砂管修砌整体打结及水冷炉壁等。

用砖砌制耗费工时少，劳动条件好，具有较高的耐火度和使用寿命。碱性炉壁多用镁砖、镁铬砖、镁铝砖。砖的砌制一般为干砌，交错堆放，砖缝不大于 1.5mm。

大块镁砂打结砖装配的炉壁使用寿命较高，筑砌时劳动条件也好。一般是用焦油（沥青）混合镁砂打结成砖，打结操作及要求与炉底、炉坡的打结相同。为了提高渣线寿命，该部位可掺入质量分数为 15% 的电极粉。

卤水镁砂管砌筑的炉壁适合用在不连续生产的小电弧炉上，因间隔生产，在炉壁表面容易生成氧化皮，可保护炉壁镁砂不易粉化，从而提高使用寿命。但钢管消耗大，操作耗费工时，不经济。

整体打结炉壁多用于备用炉壳上，可缩短维修时的热停工时间，提高电弧炉的作业率。水冷炉壁是一项有效的新技术，它将特制的水冷块或蛇形管放入炉壁中，使炉壁持久耐用。

9.2.3　炉盖的筑砌

炉盖的工作条件也十分恶劣，它一般承受1400℃以上的高温，尤其是还原期长时间的高温精炼是它损坏的主要原因。另外，炉外急冷急热的变化和外部灰尘的覆盖使其散热不好，电极孔、加料孔处气体对流作用会降低使用寿命。在冶炼过程中，烟尘和炉气对炉盖耐火材料的化学侵蚀也非常严重，特别是碱性炉采用硅砖炉盖时，易在炉盖的内表层形成低熔点的化合物而引起炉盖熔化。此外，弧光反射与辐射的影响，如送电初期弧光裸露且距炉盖较近，对其灼伤严重。当操作不正常时，如熔渣过稀，弧光不能被包围，使炉盖熔损得更快，还有炉内与炉外的压力不平衡、机械碰撞与振动以及噪声波的冲击等，对炉盖的寿命也有不利的影响。

常用的炉盖种类包括砖砌、捣筑、水冷等几类。砖砌炉盖用的砖多为高铝砖或铝镁砖，砌筑方法有人字形砌砖和环形砌砖法两种。砌制过程中，砖缝必须错开且小于1.5mm，表面要一致，逐砖砌制、逐砖敲严，使砖不轻易产生局部剥落。

捣筑炉盖采用铝酸盐耐火混凝土或硫酸盐耐火混凝土，整体性好；但在使用过程中，由于炉盖尺寸较大，耐火混凝土热导率较低，处理不当时可能出现不规则的开裂或剥落现象。

水冷炉盖有全水冷炉盖和半水冷炉盖两种。炉盖由上表面和下表面两部分用锅炉钢板焊接而成，下表面工作条件恶劣。水冷炉盖提高了炉盖的使用寿命，简化了水冷系统，节约了大量耐火材料，改善了劳动条件。

9.3　电弧炉熔炼工艺过程

9.3.1　配料计算

1. 炉料成分的配定原则

配料过程中，炉料化学成分的配定主要考虑钢种规格成分、冶炼方法、元素特性及工艺的具体要求等。

（1）碳的配定　炉料中碳的配定主要考虑钢种规格成分、熔化期碳的烧损及氧化期的脱碳量，还应考虑还原期补加合金和造渣工艺对钢液的增碳。熔化期碳元素的烧损与助熔方式有关，可根据实际生产的具体条件，总结固有规律，一般波动在0.60%左右。氧化期的脱碳量应根据工艺的具体要求而定，对于新炉时的第一炉，脱碳量应大于0.40%。不氧化法碳的配定应保证全熔碳位于钢种规格要求的下限附近。

（2）硅的配定　在一般情况下，氧化法冶炼钢铁料的硅主要是由生铁和废钢带入，全熔后硅的质量分数不应大于0.30%，以免延缓熔池的沸腾时间。返吹法冶炼为了提高合金元素的收得率，根据工艺要求可配入硅废钢或硅铁，但也不宜超过1.0%以上，对于特殊情况也可不配。

（3）锰的配定　用氧化法冶炼的钢种，如锰的规格含量较高，配料时一般不予以考虑；如锰的规格含量较低，配料时应严格控制，尽量避免炼钢工进行脱锰操作。对于一些用途重要的钢种，为了使钢中的非金属夹杂物能够充分上浮，熔清后钢液中锰的质量分数不应低于0.20%，但也不宜过高，以免影响熔池的沸腾及脱磷。由于不氧化法或返吹法冶炼脱锰操作困难，因此配锰量不得超过钢种规格的中限。高速钢中锰影响钢的晶粒度，配入量应越低越好。

（4）铬的配定　用氧化法冶炼的钢种，钢中的铬含量应尽量低些。冶炼高铬钢时，配铬量不氧化法按出钢量的中下限控制，返吹法则低于下限。

（5）镍、钼元素的配定　钢中镍、钼含量较高时，镍、钼含量按钢种规格的中下限配入，并同炉料一起装炉。冶炼无镍钢时，钢铁料中的镍含量应低于该钢种规定的残余成分。高速钢中的镍对硬度有害无利，因此要求残余镍含量越低越好。

（6）钨的配定　钨是弱还原剂，在钢的冶炼过程中，因用氧方式的不同而有不同的损失。矿石法冶炼，任何钢种均不人为配钨，且要求残余钨含量越低越好。不氧化法和返吹法冶炼时，应按钢种规格含量的中下限配入，并同炉料一起装炉。许多钨钢中的钼在成分上可代替部分钨，配料过程中应严加注意。

（7）洗炉钢种炉料成分的配定原则　在电弧炉炼钢车间，在冶炼含 Cr、Ni、Mo、W 或 Mn 等高合金钢结束后，接着应冶炼 1～2 炉含同种元素含量相应较低的合金钢，对上一炉使用的炉衬和钢包进行清洗，这样的钢种称为洗炉钢种。洗炉钢种如采用返吹法冶炼，被洗元素的质量分数应低于该钢种规格下限的 0.20%～0.50%；如用氧化法冶炼，被洗元素的含量还要低一些。另外，出钢温度越高的钢种，被洗元素的含量应配得越低。

（8）磷、硫的配定　除磷、硫钢外，一般钢中的磷、硫含量均是配得越低越好，但顾及钢铁料的实际情况，在配料过程中，磷、硫含量的配定小于工艺或规程要求所允许的值即可。

（9）铝、钛的配定　在电弧炉钢冶炼中，除镍基合金外，铝、钛元素的烧损均较大，因此无论采用何种方法冶炼，一般都不人为配入。

（10）铜的配定　在钢的冶炼过程中，铜无法去除，且钢中的铜在氧化气氛中加热时存在着选择性的氧化，影响钢的热加工质量，因此一般钢中的铜含量应配得越低越好，而铜钢中的铜多随用随加。

2. 配料计算公式

（1）出钢量　出钢量＝产量＋汤道量＋中注管钢量＋注余量。其中，产量＝标准钢锭（钢坯）单个质量×支数×相对密度系数；汤道量＝标准汤道单个质量×根数×相对密度系数；中注管钢量＝标准中注管单个质量×根数×相对密度系数；注余量是浇注冒口充填后的剩余钢液量，一般为出钢量的 0.5%～1.5%，对于容量小、浇注铸型多、生产小件时，取上限值，反之取下限值。

（2）装入量　装入量＝装料量/炉料综合收得率。炉料综合收得率是根据炉料中杂质和元素烧损的总量而确定的，烧损越大，配比越高，综合收得率越低。炉料综合收得率＝∑各种钢铁料配料比×各种钢铁料收得率＋∑各种铁合金加入比例×各种铁合金收得率。

钢铁料的收得率一般分为三级：

一级钢铁料的收得率按 98% 考虑，主要包括返回废钢、软钢、平钢、洗炉钢、锻头、生铁以及中间合余料等，这级钢铁料表面无锈或少锈。

二级钢铁料的收得率按 94% 考虑，主要包括低质钢、铁路建筑废器材、弹簧钢、车轮等。

三级钢铁料的收得率波动较大，一般按 85%～90% 考虑，主要包括轻薄杂铁、链板、渣钢铁等。这级钢铁料表面锈蚀严重，灰尘杂质较多。对于新炉衬（第一炉），因镁质耐火材料吸附铁的能力较强，钢铁料的收得率更低，一般还应多配装入量的 1% 左右。

（3）配料量　配料量＝装入量—铁合金总补加量—矿石进铁量。其中，矿石进铁量＝矿石加入量×矿石含铁量×铁的收得率。矿石的加入量一般按出钢量的 4% 算，如果铁合金的总补加量较大，应在出钢量中扣除铁合金的总补加量，然后再计算矿石进铁量。矿石中铁的质量分数一般为 50%～60%，铁的收得率按 80% 考虑，非氧化法冶炼因不用矿石，故无此项。

（4）各种材料配料量　各种材料配料量＝配料量×各种材料配料比。

9.3.2　装料方法及操作

装料是电弧炉冶炼过程中重要的一环，它对炉料的熔化、合金元素的烧损以及炉衬的使用寿命等都有很大的影响。

1. 装料方法

电弧炉炼钢最常见的是冷装料。冷装料按钢铁料的入炉方式不同，可分为人工装料和机械装料。机械装料因采用设备不同，又分为料槽、料斗、料筐装料等多种。

人工装料多用于公称容量小于 3 t 的电弧炉，缺点是装料时间长，生产率低，热量损失大，电能消耗高，劳动强度大且炉料的块度和单重受炉门尺寸及人的体力限制。

料槽或料斗装料虽能减轻劳动强度，弥补人工装料的一些缺点，但装料时间仍较长，且易刚碰炉门。

料筐顶装料是目前最理想、用得最广泛的装料方法。该炉料入炉速度快，只需 3~5min 就可完成，热量损失小，节约电能，能提高炉衬的使用寿命，还能充分利用熔炼室的空间。另外，料筐中的料可在原料跨间或贮料场上提前装好，时间充裕、布料合理，装入炉内的炉料仍能保持它在料筐中的布料位置，如炉料质量好，一次即可完成装料。

料筐顶装料的过程是：将炉料按一定要求装在用铁链销固定底部的料筐中。装料时，先抬起炉盖，并将炉盖旋转到炉子的后侧或将炉体开出；然后再用桥式起重机将料筐从炉顶吊入炉内，而后拉开铁链销卸料入炉。

2. 对装料的要求

为了缩短时间，保证合金元素的收得率，降低电耗和提高炉衬的使用寿命，装料时要求做到：准确无误、快速入炉、装得致密、布料合理。操作时应注意以下几点：

（1）防止错装　装料时，要严格按配料单进行装料，严禁装错炉料；炉前吊筐时，要认真检查随料筐单的炉号、冶炼钢种及冶炼方法等与炉前的生产计划单是否相符，防止吊错料筐。

（2）快速装料　刚出完钢时，炉膛温度高达 1500℃ 以上，但此时散热很快，几分钟内便可降到 800℃ 以下。因此，应预先做好装料前的准备工作，进行必要的补炉之后快速将炉料装入炉内，以便充分利用炉内的余热，这对于加速炉料熔化、降低电耗等有很大意义。

（3）合理布料　合理布料包括两方面的含义：首先，各种炉料的搭配要合理。装入炉内的炉料要足够密实，以保证一次装完，同时，增加炉料的导电性，以加速熔化。为此必须大、中、小料合理搭配。一般料块质量小于 10kg 的为小料，10~25kg 的为中料，大于 50kg 而小于炉料总质量 1/50 的为大料。根据生产经验，合理的配比是小料占 15%~20%，中料占 40%~50%，大料占 40%。其次，各种炉料的分布要合理。根据电弧炉内温度分布的特点，各种炉料在炉内，即筐内的合理位置是：底部装一些小料，用量为小料总量的一半，以缓冲装料时对炉底的冲击，同时有利于尽早在炉底形成熔池；然后在料筐的下部中心装全部大料，此处温度高，有利于大料的熔化，同时还可防止电极在炉底尚未积存足够深的钢液前降至炉底而烧坏炉衬；在大料之间填充小料，以保证炉料密实；中型炉料装在大料的上面及四周；最上面放上剩余的小料，以便送电后电极能很快"穿井"，埋弧于炉料之中，减轻电弧对炉盖的热辐射。如果炉料中配有生铁，应装在大料的上面或电极下面，以便利用它的渗碳作用降低大料的熔点，加速其熔化。若炉料中配有合金，熔点高的钨铁、钼铁等应装在电弧周围的高温区，但不能在电弧的正下方；高温下易挥发的铁合金（如锰铁、镍板等）应装在高温区以外，即靠近炉坡处，以减少其挥发损失；容易增碳的铬铁合金也不要直接放在电极下面。

（4）保护炉衬　装料时，还应尽量减轻炉料对炉衬的损害。为此，装料前，在炉底上先铺一层为炉料质量 1.5%～2.0% 的石灰，以缓解炉料的冲击；同时，炉底铺石灰还可以提前造渣，有利于早期去磷、加速升温和钢液的吸气等。卸料时，料筐的底部与炉底的距离在满足操作的条件下尽量小些，一般为 200～300mm。

9.3.3　炉料入炉与送电

1. 炉料入炉

料筐顶装料要有专人指挥，旋转炉盖时，炉盖要完全抬起，电极要升到顶点且下端脱离炉膛，以防剐坏炉盖或电极，同时又要求电极下端不许超出炉盖的水冷圈或绝缘圈，避免摇晃摆动时将电极折断后滚落而砸坏设备或砸伤人。

炉膛裸露后，应迅速将料筐吊入炉内的中心位置，不得过高、过偏与过低。过高容易砸坏炉底，且桥式起重机振动大；过偏将使炉料在炉中布局偏倚，抬料筐时也容易带剐炉壁；过低易粘坏料筐的链板。

采用留钢留渣操作时，装料时应多垫些杂铁，并允许料筐抬得略高些。对于多次装料，每次均要切电。因炉内存有大量的钢液，料筐应抬得再高些。这样既可避免粘坏料筐，又可减少火焰与钢液的任意喷射与飞溅。潮湿的炉料严禁装入多次装料的料筐中。

炉料入炉后，对于过高的炉料应压平或吊出，以免影响抽炉或炉盖的旋转与扣合。

2. 送电

炉料入炉后并在送电前，电弧炉炼钢工和设备维护人员应对炉盖、电极、水冷系统、机械传动系统、电气设备等进行检查，如发现故障要及时处理，以免在冶炼过程中造成停工；还应检查炉料与炉门或水冷系统是否接触，如有接触要立即排除，以免送电后被击穿。

如电极不够长时，最好在送电前更换，以利于一次穿井成功。在冶炼低碳高合金钢时，应注意电极的接尾或接头，如发现不牢固或有毛刺要打掉，避免冶炼过程中增碳。新换电极下端应无泥土或其他绝缘物质，以免影响起弧。当完成上述工作并确认无误后，方可正常送电转入熔化期。

9.3.4　熔化期及其操作

熔化期的主要任务是在保证炉体寿命的前提下，以最少的电耗将固体炉料迅速熔化为均匀的液体，同时炉中还伴随着发生一些物理、化学反应，如去除钢液中的大部分磷和其他杂质，以及减少或限制钢液的吸气与元素的挥发等。此外，有目的地升高熔池温度，为下一阶段冶炼的顺利进行创造条件，也是熔化期的另一重要任务。

传统的电弧炉炼钢熔化期约占全炉冶炼时间的一半，电能消耗占总电耗的 50%～60%。因此，快速化料，缩短冶炼时间，对改善电弧炉炼钢的技术经济指标具有实际意义。

1. 炉料的熔化过程

送电开始后，就是熔化期的开始，炉料的熔化过程大体上分四个阶段，如图 9-3 所示。

（1）起弧阶段　送电后，电极下降。当电极端部距炉料有一定的距离时，由于强大电流的作用，中间的空气被电离成离子，并放出大量的电子而形成导电的电弧，随之产生大量的光和热。起弧阶段的时间较短（3～5min），但常出现瞬时短路电流，所以电流一般不稳定并造成了对电网的冲击，从而产生了灯光闪烁或电视图像干扰等现象。

（2）穿井阶段　起弧后，在电弧的作用下，电极下的炉料首先熔化，随着炉料的熔化，电极逐渐下降并到达它的最低位置，这就是穿井阶段。一般来说，极心圆较大的电弧炉往往在炉料中央部位，电极把炉料穿成比电极直径大 30%～40% 的三口小井；而极心圆较小的电弧炉三相电

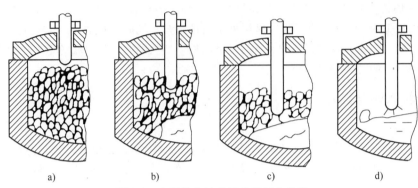

图 9-3　电弧炉内炉料熔化的四个阶段

a）起弧阶段　b）穿井阶段　c）电极回升阶段　d）熔化低温区炉料阶段

极间的炉料几乎同时熔化，一开始便容易形成一口大井。在穿井阶段，电极下熔化的金属液滴顺着料块间隙向下流动。开始时炉温较低，液滴边流动边凝结在冷料上；当炉温升高后，熔化的液滴便落在炉底上积存下来形成熔池并逐渐扩大。

（3）电极回升阶段　这个阶段主要是熔化电极周围的炉料，并逐渐向外扩大。随着熔化继续的进行，中央部分的炉料跟着熔化，三口小井汇合成一口大井，熔池面不断扩大上升，电极也相应向上抬起，这就是电极回升阶段。在电极回升过程中，周围炉料被熔化。当炉内只剩下炉坡、渣线和其他低温区附近的炉料时，该阶段即告结束。

（4）熔化低温区炉料阶段　三相电弧近似于点热源，各相的热辐射不均匀，所以炉内的温度分布也不均匀。一般情况下，炉门、出钢口两侧及炉壁处低温区的炉料熔化较慢，第四阶段主要是熔化这些部位的炉料。在此过程中，电极虽然也继续稍有回升，但不明显。

2. 熔化期的物理、化学反应

炉料熔化的同时，熔池中也发生各种各样的物理、化学反应，主要有元素的挥发和氧化、钢液的吸气、热量的传递与散失，以及夹杂物的上浮等。

（1）元素的挥发　炉料熔化的同时，伴随着元素的部分挥发。挥发有直接挥发和间接挥发两种形式。直接挥发是因温度超过元素的沸点而产生的。电弧的温度高达 4000~6000℃，而最难熔元素 W 的沸点也仅为 5900℃，至于低沸点的 Zn、Pb 等就更容易挥发了。间接挥发是通过元素的氧化物进行的，即先形成氧化物，然后氧化物在高温下挥发逸出。一般来说，多数金属氧化物的沸点低于该金属的沸点，如 Mo 的沸点为 4800℃，而 MoO_3 的沸点仅为 1100℃，因此许多金属氧化物的挥发往往先于该元素的直接挥发。熔化期从炉门或电极孔逸出的烟尘中含有许多金属氧化物，其中最多的还是 Fe_2O_3，这是因为铁在炉料中占的比例最大，液态铁的蒸气压也较大，所以熔化期逸出的烟尘多为棕红色。

（2）元素的氧化　炉料熔化时，除产生元素的挥发外，还存在着元素的氧化。这是因炉中存在着氧的来源：一是炉料的表面铁锈；二是炉气；三是为了脱磷而加入的矿石或为了助熔而引入的氧等。在炉料熔化过程中，元素氧化损失量与元素的特性、含量、冶炼方法、炉料表面质量及吹氧强度（压力、流量、时间）等因素有关。Fe、C、Mn 的氧化损失量在氧化法和返吹法中基本相似。在一般情况下，Al、Ti、Si 元素在氧化法中几乎全部氧化掉，P 只能大部分氧化，但这些元素在返吹法中，因不使用矿石助熔，氧化损失略少些，而在不氧化法中为最少。在冶炼高合金钢时，如炉料中的配硅量大于 1.0%，硅的氧化损失量为 50%~70%。铁的氧化损失量通常为 2%~6%。废钢质量越差，熔化时间越长，吹氧强度越大，铁的氧化损失也越大。碳的氧化损失量一般为 0.60%，但不用氧时碳的损失不太大。而用氧时，碳的变化与钢液中的碳含量、吹氧强度有关。当炉料中的配碳量小于 0.30% 时，碳的氧化损失不大，并可由电极增碳所弥补；配碳量大于 0.30% 时，碳的氧化损失要多些。吹氧助熔的氧气压力越大、流量越多、吹氧时间越长，碳的损失也越多。碳的氧化损失还随炉料中硅含量的增高而降低，这是硅同氧的亲和力在 1530℃ 以下时大于碳的缘故。炉料熔化过程中，有时因塌铁而引起熔池沸腾，也会使碳的氧化损失增加，这主要是由于熔池中的金属液无熔渣覆盖，液面富集大量的 FeO 与碳反应的结果。

（3）钢液的吸气　在一般情况下，气体在钢液中的溶解度随温度的升高而增加，被高温电弧分解出的氢和氮会因温度的升高直接或通过渣层溶解于钢液中。在熔化期，钢液具有较好的吸气条件，这是因为除大气外，炉料中还含有一定的水分。而且熔化初期的钢液液滴向下移动时是裸露的，而初期的熔池有时又无熔渣覆盖，液滴直接与炉气接触。为了减少钢液的吸气量，应尽早造好熔化渣。熔化期合理的吹氧助熔也能降低钢中的气体含量。

（4）热量的传递与散失　热量的传递与散失属于物理过程。熔化期熔池中主要进行着热传导。炉料除了吸收炉衬的余热外，绝大部分热量是从电弧获取的，在起弧和穿井阶段热量由上向下传递；当熔池有熔渣覆盖后，热量通过熔渣传给钢液，这时的热量仍是由上向下传递，一般来说，熔渣的温度高于钢液的温度。当然，在炉中还有热量的辐射与反射，但不是主要的。关于辅助热源，由于提供的方式不同，传递方向也不同。熔池出现后，初期如无熔渣覆盖或熔渣较少，热量散失严重。为了减少散热，应尽早造好熔化渣。

（5）夹杂物的上浮　熔池出现后，钢液中就存在着内在夹杂和外在夹杂。随着熔池的扩大，这些夹杂物也就有不同程度的上浮，它们是熔化渣的来源之一。实践证明，合理的吹氧助熔和尽早造好熔化渣能促使夹杂充分上浮。吹氧后，由于氧气流的作用，造成熔池局部沸腾，进而有助于夹杂物的碰撞和上浮；理想的熔化渣不仅对脱磷有利，而且还能很好地捕捉、吸附非金属夹杂物。

3. 熔化期脱磷操作

熔化期的正确操作，可以把钢中的磷去除 50%~70%，剩余的残存磷在氧化期借助于渣钢间的界面反应、自动流渣、补造新渣或采用喷粉脱磷等办法继续去除。因此应在熔化期做好脱磷操作。

熔化期提前造好熔化渣，并使之具有适当的碱度和较好的流动性，能为前期脱磷创造有利的条件。另外，在条件允许的情况下，除加入助熔矿石外，还可在大半熔时分批加入料重 1% 的氧化皮或矿石粉，或在垫炉底灰的同时装入少量的铁矿石等，从中提高熔化渣的氧化能力；在炉料大半熔或全熔后扒除部分熔化渣，对于高磷炉料或磷规格要求较严的钢种，也可全部扒除，然后重造新渣，更是强化脱磷的行之有效的好办法。

4. 熔化期操作

送电后应紧闭炉门，堵好出钢口，扣严炉盖与炉壁的接合处及加料孔等，以防冷空气进入炉内。在起弧阶段结束后，还要调放电极长度，使一次穿井成功并能保证全炉冶炼的需要。备有氧-燃烧嘴装置的炉子也应适时点燃，以使炉料能够同步熔化。多次装料时，在炉料每次塌铁后，熔炼室能容纳下一料筐中的料时再装入。在炉料熔化过程中，还应适时地进行吹氧、推铁或加矿助熔及早期造渣与脱磷等操作。熔化末期如果发现全熔碳不能满足工艺要求，一般应先进行增碳操作。

熔化渣的渣量一般为炉料的 2%~3%，电弧炉功率越高取值越大。炉料全熔并经搅拌后，取全分析样，然后扒除部分熔化渣，补造新渣。如果认为脱磷困难或发现熔渣中含有大量的 MgO，也可进行全扒渣，重新造渣。当熔池温度升到符合工艺要求时，方可转入下一阶段的冶炼。

9.3.5　氧化期及其操作

目前，氧化期主要是以控制冶炼温度为主，并以供氧和脱碳为手段，促进熔池激烈沸腾，迅速完成所指定的各项任务。在这同时，也为还原精炼创造有利的条件。

不配备炉外精炼的电弧炉氧化期的主要任务有：继续并最终完成钢液的脱磷任务，使钢中磷降到规程规定的允许含量范围内；去除钢液中的气体；去除钢液中的非金属夹杂物；加热并均匀钢液温度，使之满足工艺要求，一般是达到或高于出钢温度，为钢液的精炼创造条件。

在上述任务完成的同时，钢液中的 C、Si、Mn、Cr 等元素及其他杂质也发生不同程度的氧化。配备炉外精炼装置的冶炼，电弧炉只是一个高效率的熔化、脱磷与升温的工具。在这种条件下，钢液中的气体及非金属夹杂物的去除等，均移至炉外进行，而氧化期的任务也就得以减轻。

1. 氧化方法

（1）矿石氧化法　矿石氧化法属于间接方式的供氧，它主要是利用铁矿石或其他金属化矿石中的氧，通过扩散转移来实现钢液中的 C、Si、Mn 等元素及其他杂质的氧化。

该法的特点是渣中（FeO）浓度高，脱磷效果好。碳和钢液中 [FeO] 的反应是脱碳过程的主要反应，但 [FeO] 必须通过（FeO）的扩散转移来实现，因此脱碳速度慢，氧化时间长。而铁矿石的分解是吸热反应，会降低熔池温度，所以矿石加入前炉中应具有足够高的冶炼温度。

矿石氧化法的钢液中容易带进其他夹杂。因渣中（FeO）含量高，所以熔渣的流动性较好。

（2）氧气氧化法　氧气氧化法又称纯氧氧化法。它主要是利用氧气和钢中的 C、Si、Mn 等元素及其他杂质的直接作用来完成钢液的氧化，各元素氧化的动力学条件好，在供氧强度较高的情况下，更有利于低碳钢或超低碳钢的冶炼。

氧气氧化属于放热反应，进而也有利于提高和均匀熔池温度而减少电能消耗。此外，氧气氧化后，钢液纯洁，带进其他杂质少，且吹氧后，钢液中的氧含量也少，所以又有利于后面工序中钢液的脱氧。但由于渣中（FeO）含量不高，因此脱磷效果差，熔渣的流动性也差。

（3）矿、氧综合氧化法　在电弧炉钢生产过程中，矿石氧化和氧气氧化经常交替穿插或同时并用，这就是所谓的矿、氧综合氧化。其特点是脱碳、升温速度快，既不影响钢液的脱磷，又能显著缩短冶炼时间。但该法如操作不熟练，难以准确地控制终脱碳。

2. 脱碳操作

（1）钢液的加矿脱碳　由于矿石的熔化与分解及 FeO 的扩散转移均吸热，所以脱碳反应的总过程是吸热。钢液的加矿脱碳开始时必须要有足够高的温度，一般应大于 1530℃。为了避免熔池急剧降温，矿石应分批加入，每批的加入量约为钢液质量的 1.0% ~ 1.5%，而在前一批矿石反应开始减弱时，再加下一批矿石，间隔时间为 5~7min。

熔池的均匀激烈沸腾主要通过对矿石的加入速度和保持合适的间隔时间来控制。当熔池温度较高时，矿石的加入速度也不能太快，如在炉门及电极孔冒出猛烈的火焰，则应停止加矿，以避免发生喷溅或跑钢事故。

钢液的加矿脱碳原则上是在高温、薄渣下进行的。但考虑到钢液的继续脱磷与升温，温度控制是先慢后快，渣量是先大后薄，且还要有足够的碱度及良好的流动性。黏稠的熔渣不仅不利于脱磷，也不利于渣中（FeO）的扩散及 CO 气泡的排除，特别是在钢液温度不太高的情况下，熔池容易出现"寂静"的现象，加矿后熔池不沸腾，这时应立即停止加矿，而要用萤石调整熔渣的流动性并升温。

脱碳初期，流动性良好的熔渣在 CO 气泡的作用下呈泡沫状，并经炉门能自动流出，如不能流出应进行调整，否则以后也难以做到高温、薄渣脱碳。

理想的全熔碳应满足工艺的要求，但因装料贻误或助熔不当，有时出现脱碳量过大或不足。脱碳量过大不仅增加了各种原材料的消耗，而且也延长冶炼时间，脱碳量不足应进行增碳，这两种情况对操作不利，应尽量避免。

（2）钢液的吹氧脱碳　钢液的吹氧脱碳有碳的直接氧化和碳的间接氧化两种情况。吹入钢液中的氧直接与钢液中的碳发生反应属于碳的直接氧化，而吹入钢液中的氧先与钢液中的铁反应，然后生成的［FeO］再与钢液中的碳进行反应，属于碳的间接氧化。

吹入钢液中的高压氧气流以大量弥散的气泡形式在钢液中捕捉气泡周围的碳，并在气泡表面进行反应。与此同时，氧气泡周围形成的［FeO］与钢液中的碳作用，反应产物也进入气泡中。而［FeO］的出现与扩散，又提高了钢液中的氧含量。因此，碳的氧化不仅可以在直接吹氧的地方进行，而且也能在熔池中的其他部位进行。

吹氧脱碳最大的特点是脱碳速度快，一般为 0.03% ~ 0.05%/min，而且钢液温度越高、供氧量越大、钢中的碳含量越高，脱碳速度越快。

当钢液中碳的质量分数降低到 0.10% 以下时，钢液中所需与碳平衡的氧量将急剧上升，而与钢液中碳平衡所需渣中的氧量也是上升的。这时要保持脱碳速度，就必须增加供氧量。加矿脱碳受到炉温下降的影响，一次不能加得太多，且渣中（FeO）向钢中的扩散转移又是限制环节，而吹氧脱碳不受这种限制。因此，当钢液中碳的质量分数降到 0.10% 以下时，吹氧脱碳优于加矿脱碳，且两者的速度也有显著的差别。生产实践也证明，在冶炼低碳或超低碳钢时，吹氧容易把碳很快降到很低，而且合金元素的氧化损失比矿石氧化要少，这使得利用返吹法冶炼高合金钢并回收炉料中的贵重合金元素成为可能。在其他条件相同的情况下，吹氧脱碳和加矿脱碳相比，渣中（FeO）的含量少，且钢液中［FeO］的最终含量也少，这样可减轻钢液精炼的脱氧负担。然而脱磷条件却恶化了，所以脱磷任务必须在熔化末期或氧化初期且当钢液的温度处于不太高的情况下就已完成。吹氧脱碳冶炼时间短，可提高产量 20% 以上，电耗降低 15% ~ 30%，电极消耗降低 15% ~ 30%，总成本降低 6% ~ 8%，且钢的质量也大有改善。吹氧降碳时，最好选用较高的氧压。因为氧压高，氧气流在钢液内可吹入到更深的部位，并能分裂成更多的小气泡，从而提高氧的利用率。此外，氧压高还可减少氧管的消耗，这是由于提高了脱碳速度，缩短了吹氧时间，提高了氧的流速，强化了对管壁端的冷却作用。

（3）钢液的加矿、吹氧综合脱碳　加矿、吹氧综合脱碳加大了向熔池供氧的速度，扩大了反应区，同时也减少了钢中氧向渣中的转移，又由于氧气流的搅动作用，使 FeO 的扩散速度加快，所以这种脱碳方法能使钢液的脱碳速度成倍地高于单独加矿或吹氧的脱碳速度。在操作过程中，矿石的加入是分批进行的，且先多后少，最后全用氧气。吹氧停止后，再进行清洁沸腾或保持锰等操作。

（4）碳含量的经验判断　钢液的碳含量主要依靠化学分析、光谱分析及其他仪器来确定。但在实际操作中，为了缩短冶炼时间，电弧炉炼钢工也常用经验进行准确的判断，方法介绍如下：

1）根据用氧参数来估计钢中的碳含量。在冶炼过程中，依据吹氧时间、吹氧压力、氧管插入深度、耗氧量或矿石的加入量、钢液温度、全熔碳含量等，先估算 1min 或一段时间内的脱碳量，然后再估计钢中的碳含量。因为这个办法使用方便，所以应用较多。

2）根据吹氧时炉内冒出的黄烟多少来估计钢中的碳含量。炉内冒出的黄烟浓、多，说明碳含量高，反之较低。当碳的质量分数小于 0.30% 时，黄烟就相当淡了。这个方法只能大概地估计钢中碳含量，难以做到准确的判断。

3）根据吹氧时炉门口喷出的火星估计钢中的碳含量。吹氧时炉门口喷出的火星粗密且分叉多则碳高，反之则低。

4）根据吹氧时电极孔冒出的火焰状况判断钢中的碳含量。该方法常用于返吹法冶炼高合金钢上。一般是碳含量高则火焰长，反之则火焰短。当棕白色的火焰收缩，且熔渣与渣线接触部分有一沸腾圈，这时的碳的质量分数一般小于 0.10%。在返吹法冶炼铬镍不锈钢时，当棕白色的火焰收缩并带有紫红色火焰冒出且炉膛中烟气不大，可见到渣面沸腾微弱，这时碳的质量分数为 0.06%~0.08%；如果熔渣突然变稀，这是过吹的象征，碳的质量分数一般小于 0.03%。碳含量低熔渣变稀，这种现象在冶炼超低碳钢时经常遇到。

5）根据表面张力的大小进行粗略的判断。当碳的质量分数为 0.30%~0.40% 和小于 0.10% 时，钢的表面张力较大，取样时，样勺的背面在钢液面上打滑。

6）根据试样断口的特征判断钢中的碳含量。这种方法是把钢液不经脱氧倒入长方形样模内，凝固后取出放入水中冷却，然后再打断，利用试样断口的结晶大小和气泡形状来估计钢中的碳含量。

7）根据钢饼表面特征估计钢中的碳含量。这种方法主要用于低碳钢的冶炼上。一般是舀取钢液不经脱氧即轻轻倒在铁板上，然后根据形成钢饼的表面特征来估计碳含量。

8）根据火花的特征鉴别钢中的碳含量。利用火花的特征鉴别钢中的碳含量应具备一台砂轮机。该方法偏差大，这主要是砂轮打磨出的火花与砂轮机的转数及砂轮的砂粒粗细等有关，在炉前并不常用。

9）根据碳花的特征判断钢中的碳含量，该方法简称碳花观察法。由于该方法简便、迅速、准确，因此获得普遍的应用。未经脱氧的钢液在样勺内冷却时，能够继续进行碳氧反应，当气泡逸出时，表面附有一薄层钢液的液衣，宛如空心钢珠，这就是火星。又因为气泡是连续逸出的，所以迸发出来的火星往往形成火线。如果钢中的游离碳较多，有时在火星的表面上还附有碳粒。当气泡的压力较大而珠壁的强度不足时，迸发出来的火星破裂，进而形成所谓的碳花。然而，CO 气泡压力随钢液碳含量的降低而降低，碳花的数目和大小也依次递减，火星的迸发力量也是由强到弱。有经验的炼钢工可根据火星（碳花）的数量、大小与破裂情况及迸发力量的强弱、火线的断续情况或发出的声音等进行判断，碳含量越低判断得越准确，误差常常只有 ±(0.01%~0.02%)。碳含量越高，碳花越大，分叉越多，跳跃越猛烈，也越缺乏规律性，因此碳含量很高时用该方法难以准确判断。当碳的质量分数超过 0.80% 时，碳花在跳跃破裂过程中还发出吱吱的响声。

碳花的具体观察方法有两种：一种是直接观察从勺内迸发出来的火星（碳花）情况；另一种是观察火星（碳花）落地后的破裂情况。碳钢的碳含量与碳花特征的关系见表 9-2。

表 9-2　碳钢的碳含量与碳花特征的关系

碳含量 （质量分数,%）	火星或碳花的颜色	火星与碳花的量	迸发力或破裂的情况	备注
0.05~0.10	棕白色	全是火星构成的火线无花	迸发无力	火线稀疏时有时无
0.10~0.20	白色	全是火星构成的火线中略有小花	迸发无力	火线稀疏时有时无
0.30~0.40	带红	火星 2/3,小花 1/3	迸发稍有力	火线细而稍密
0.50~0.60	红色	火线 2/3,小花 1/3 间带 2~3 朵大花	迸发有力	火线密而粗
0.70~0.80	红色	火线 1/3,小花 2/3,大花 3~5 朵	迸发有力,花内分叉,呈现二次破裂	

（续）

碳含量 （质量分数，%）	火星或碳 花的颜色	火星与碳花的量	进发力量或破裂的情况	备注
0.90~1.00	红色	火星少，小花多，大花 7~10 朵	进发有力、很强，花有圈，呈现三次破裂	当碳的质量分数超过0.80%以上时，碳花在跳跃破裂过程中发出吱吱的响声
1.10~1.20	红色	大花很多、很乱，略有火星	花跳跃频繁有力，花有圈呈现三次破裂	
1.30~1.40	红色	大花 1/3，紫花 2/3	花跳跃短而有力，多次破裂	
1.50~1.80	红色	几乎全是紫花	花跳跃短而有力，多次破裂	

利用碳花的特征判断钢中的碳含量，还应考虑一些其他因素的影响。温度过低，容易低看，而实际碳含量不是那么低；温度过高，容易高看，而实际碳含量又没有那么高。合金钢的碳花与碳钢基本相似，但形状因其他元素的影响而有所不同。与碳含量相同的碳钢比较，当 Mn、Cr、V 等元素含量较高时，碳花较大、分叉又多，容易估的偏高；当 W、Ni、Si、Mo 等元素含量较高时，碳花分叉较少，容易估的偏低。除此之外，如钢中的氧含量低于碳氧的平衡值时，碳花较少或无碳花，如经脱氧或真空处理的钢液就是如此。

3. 铁、硅、锰、铬等元素的氧化

在脱磷、脱碳反应进行的同时，钢液中其他元素和杂质也发生氧化。这些元素的氧化及氧化程度取决于：与铁比较该元素对氧的亲和力大小、该元素在钢液中的浓度、熔渣组成与该元素氧化物的化学性质（酸性或碱性）及冶炼温度等。除此之外，在实际冶炼中，钢液中各元素的氧化程度还受各元素氧化反应速度的影响，而这个速度又与熔渣的物理性能（黏度、表面张力）及熔池的物理状态有关。

铝对氧的亲和力很强，钛次之，钢液经熔化和氧化后，它们几乎全部氧化掉，而铁、硅、锰、铬等元素与铝和钛的情况不一样。

（1）铁的氧化　铁与氧的亲和力比其他元素（Cu、Ni、Co 除外）小，只要有别的元素存在，它就很难与氧结合，但在铁基钢液中，由于铁的浓度最大，所以它首先被氧化。当钢中的 C、Si、Mn、P 等元素进行氧化反应时，氧的主要来源是 FeO，因此铁的氧化能为其他元素的氧化贮存氧，这也说明 FeO 对氧的传递起着重要作用。

（2）硅的氧化　硅与氧的亲和力较大，但次于 Al 和 Ti，而强于 V、Mn、Cr。因此，钢液中的硅在熔化期将被氧化掉 70%，少量的残余硅在氧化初期也能降低到最低限度。

硅的氧化是放热反应，并随着温度的升高氧化程度减弱，且在碱性渣下比在酸性渣下氧化完全。在冶炼高铬不锈钢或返吹其他钢种时，炉料中往往配入一定量的硅，以保证钢液的快速升温及减少铬的烧损。反应生成物 SiO_2 不溶于钢液中，除一部分能上浮到渣中外，还有一部分呈细小颗粒夹杂悬浮于钢液中，SiO_2 可与其他夹杂物结合生成硅酸盐，如果去除不当而残留在钢中能成为夹杂。在碱性渣中，（FeO）能被更强的碱性氧化物（CaO）从硅酸铁中置换出来，生成的正硅酸钙（$2CaO \cdot SiO_2$）是稳定的化合物，使 SiO_2 分解压力变得更低，渣中（SiO_2）变得更小，所以在碱性渣下，硅的氧化较完全。

（3）锰的氧化　锰与氧的亲和力比硅小，到了熔化末期锰大约烧损 50%。如果熔化期渣中（FeO）含量和碱度较低时，烧损可能还要少些。在氧化期，钢液中的锰继续氧化，锰的氧化反应如下：

$$[Mn]+(FeO)\!\!=\!\!=\!\!=(MnO)+[Fe]$$

锰的氧化也是放热反应，且随着温度的升高氧化程度减弱。当钢液的温度升高到一定程度时，锰的氧化反应趋于平衡。因此，全熔后钢液中的锰含量较高时，可在氧化初期在较低的温度下进行氧化，并采取自动流渣或换渣的方式去除。

通常在电弧炉钢的实际冶炼过程中，锰含量的变化被看成是钢液温度高低的标志。这是因为熔池温度升高后，碳的氧化反应使渣中的（FeO）含量不断降低，溶于熔渣中呈游离状态的（MnO）就要参与碳的氧化反应，这时已趋于平衡的锰的氧化反应被破坏，而转变为锰的还原，反应式如下：

$$(MnO)+[Fe]\!\!=\!\!=\!\!=[Mn]+(FeO)$$
$$(FeO)+[C]\!\!=\!\!=\!\!=[Fe]+CO\uparrow$$
$$(MnO)+[C]\!\!=\!\!=\!\!=[Mn]+CO\uparrow$$

如果氧化末期钢液中的锰含量比前期高或氧化过程中锰元素没有损失，说明氧化沸腾是在高温下进行的。如果氧化末期钢液中的锰含量损失较多，说明氧化沸腾有可能是在较低的温度下进行的。

锰的氧化反应生成物（MnO）在钢液中的溶解度很小，将上浮进入渣中，其中一部分在上浮途中与悬浮在钢液中的细小不易上浮的 SiO_2、Al_2O_3 结合成硅酸锰和铝酸锰：

$$m(MnO)+n(SiO_2)\!\!=\!\!=\!\!=(mMnO\cdot nSiO_2)$$
$$m(MnO)+n(Al_2O_3)\!\!=\!\!=\!\!=(mMnO\cdot nAl_2O_3)$$

这些硅酸锰和铝酸锰属于颗粒大、熔点低并易于上浮的化合物。为了更好地去除钢中夹杂，在冶炼用途重要或碳含量较低的钢种时，在氧化末期建立了保持锰的工艺制度。当熔渣具有足够的碱度时，（CaO）能将（MnO）从硅酸锰或铝酸锰中置换出来而形成比较稳定不易分解的复合化合物，即

$$(2MnO\cdot SiO_2)+2(CaO)\!\!=\!\!=\!\!=(2CaO\cdot SiO_2)+2(MnO)$$
$$(2MnO\cdot Al_2O_3)+(CaO)\!\!=\!\!=\!\!=(CaO\cdot Al_2O_3)+(MnO)$$

（4）铬的氧化　Cr 比 Fe 易氧化，但不如 Al、Ti、Si 等，铬的氧化反应式如下：

$$[Cr]+[O]\!\!=\!\!=\!\!=(CrO)$$
$$2[Cr]+3(FeO)\!\!=\!\!=\!\!=(Cr_2O_3)+3[Fe]$$

在碱性渣下的氧化，第二个反应是主要的。该反应式也表明了渣中（FeO）能使铬的收得率降低，且当炉料中的铬含量很高时，转入熔渣中的铬损失也多。高铬的熔渣很黏，能影响其他元素氧化反应（如脱磷）的正常进行。因此，为了减少铬的损失及保证冶炼的正常进行，矿石法氧化不宜使用铬含量高的炉料。

铬的氧化也能放出大量的热，而铬的氧化损失又与温度有关。除此之外，在高温时还将发生下述反应：

$$(CrO)+[C]\!\!=\!\!=\!\!=[Cr]+CO\uparrow$$
$$(Cr_2O_3)+3[C]\!\!=\!\!=\!\!=2[Cr]+3CO\uparrow$$

高温下脱碳能抑制铬的氧化损失，这一点对于采用返吹法冶炼低碳高铬钢具有极其特殊的意义。换言之，高温不利于铬的氧化，所以为了降低钢中的铬含量，一般均采用偏低的温度并选用矿石氧化的方式进行。

（5）钒的氧化　钒对氧的亲和力较大，当熔池中（FeO）的含量很高时，它几乎全部氧化。钒的氧化也是放热反应，因此偏低的氧化温度可使钒的氧化损失增加。温度升高后，由于碳的激烈氧化夺取了大量的（FeO），从而也能抑制钒的氧化。钒既易氧化，产物（V_2O_3）、（V_2O_5）也

极易还原。如果炉中剩留的含钒氧化渣较多，或炉壁和炉盖处悬挂的含钒氧化渣较多，在电弧炉炼钢的还原气氛下，将有一部分的钒被还原回钢中。这种情况在利用含钒炉料冶炼钒钢时更要注意，以避免钒的成分超出规格。

（6）钨的氧化　钨是一种弱还原剂，它比铁容易氧化。在电弧炉钢的氧化过程中，当（FeO）的含量很高时，钨的氧化烧损也很严重。矿石法氧化能使钢液中的钨损失，且碱性熔炼损失更大。因钨铁的生产比较困难，价格较高，所以矿石法冶炼不应使用含钨的炉料。然而钨的熔点高，密度大，易沉积炉底，如果（FeO）的含量不高时，钨的氧化损失也是有限的，这样就为装入法或返吹法冶炼高钨钢提供了可能。

（7）钼、镍、钴、铜等元素的氧化　钼对氧的亲和力几乎与铁一样，在电弧炉钢的冶炼过程中，如钼含量不高，它的氧化损失很微小，一般可忽略不计。但在冶炼高钼钢 $[w(Mo)>4\%]$ 时，氧化损失必须予以考虑，这是因为钼的氧化与氧化程度随钢中钼含量的增加而增加，即钼的氧化损失与钼在钢液中的浓度有关。

Ni、Co、Cu 对氧的亲和力比铁小很多，在炼钢条件下不会被氧化，但 Ni 有时也有损失，那是在电弧高温区挥发的结果。通过氧化方式，As、Sb、Sn 元素在氧化期一般是很难去除的。

4. 全扒渣与增碳

（1）全扒渣　全扒渣就是将熔融炉渣全部扒除，是氧化与还原的分界线。氧化结束后，熔池即将转入还原期，但为了迅速克服炉内的氧化状态以及防止熔渣中有害杂质的还原，须将氧化渣全部扒除。全扒渣的条件如下：

1）足够高的扒渣温度。氧化末期钢液温度一般均高于出钢温度 20~30℃，至少也应等于出钢温度（稀薄渣下加入大量铁合金的例外），这主要是考虑到扒渣时和扒渣后加入大量的造渣材料与铁合金以及抬电极扒渣等都会降低钢液温度。此外，为了尽快形成稀薄渣和防止还原期后升温及保证脱氧、脱硫等冶金反应的顺利进行，也要求钢液要有足够高的扒渣温度。

2）合适的化学成分。钢中的碳含量应达到所需要的范围：一般碳素钢应达到规格下限附近；碳素工具钢应达到规格的中下限；合金钢全扒渣的碳含量应加上铁合金带入的碳含量，再加上造渣材料和脱氧工艺的增碳量达到规格下限附近。磷含量在还原期只能增加，不能降低，这是由于全扒渣不彻底或飞扬悬挂在炉壁、炉盖处的渣中磷发生还原所致。另外，加入铁合金中的磷也被带入钢中。因此，氧化末期全扒渣前钢液中的磷含量应越低越好。一般扒渣前对各种规格的磷含量应符合表 9-3 中的规定。对于锰含量，在冶炼含锰低的钢种（如 T10 等钢）时，全扒渣前的锰含量应符合表 9-4 中的规定。对于用途重要的高级结构钢或碳的质量分数低于 0.20% 的钢液，在氧化末期，应将锰的质量分数调到 0.20% 以上。对于含 Ni、Mo、W 的钢种应将成分调到规格下限或中下限附近，其他残余元素的含量也应符合规格要求。

表 9-3　氧化末期全扒渣前钢中磷含量的规定

规格磷含量（质量分数，%）	≤0.040	≤0.035	≤0.030	≤0.025	≤0.020
全扒渣前磷含量（质量分数，%）	≤0.020	≤0.015	≤0.012	≤0.010	≤0.008

表 9-4　氧化末期全扒渣前钢中锰含量的规定

规格锰含量（质量分数，%）	0.15~0.30	0.15~0.35	0.20~0.40	0.35~0.60
全扒渣前锰含量（质量分数，%）	≤0.18	≤0.20	≤0.25	≤0.40

3）调整好熔渣的流动性。扒渣前要调整好熔渣的流动性。因过稀的熔渣会从耙头两侧溜开，也容易带出钢液；过稠的熔渣操作费力，也不易扒出。两者都延长扒渣时间，且又不易扒

净。因此，扒渣前调整好熔渣的流动性也是十分必要的。

氧化末期的全扒渣要求干净彻底，因为氧化渣中（FeO）和磷含量很高，如果不扒净，还原期脱氧困难，脱氧剂用量增加，脱氧时间延长，同时钢中也回磷；另外，扒渣过程中，钢液裸露，钢液急剧降温且吸气严重，因此要求扒渣迅速。扒渣多用木制或水冷的耙子。扒时应首先带电扒去大部分，然后方可略抬电极进行，以免钢液降温太多。也可根据需要向炉门一侧倾动炉体，以利于熔渣的快速扒除。此外，在装有电磁搅拌的大型炉台上，可利用搅拌作用，把熔渣聚集到炉门中处，使扒渣操作易于进行。

（2）增碳　增碳多是脱碳量不足或终脱碳过低所致，它是一种不正常的操作。因为增碳过程易使钢中气体和夹杂含量增加，既浪费原材料，又延长冶炼时间，所以应尽量避免。

常见的增碳方法有四种：

1）补加生铁增碳。由于该方法降低钢液温度且又要求装入量在熔池允许的条件下进行，因此增碳量受到了限制，其质量分数一般不大于 0.05%。

2）停电下电极增碳，但增加电极消耗，一般不提倡。

3）扒渣增碳。该方法虽然收得率不够准确，但经济方便，因而比较多见。

4）喷粉增碳。该方法操作迅速、简便，且准确而又不降低熔池温度，所以是目前最理想的增碳方法。

增碳应考虑加入铁合金带入的碳以及还原工艺的增碳（如电石渣）。常用的增碳剂除生铁外，还有电极粉或焦炭粉等，它们的收得率不仅与增碳剂的质量和增碳数量及增碳方法有关，而且与所炼钢种、冶炼方法、钢液温度和炉龄情况有关。

5. 氧化期操作

（1）判断氧化期进行程度的主要标志　对于不配备炉外精炼的电弧炉炼钢，为了更好地去除钢中的气体和非金属夹杂物，氧化期必须保证熔池要有一定的激烈沸腾时间，因此在脱碳过程中要求要有一定的脱碳量和脱碳速度。从现象上看，脱碳量、脱碳速度、激烈沸腾时间就是判断氧化期进行程度的主要标志。

在电弧炉钢生产过程中，氧化期的脱碳量是根据所炼钢种和技术条件的要求、冶炼方法和炉料的质量等因素来确定。一般来说，炉料质量越差或对钢的质量要求越严，要求脱碳量要相应高些。生产实践证明，脱碳量过少，达不到去除钢中一定量气体和夹杂物的目的；而脱碳量过大，对钢的质量并没有明显的改善，相反会延长冶炼时间及加重对炉衬的侵蚀，浪费人力物力，因此脱碳量过大也是没有必要的。一般认为，氧化法冶炼的脱碳量为 0.20% ~ 0.40%，返吹法则要求大于 0.10%，而小电弧炉因脱碳速度快，可规定略高一些。

脱碳速度过慢，熔池沸腾缓慢，起不到充分去气除夹杂的作用；而脱碳速度过快，在短时间内结束脱碳，必然造成熔池猛烈的沸腾，易使钢液裸露，吸气严重，且对炉衬侵蚀加重，这不仅对去气除夹杂不利，还会造成喷溅、跑钢等事故。所以，电弧炉炼钢的脱碳要有一定的速度。合适的脱碳速度应保证单位时间内钢液的去气量大于吸气量，并能使夹杂物充分排出。一般正常的矿石脱碳速度要求为 0.008% ~ 0.015%/min，而吹氧脱碳速度要求为 0.03% ~ 0.05%/min。

氧化期的脱碳量和脱碳速度往往还不能真实地反映钢液沸腾的好坏，必须再考虑熔池的激烈沸腾时间，只有这样才能全面地表明钢中去气除夹杂及钢液温度的均匀情况等。然而熔池的激烈沸腾时间取决于氧化的开始温度、渣况及供氧速度等，即熔池的激烈沸腾时间与脱碳量和脱碳速度有直接关系。在电弧炉钢生产过程中，氧化期熔池的激烈沸腾时间不应过短或过长，一般 15 ~ 20min 就可满足要求。

（2）氧化期操作　氧化期的各项任务主要是通过脱碳来完成的。单就脱磷和脱碳来说，两者均要求熔渣具有较强的氧化能力，可是脱磷要求中等偏低的温度、大渣量且流动性良好，而脱碳要求高温、薄渣，所以熔池的温度是逐渐上升的。根据这些特点，可将氧化期总的操作原则归纳为：在氧化顺序上，先磷后碳；在温度控制上，先慢后快；在造渣上，先大渣量去磷，后薄渣脱碳；在供氧上，可先进行矿石或综合氧化，最后以吹氧为主。

炉料全熔经搅拌后，取样分析 C、Mn、S、P、Ni、Cr、Si、Cu，如钢中含有 Mo、W 等元素也要进行分析，然后扒渣并补造新渣，使氧化渣的渣量达到料重的 3% ~ 4%。为了加速造渣材料的熔化可用氧气吹拂渣层，流动性不好时要用萤石调整，当温度达到 1530℃ 以上开始用矿石氧化。在氧化过程中，应控制脱碳速度，并掌握熔池的激烈沸腾时间；脱碳量要满足工艺要求，如果不足应选择适当时机进行增碳。在氧化过程中，最好能够做到自动流渣，这样既有利于脱磷，又有利于后期的薄渣降碳。为了掌握脱碳、脱磷情况及准确地知道不氧化元素的成分，在氧化中途还应分析有关的含量。当加完矿石或停吹后，熔池进入清洁沸腾，有的还要保持锰含量，在这同时，根据需要还要调整一些不氧化元素的成分，如 Ni、Mo 等，使之达到规格的中下限，然后再取样分析 C、Mn、P 等及其他有关元素的成分。当熔池具备扒渣条件时，即可进行全扒渣操作，而后转入还原期。

在氧化过程中，应正确控制熔渣的成分、流动性和渣量，无论是脱磷还是脱碳，都要求熔渣具有较高的氧化能力和良好的流动性。理想的脱磷碱度应保持为 2.5 ~ 3.0，而脱碳的碱度为 2.0 左右。在冶炼过程中，有的因炉壁倒塌或炉底大块镁砂上浮，使氧化渣的流动性变坏，这时应及时地扒出。

良好的氧化渣应是泡沫渣，可包围住弧光，从而有利于钢液的升温和保护炉衬，冷却后表面呈油黑色，断口致密而松脱。这表明（FeO）含量较高、碱度合适。氧化末期有时氧化渣发稠，这主要是炉衬粉化的镁砂和大量的非金属夹杂物上浮造成的。冶炼高碳钢时，如熔渣发干，表面粗糙且呈浅棕色，表明（FeO）含量低，氧化性能差，这种现象在返吹法冶炼或氧气氧化时出现较多。冶炼低碳钢时，如氧化渣表面呈黑亮色，渣又很薄，表明（FeO）含量高，碱度低，这时应补加石灰。

氧化期是在确知熔清成分和温度合适的条件下开始的，但有时熔清成分不是那么理想，常见的有碳高、磷高，碳高、磷低，碳低、磷高，碳低、磷低等几种典型情况。

1）碳高、磷高。此时应在氧化初期，利用熔池温度偏低的机会集中力量脱磷，并在脱磷过程中，逐渐升温，为后期脱碳创造条件。具体操作是：全熔扒渣后制造较大的渣量，可吹氧化渣并升温，然后加入矿石粉或氧化皮及适量的矿石，以利于脱磷。在这同时，要保证熔渣流动性良好。当温度合适后，再分批加入矿石制造脱碳沸腾，并自动流渣，补充新渣或进行换渣操作，这样很快就能使磷满足扒渣的许可条件。如果全熔换渣后改用喷粉脱磷效果更好。在碳高、磷高的情况下，氧化前期的操作以脱磷为主，后期以脱碳为主。当然，高水平的操作也可两者兼顾，直至全面满足工艺要求为止。

2）碳高、磷低。如果没有满足扒渣的许可条件，这时的操作除采用喷粉脱磷外，还可利用脱碳沸腾，并在脱碳过程中去磷。具体操作是：全熔扒渣后制造较大的渣量，用氧气化渣升温，当温度合适后开始降碳，并适时地加入矿石或氧化皮等，使其自动流渣、并补选新渣，这样很快就能将磷降到扒渣许可的条件，最后采用高温、薄渣脱碳直至满足工艺要求为止。如果已满足扒渣的许可条件，这时的操作主要是制造熔池沸腾和降碳，与此同时升温。具体操作是：全熔扒渣后制造合适的渣量，用氧气快速化渣与升温，当温度合适后，可采用矿氧并用或纯氧脱碳，直至满足工艺要求为止。

3）碳低、磷高。这时应集中力量去磷，然后增碳，当温度合适后，再制造脱碳沸腾直至满足工艺要求为止。

4）碳低、磷低。这时的操作主要是增碳，然后再脱碳激烈沸腾，与此同时快速升温。如果炉料质量较好，即杂质较少，而激烈沸腾时间不够时，也可借助于直接吹入氩气或吹 CO 气体来弥补熔池的沸腾，以满足工艺要求。

9.3.6 还原期精炼操作

还原精炼的具体任务是：尽可能脱除钢液中的氧；脱除钢液中的硫；最终调整钢液的化学成分，使之满足规格要求；调整钢液温度，并为钢的正常浇注创造条件。脱氧是还原精炼操作的关键环节。

1. 脱氧

（1）脱氧产物的形成与排除 电弧炉炼钢常用的脱氧剂有 C、Mn、Si、Al 及钙系合金等，其中除碳与氧反应生成 CO 气体逸出外，其他各种元素在钢液中的脱氧产物主要是以硅酸盐或铝酸盐形式存在。

脱氧产物从钢中的去除程度主要取决于它们在钢液中的上浮速度，而上浮速度又与脱氧产物的组成、形状、大小、熔点、密度，以及界面张力、钢液的黏度与搅拌等诸因素有关，并大致服从斯托克斯公式。降低钢液黏度、增加脱氧产物与钢液的密度差、增加脱氧产物的半径，有利于颗粒夹杂的上浮。脱氧产物的颗粒半径越大，上浮速度越快，例如在同一条件下的钢液中，当夹杂物颗粒半径由 $20\mu m$ 增加到 $40\mu m$ 时，上浮速度提高 4 倍。

悬浮于钢液内氧化物夹杂的聚集、长大过程称为聚结过程。聚结过程是自发的，并通过降低表面自由能所产生的聚合力来完成。液态的、黏性小的脱氧产物比固态的、黏性大的颗粒聚结上浮更容易，这是由它们各自不同的物理特性决定的。因此，选择脱氧方法和脱氧剂时，要考虑最大限度地降低钢中溶解氧的浓度，并生成低熔点、流动性好的脱氧产物。然而，尽管固态的、黏性大的脱氧产物聚结比较困难，但在一定的条件下，只要有机会接触碰撞且通过表面自由能的降低，也会越聚越大，并加速上浮。

各种元素的单独脱氧产物的熔点都高于炼钢温度，且元素的脱氧能力越强，脱氧产物的熔点越高，如 Al_2O_3、TiO_2、SiO_2 等，类似这样的脱氧产物在炼钢温度下都以固体颗粒状态存在。而复合脱氧剂或同时加入几种单元素的脱氧剂，在脱氧过程中易于生成低熔点的液态脱氧产物，如 $MnO \cdot SiO_2$、$2MnO \cdot SiO_2$、$MnO \cdot Al_2O_3$ 等。由此不难看出，脱氧产物的熔点对其从钢中的排除也有很大的影响。

脱氧产物与钢液间的界面张力大小对脱氧产物的上浮与排除也有很大的影响。另外，因脱氧产物的组成不同，它们与钢液间的界面张力不同，所以也影响上浮与排除。

在化学成分一定的情况下，提高温度、降低钢液黏度有利于脱氧产物的上浮。温度对脱氧产物上浮与排除的影响是很大的。当其他条件相同时，高温冶炼能够获得较纯净的钢。这是因为高温除能改善钢液的流动性外，还能使一些固态的颗粒状脱氧产物得到相应的液化，有利于聚结、上浮与排除。然而冶炼的温度又不能过高，因为过高的温度，不仅增加电耗，也影响浇注工作的顺利进行。此外，高温吸气及冲刷、侵蚀耐火材料严重，容易重新引进不必要的外来夹杂，进而又恶化了钢的质量。搅拌可使钢液产生湍流运动，使脱氧产物的碰撞概率增多及聚结和上浮速度加快，从而有利于脱氧产物的排除。炉前除了采用人工搅拌、机械搅拌、电磁感应搅拌、气体搅拌外，目前在包中进行喷粉与吹氩冶炼也盛行起来，尤其是出钢后的喷粉操作，在进行脱氧、脱硫的同时，还可降低脱氧产物 SiO_2 等的活度，更有助于它们的排除。

总之，钢中脱氧产物的排除程度，在冶炼过程中取决于脱氧产物的组成和性质，这与脱氧工艺有直接关系。脱氧产物的颗粒越大，或密度差越大，或熔点低呈液态并与钢液间的界面张力越大，排除程度越好。此外，控制合适的冶炼温度及加强不同形式的搅拌，也有利于脱氧产物的上浮与排除。

（2）电弧炉炼钢的脱氧方法

1）直接脱氧。直接脱氧就是脱氧剂与钢液直接作用，它又分为沉淀脱氧和喷粉脱氧两种。扒净氧化渣后，迅速将块状脱氧剂，如锰铁、硅锰合金或铝块（饼）或其他多元素的脱氧剂，直接投入（插入）钢中或加到钢液的界面上，然后造还原稀薄渣，这种脱氧方法称为钢液的沉淀脱氧。钢液的沉淀脱氧速度较快，可缩短还原时间，但脱氧产物易残留在钢中而成为夹杂。钢液的喷粉脱氧是将特制的脱氧粉剂，利用冶金喷射装置并以惰性气体（氩气）为载体输送到钢液中去。由于在喷吹的条件下，脱氧粉剂的比表面积（脱氧粉剂和钢液间的界面积与钢液的体积比）比静态渣钢界面的比表面积大几个数量级，以及在载流氩气的强烈搅拌作用下，增大了扩散传质系数和改善了反应的动力学条件，因此钢液的脱氧速度很快，即在极短的时间内就可较好地完成脱氧任务，进而简化了冶炼工艺，缩短精炼时间，且又能降低各种消耗。另外，钢液的喷粉脱氧使密度小、沸点低或在炼钢温度下蒸气压很高的强脱氧剂（如 Ca、Mg 等）获得了广泛的应用；同时又可改变钢中夹杂物的属性和形态、数量与分布等，从而使钢的力学性能及工艺性能得到了提高。

目前，钢液的喷粉脱氧方式有两种：一种是在炉内进行，另一种是在钢包中进行。炉内的喷粉脱氧因熔池浅，喷溅严重，脱氧粉剂容易随着载流气泡逸出并在渣面上燃烧，所以脱氧粉剂的利用率偏低，但最终脱氧效果还是强于钢液的沉淀脱氧，而不如钢包中的喷粉脱氧。钢包中的喷粉脱氧，由于粉剂运动的行程长，因此利用率很高。脱氧产物在氩气搅拌作用下，碰撞聚结概率大，易于上浮与排除，而少数夹杂物就是残留在钢中，也是细小、分散、均匀分布，或属性与形态发生了改变，因此对钢的危害也较小。此外，钢包中的喷粉脱氧无二次氧化。钢液的喷粉脱氧剂有多种，除钙系合金粉剂可用来脱氧外，还有铝粉、硅铁粉、钛铁粉、稀土等，也可喷吹渣粉，如 CaO 粉或掺入少量的 CaF_2 粉，也可喷吹渣粉和某些脱氧元素的混合剂。

2）间接脱氧。还原稀薄渣造好后，将脱氧剂（一般以粉状脱氧剂为主）加在渣面上，通过降低渣中的氧含量来达到钢液的脱氧，这种脱氧方法称为间接脱氧。间接脱氧的理论根据是分配定律，即在一定的温度下，钢液中氧的活度与渣中（FeO）的活度之比是一个常数。

将粉状脱氧剂加入渣中，渣中（FeO）的含量势必减少，氧在渣钢间的分配平衡遭到破坏。为了达到重新平衡，钢液中的氧就向渣中扩散或转移，由此不断地降低熔渣中的氧含量，就可使钢液中氧陆续得以脱除。因此，间接脱氧又称扩散脱氧。

3）综合脱氧。综合脱氧的实质就是直接脱氧和间接脱氧的综合应用。在操作过程中，力求克服各自的缺点，集中优点来完成钢液的脱氧任务。该脱氧方法既能保证钢的质量，又能缩短还原时间，因此目前在生产上比较常见。

（3）钢液的脱氧操作　钢液除喷粉脱氧外，炉中脱氧还有多种，比较常见的有白渣法和电石渣法两种。它们的主要区别是：白渣中不含有 CaC_2，造渣时间短，适用于各类钢种；电石渣中含有 CaC_2，还原能力强，但冶炼时间长，在一般钢种上不使用。除此之外，还有中性渣法等脱氧操作。

1）白渣脱氧操作。扒净氧化渣后，要立即迅速加入稀薄渣料，尽量减少钢液的吸气与降温。稀薄渣料中，石灰和萤石的体积比为 3.5∶1。对于中等容量的炉子，渣料的加入量一般为钢液量的 3%～3.5%，小炉子可取上限值。为使渣料快速熔化形成渣液覆盖钢液，应用较大的功率供电及推渣搅拌，直至形成流动性良好的熔渣。稀薄渣最好一次造成，避免在还原过程中时而调稠、时而调稀，尽量做到造渣材料配比及渣量准确，合理地使用电流、电压等。

根据工艺要求，薄渣料加入前或随同薄渣料一起加入块状脱氧剂进行预脱氧。其中，使钢中锰（包括钢中残余锰含量）达到（接近）规格下限，硅的质量分数达到 0.10% ~ 0.15%。薄渣形成后调入合金，然后按规程要求分批加入脱氧粉剂；第一批用量应多些，其他各批依次递减，每批间隔大于 6min。作为脱氧剂加入的硅铁粉，大约有 50% 用于脱氧或烧损，余者进入钢液中，因此硅铁粉的总用量不能太多，一般为 3 ~ 6kg/t 钢。有的还使用硅钙粉或铝粉继续脱氧，这时更要控制硅铁粉的用量，以免钢中硅超出规格。第一批硅铁粉加入后，应按 0.3kg/t 钢加入炭粉，其他各批根据渣况适量加入。炭粉和渣中的氧化物反应生成 CO 气体，能使炉内保持正压，进而防止还原渣被空气氧化。脱氧粉剂每批加入前，应对熔池进行充分的搅拌，加完后要紧闭炉门，密封电极孔和加料孔等，避免冷空气进入炉内而降低还原气氛。

高碱度还原性渣中（SiO_2）和（MnO）的活度较低，在渣钢界面间可显著提高它们的脱氧能力。为使硅铁粉充分发挥脱氧作用，在加入的硅铁粉中应掺入适量的石灰，使渣中局部碱度增高，石灰的掺入量主要凭经验并根据熔渣的流动性而定。也可用碳化硅粉代替硅铁粉，但碳化硅粉加入时，熔池的温度一定要高一些。碳化硅粉的脱氧产物 SiO_2 和碳化硅粉中的 SiO_2 均能稀释熔渣，造稀薄渣时萤石的用量应酌减。碳化硅粉每批的加入量不能太多，因为加入太多，钢液易增碳；如果前期利用炭粉渣工艺脱氧或全扒渣时用炭粉大量增碳的钢液，不宜使用该种粉剂进行脱氧。此外，碳化硅的熔点很高（2450 ~ 2950℃），比较稳定，难熔化、分解，且碳化硅粉中的硅含量较低，收得率也低，因此在使用碳化硅粉脱氧时，钢液中的硅含量往往不能满足钢种的规格要求，这时就要利用硅铁调硅，或在碳化硅粉进行脱氧的同时补加硅铁。

在还原过程中，要控制好温度和加强搅拌，促使温度、化学成分均匀及脱氧产物充分上浮，并注意熔池内的化学反应与变化，保证有足够的碱度和合适的流动性。渣稠时应加入萤石或火砖块调整，渣稀时应补加石灰，如有大块镁砂浮起应立即扒出，严重时要换渣。一般还原期的总渣量为炉料的 4% ~ 5%，小炉子取上限，大炉子取下限，而白渣的碱度应保持 3.0 左右。

还原期的熔渣初期含有大量的（FeO）和（MnO）而呈亮黑色，含有铬的氧化物呈绿色，随着脱氧反应的进行，这些氧化物的浓度不断降低，最后变为白色。流动性良好的白渣活跃起泡沫，并能在耙杆上均匀地粘上 2 ~ 3mm 松而脆的渣层，冷却时很快破裂成白色片状，时间一长就散成白色粉末。这是因为渣中含有（$2CaO \cdot SiO_2$），在温度高于 675℃ 时很稳定，当冷却至 675℃ 以下时，会发生晶体转变，由 β 晶型变为 γ 晶型，致使体积增大而粉化。如果渣中（SiO_2）含量低，而（MnO）含量高时，不易碎成粉末，这时应调整一下熔渣的成分。评定白渣的好坏，不但要看渣白的程度，还要看炉内渣色保持的时间。白渣颜色稳定，说明钢液间接脱氧好，如渣色反复变化，表明脱氧不良。当脱氧工艺完成后，渣况良好，渣色变白，经充分搅拌后即可取样分析出钢成分。

白渣脱氧操作还有另外一种，就是当稀薄渣形成后，用炭粉和硅铁粉（或硅钙粉）混合物同时进行间接脱氧，这种操作俗称硅炭粉渣法。硅炭粉渣的第一批脱氧剂由 1 ~ 3kg/t 钢炭粉和 1 ~ 3kg/t 钢硅铁粉（或硅钙粉）组成，加入炉中后保持 10 ~ 15min，渣变白后再分批加入硅铁粉等继续脱氧。实践证明，该方法脱氧效果也很好，并在生产上获得了较为广泛的应用。

2）电石渣脱氧操作。扒净氧化渣后，根据工艺要求加入预脱氧剂，然后立即造稀薄渣，渣稍稠一点，再加入炭粉 1.5 ~ 3.0kg/t 钢。为了加速电石渣的形成，炭粉加入后应紧闭炉门，封好电极孔和加料孔，并使用较大的功率，炭粉在高温区与氧化钙发生反应生成碳化钙。这是个强吸热反应，因此必须使用较大的电流与电压，以保证炉内具有很高的温度。当有浓浓的黑烟或带黑烟的火焰从炉子的缝隙冒出时，标志着电石渣已形成。为了减少形成电石渣的时间，缩短还原期，也可往钢液面上或随稀薄渣料或稀薄渣形成后直接加入小块电石（3~5kg/t 钢），然后再调入少量炭粉使炉内保持正压进行脱氧，同样能得到相同的效果。

在碳化钙进行脱氧的同时，为了保持正压而使用的炭粉在较低的温度区域内也能还原渣中的（FeO）和（MnO）。

电石渣是高碱性的还原熔渣，脱氧能力比白渣强。为使钢液充分脱氧，电石渣应保持 20~30min。在电石渣下操作，除温度不好控制外，钢液还易增硅，大约增硅 0.05%~0.15%/h，这是由于 CaC$_2$ 与渣中（SiO$_2$）发生反应的结果，反应式如下：

$$3(SiO_2)+2(CaC_2)=\!=\!=3[Si]+2(CaO)+4CO\uparrow$$

此外，还易使钢液增碳，每小时约增碳 0.05%~0.10%。如果采用电石渣出钢，渣中的游离碳也会使钢的成品碳增高。

因为 CaC$_2$ 的熔点高，所以电石渣黏度大，并与钢液润湿好。从出钢到最终浇注，由于渣钢不易分离而易使钢中夹杂增加，因此一般均要求电石渣变成白渣后方能出钢。

电石渣的脱氧情况可根据熔渣颜色的变化来判断。最初，熔渣中（FeO）和（MnO）含量较高，渣呈亮黑色，随着渣中氧化物的减少，变成棕黑色。当脱氧比较好时，熔渣表面无光泽或带有白色条纹，渣色完全变白，说明脱氧良好。电石渣变白后，一般还要分批加入硅铁粉或硅钙粉继续脱氧，每批加入量为 1~1.5kg/t 钢，每隔 6~7min 加一批，加前要搅拌，并使白渣保持到出钢。

为使电石渣及时变白，除炭粉的用量要合适外，还要控制好电流和电压。如果一旦难以变白，说明渣中游离碳和碳化钙过多，这时应采取稀释或氧化掉渣中游离碳及碳化钙的办法：可向熔池中加入石灰、萤石进行稀释；也可打开炉门及加料孔，让空气穿膛而过，将渣中的游离碳和碳化钙氧化掉；迫不得已时，还可向渣面上吹入少量的氧或采取部分扒渣补换新渣等办法进行处理。

（4）钢液脱氧效果的检验　目前，钢液脱氧效果的检验虽然尚未制定统一的标准，但对于脱氧工艺简单或使用弱脱氧剂脱氧并用于浇注镇静钢的钢液，在脱氧操作结束后，一般仍要进行脱氧效果的检验。如果发现脱氧不良，就要立即采取积极有效的措施加以处理。钢液脱氧效果检验的方法较多，较为常见的有以下几种：

1）经验判断法。有经验的电弧炉炼钢工从炉渣的颜色上可大概地判断出钢液脱氧的好坏：如果渣白且在炉中能保持长时间的稳定，而断口呈灰白并能在空气中粉化、碎裂，表明渣电（FeO）的含量较低，这时可判断为钢液脱氧良好。

2）脱氧杯观察法。脱氧杯观察法是判断钢液脱氧好坏比较原始的方法。脱氧结束后，将钢液轻轻地注入清洁、干燥、圆形的高筒杯内，凝固后表面平静或有不同程度的收缩，说明钢液脱氧良好（见图 9-4a）；如凝固过程中冒出一束束火花或在凝固后不但不收缩，反而有上胀、突起现象，说明脱氧不良（见图 9-4b）。

3）化学分析法。化学分析能够快速测出还原渣中（FeO）的含量。如果渣中（FeO）的质量分数小于 0.5%，表明钢液的脱氧较好。

4）仪表测量法。目前，通过仪表可直接测出钢液中的氧含量。所用的仪表有快速定氧定碳仪、电子电位差计、浓差电池定氧仪，还有测温定氧仪

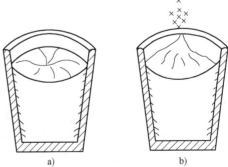

图 9-4　利用脱氧杯观察脱氧

a）脱氧良好　b）脱氧不良

等多种。这些仪表使用方便，快速准确，有的只需几秒钟就可确切知道钢中的氧含量，因此得到了普遍的应用。

（5）钢液的终脱氧　为了进一步降低钢中氧含量，根据工艺要求，在出钢前，往出钢槽、出钢流中，也可在钢包中或在浇注过程中加入脱氧能力更强的元素，即在凝固前对钢液进行最后一次直接脱氧，称为钢液的终脱氧。经过终脱氧的钢液，凝固后可获得理想的结晶组织，各种性能也得到了提高。

由于终脱氧剂的用量、种类或操作不同，对钢中夹杂物的含量、形状、大小与分布的影响也不同。常用的终脱氧剂有铝、钛、硅钙或铈铁等。

铝的终脱氧剂多在出钢前 2~3min 插入钢中，一般用量：低碳钢为 1kg/t 钢，中碳钢为 0.8kg/t 钢，高碳钢和高硅钢为 0.5kg/t 钢，而工具钢为 0.5kg/t 钢。目前出现的喂丝机，将制成的铝芯喂入钢中，可以节省铝的用量。用铝作终脱氧剂可控制钢液的二次氧化及减少钢锭产生气泡，同时又能防止 Fe_4N 生成，避免钢产生老化。此外，铝和氮的结合能力较大，在脱氧良好的情况下，终脱氧铝和钢中的氮可生成氮化铝，并以高度弥散状态分布在钢中，在钢液结晶时可作为非自发核心而细化晶粒。对于晶粒度要求较高的钢种，残余全铝量保持在 0.02%~0.05% 范围内较为理想。终脱氧铝加入前，一般先铸成单个质量不大于 3kg 的均匀块体，然后根据用量的多少插入熔池中，插前最好先放在炉门上烘烤一下，插时要使铝块迅速穿过渣层进入钢中，稍化一会再活动耙杆，待铝块化后，拿出耙杆。为了扩大铝在熔池中的终脱氧范围，插后应进行搅拌。

钛的氧化物和碳化物也能成为钢液结晶时的非自发核心，因此也有细化晶粒的作用。钛的脱氧产物 TiO_2 对锰或铁硅酸盐有降低熔点的作用，可以促使硅酸盐夹杂物聚集上浮，结果使钢中的这类夹杂物含量显著减少。此外，钛也是形成 TiN 最强的元素，虽然可减轻氮对钢质量的危害程度，但总会有一部分残留在钢中而形成带棱角的夹杂物。终脱氧一般使用钛铁，用量不大，不计烧损。加入前应插铝 1kg/t 钢，以确保钛的终脱氧效果。加时最好推开渣面，使之与钢液直接接触，也可在出钢槽或出钢流中加入。

作为终脱氧的硅钙能减少钢中 Al_2O_3 链状夹杂，增加球状夹杂，还能控制钢液的二次氧化、脱硫与除气，改善钢液的流动性和钢锭的表面质量及提高钢的冲击韧性等。终脱氧硅钙块的用量一般不大于 1kg/t 钢，出钢时直接投入钢流或钢包中。铈对钢的脱氧脱硫及除气与细化晶粒均有好处，还能减少钢液的二次氧化并能改善钢的力学性能等。铈铁的加入量一般为 0.3~0.5kg/t 钢，多直接投入钢流或钢包中，如在炉中使用，要用铁皮包好插入钢液中。

（6）钢液的二次氧化与控制　在出钢和浇注过程中，脱氧良好的钢液，由于钢液的裸露并与空气直接接触，钢中某些元素有可能与空气中的氧或氮发生反应，生成二次氧化物及氮化物。此外，出钢后随着温度的降低，[O] 在钢液中的溶解度也降低，而这些元素与 [O] 的反应能力却增加，这样在新的条件下又要继续生成氧化物。类似这些现象统称为钢液的二次氧化。钢液的二次氧化使钢中夹杂物的总量明显增加，严重地影响成品钢的各种性能，所以在生产过程中应尽量防止与避免。良好的终脱氧操作能将钢中的氧含量进一步地降低，从而可使钢液发生二次氧化的程度大大减少，尤其是用铝的终脱氧作用更大。此外，尽量缩短出钢时间，并采取大口喷吐、渣钢混出等，也能减少钢液的二次氧化。

目前，比较盛行的真空冶炼或钢包喷粉是在出钢后进行脱氧，能使钢中的氧含量降到很低的水平，基本上可避免或消除钢液的二次氧化。除此之外，在浇注过程中，采用惰性气体、液渣或石墨渣保护浇注及真空浇注等，也都是控制钢液二次氧化的有力措施。

2. 还原期的脱硫

电弧炉炼钢的脱硫任务主要是在还原期或利用钢液的炉外精炼来完成，脱硫是还原精炼的重要内容之一。碱性电弧炉炼钢的各个冶炼阶段都能脱硫，但大部分的脱硫任务是在还原期进行的。

（1）还原期脱硫操作的强化措施

1）提高全扒渣温度。脱硫是吸热反应，提高全扒渣温度有利于反应的进行。此外，提高全扒渣温度还能使稀薄渣形成速度加快，并改善脱硫的动力学条件。

2）提高还原渣的碱度。在渣量合适、流动性良好的情况下，渣的碱度 R 应保持在 2.5~3.5 之间，并在这个范围内尽量提高碱度，使脱硫反应朝有利的方向进行。

3）加强直接预脱氧或采用强制性的脱氧工艺。在预脱氧剂的直接作用下，迅速降低钢中的氧含量，越低越好，可使钢中的硫脱除 20%~30%。例如，当碱度 R = 2.8~3.2，（FeO）的质量分数小于 0.5% 时，钢液的脱硫量可达 40% 以上，（FeO）的质量分数为 0.6%~1.0% 时，钢液的脱硫量约为 30%，而当（FeO）的质量分数大于 1.0% 时，钢液的脱硫量却很低。除此之外，碱性电弧炉炼钢的还原期如果采用电石渣等强制性的脱氧工艺，也有利于脱硫反应的进行。

4）加强熔池的搅拌。加强熔池的搅拌是强化脱硫的一项重要措施，特别是在还原的中后期。当钢液中的硫含量较低时，脱硫反应经常达不到平衡，通过搅拌强化硫的扩散，可改善脱硫的动力学条件。

5）通过调整电流和电压，改善脱硫速度。为了获得硫含量很低的钢液，在还原末期可采用低电压、大电流的办法进行脱硫。因低电压、大电流的弧光短，能吹动熔渣而活跃反应区域，进而有利于脱硫反应的进行。

6）换渣操作。在脱硫困难的条件下，为了获得硫含量很低的钢液，在还原末期可采取部分扒渣或完全扒渣，然后按合适的配比加入石灰和萤石补造新渣，以此来扩大渣钢反应界面积和增大渣量，最终也能较好地完成钢液的脱硫任务。

（2）出钢过程脱硫操作的强化措施

1）保持还原渣的正常颜色。出钢前后还原渣中平均（FeO）含量降低越大，脱硫效率提高得越大。出钢前还原渣为黄色，表明渣中（FeO）及（MnO）的含量较高，对出钢过程的脱硫不利。出钢前还原渣呈黑色或灰黑色，表明渣中游离碳较多或是电石渣，如果在该种渣下出钢，对脱硫有好处；但因熔渣与钢液润湿较好，出钢后渣钢不易分离，且又影响夹杂物的上浮，这也是不利的。绿色的还原渣中（Cr_2O_3）的含量较高，对脱硫略有好的影响。亮黑色的氧化渣中（FeO）的含量高，对提高出钢脱硫效率极为不利。所以，保持还原渣的正常颜色（白渣或花白渣）是出钢过程强化脱硫操作的一项重要措施。

2）保持还原渣的正常状态。这里主要是指熔渣的碱度与流动性，即出钢前要求还原渣要有合适的碱度和合适的流动性。碱度过高过低对出钢过程的脱硫均不利。当 R = 3.5~4.2 时，出钢脱硫效率最高。但原始硫含量越低，出钢脱硫效率也越低。熔渣的碱度和流动性，这两者之间的关系极为密切。碱度过低影响脱硫反应的顺利进行，过高又破坏熔渣良好的流动性，阻碍硫在渣中的扩散与转移。因此，保持还原渣的合适碱度和良好的流动性是出钢过程强化脱硫操作的又一项措施。

3）强化终脱氧用铝。终脱氧用铝量由 0.5kg/t 钢增加到 1kg/t 钢时，钢中溶解氧降低，而出钢的脱硫效率也跟着提高。因此，为了更好地脱硫，强化终脱氧用铝十分重要，在操作过程中用量一定要满足工艺要求。加入钢中的铝不能直接脱硫，只能协助脱硫，它的主要作用是为了降低钢中的氧含量。当钢中 [Al] 的质量分数不小于 0.06% 时，钢中的氧含量将明显增高，因此一般钢中均规定残余铝的质量分数为 0.02% ~ 0.05%。

4）强化出钢方式。脱硫反应是界面反应，扩大反应界面有利于脱硫。如果在出钢过程中，利用渣钢的激烈搅拌来扩大渣钢间的反应界面，可使脱硫反应条件得到显著的改善。一般规律是出钢脱硫效率将随混冲速度的提高、混冲高度的增加、渣量的加大、渣温的提高，以及（FeO）含量的降低而提高。为了充分利用这样的机会，目前电弧炉炼钢多采取渣钢混出、大口喷吐、快速有力的方式出钢，可继续脱硫 30% ~ 50%。为此，要求出钢口要大、出钢坑要深。对于高架式的电弧炉，要求平台的设计高度要高些。

3. 钢液温度的调整与测量

电弧炉钢冶炼温度的控制主要是在氧化期，还原期只是经常进行必要的调整。正确掌握还原期的温度能够很好地控制冶炼过程，这对提高钢的质量和产量及降低各种消耗等均有重要的作用。

氧化期的温度控制为还原期冶炼创造了条件，还原期温度的调整是在氧化期温度的基础上，考虑钢种的特点、出钢温度、炉外精炼的特点以及浇注条件等而逐渐完成的。

（1）出钢温度的确定　出钢温度一般按下式确定：出钢温度＝开浇温度＋出钢温降＋精炼与镇静温降。

因钢液在还原前已被加热到等于或稍高于出钢温度，而还原后钢的熔点是下降的，所以还原期温度的调整过程实际上就是使钢液温度保持或逐渐下降到出钢温度的过程。还原期温度的调整主要是靠灵活正确地使用电流与电压，一般是使冶炼温度由高逐渐降低并达到满足出钢温度的要求为止。全扒渣后，为了弥补扒渣时钢液热量的散失与造渣材料及合金熔化的耗热，应供给较大的功率，稀薄渣形成后再根据具体情况，合理地降低电压或减少电流，以避免在还原期后升温或停电急剧降温。还原期的停电降温大多是氧化末期冶炼温度过高所致，停电急剧降温会使熔池失去电弧搅拌的作用而影响钢液成分和温度的均匀，还会使熔渣突然变稠变坏而减弱炉中的还原气氛，降低渣钢间的各种物化反应（如脱氧、脱硫等），同时因急冷也会给炉衬带来较大的损坏。因此，电弧炉炼钢在控制冶炼温度时，应尽量避免还原期的停电急剧降温。

（2）钢液温度的测量　还原期的熔池比较平静，各个区域的温度难以均匀。熔渣的温度电极底下最高，靠炉壁渣线附近的较低；钢液温度，上层比下层的高，普通功率电弧炉在没有搅拌时，上下温差可达 50℃，搅拌得理想一些，还相差 10 ~ 20℃；渣线附近与中心部位钢液的温差为 30 ~ 40℃；熔渣温度一般高于钢液温度 40 ~ 80℃。因此，为使还原期钢液的温度趋于均匀，应经常进行必要的搅拌，尤其是在测温之前，这项操作更显得突出重要。

测量钢液温度的方法有光学高温计测温法和热电偶测温法，此外还经常利用钢液结膜（静膜）、观察钢液颜色、钢液粘勺等经验方法进行判断。对于碳素结构钢、合金结构钢、碳素工具钢、合金工具钢、弹簧钢等钢种，钢液结膜（静膜）秒数与钢液温度的参照关系见表9-5。

表 9-5　钢液结膜（静膜）秒数与钢液温度的参照关系

结膜时间/s	光学高温计温度/℃	热电偶(Mo-W)温度/℃
15 ~ 22	1435 ~ 1440	1500 ~ 1520
22 ~ 27	1440 ~ 1450	1520 ~ 1545
27 ~ 30	1450 ~ 1460	1545 ~ 1555
30 ~ 32	1460 ~ 1465	1555 ~ 1565
32 ~ 33	1465 ~ 1470	1565 ~ 1575

（续）

结膜时间/s	光学高温计温度/℃	热电偶(Mo-W)温度/℃
33 ~ 35	1470 ~ 1480	1575 ~ 1585
35 ~ 36	1480 ~ 1485	1585 ~ 1590
37 ~ 38	1490 ~ 1500	1595 ~ 1610
38 ~ 39	1500 ~ 1510	1610 ~ 1620
39 ~ 40	1510 ~ 1520	1620 ~ 1630
40 ~ 42	1520 ~ 1530	1630 ~ 1640
>42	>1530	>1650

　　钢液颜色判断法可在样勺中观察钢液，钢液呈红色或暗红色，温度很低，约为1550℃以下；钢液呈亮红色，温度约为1600℃；钢液呈青白色，液面带有烟苗，温度约为1620℃；钢液呈白色，冒浓烟，温度约为1650℃；钢液完全发白，在蓝眼镜下感到耀眼，且浓烟直冒，表明温度很高，约在1670℃以上。

　　此外，还可从某些元素的成分上对钢液温度进行大概的判断：在操作正常的情况下，锰含量是钢液温度的标志，如果氧化末期钢中锰含量没有损失，表明钢液的实际温度较高；如果还原末期钢的脱硫量较大或硅粉用量正常，但收得率低，也说明钢液的实际温度较高。还可从还原气氛上进行判断：如果出钢前电极孔没有封闭死，或时出时缩突突地冒出火苗，有时熔池中还发出"嘎啦、嘎啦"的响声，表明钢液的实际温度不高；如果电极孔已自动封闭死，但却从炉门的边角缝处冒出滚滚的浓烟，或加硅粉时火焰大，说明温度较高。当然，还可从渣线附近是否沸腾进行判断：如果还原末期熔渣稀或渣线附近处有沸腾，说明钢液温度较高，否则钢液温度不高。

4. 钢液成分的调整

　　在冶炼过程中，应根据合金元素的物理与化学性质、使用量和冶炼方法等来确定加入时机和加入方法。合金元素与氧的亲和力比铁小的，如镍等，大量使用时应在装料或熔化期加入，少量使用时应在氧化期或还原期调入；与氧的亲和力和铁比不相上下的合金元素，如钨等，如采用返吹法或不氧化法冶炼时，应在装料或熔化期加入，如采用矿氧法冶炼时，应在氧化末期或还原初期加入；与氧的亲和力比铁稍大一些的合金元素，如Cr、Mn等，应在全部扒除氧化渣后或还原期加入；与氧的亲和力比铁更大的易氧化元素，如Ti、B等，应在出钢前或出钢过程中加入。对于高熔点的难熔合金元素，在考虑其氧化性能的条件下，应尽早一些调入。对于采用返吹法或不氧化法冶炼的高合金钢，尽管有的合金元素与氧的亲和力比铁大，但它们也可随炉料一同装入，如铬铁等。一些常用合金材料的加入时间和收得率见表9-6。

表 9-6　常用合金材料的加入时间和收得率

合金名称	冶炼方法	加入时间	收得率(%)
镍		装料	>95
		氧化期、还原期调整	95 ~ 100
钼铁		装料、熔化末、氧化末还原期调整	95 ~ 100
钨铁	氧化法	氧化末、还原初	85 ~ 95
	返吹法	装料、还原期调整	低钨钢,85 ~ 90
	不氧化法	装料、还原期调整	高钨钢,92 ~ 98

（续）

合金名称	冶炼方法	加入时间	收得率（%）
铌铁	各种方法 不氧化法	脱氧良好时，出钢前 20~40min 加入 装料、还原期调整	95~100
铬铁	氧化法	还原初	95~98
	返吹法	装料、还原期调整	80~90
	不氧化法	装料、还原期调整	80~90
锰铁		还原初	95~98
		出钢前	≈100
钒铁	单渣法	$w(V) \leqslant 0.30\%$，出钢前 8~15min 加入 $w(V) = 0.3\% \sim 0.5\%$，出钢前 20min 加入 $w(V) > 1\%$，还原初、出钢前调整 熔化末加入，出钢前调整	95~98
硅铁		出钢前	95~98
钛铁		出钢前	$w(Ti) \leqslant 0.15\%$，30~50 $w(Ti) = 0.2\% \sim 0.8\%$，50~65 $w(Ti) > 0.8\%$，70~90
铝锭	冶炼铝钢	出钢前	$w(Al) = 1\%$，70~80 $w(Al) = 2\%$　80~85 $w(Al) = 3\%$　85~90 $w(Al) > 5\%$　90~95
硼铁		出钢前插入 包中加入	30~50
稀土		出钢前插入 包中加入	20~40

钢液化学成分的控制贯穿于一炉钢冶炼的始终。炉料入炉前，首先核对料单，检查炉料的装入量、配碳量以及装入的合金材料的数量与成分是否合适，发现错误应立即纠正。全熔分析结果报出后，要对照钢种的规格成分核对各元素的分析成分，对于残余元素的含量超过或接近最高许可值的结果，要反复核实验证，然后决定是否调整冶炼方案，绝不允许因残余元素含量不清、不准而轻易地终止一炉钢的冶炼。杂铁比越高，残余元素成分波动越大，越要谨慎小心。

氧化末期的钢液成分控制终脱碳是关键。在操作正常的情况下，应该是钢中的不足之碳从铁合金、电极或还原渣中吸收而得到弥补，无须增碳即可满足钢种规格要求。出钢前，如果碳含量低于控制规格，还可用低 S、P 的增碳生铁进行增碳，但增碳量最好不大于 0.05%，以免带入过多的杂质而影响钢的质量。除此之外，还须考虑生铁带入的 S、P 加上钢中的也不许超过钢种规格的含量。对于焦油打结的新炉衬或电石渣出钢及用焦油砖砌制的新包，出钢过程钢液容易进碳，且低碳钢比高碳钢进碳更容易。

钢中的磷由于补加合金所带入的和残留炉中氧化渣中的磷还原，在还原后期略有增加，但只要全扒渣时的磷含量符合规定的扒渣条件，一般不会超过钢种规格的许可值。钢中的硫在碱性渣操作正常的情况下，一般均能很顺利地降到所要求的范围内。此外，在出钢过程还能脱除许多。但在出钢前如果发现脱硫不好，应立即采取妥善的措施进行处理。

钢中的硅一般是通过间接脱氧所加入的硅粉获取的，余者不足部分在出钢前可利用硅块补调。当然也可全部用硅块调入，这对扩大沉淀脱氧的快速炼钢来说，具有很大的实际意义。钢中的锰，一般是在脱氧过程中，从加入的锰合金中获取的，控制时要考虑钢中的残余锰量。对于高锰钢或高硅钢，在出钢前调整补加锰或硅时，一般均调到偏中上限。这是由于钢中的锰或硅含量很高，在出钢过程中氧化损失较多。对于高硅高锰钢，因硅对氧的亲和力强于锰，所以硅调到中上限，而锰调到中限即可。出钢前大量地加铝或加钛易使钢中的硅含量增加，因此对于这类钢种，在还原操作过程中，应控制钢中的硅及渣中（SiO_2）的含量。

钢中的铬除返吹法或不氧化法的冶炼由专用料带入一部分外，其余的均从加入的铬铁中获取。对于镍、铝含量应见到两个分析结果相差不大，且与料单配入相符才能进行调整。如与料单配入的不一致，应查清原因或经多次分析确认无误再调整。对于高熔点不易氧化元素的成分，一般一次调入中下限或中限。对于易还原的合金元素，一般调到下限或接近下限，不足的含量在出钢前补加。对于冶炼温度偏低、搅拌又不好或加入的时间较短就取样的铬钢等，成分分析往往偏高，而钢液中实际含量却没有那么高。合金化时，如加入的合金呈粉末状态的较多，成分分析又容易偏低，而钢液中的实际含量也确实较低，这时成分的调整应偏高一些。对于冶炼温度偏低，搅拌又不好且含有较高的高熔点元素的钢液，高熔点元素的成分分析有时偏低而实际含量可能不低，这时成分的调整应要谨慎小心。对于连续冶炼多炉的密度大、高熔点的高合金钢，第一炉的密度大、高熔点的合金元素应往中上限控制，其余各炉一般调入中下限即可。

除此之外，钢液成分的控制与调整还要了解上一炉钢的成分、残钢与残渣对这炉钢成分及钢液质量的影响。对于刷炉洗包的钢种，由于炉内或包中留有前炉冶炼的残钢残渣，其中合金元素的含量又很高，势必有部分要被回收，这时成分的控制与调整应以进入下限即可。上一炉的钢液清理不净就进行下一炉钢的冶炼，如果炉中剩余的残钢较多，势必影响下炉钢的钢液质量，在炉中调整成分时，如不考虑极易引起化学成分的不合格。

9.3.7　出钢

1. 电弧炉的出钢条件

出钢是炉前冶炼的最后一项操作，必须具备出钢条件才能出钢，否则将会影响钢的质量和产量。传统电弧炉的出钢不包括留钢留渣操作。出钢条件如下：化学成分全部进入控制规格；出钢温度合乎要求；钢液脱氧必须良好；熔渣的流动性和碱度要合适；渣量和渣色要正常。

此外，提前备好钢包和浇注系统，保证设备运转正常，并使出钢口畅通、出钢槽平整、出钢坑清洁干燥，炉盖和出钢槽吹扫干净等，也是出钢前必须要做好的准备工作。

2. 电弧炉的出钢方式

1）深坑、大口喷吐、渣钢混冲。这种出钢方式的优点是钢液能得到熔渣较好的保护，既减少了钢液的降温，又可控制钢液的二次氧化与吸气。此外，钢中悬浮的非金属夹杂物也能得到熔渣充分的洗涤，利于上浮与去除，大口喷吐还可进一步脱氧与脱硫。因此，该种出钢方式比较常见。

2）先出钢液后出渣，又称挡渣出钢。这种出钢方式的优点主要是能提高某些包中合金化元素的收得率和稳定钢液的化学成分，缺点是钢液降温快，包中脱氧、脱硫能力差。

3）混合出钢方式。一般先渣钢混冲，大口喷吐一阵，然后再挡渣出钢，最后大量出渣；也可先挡渣出钢，然后渣钢混冲，大口喷吐。

3. 电弧炉的出钢操作

传统电弧炉的出钢由于炉体倾动角度较大，因此出钢前首先要适当升高电极，特别是靠近出钢口处的电极尤要注意。电极过高，渣液降温快不易流出，如采用起重机吊包出钢，影响起重机的运转；电极过低，易使钢液增碳。然后切断电源，严禁带电出钢，以防短路。出钢口要掏大，为保证钢液的纯洁，堵塞物不准推进炉内。出钢时还要尽量缩短时间，以减少钢液的二次氧化与吸气。另外，也严防细流、散流、呛流出钢。因细流、散流出钢不仅能使钢液降温快，出钢动力学条件也不好，进而影响包中的脱氧、脱硫及非金属夹杂物的上浮与去除；呛流出钢容量造成渣钢横溢飞溅，从而增加了出钢后的清理量。除此之外，出钢过程中还要避免撞坏出钢槽或钢包，严防钢流冲击塞棒或包壁。常见的电弧炉出钢现场如图 9-5 所示。

图 9-5　电弧炉出钢现场

根据冶炼工艺要求，有的钢种须在出钢过程中进行终脱氧或调整化学成分，如加入铝块、硅钙块或加入硼铁、稀土元素及其他合金等，这时要选择合适的时机和出钢方式。在出钢过程中应注意观察出钢温度，综合其他情况确定镇静时间。出完钢后，应往塞杆周围的渣面上加些炭化稻壳或草灰，然后打砸这部分渣盖，使其蓬松，预防钢液在镇静过程中，渣子将塞杆卡住而影响启闭或造成弯曲。对于高温钢液或碱度低的稀渣，应往塞杆周围加些石灰等物，以降低这部分渣温或使其变稠。

9.4　电弧炉熔炼实例

9.4.1　碱性电弧炉氧化法熔炼高锰钢

冶炼钢种为 ZGMn13Cr2，出钢量 2000kg，化学成分（质量分数，下同）要求为：C1.2%，Mn12.5%，Cr1.5%，Si0.5%，P≤0.07%，S≤0.04%。

1. 配料计算

1）配入锰铁（Mn75%，C6.3%，P0.17%，Si1.2%）350kg，带入 Mn12.5%，C1.1%，Si0.19%，P0.03%。

2）配入不锈钢废料（Cr12.5%，C0.2%）245kg，带入 Cr1.5%，C0.0245%。

3）配入碳素废钢（C0.3%）1500kg（综合收得率95%）。

废钢（1500kg）配碳0.6%，熔毕碳0.5%~0.55%，氧化末期碳控制在0.25%，静沸腾后控制在0.2%左右，则成品碳为

$$\frac{1500\times0.2\%}{2000}+\frac{350\times6.3\%}{2000}+\frac{245\times0.2\%}{2000}=1.277\%$$

配碳：

废钢1500kg，综合碳含量按0.3%计，应补碳0.3%。

增碳剂选用碎焦炭屑，因用生铁增碳会导致增磷，焦炭屑会少量增硫，但高锰钢的锰含量高，不易形成（FeS），硫含量不会超标。

增碳0.3%，焦炭屑收得率按50%计，则需要9kg。

因此，本钢种熔炼的配料单为：碳素废钢1500kg，焦炭屑9kg，不锈钢（20Cr13）245kg，高碳锰铁350kg。碳、硅、锰在还原后期根据分析结果调整。

2. 熔炼工艺流程

扒炉、补炉→装炉（炉底铺石灰 20kg，焦炭屑 9kg，高碳锰铁 4kg，上装废钢 1500kg）→清理修补出钢槽，筑假炉门槛，堵好出钢口，调整或加接电极→检查机械电气设备、水冷却系统→接入电抗器→起弧（121V/3000A）→电极穿井到底（121V/2500A）→15min 后，熔池形成（210V/3500A）→150min 后，炉料熔化近 50% 后，造渣，石灰 30kg，萤石 6kg，碎矿石 25kg→20min 后，炉料基本化清（90%），造渣：石灰 30kg，萤石 6kg，121V/2500A→推料助熔，炉料全部化清，撤电抗器→搅拌钢液渣液，取 1# 熔毕样，分析碳、硅、锰→升温等分析熔毕样，$w(C) \approx 0.65\%$，如不足则补碳→扒掉 70% 熔毕渣→停电测温 ≥1540℃，结膜时间 ≥35s，造新渣：石灰 35kg，萤石 7kg，进入氧化期→炉体前倾至炉门刚能流出渣液（210V/3500A）→加第一批矿石，矿石 21kg，石灰 10kg，流渣，计时→7min 后，加第二批矿石，矿石 21kg，石灰 10kg→7min 后，加第三批矿石，矿石 12kg，石灰 6kg→5min 后，炉体恢复正常，停电测温 ≥1600℃→取 2# 氧化末期样分析 C、P，计算脱碳速度及脱碳量→静沸腾开始，扒掉 80% 炉渣，加萤石造稀渣（121V/2500A）→8min 后，加石灰使渣变稠，停电扒掉全部氧化渣，进入还原期→造新渣：石灰 40kg，萤石 10kg，耐火砖块 10kg，210V/3000A→预脱氧：先加炭粉 4kg，加锰铁 9kg，硅铁 3kg→加入不锈钢废料→造电石渣：炭粉 6kg，电石 2kg，封炉门，电极圈，121V/3500A→20min 后，期间看渣样，20min 后渣变白，如不白加少量耐火砖块→加高碳锰铁 300kg→搅拌熔池，取 3# 样分析 C、Si、Mn、Cr→保持白渣，石灰 12kg，萤石 3kg，炭粉 3kg，硅铁粉 3kg，121V/2500A→7min 后，石灰 12kg，萤石 3kg，炭粉 3kg，硅铁粉 3kg→7min 后，石灰 12kg，萤石 3kg，炭粉 3kg，硅铁粉 3kg，调整化学成分→7min 后，石灰 12kg，萤石 3kg，炭粉 3kg，硅铁粉 3kg，停电测温 ≥1560℃→5min 后，打开出钢口，终脱氧，清炉盖→出钢，钢渣混出，如加稀土，出钢时可分批加入→包内取成品样。

9.4.2　碱性电弧炉氧化法熔炼中碳低合金钢

在 1.5t 碱性电弧炉中，采用电石渣-白渣法熔炼 ZG35CrNiMo，出钢量为 2000kg。

根据配料计算得：碳素废钢 1760kg，生铁 200kg，废不锈钢 102kg，电解镍 8.8kg，钼铁 7.7kg，高碳锰铁 4kg。熔炼具体工艺流程如下：

扒炉、补炉→装炉（炉底铺石灰 20kg，高碳锰铁 4kg，上装废钢 1760kg，生铁 200kg）→清理修补出钢槽，筑假炉门槛，堵好出钢口，调整或加接电极→检查机械电气设备、水冷却系统→接入电抗器→起弧（210V/3000A）→电极穿井到底（121V/2500A）→15min 后，熔池形成（210V/3500A）→20min 后，炉料熔化近 50% 后造渣，石灰 30kg，萤石 6kg，碎矿石 25kg→20min 后，炉料基本化清（90%），造渣：石灰 20kg，萤石 6kg，121V/2500A→推料助熔，炉料化清，撤电抗器，加钼铁→搅拌钢液渣液，取 1# 熔毕样，分析 C、Si、Mn→熔毕样成分，$w(C) = 0.65\%$，$w(Mn) = 0.2\%$，如不足补碳、锰→扒掉 70% 熔毕渣→造新渣，石灰 35kg，萤石 7kg→停电测温 ≥1540℃，结膜时间 ≥35s 进入氧化期→炉体前倾至炉门刚能流出渣液（210V/3500A）→加第一批矿石，矿石 35kg，石灰 15kg，流渣，计时→7min 后，第二批矿石，矿石 30kg，石灰 15kg→7min 后，第三批矿石，矿石 15kg，石灰 10kg→5min 后，炉体恢复正常，停电测温 ≥1630℃→取 2# 氧化末期样分析 C、P，计时，计算脱碳速度及脱碳量→静沸腾开始，扒掉 80% 炉渣，加萤石造稀渣（121V/2500A）→8min 后，加石灰使渣变稠，停电扒掉全部氧化渣，进入还原期→造新渣：石灰 40kg，萤石 10kg，耐火砖块 10kg，210V/3000A→预脱氧：先加炭粉 4kg，加锰铁 9kg，硅铁 3kg→加入不锈铁、不锈钢废料→造电石渣：炭粉 6kg，电石 2kg，封炉门，电极圈，121V/3500A→20min 后，期间看渣样，20min 后渣变白，如不白加少量耐火砖块→搅拌熔池，取 3#样分析 C、Si、Mn、Cr、Ni、Mo→保持白渣，石灰 12kg，萤石 3kg，炭粉 3kg，硅铁粉 3kg，121V/2500A→7min 后，石灰 12kg，萤石 3kg，炭粉 3kg，硅铁粉 3kg→7min 后，石灰 12kg，萤石 3kg，炭粉 3kg，硅铁粉 3kg，调整化学成分→7min 后，石灰 12kg，萤石 3kg，炭粉 3kg，硅铁粉 3kg，停电测温≥1600℃→5min 后，打开出钢口，终脱氧，清炉盖→出钢，钢渣混出，如加稀土，出钢时可分批加入→包内取成品样。

9.4.3 碱性电弧炉不氧化法熔炼高锰钢

铸钢材质为 ZGMn13Cr2，出钢量 3000kg，综合收得率 97%，配料量 3100kg。

控制成分（质量分数）为：C1.25%（上限可达 1.3%），Mn12.5%（下限 11.5%），Cr1.5%，Si0.5%，P<0.07%，S<0.04%。

（1）配料　在配料时，可以全部用返回料，在还原期调整成分，也可以全部用新料（见表 9-7），还可以用部分返回料和部分新料（见表 9-8）。

表 9-7　全新料配料单

合金	含量（质量分数，%）					加入量/kg	带入钢中量（质量分数，%）				
	C	Mn	Si	P	Cr		C	Mn	Si	P	Cr
高碳锰铁	6.3	75	1.2	0.17		545	1.14	12.5	0.2	0.030	
不锈钢	0.2	0.5	0.5	0.025	12.5	380	0.025	0.02	0.02	0.003	1.5
废钢	0.25	0.6	0.3	0.03		2175	0.18	0.15	0.07	0.022	
合计						3100	1.345	12.67	0.29	0.055	1.5

表 9-8　50%返回料+50%新料配料单

合金	含量（质量分数，%）					加入量/kg	带入钢中量（质量分数，%）				
	C	Mn	Si	P	Cr		C	Mn	Si	P	Cr
返回料	1.25	12.0	0.4	0.065	1.2	1500	0.625	5.52	0.16	0.0325	0.57
高碳锰铁	6.3	75	1.2	0.17		300	0.63	6.9	0.1	0.017	
不锈钢	0.2	0.5	0.5	0.025	12.5	230	0.015	0.04	0.03	0.0023	0.93
碳素废钢	0.25	0.5	0.3	0.03		1070	0.089	0.15	0.05	0.0107	
合计						3100	1.36	12.61	0.34	0.0625	1.5

对于碳的配入，既要考虑熔化时烧损，也要考虑还原时增碳。可在装炉时少装 100kg 高碳锰铁，在还原期调整成分时加入，如碳高，可以用中碳锰铁调整。

（2）熔炼工艺过程　扒炉、补炉→装炉［炉底铺石灰 30kg 及增碳剂，上盖金属炉料（扣 100kg 高碳锰铁）］→清理修补出钢槽，筑假炉门槛，堵好出钢口，调整或加接电极→检查机械电气设备、水冷却系统→起弧（121V/3000A）→电极穿井到底（121V/2500A）→15min 后，熔池形成（210V/3500A）→炉料基本化清（90%），造渣：石灰 60kg，萤石 12kg→炉料全部化清，进入小还原→封电极孔，加炭粉 10kg，石灰 10kg，封炉门→7min 后，扒部分还原渣（70%），造渣：石灰 30kg，萤石 8kg，炭粉 3kg→5min 后，充分搅拌熔池，取 1#样，分析碳、硅、锰、铬，进入还原期→造电石渣，炭粉 15kg，萤石 7.5kg，封炉门，121V/3500A→20min 后，根据分析，补加锰铁，造第二次电石渣：石灰 20kg，萤石 5kg，炭粉 10kg，取 2#样分析碳、硅、锰，封炉门→20min 后，期间沾棒检查电石渣，20min 后渣变白，如不白加耐火砖块 20kg→保白渣，扒部分炉渣，加石灰 15kg，萤石 4kg，炭粉 1kg，硅铁粉 7kg→8min 后，调整化学成分，加石灰 15kg，萤石 4kg，炭粉 1kg，硅铁粉 7kg→8min 后，搅拌钢液，停电测温 ≥1580℃，加炭粉 2kg→清炉盖，清出钢槽，打开出钢口→出钢，钢渣混出，包中加铝 7.5kg→包内取成品样。

9.4.4　碱性电弧炉返回氧化法熔炼不锈钢

铸钢材质：ZG06Cr18Ni11Nb，化学成分（质量分数）要求：C≤0.08%，Si≤1.0%，Mn≤2.0%，P≤0.035%，S≤0.030%，Ni9.0%～13.0%，Cr17.0%～19.0%，Nb≥10C。

1）配料。采用镍板、金属锰、金属铬、铌铁、硅铁、462 和 464 牌号精钢返回料作炉料，配料计算控制（质量分数）：[C]≥0.40%，[P]≤0.02%，[Cr]12%～10%，[Si]≤1.0%，[Ni]≥10%。

2）送电熔化。开始 10min，选择电压为 150V，电流为 7000～10000A；穿井后，换电压为 210V，电流为 10000～15000A。

3）熔清后取样分析 C、P、Cr、Ni。

4）氧化温度≥1620℃，均匀沸腾，自动流渣，注意边吹氧边调整渣的流动性；吹氧采用双管大压力（800～1200kPa），脱碳速率为 0.01%/min。

5）终点碳控制在 0.05% 以下，取全分析样并测温。

6）高铬渣初还原。氧化末期迅速加入 Al（1kg/t）和 Si-Ca 块（5kg/t）脱氧。

7）扒除氧化渣（90% 以上），加入渣料（20kg/t 石灰）；使用 Si-Ca 粉、Al 粉分三批脱氧，并加入合金料，使成分进入规格。

8）炉渣变白后，分析渣中氧化铁含量和碱度，使（FeO）的质量分数不大于 0.5%，R=2.5。

9）取样分析，测温。

10）补加合金料，使 [Cr] 在中下限，[Ni] 在中上限，[Nb] 为 [C] 的 10 倍以上，[Si] 的质量分数不大于 0.6%。

11）出钢温度为 1630～1650℃。出钢前 5min 插铝终脱氧（0.8kg/t），外加 2kg/t 硅钙块。

12）采用钢渣混出式出钢。

9.4.5　中性电弧炉氧化法熔炼耐热钢

铸钢材质：ZG30Cr18Ni25Si2，化学成分（质量分数）要求：C0.20%～0.40%，Si2.0%～3.0%，Mn≤1.5%，Cr17.0%～20.0%，Ni23.0%～26.0%，S≤0.04%，P≤0.04%。采用返回不氧化法熔炼成品钢。

1）配料。钢种返回料应清洁，不含铁铝锰耐热钢、高锰钢等其他高合金钢返回料，以及铜、锌、锡、铅等合金元素。碳含量按下限配入，铬、镍含量按规格中限配入。

2）脱氢处理。将返回料、锻压钢边、铬铁、镍板、硅铁在熔炼之前进行脱氢处理。在热处理炉中，高温保温 4h，若返回料较厚大时，可适当延长保温时间，以达到表里温度均匀化（透烧）。降温越慢越好，以使氢气彻底析出。一般降到 450℃停炉且缓慢炉冷至 100℃以下出炉，并及时加料开始熔化。

3）装料。炉料装入前，首先向炉底加入 1%～2% 的石灰石；将镍板置于炉底上且靠近炉坡处的低温区，避免放在电极下，以防镍的蒸发烧损；铬铁和硅铁加在返回料下方；装料要密实。

4）熔炼期。用最大允许功率供电；推料助熔；及时加入渣料，防止钢液吸气。炉料熔清后，调整好炉渣碱度、流动性及渣量。

5）沸腾净化期。待钢液温度提高到 1560℃ 以上时，分批加入块度适中的石灰石，进行石灰石沸腾。纯沸腾期保持 30min 以上，再取收缩试样，达收缩良好为止。

6）还原期。当温度达到 1590℃，渣况为还原良好的火砖渣（半酸性渣），换低压时加入炭粉密闭炉门进行第一批还原。保持还原 10~15min 后，搅拌取样分析；再用炭粉、硅铁粉混合进行第二批还原，其配比根据碳含量确定。还原 10~15min 后，检查渣样，要求（FeO）的质量分数不大于 0.5%，且为白渣。根据分析结果，调整化学成分至规格要求。

7）终脱氧出钢。钢液温度达 1590~1600℃，试样收缩良好时，在出炉前 2min，插入适量稀土铝合金后出钢。钢渣混出，包内终脱氧剂用稀土铝合金。

9.5　电弧炉洁净化炼钢技术

电弧炉一直是特殊钢生产的主要设备，在铸钢生产中曾经也得到了广泛应用。但是，冶炼周期长、能量利用率低、质量不稳定及生产成本高等问题一直困扰电弧炉炼钢技术进步。随着国内制造业对特殊钢质量要求的日益提高，完善电弧炉炼钢流程工艺及装备已成为目前提升铸钢产品质量的关键。一方面，由于特殊的炉型结构，电弧炉炼钢熔池搅拌强度不足，氧气利用率低，终渣（FeO）含量高，钢液过氧化严重；另一方面，电弧炉炼钢过程包括残余元素、P、S、N、H 及夹杂物等的去除，涉及整个工艺流程的匹配与优化，是对电弧炉炼钢流程冶炼高品质钢技术的挑战。国内研究者对此展开了大量研究工作，在洁净化冶炼方面取得了长足的进步，产品质量显著提升。

9.5.1　电弧炉洁净化炼钢关键问题

1. 冶炼用原材料

电弧炉炼钢以废钢为主要原料，以合金、石灰、增碳剂等为辅助原料。一方面，随着汽车、机电、家电等报废数量的不断增加，社会回收的废钢成分更加混杂，包含钢铁材料、有色金属材料、非金属材料等；同时，钢材表面涂层技术和复合材料的广泛应用使回收废钢中带有 Cu、Zn、Pb、Sn、Mo、Ni 等有害杂质元素，且随着废钢循环次数的增加，有害杂质元素在废钢中不断富集。另一方面，辅料的使用同样会给钢液带有有害元素，影响钢液洁净度。为尽量降低原材料对冶炼钢种带来的影响，应根据不同钢种对原材料的使用情况制定不同的标准，分钢种分级别进行原辅料的定制化选择。例如，冶炼优质合金棒材时，采用铁液加废钢、优质废钢或优质废钢加直接还原铁为原料；冶炼低硫钢尽量使用低硫石灰；冶炼低碳钢选择低碳辅助原料。

2. 脱磷操作

磷在绝大多数钢种中是有害元素，脱磷是电弧炉冶炼的重要任务之一。近年来，随着国民经济的发展，对低磷及超低磷高品质特殊钢需求增加，现有电弧炉炼钢工艺很难实现快速低成本脱磷的冶炼要求。其主要原因在于电弧炉炼钢原料结构复杂，熔清后磷含量波动大。全废钢冶炼熔清后碳含量低，钢液黏稠度高，且受电弧炉炉型结构限制，熔池流动速度慢，脱磷动力学条件差，冶炼过程脱磷困难。传统电弧炉冶炼低磷钢通常采用多次造渣、流渣操作，冶炼周期长，渣量大，终渣（FeO）含量高，钢液过氧化严重，冶炼成本难以控制。

3. 钢中氧及夹杂物的控制

电弧炉冶炼终点钢液氧含量的稳定控制是降低钢中夹杂物的关键。电弧炉炼钢普遍采用强化供氧操作以加快冶炼节奏、提高生产率，但电弧炉炼钢终点控制不精准，钢液过氧化较为严重。这不仅导致后期精炼过程脱氧剂的过度消耗，同时使得精炼期夹杂物的产生量显著增加。电弧炉炼钢主要通过控制出钢前吹氧量，同时喷吹惰性气体强化搅拌，出钢时采用偏心炉底出钢控制下渣量，以及出钢前加入铁碳镁球，来降低钢液氧含量。在钢包电弧加热精炼过程中采用"铝+复合脱氧剂"脱氧方式，将 Al_2O_3 类夹杂物转化为较大尺寸的易上浮夹杂物进而去除；采用双真空工艺操作，前预真空轻处理，钢包电弧加热精炼后再采用真空的处理方式深度去除钢中活度氧及夹杂物。

4. 钢中［N］与［H］的控制

在电弧炉采用大功率供电强化废钢熔化时，电极放电产生的高温电弧会电离附近空气中氮气，致使钢液吸氮能力大幅增加。在电弧炉冶炼过程中，氮气有时会作为底吹气体或粉剂喷吹载气浸入熔池，钢液进一步吸氮。同时，电弧炉冶炼原料中含有水分并接触空气，会造成钢液中氢含量偏高。然而，电弧炉炼钢熔清后熔池碳含量偏低，供氧强度不足，冶炼后期脱碳期间熔池内产生的 CO 气泡数量少，所以不能有效脱除［N］、［H］。解决此类问题的方法主要是：通过废钢预热的方式脱除水分，以减少氢元素入炉；调整炉料结构，通过加入直接还原铁（DRI）、提高铁液比等方式提高熔池碳含量，在电弧炉冶炼后期进行高强度脱碳沸腾操作，以脱除钢液内［N］、［H］，再在后续精炼及浇注过程中加以保护，控制钢中［N］、［H］的含量。

9.5.2　电弧炉洁净化冶炼新技术

1. 废钢破碎分选技术

废钢是钢铁循环利用的优势再生资源。废钢的资源化利用在钢铁工业节能减排、转型升级方面发挥着重要作用。废钢的高效破碎与分选是保证电弧炉炼钢原料质量的前提与关键，对电弧炉炼钢实现洁净化冶炼至关重要。

废钢破碎机主要有两种：碎屑机和破碎机。碎屑机用于破碎钢屑，破碎机用于破碎大型废钢。破碎机有锤击式、轧轮式和刀刃式几种。经破碎处理后的废钢铁可很容易地利用干式、湿式或半湿式分选系统将各种材料分选回收处理，废钢表面的油漆和镀层均可清除或部分清除。经破碎分选后的废钢可大大提高原料的洁净度，为电弧炉炼钢提供了清洁可靠的原料保障。

2. 电弧炉炼钢复合吹炼技术

传统电弧炉炼钢熔池搅拌强度弱，抑制了炉内物质和能量的传递。通常采用超高功率供电、高强度化学能输入等技术，但没有从根本上解决熔池搅拌强度不足和物质能量传递速度慢等问题。现代电弧炉炼钢广泛采用吹氧工艺以加快冶炼节奏、降低生产成本，相继开发出诸如炉壁供氧、炉门供氧、集束射流等强化供氧技术。围绕熔池搅拌强度不足和物质能量传递速度慢等问题，国内外研究人员开展了深入研究，取得了系列研究成果。其中，北京科技大学朱荣教授团队牵头研发的电弧炉炼钢复合吹炼等洁净化冶炼关键技术，以强化熔池搅拌为核心，在探明氧气射流、电磁场和底吹流股三者对熔池搅拌强度的影响规律基础上，研发了集束射流应用新技术和底吹安全长寿技术，开发出供电、供氧、底吹等单元操作的集成控制技术，大幅度降低了原料、能量等消耗，提高了氧气利用率和电弧炉生产率。其技术原理如图9-6所示。

该技术主要包括以下几方面的创新：

（1）集束模块化供能技术　电弧炉集束模块化供能技术包括炉壁及炉顶集束供氧方式。炉壁集束供氧方式将吹氧和喷粉单元共轴安装在炉壁的一体化水冷模块上，具备助熔、脱碳等模式，实现气-固混合喷射、气体粉剂（炭粉、脱磷剂等）喷吹的动态切换，满足泡沫渣、脱磷及控制钢液过氧化等要求，增强了颗粒的动能，使氧气、粉剂高效输送到渣-钢反应界面，稳定泡沫渣，降低冶炼电耗，提高金属收得率，如图9-7所示。

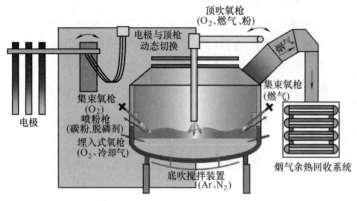

图 9-6 电弧炉炼钢复合吹炼技术原理

图 9-7 电弧炉炉壁集束
氧枪热态喷吹效果

(2) 埋入式供氧喷吹技术 通过炉壁多功能集束氧枪向炉内喷吹氧气和燃料,强化冶炼过程化学能输入,是目前最为普遍的电弧炉炼钢手段。埋入式供氧喷吹技术将供氧方式从熔池上方移至钢液面以下,利用双流道喷枪将氧气直接输入熔池,显著提高了钢液流动及化学反应速度,有效控制了钢液过氧化,改善了熔池脱磷效率,使氧气利用率提高到98%。

(3) 安全长寿底吹技术 电弧炉炼钢熔池冶金反应动力学条件差,熔池钢液成分、温度不均匀,终点氧含量和渣中氧化铁含量偏高,最终影响冶炼指标和钢液质量。安全长寿底吹技术强化了电弧炉熔池搅拌,如图9-8所示,吨钢氧耗、钢铁料消耗、冶炼终点碳氧积及终渣氧化铁含

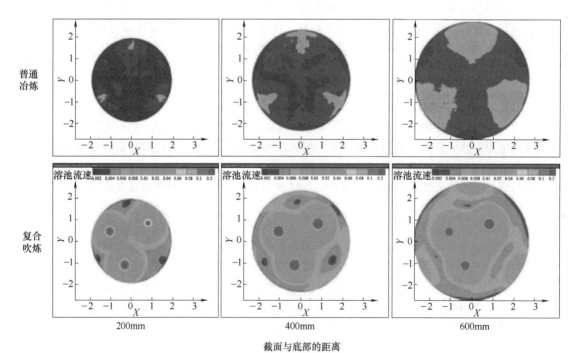

图 9-8 不同冶炼工艺熔池速度分布图

注: X、Y 表示截面圆的比例坐标。

量明显降低，脱磷效率进一步提高，冶炼终点钢液质量明显改善。

（4）气-固喷吹新技术　将传统熔池上方喷粉方式移到熔池下方。冶炼前期，利用空气或 CO_2-O_2 向熔池内部喷射碳粉，加速废钢熔化，在实现快速熔清的同时提高熔清后碳含量；冶炼后期，利用 O_2 或 O_2-CO_2 向熔池内部喷射石灰粉，强化脱磷的同时，剧烈的碳氧反应产生大量 CO 气泡可实现深度脱氮、脱氢，显著改善了终点钢液洁净度。

第 10 章　铸钢的炉外精炼工艺

钢的炉外精炼是把一般炼钢炉（电弧炉、转炉）中要完成的精炼任务，如去除气体和非金属夹杂物、脱氧、脱硫、调整钢液成分和温度，以及特殊要求的脱碳、除气等工作，转移到炉外的钢包或专业的容器中进行，从而达到提高钢液的冶金质量，节约能源和原材料的消耗，降低生产成本，提高生产率，保护环境的目的。一般把用于钢液熔化和初炼的炼钢炉称为初炼炉，把用于钢液精炼的钢包或者专用容器称为精炼炉。

10.1　概述

10.1.1　炉外精炼的目的

炉外精炼的目的如下：

1）提高钢的纯净度。铸钢件的内在质量与钢液的纯净度有很大关系。近年来，国内外在生产高强度钢和超高强度钢方面，日益强调对钢中气体和非金属夹杂物的控制，提出了"洁净钢"的要求。在一般的炼钢方法中，为了清除钢液中的气体和夹杂物，是利用脱碳反应形成的钢液沸腾，这样就使钢液强烈地氧化，而下一步为了除去钢液中残余的大量的氧，就须对钢液进行脱氧，因此又产生大量的夹杂物，这是在一般的炼钢方法中难以解决的矛盾。采用炉外精炼方法，以真空和惰性气泡来代替一氧化碳气泡的作用实现精炼过程，从而免除了采用脱氧剂进行脱氧的工艺要求，这就从根本上改革了炼钢工艺，而所炼得的钢液在纯净度方面大幅度提高，因而钢的力学性能，特别是韧性有很大的改善。

2）降低合金元素的熔炼损耗。在采用电弧炉与炉外精炼相结合的炼钢工艺方法中，合金元素一般都是在炉外精炼过程中加入的。在真空或惰性气体作用下，合金元素的熔炼损耗轻微，因而合金元素的收得率高，同时也便于准确控制钢的化学成分。

3）为冶炼超低碳钢开辟途径。在一般的炼钢条件下，钢的碳含量难以降得很低。这是由于在钢液中存在碳—氧平衡关系。如果要使钢的碳含量很低，则钢中的氧含量必然很高。这样将会加重还原期脱氧的负担，并使钢的质量恶化。采取炉外精炼技术，依靠真空和惰性气体的作用，可以做到既降低碳含量，又不增加氧含量，因此从根本上解决了低碳型 $[w(C)<0.06\%]$ 和超低碳型 $[w(C)<0.03\%]$ 钢的冶炼问题。

10.1.2　炉外精炼的主要手段

铸钢的炉外精炼工艺发展到现在，主要有合成渣洗、真空处理、搅拌、喷吹、调温等手段。

1. 合成渣洗

渣洗是最简单的精炼手段。20 世纪三四十年代开始应用高碱度合成渣，对钢液进行渣洗脱硫，这成为现代炉外精炼技术的萌芽。在合成渣洗工艺中，根据钢液质量要求，将各种渣料配制成满足某种冶金功能的合成炉渣，通过在专门的炼渣炉中熔炼，出钢时钢液与炉渣混合，实现脱硫及脱氧去夹杂功能，使渣和钢充分接触，再通过渣与钢之间的反应，有效去除钢中的硫和氧（夹杂物）。但是，合成渣洗不能去除钢中气体，必须将原炉渣去除。

2. 真空处理

真空处理是脱气的主要方法。提高腔室的真空度，可以将钢中的 C、H、O 含量降低。

3. 搅拌

搅拌的目的是加速冶金反应的进行，促进钢液成分、温度均匀。常用的搅拌手段有电磁搅拌和吹气搅拌两类。

4. 喷吹

通过向钢液中喷吹气体或粉末，实现脱碳、脱硫、脱氧、合金化、控制夹杂物形态等目的。喷吹包括单一气体喷吹、混合气体喷吹、粉气流喷吹、喂线等方法。

5. 调温

精炼过程中钢液温度容易下降，影响精炼效果和生产顺利进行。为此，在精炼中设置升温手段，对钢液温度进行调控。常用的升温手段包括电弧加热、感应加热、等离子加热等电加热方式，以及化学加热方式。

10.1.3　炉外精炼原理

炉外精炼原理包括吹氩精炼原理、氩氧联合吹炼原理、真空条件下的脱碳原理和真空碳脱氧原理等。

1. 吹氩精炼原理

氩气是一种惰性气体，不溶解于钢液，且不与钢中的元素反应，不会形成非金属夹杂物。最原始的钢包吹氩精炼装置如图 10-1 所示。吹氩是通过钢包底部的透气塞进行的，吹入的氩气可形成大量细小而分散的气泡，减缓在钢液中的上升速度。这些小气泡对钢液中的有害气体（H_2、N_2）来说，相当于一个真空室，使钢中 [H]、[N] 进入气泡，使其含量降低，并可进一步除去钢中的 [O]；同时，氩气气泡在钢液中上浮而引起钢液强烈搅拌，提供了气相成核和夹杂物颗粒碰撞的机会，有利于气体和夹杂物的排除，并使钢液的温度和成分均匀。

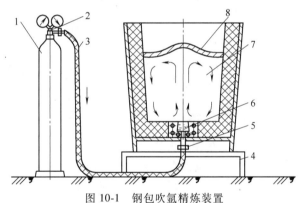

图 10-1　钢包吹氩精炼装置

1—氩气瓶　2—减压阀　3—耐压橡胶管　4—钢包支架
5—活接头　6—透气塞　7—钢液　8—炉渣

2. 氩氧联合吹炼原理

当钢液采用氩气和氧气联合吹炼时，能有良好的脱碳和净化作用，这种方法称为氩氧脱碳法（AOD 法）。钢液精炼的过程是在 AOD 装置中进行的，其原理如图 10-2 所示。在电弧炉中熔化炉料并达到足够高的温度后，即将钢液倒入精炼装置中，开始吹入氧气和氩气进行吹炼，氧气与钢中的碳反应起到脱碳精炼的作用，并发出反应热以维持钢液的温度。随着过程的进行，氧气逐渐减少，氩气逐渐增多，到后期全部吹入氩气。吹入的氩气既能起到吹氩精炼的作用，又破坏了容器中的碳、氧平衡关系，使脱碳反应进行得更彻底。吹炼用混合气体成分的变化，可以根据从容器中排出的炉气成分进行自动控制。

AOD 法可以加快熔池的传质速度，增大渣钢反应的面积，能有效地清除钢液中的气体和夹杂物，使钢液达到高纯净的程度；在氧氩的联合作用下，可以使钢液在低氧含量的条件下，将碳的质量分数降到 0.03% 以下。由于在整个吹炼过程中，一直有气体的净化作用，故钢液中原有的气体和非金属夹杂物能清除到很低的程度，如钢液氢和氮的体积分数分别降到 $2\times10^{-4}\%$ 和 $8\times10^{-3}\%$ 以下。采用此法可以冶炼超低碳的钢种，尤其是超低碳不锈钢。

3. 真空条件下的脱碳原理

在大气条件下炼钢时，钢液中的碳—氧之间建立一定的平衡关系。因此，在一般电弧炉或感应炉炼钢条件下，难以将碳含量降得很低。当冶炼低碳钢液时［如 $w(C)<0.06\%$］，则要大幅度提高钢液的氧化性，从而会恶化钢的性能。如将大气条件下冶炼的钢液，连同钢包一起放置在真空装置内，随着真空度的提高，气相中 CO 的分压力降低，改变了钢液中的碳—氧平衡关系，使得钢液碳含量进一步降低，并实现在真空下碳脱氧的过程。由于钢中气体的溶解度与金属液上该气体分压的平方根成正比，只要降低该气体的分压力，则溶解在钢液中气体的含量随着降低。当将真空处理与氩氧吹

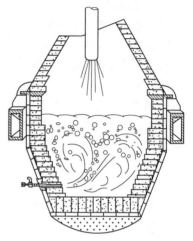

图 10-2　氩氧联合吹炼原理

炼联合使用时，能收到特别良好的冶金效果，它比氩氧联合吹炼的脱氧能力以及清除钢液中气体的能力更强，并且可以大大节省氩气用量。

4. 真空碳脱氧原理

在真空冶炼条件下，可以利用钢液中的碳进行其自身的脱氧，其冶金过程遵循碳的氧化反应的一般热力学规律，即

$$[C]+[FeO] \Longrightarrow [CO]+[Fe]$$

真空碳脱氧具有终脱氧性质，即在这一冶金过程完成后，不再用硅、铝等元素进一步脱氧，而且其脱氧产物为气体，不会污染钢液。CO 气泡在钢液上浮过程中能收集钢液中的氢、氮等气体，并携带夹杂物，起精炼作用。

10.1.4　炉外精炼的主要方法及效果

1. 炉外精炼的主要方法

炉外精炼技术按其作用和目的，大致可以归纳为以下几种：

1）钢液滴流真空除气法：将钢液流股注入真空室，由于压力急剧降低，使流股膨胀，并散开成一定的角度以滴状降落，使除气表面积增大而利于气体逸出。该法以钢包除气法（LD）、倒包除气法（SLD）、出钢除气法（TD）为主，适用于大型铸锻件生产。

2）电弧加热真空精炼法：以钢包电弧加热精炼法［LF（V）］、ASEA-SKF 式钢包精炼法（ASEA-SKF）、真空电弧加热除气法（VAD）为代表，一般与电炉双联生产高合金钢和各种重要用途的特殊钢。该法生产条件灵活，可用于钢液保温，以达到多炉合浇大型铸钢件的目的。

3）真空吹氧脱碳法（VOD）和氩氧脱碳法（AOD），主要用于不锈钢、耐热钢和超低碳不锈钢的生产。

4）真空提升除气法（DH）：将钢液分批或连续吸入到除气室中进行真空处理，然后升高真空室（或降低钢包），使钢液借重力作用返回钢包中，如此反复操作多次后，达到除气效果。该法适用于特殊铸钢件生产。

5）真空循环除气法（RH）：将真空室下部的两根循环管插入钢包中，向两管之一的上升管中吹入氩气，气体被加热膨胀上升，钢液随之被吸入真空室中，随后又在重力作用下，经由另一根管返回钢包。钢液如此不断循环，达到真空处理的目的。

　　6）钢包喷粉精炼法（SL）：利用气体将粉料喷入钢包的钢液中进行炉外精炼。该法以 TN 法、SL 法为代表，可达到脱氧、脱硫、去除夹杂物、变质处理等目的。

2. 各类炉外精炼法的精炼效果（见表 10-1）

表 10-1　各类炉外精炼法的精炼效果

炉外精炼类型		精炼效果(质量分数,%)					
		[H]	[O]	[N]	[S]	夹杂物	其他
钢包除气法（LD）	脱除率	10~30	10~30	10~20	—		
	达到	—	—	—			
倒包除气法（SLD）	脱除率	40~50	30~50	10~30			
	达到	—	—	—			
真空提升除气法（DH）	脱除率	40~60	30~50	10~30	—	去除10~20	
	达到	$(1~3)×10^{-4}$	$(20~40)×10^{-4}$	$≤40×10^{-4}$			
出钢除气法（TD）	脱除率	60	20~30	10~20	包中加合成渣可使[S]降到$50×10^{-4}$		
	达到	$2×10^{-4}$	—	—			
真空循环除气法（RH）	脱除率	40~80	40~60	20~40	—	去除10~30	
	达到	$(1~2)×10^{-4}$	$(10~30)×10^{-4}$	$10~30×10^{-4}$			
钢包电弧加热精炼法[LF(V)]	脱除率	50~60	50~60	—	脱除50~60		可精确控制成分、温度
	达到	$(1~3)×10^{-4}$	$(10~30)×10^{-4}$	$<50×10^{-4}$			
钢包精炼法（ASEA-SKF）	脱除率	50~60	40~50	—			
	达到	$(2~3)×10^{-4}$	$(20~30)×10^{-4}$	—			
真空电弧加热除气法（VAD）	脱除率	—	—	—	造渣可脱硫40~60		可精确控制成分、温度
	达到	$(1~3)×10^{-4}$	$10×10^{-4}$	$10×10^{-4}$			
真空吹氧脱碳法（VOD）	脱除率	—	—	—	$≤50×10^{-4}$		碳可降至$25×10^{-4}$
	达到	$(1~3)×10^{-4}$	$(30~80)×10^{-4}$	$(40~140)×10^{-4}$			
氩氧脱碳法（AOD）	脱除率	—	—	—	达$60×10^{-4}$		碳可降至0.02
	达到	$(1~4)×10^{-4}$	$(60~100)×10^{-4}$	—			
钢包喷粉精炼法（SL）	脱除率	—	—	—	$(20~40)×10^{-4}$	可改善夹杂物形态及类型	—
	达到	—	—	—			

10.2　氩氧脱碳法（AOD 法）

　　氩氧脱碳法是生产超低碳不锈钢及纯净高质量合金钢铸件的先进工艺，具有生产率高、设备投资少、原材料适用范围宽、成分控制准确、钢液纯净度高和气体含量低等优点。该工艺是气体冶金工艺，通过向钢液中吹入一定比例氧气与惰性气体的混合气降低钢液中的一氧化碳的分压，从而达到脱碳保铬的目的。因此，使用廉价的高碳铬铁原材料即可生产出高质量的不锈钢产品，其生产成本显著降低。目前，全世界 75% 以上的不锈钢都是利用 AOD 精炼工艺生产的。此外，除了生产成本上的优势外，AOD 精炼工艺还在控制有害残余元素含量，特别是降低硫含量和气体含量方面有着良好的效果，利用 AOD 精炼工艺，可以精炼超低碳 [w(C)<0.01%] 和超

低硫 [$w(S)<0.003\%$] 的钢液，钢液纯净度高，流动性、充型性好，浇注温度可降低 20℃。产品具有优良的综合力学性能，如强度、塑性、韧性等指标显著提高。具备精炼设备及工艺是未来铸钢企业最基本的技术要求，AOD 精炼工艺以其投资少，适用范围广，维护简单成为首选的精炼方式。

10.2.1　AOD 炉系统组成

通常，AOD 炉系统组成及平面布置如图 10-3 所示。

1. 气源系统

气源系统多采用液态储气罐。根据 AOD 炉容量及开炉频率为用户设计选择气罐容量及蒸发器能力，也可以选择气体公司专用管道直接给设备供气。

2. 炉体及预热系统

炉体含炉壳、托圈、支撑机构及旋转减速机构，用于接收钢液进行精炼。冷炉开炉前应对其进行预热。

3. 炉前平台车

炉前平台车用于对 AOD 炉内钢液进行测温、加料等操作。

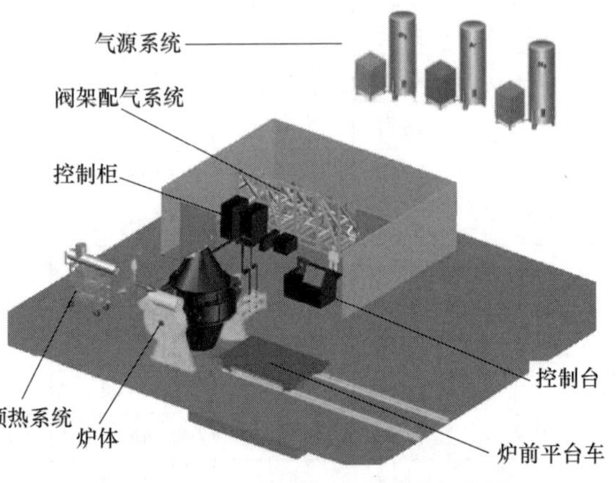

图 10-3　AOD 炉系统组成及平面布置

4. 阀架配气系统

阀架配气系统包括阀架及阀架与炉体间管路，以及各种气动阀门及调节阀、传感器及压力表。与外来氧、氩、氮及压缩空气等对接，经阀架内部混合后进入炉体。AOD 精炼炉配气系统如图 10-4 所示。

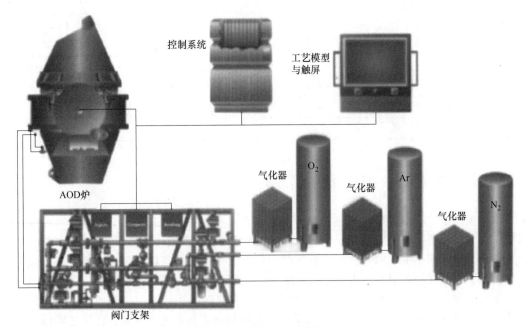

图 10-4　AOD 精炼炉配气系统

5. 控制系统

控制系统包括控制台、控制柜等，用于控制炉体翻转和炉前平台车移动，并控制阀架所有元件的动作，实现精炼过程。

6. 除尘系统

除尘系统用于收集 AOD 炉精炼过程中产生的高温炉气烟尘，并对其进行处理。

目前 AOD 工艺的应用可分为铸造 AOD 工艺和冶金 AOD 工艺，两者有一定区别。冶金工业用 AOD 系统特点是大容量（容量为 30~175t）、连续性生产（生产过程不能间断），以保持高的生产率和产量为主要目标，产品为不锈钢钢材，而不是工程应用最终产品。而铸造工业用 AOD 系统则是小容量、间断性生产，是以提供工程应用的最终商品铸件为中心目标，对铸件的化学成分、各项性能、内部及表面质量等要求均按合同交货条件验收，适用于生产不同工程所要求的各种特殊钢及合金铸件，如不锈钢铸件、低合金钢铸件及高温合金铸件等。

10.2.2　AOD 炉精炼工艺流程

AOD 炉是一种新型的炉外脱碳二次精炼炉，多以与电炉配合的双联法进行生产，先将废钢或原料在电弧炉或感应炉中熔化，然后在专门的 AOD 炉内脱碳和精炼。按一定配比吹入熔融金属中的氧气、氩气（或氮气）分别起脱碳及惰性气体稀释作用，使金属氧化量减至最小。常规设计的 AOD 精炼铸造工艺流程：炉料（金属料、铬铁等）→熔化（电弧炉）→半钢液→成分检测（中间转包）→装料（AOD 炉）→氧化脱碳（吹入 O_2、Ar 或 N_2）→还原（加 FeSi、CaO）→精炼（通入惰性气体）→成分温度微调→成分检测（加脱硫剂、合金元素等）→出钢→成分检测（钢包）→浇注（铸型）→铸件。

1）根据铸钢成分要求配入相应的炉料，其中原始碳的质量分数一般按 0.4%~0.6% 配入，最高 2%，其余成分根据 AOD 炉的操作规程配入（镍可在预还原期加入）。采用电弧炉或感应炉熔化半钢液，可参考电弧炉或感应炉炼钢操作工艺规程。此阶段的任务是为 AOD 炉精炼供应数量足、成分合格、熔渣少的粗钢液。采用电弧炉熔炼时，先在炉底加规定比例的石灰，在相应部位装入炉料，送电加热，在炉料熔化完大部分后开始吹氧助熔，待炉料彻底熔清后，升温到要求温度，加入硅铁还原铬一定时间，然后取样分析成分。成分合格后扒渣，并加新渣料造渣，加入碳粉保持还原气氛，根据渣中硅含量酌情用碳化硅或炭粉调渣，如用氧化镍，更应造成还原渣。铬可按中限调整，硅、磷、硫、镍等元素成分控制在要求范围内，将温度调整至合适时出钢。

2）检查确定 AOD 炉的气路仪表灵敏可靠，倾动设备正常运转后，将粗钢液倒入 AOD 炉，立即摇直炉体，开始氩氧混吹。吹炼过程的控制，是根据钢包钢液分析值和钢液质量来确定氧气消耗量。吹炼分两阶段或三阶段，对于两阶段吹炼，第一阶段要求把碳脱至 0.20%（质量分数），一般氩氧的配气体积比为 1:（1.5~2）；在第二阶段中，把氩氧的配气体积比改为 2:1，吹炼不同时间后，可把碳降到不同的含量，吹炼时间越长，碳含量越低。对于三阶段吹炼，氩氧的配气体积比可按照第一阶段 1:3，第二阶段 1:（1~2），第三阶段（2~3）:1 来吹炼。脱碳期的操作是 AOD 炉整个精炼过程的关键，必须严格遵守供气制度，才能达到去碳保铬的目的。

3）在每个阶段吹炼结束后，一般均应取样分析成分，并测定温度。当吹炼至终点时，立即扒除部分炉渣，然后加入由硅铁、硅铬、硅锰、锰铁及石灰组成的还原渣料，同时吹入氩气搅拌一定时间，还原渣碱度控制在要求范围，还原可回收铬。在吹氩搅拌期间，钢中碳因与钢液中氧作用，其含量进一步降低。如果有脱硫任务，则应扒除因硅脱氧生成大量（SiO_2）而形成的低碱度渣，加入由石灰、硅铁和萤石组成的高碱度脱硫渣，同时通过吹氩搅拌，使硫含量降至要求范围内。

4）按比例加入铝粉、硅钙粉、钛铁，并调整成分和温度至控制目标后出钢。

10.2.3　典型不锈钢精炼工艺参数

1. ZG06Cr13 马氏体不锈钢精炼工艺

粗钢液倒入 AOD 炉中，开始吹炼温度应高于 1550℃，第一阶段吹炼氩氧的配气体积比为 1∶3，可以用氮气代替氩气，可以加入以高碳铬铁和高碳锰铁组成的冷却剂（按电炉出钢钢包中所取试样计算），以防止过热，终点温度为 1670~1710℃，碳的质量分数为 0.2%~0.3%；第二阶段吹炼氩氧的配气体积比为 1∶1 ［后期为（2~3）∶1］，终点温度为 1720~1750℃，碳的质量分数为 0.03%~0.05%。

预还原根据终点碳含量，加入 16~20kg/t 钢液的硅铁，以及 20kg/t 钢液的石灰，吹纯氩 3~5min（此时严禁 N_2、O_2 进入炉内），促进 Cr_2O_3 还原，提高脱硫去气（氢、氮、氧）效率。确认硅铁熔化好后，取样分析，将炉体摇至指定位置扒渣 90% 以上，测温，当温度为 1690~1710℃时，加入石灰 20kg/t 钢液，吹纯氩。

还原期阶段，将炉体摇至垂直位置，吹纯氩时间视钢液温度而定，但必须把渣化好。加入 2~4kg/t 钢液的硅钙粉，1~2kg/t 钢液的铝粉，萤石适量，调整出钢渣。根据预还原期成分结果，调整钢液成分至控制目标。温度为 1600~1620℃ 时出钢，包中根据钢液含硅量可加入少量硅钙块。

2. ZG15Cr13 马氏体不锈钢精炼工艺

粗钢液倒入 AOD 炉中，开始吹炼温度应高于 1550℃，第一阶段吹炼氩氧的配气体积比为 1∶3，可以用氮气代替氩气，可以加入以高碳铬铁和高碳锰铁组成的冷却剂（按电炉出钢钢包中所取试样计算），以防止过热，终点温度为 1670~1710℃，碳的质量分数为 0.3%~0.4%；第二阶段吹炼氩氧的配气体积比为 1∶1 ［后期为（2~3）∶1］，终点温度为 1710~1730℃，碳的质量分数为 0.04%~0.10%。

预还原根据终点碳含量，加入 12~16kg/t 钢液的硅铁，其余同 ZG06Cr13，钢液经还原后调整温度为 1600~1630℃ 出钢。

3. ZG03Cr19Ni11 奥氏体不锈钢精炼工艺

粗钢液中要求铬的质量分数为 17.5%~18.2%，先不加镍，碳的质量分数为 1.2%~1.7%，硅的质量分数 ≤0.3%，温度为 1600~1630℃。

粗钢液倒入 AOD 炉中，开始吹炼温度应高于 1550℃，第一阶段吹炼氩氧的配气体积比为 1∶3，可以用氮气代替氩气，可以加入以镍、高碳铬铁和高碳锰铁组成的冷却剂（按电炉出钢钢包中所取试样计算），以防止过热，终点温度 1680~1700℃，碳的质量分数为 0.2%~0.3%；第二阶段吹炼氩氧的配气体积比为 1∶1，终点温度 1710~1730℃，碳的质量分数为 0.04%~0.06%。第三阶段吹炼氩氧的配气体积比为 3∶1，终点碳的质量分数 ≤0.03%。

参照 ZG06Cr13 不锈钢进行预还原和还原处理，出钢温度为 1580~1610℃。

4. ZG022Cr17Ni12Mo2 超低碳奥氏体不锈钢精炼工艺

粗钢液中的镍先不配入，作为第三阶段吹炼时降温使用。

第一阶段吹炼氩氧的配气体积比为 1∶3，可以用氮气代氩气，终点碳的质量分数为 0.20%~0.30%，温度为 1670~1690℃。

第二阶段吹炼氩氧的配气体积比为 1∶1，可以氮气代氩气，终点碳的质量分数为 0.04%~0.06%，温度为 1690~1720℃。

第三阶段吹炼氩氧的配气体积比为 3∶1，终点碳的质量分数 ≤0.02%，温度 ≤1750℃。

预还原根据终点碳含量，加入 25~32kg/t 钢液的硅铁，1~2kg/t 钢液的铝块，以及 30kg/t 钢液的石灰，吹纯氩 3~5min（此时严禁 N_2、O_2 进入炉内），促进 Cr_2O_3 还原，提高脱硫去气（氢、氮、氧）效率。确认硅铁熔化好后，取样分析，将炉体摇至指定位置扒渣 90% 以上，测温。出钢温度为 1580~1620℃，包中根据钢液硅含量可加入少量硅钙块。

5. ZG03Cr22Ni6Mo3N 双相不锈钢精炼工艺

ZG03Cr22Ni6Mo3N 属中合金型双相不锈钢，其化学成分特点是低碳、高铬、高钼、含氮。其熔炼工艺与普通高铬不锈钢有较大差别，最主要表现在以下几个方面：一是降碳保铬工艺，该钢碳的质量分数 ≤0.03%，用 $Ar(N_2)$ 气体降低 CO 分压就可以达到降碳保铬的目的，而无须提高温度；二是氮的补入工艺，氮在双相不锈钢钢液中的溶解度除与钢液温度有关外，还与钢液的化学成分有很大的关系，钢液中氮含量的变化，除了热力学条件外，还将受到动力学条件的影响。实际生产过程中，钢液中脱氮和吸氮两个过程同时存在，并且氧化脱碳末期钢液中氮的实际含量远远低于理论溶解度，氮的不稳定性使得极难在前期保住氮元素，一般采取出炉前根据测得氮含量补入氮化铬的方式；三是高铬的控制，因双相不锈钢所需铬的含量高，因此铬的前期氧化还原、后期的调节配入是比较关键的问题。在配入铬成分时，铬应留有余量，应用合金进行降温补铬，对于铬的补充应为后期生成氮化铬所需的铬留有余量，还应考虑通过加入微铬合金而带入铬成分的提升；四是严格控制成分，ZG03Cr22Ni6Mo3N 属于中合金双相不锈钢，具有铁素体和奥氏体的双相组织结构，必须严格控制化学成分，为铸件的固溶处理做准备，这样才能确保双相不锈钢铸件中奥氏体和铁素体的比例，保障材料的力学性能。

以 2t 的 AOD 炉冶炼 ZG03Cr22Ni6Mo3N 为例，先以中频感应炉熔化钢液，并对成分进行初次调配。将温度为 1560℃ 的粗钢液装入 AOD 炉中进行精炼，工艺流程参见前文。精炼工艺参数为：氧化期加入石灰 240kg，钼铁 4kg，微碳铬铁 80kg，锰铁 14kg，温度控制在 1700℃；在还原期加入金属铝，温度控制在 1720℃；在成分调节期加入金属铝 7.1kg，氮化铬 46kg，硅铁 12.5kg，温度控制在 1660℃ 左右出钢。

10.3　真空吹氧脱碳法（VOD 法）

真空吹氧脱碳法是一种在真空条件下吹氧脱碳并吹氩搅拌生产高铬不锈钢的炉外精炼技术。它是在真空减压条件下顶吹氧气脱碳，并通过包底吹氩促进钢液循环，在冶炼不锈钢时能容易地把钢中碳的质量分数降到 0.02%~0.08% 范围内而几乎不氧化铬；并对钢液进行真空处理，加上氩气的搅拌作用，反应的动力学条件很有利，能获得良好的去气、去夹杂物的效果。

10.3.1　VOD 炉系统组成

VOD 炉系统由真空罐、真空泵、钢包、氧枪、加料系统及取样装置、测温装置和终点控制仪表等组成，如图 10-5 所示。此外，充足的蒸汽、水、氧气和氩气来源，高质量的耐火材料，适用的扒渣工具及高效率的钢包烘烤装置也是保证 VOD 炉正常生产的必要条件。

VOD 炉有两种型式：钢包置于真空罐内进行精炼的罐式和在钢包上直接加真空盖的桶式。其中，罐式 VOD 炉得到较大的发展，因为它有许多优点：罐盖面积大，易于布置不同用途的装置；罐内可容纳大小不同的钢包；易与真空泵连接；钢包上部不必带法兰，结构简单且可以使用较小的自由空间；易于设置防溅盖；真空罐密封法兰较大，罐盖落下时易于对准，较易保证密封等。为了减少钢渣喷溅和防止罐盖过热，在精炼钢包和罐盖之间设有防溅盖。

VOD 炉的包衬承受温度较高，钢液搅动激烈，它经受的化学侵蚀和机械冲刷也比其他炉外

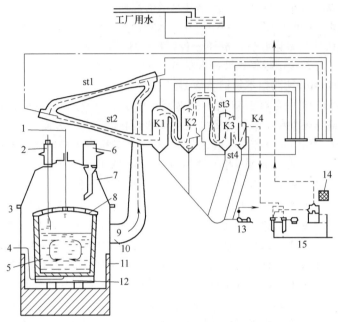

图 10-5　VOD 炉系统组成

1—氧枪　2—取样装置　3—热电偶　4—氩气　5—钢包　6—合金料仓　7—罐盖　8—防溅盖　9—废气排出口
10—废气温度测量　11—真空罐　12—滑动水口　13—冷却水泵　14—EMK 电池　15—真空泵

精炼方法的更为严重，故对包衬耐火材料的选择应特别严格，多采用镁铬砖式镁白云石砖，其包衬寿命一般为 25~30 炉，最高可达 100 炉。为了加速脱碳，透气砖装于钢包底部中心部位，以便上涌的氩气泡将钢液面的炉渣推向包壁，使新鲜钢液暴露于氧气射流之下。

较高的真空度易于达到较高的技术经济指标，同时考虑到向真空室吹入氧气进行脱碳时，会产生大量 CO 气体，必须及时抽出。因此，与其他精炼设备相比，VOD 炉所配的真空泵抽气能力较大一些。对真空系统的除尘，也要采取相应措施加以解决。

氧枪设在 VOD 炉的真空盖上，通过活动密封装置插入真空室内。氧枪有两种类型，一种是在钢管上涂耐火材料的消耗式氧枪，为 ASEA-SK17 精炼炉所用；VOD 炉多采用水冷式非消耗氧枪，喷嘴为拉瓦尔式。当氧气压力为 0.49~0.59MPa，氧枪设计马赫数为 3，扩张半角为 5°时，吹氧过程是十分平稳的。由于这种氧枪喷出的氧气射流速度为超音速，在入口压强不高的条件下也可以获得较大的射流全压，因而允许在氧气压强较低和离钢液面较远的情况下吹氧。这不仅对提高氧枪寿命有益，对不易获得高压氧气的特殊钢厂，采用它也是极为适宜的。

终点控制仪表一般采用氧浓差电池为主，废气温度和真空计为辅的废气检测系统。氧浓差电池只适用于控制超低碳（碳的质量分数小于 0.03%）钢的终点，对中、高碳钢及极低碳钢（碳的质量分数在 10^{-4}% 级），则采用质谱仪来控制。

10.3.2　VOD 炉精炼工艺

VOD 炉可以与电炉双联，其精炼过程的主要特点是碳与氧反应的产物为 CO 气体，可在真空处理中被抽走，从而促进脱碳，达到抑制铬氧化的目的。VOD 炉精炼工艺流程：粗钢液→出钢→扒渣→钢包放入真空罐内、吹氩→盖罐、抽真空→真空吹氧脱碳→加脱氧剂及铁合金→充气开罐→停氩、吊出钢包→镇静→浇注。

VOD 法正常进行精炼的关键是正确地控制初炼钢液的成分和开始吹氧的温度，采用合理的真空吹炼参数及准确地控制吹炼终点。初炼钢液的碳含量主要取决于包衬和透气砖材料的质量，耐火材料质量高时，可将碳含量控制高一些，这样有利于更多地使用高碳铬铁。在耐火材料质量不高的条件下，开始吹氧时碳的质量分数以控制在 0.3%～0.4% 为宜。铬含量控制在上限。硅含量不应太高，否则会使冶炼时间拖长，实际硅的质量分数控制在 0.4% 以下。硫、磷含量应低于规格。电炉出钢时，利用同炉渣洗可进一步把硫含量降低（质量分数≤0.015%），然后将炉渣扒除，以便吹炼时氧气流可以与钢液面直接反应并防止回硫。此后，将钢包吊入真空罐内，通氩气搅拌钢液，开始抽真空。当真空度达到 0.013～0.02MPa 时，开始吹氧，此时氧压为 0.49～0.59MPa，氧枪距钢液面高度为 1.0m 以上，吹炼过程中固定不动。开始吹氧的温度随钢种和碳含量而定；吹炼超低碳不锈钢时取浇注温度的下限或稍低，而吹炼纯铁及不含铬的合金时，则应略高于浇注温度。实际开始吹氧的温度控制在以下范围：不锈钢 1550～1580℃；纯铁 1580～1620℃；镍（钴）合金 1560～1570℃。生产中用氧浓差电势、真空度及废气温度的变化控制精炼过程，其控制实例如图 10-6 所示。

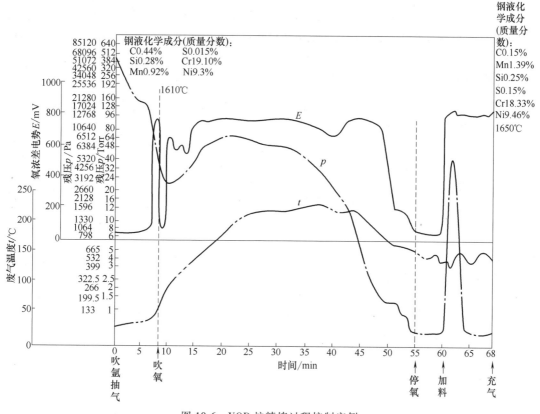

图 10-6　VOD 炉精炼过程控制实例

10.3.3　VOD 精炼工艺因素分析

1. 影响真空脱碳的因素

（1）临界碳含量　临界碳含量是指在一定温度下，脱碳速度与钢中碳含量无关的高碳区和脱碳速度随碳含量降低而减小的低碳区之间的交界碳含量。临界碳含量越低，脱碳越容易进行。

临界碳含量的值与钢液中铬含量、冶炼真空度和温度，以及是否吹氩等因素有关。通常冶炼真空度和温度越高，临界碳含量就越低，如图 10-7 所示。对于 18-8 型不锈钢而言，VOD 法精炼时的临界碳含量波动在 0.02% ~ 0.06%（质量分数）之间，而电弧炉返回吹氧法的临界碳含量大于 0.15%（质量分数），因此，在 VOD 精炼条件下，冶炼碳含量小于 0.03%（质量分数）的超低碳不锈钢是十分有利的。

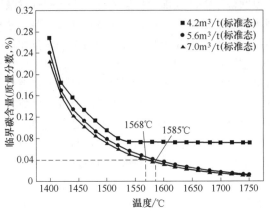

图 10-7　温度对临界碳含量的影响

（2）真空度　真空度是影响钢中碳含量的重要因素。真空度越高（压强越低），钢中碳含量可越低，如图 10-8 所示。提高开吹真空度，可以改变钢中碳硅氧次序，使碳优先氧化，从而缩短吹氧脱碳时间。停吹氧真空度越高，临界终点碳量越低。

（3）其他因素　真空脱碳还与供氧量有关，耗氧量越大，钢中碳含量将降的越低，如图 10-9 所示，但要考虑可能会增加铬的烧损。提高钢液温度和限制初炼钢液中的硅含量，同样能降低钢中碳含量。此外，在精炼后期进行造渣、脱氧、调整成分等操作，都会使碳含量增加，所以这些操作都应在真空下进行，以防增碳。

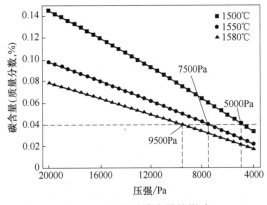

图 10-8　压强对碳含量的影响

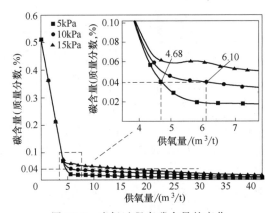

图 10-9　吹氧过程中碳含量的变化

总之，真空脱碳时应当把提高真空度放在优先地位，而供氧量要控制适当，以免增加铬的烧损，有条件时可加大供氩量，而脱碳后的钢液温度则控制在 1700 ~ 1750℃之间为宜。

2. 影响铬回收率的因素

VOD 法精炼高铬钢液时，铬的回收率在 97.5% ~ 100% 之间波动。如果将初炼炉内铬的损失一并计算，则铬的回收率在 93% ~ 96% 之间。为了提高铬的回收率，应注意以下几个方面：

1）提高真空度。真空度高，精炼后铬的回收率就高，如图 10-10 所示。因此，提高真空度是从工艺角度提高铬回收率最有力的手段。

2）控制合理的吹氧量和终点碳。当初炼钢液碳的质量分数为 0.3% ~ 0.6% 时，供氧量控制在 10m³/t 较为合适。因为吹入钢液的氧除了氧化碳外，同时也氧化部分铬，所以供氧量增加必然会增大铬的烧损，如图 10-11 所示。吹氧终点碳的控制一般不宜低于临界碳含量过多，否则由于脱碳速度减慢而增加铬的氧化，而碳含量在随后的真空碳脱氧时还会继续下降。必须指出，在

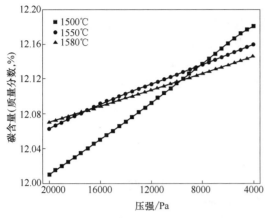

图 10-10　压强对铬含量变化的影响

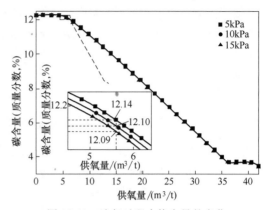

图 10-11　吹氧过程中铬含量的变化

吹氧后期，当钢中碳含量达到临界值时，更应该适当地减少供氧量，以免造成铬的大量烧损。

3）造好精炼还原渣。这是提高铬回收率的另一重要工艺措施。真空脱氧结束后，应及时加入石灰等造渣材料，造碱度大于 2 的精炼炉渣。此时，渣中必然含有一定量的氧化铬，通常渣中 Cr_2O_3 的质量分数约为 5%，所以在真空下加粉状强脱氧剂，对提高铬的回收率是必要的。

3. 温度控制

从高铬钢液中碳铬氧化理论可知，温度越高越有利于脱碳。但过高的温度会缩短钢包炉内衬寿命，不锈钢炉外精炼并不担心温度过低，而是怕温度过高，所以操作中要注意控制升温。温度控制可按下列几个方面考虑：

1）提高真空度和控制开吹温度。提高吹氧脱碳过程中的平均真空度，可以降低停吹后的钢液温度；开吹温度适当低些也是降低精炼后钢液温度的一个重要手段。但是，应以提高真空度为主要手段，而不能过分强调降低开吹温度。因为开吹温度过低，将使脱碳速度降低，铬的烧损增加。通常认为，开吹温度控制在 1550~1580℃ 为宜。

2）适当控制供氧量。如前所述，过多的供氧量，除了脱碳外，还会使其他元素大量氧化，铬的烧损也会增加，所以适当控制供氧量和精炼后期逐渐减少供氧量是非常必要的。

3）真空脱碳反应结束后，如温度过高，可加入冷料（渣料、本钢种返回料、合金）降温，也可事先适当降低钢包的烘烤温度，但不能低于 700℃，以免烘烤不良而向钢中带入水分。

4. 真空精炼吹氧终点的控制

目前多数炉子是用固体氧浓差电池测定气相中的氧分压的变化，从而判断钢中碳氧反应的情况。当钢液所进行的碳氧反应发生变化，气相中的氧分压就随之改变，此时固体氧浓差电池产生的浓差电势就在电位表上显示出来。其规律为：开始吹氧时，由于钢液中的硅氧化，炉气中的氧分压与空气中的氧分压相等，电势为零，浓差电势停在零位不动。随后碳氧反应开始，电势指针离开零位上升，吹氧 2~3min 后，碳氧反应激烈，指针在数秒钟内跃升到高峰值，随后较稳定地保持这一数值。电势指针又从高峰值突然跌落到较低的数值，随后较稳定地保持这一数值。当电势指针从高峰突然跌落，说明钢中碳含量已降低到临界值。这时钢中碳氧反应骤然减弱，脱碳速度突然大大减慢。此时，熔池中有极高的超平衡氧，应该立即停止吹氧，随着钢液中碳的继续氧化，电势继续缓慢下降直至零，无疑多吹进氧量，反而会使铬氧化增加。

停吹氧后真空度很快增高，数分钟内即可使钢液在低压下碳脱氧（真空碳脱氧），再次发生沸腾现象，此时氧浓差电池的电势出现第二次峰值。当电势从第二次峰值下跌，则说明碳氧反应停止，达到了真空保持期的终点。

此外，观察真空管道里的温度，也能判断精炼过程的进行情况。开吹后，钢中碳、硅、铝、锰等元素不断被氧化而放热，尤其是碳被氧化后，生成气相反应产物 CO 的析出，使管道温度以明显的速度上升。而当碳氧反应中止，CO 气体不再产生，热量就不再被 CO 气体大量带出来，则管道温度就不再上升，或者开始下降。因此，真空管道内的温度变化，可以作为精炼过程中碳氧反应变化的参考数值。

10.3.4 VOD 工艺精炼效果及存在问题

VOD 法用高碳铬铁冶炼超低碳不锈钢，超低碳成功率达 100%，成品中碳的质量分数 ≤0.03%。与电炉返回吹氧法冶炼相比较，提高生产率 45%，节约电能 30%，钢锭成本降低 30% 以上，显著降低了钢中气体及夹杂物含量，提高了铸钢的质量。

VOD 法是作为冶炼不锈钢方法而发展起来的，它具有很多优点，但仍有一些问题尚未完满解决。首先是钢包寿命低，波动在 25~60 次之间。为此，必须从提高耐火材料的质量，缩短精炼时间，改进吹氧方法和造渣制度等方面加以研究。其次是进一步提高真空度和期待解决炉前快速分析问题。

VOD 法不仅适用于冶炼不锈钢，也可对各种特殊钢进行真空精炼或真空脱气处理。但是钢包要采取适当的预热措施，而且处理时间不能过长，以防钢液降温过多。当然也可在 VOD 设备上增加加热设备。例如，在真空下进行电弧加热，使钢液温度可以随时调整，真空精炼及处理时不受时间的限制。带有真空电弧加热设备的 VOD 法即所谓 MVOD 法，如果 MVOD 法去掉吹氧装置即成为 VAD 法。

从 AOD 法和 VOD 法的使用情况来看，较多工厂选择了 AOD 法。因为 AOD 法虽然在非真空下冶炼，但操作自由，能直接观察，造渣及取样方便，原料适应性强，可以使钢中的硫含量降得很低，生产率比 VOD 法高，而且易于实现计算机自动控制。但是与 VOD 法相比较也存在很多不足之处，首先 AOD 法冶炼在还原期要加入 15~20kg/t 的硅铁来还原渣中的铬，以及加入石灰调整炉渣。这就势必引起钢中氢含量的增高，而且精炼后又要经过一次出钢，增加了空气对钢液的不利影响，无疑将使精炼效果受到影响。特别是在冶炼耐点腐蚀及应力腐蚀的超纯铁素体不锈钢时，VOD 法显示出其独特的优越性，能炼出碳和氮的质量分数之和小于 0.02% 的超低氮不锈钢。其次，AOD 法没有通用性，只能用于冶炼不锈钢，而 VOD 法作为脱气装置具有通用性，可适用于各种钢种。两种方法的比较见表 10-2。

表 10-2 AOD 与 VOD 法的比较

项目	AOD 法	VOD 法
钢液条件(质量分数)	[C]:0.5%~2.0%,[Si]:0.5%	[C]:0.3%~0.5%,[Si]:0.3%
成分控制	大气下操作,控制方便	真空下只能间接控制
温度控制	可以改变吹入混合气体比例及加冷却剂,温度容易控制	真空下,控制较困难
脱氧(质量分数)	[O]:0.004%~0.008%	[O]:0.004%~0.008%
脱硫(质量分数)	[H]:≤0.0005%,[N]:<0.03%	[H]:≤0.0002%,[N]:<0.015%
脱 气	96%~98%	比 AOD 法低 3%~4%
操作费用	要用昂贵的氩气和大量的硅铁	氩气用量小于 AOD 法的 1/10

（续）

项目	AOD 法	VOD 法
设备费用	AOD 法比 VOD 法便宜一半	
生产率	AOD 法大约是 VOD 法的 1.5 倍	
适应性	原则上是不锈钢专用，也可用于镍基合金	不锈钢精炼及其他钢的真空脱气处理

10.4　钢包电弧加热精炼法［LF（V）法］

LF（V）法中，无真空工位的叫 LF 法，带有真空工位的叫 LFV 法。LF 技术的研究始于 1968 年，当时发现用电弧炉预造还原渣、钢渣混出、钢包吹氩处理，还原精炼效果显著，因此进行了以省略电弧炉还原期为目的的有电弧加热功能的钢包精炼技术的开发。1971 年，日本大同特殊钢厂第一台钢包精炼炉（LF）投入使用。1987 年开发了有喷吹设备和真空设备的 LF 法。

LF 法的基本原理是：采用电极电弧加热升温钢液，取代初炼炉进行还原期操作，同时对钢液进行升温、脱氧、脱硫、脱气、合金化、吹氩搅拌，提高钢液质量，如图 10-12 所示。

LF 炉是利用电弧加热技术的精炼设备，它是将在一般炼钢炉中初炼的钢液置于专门钢包进行精炼的设备。其特点是：由三根电极进行埋弧加热，一方面通过电极加热造高碱度还原渣，另一方面进行脱氧、脱硫、钢液成分调整等。为使钢液与炉渣充分接触，促进精炼反应使钢液温度均匀，在钢包的底部吹入惰性气体（氩气）进行钢液搅拌，从而使加入钢包的合金在钢液内达到均匀化。LFV 法是在 ASEA-SKF 法和 VAD 法等方法基础上改进的。

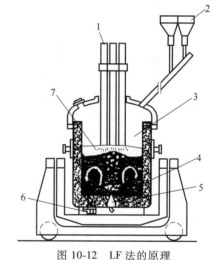

图 10-12　LF 法的原理
1—电极　2—合金料仓　3—还原气氛　4—钢液
5—透气转　6—滑动水口　7—炉渣

由于 LF 炉结构简单，精炼效果显著，具有多种冶金功能和较高的经济效益，所以它已成为钢铁生产流程中的重要设备。目前，LF 炉是国内普及程度最高的炉外精炼手段。

10.4.1　LF 炉系统组成

LF 法是以电弧加热和造渣精炼为主要技术特征的炉外精炼方法。LF 炉系统主要设备包括炉体（钢包）、电弧加热系统、合金与渣料加料系统、底吹氩搅拌系统、喂线系统、炉盖及冷却水系统（有的没有冷却系统）、除尘系统、测温取样系统、钢包车控制系统等。它按照供电方式分为交流钢包炉和直流钢包炉，目前国内大多数炉使用的是交流钢包炉。

1. 炉体

炉体（钢包）是 LF 工艺系统的主体设备。这种钢包的上口有水冷法兰盘，通过密封橡胶圈与炉盖密封，以防止空气的侵入。当钢包用于真空处理时，还要求其外壳用钢板按气密焊接条件焊成。钢包底部有浇钢用的滑动水口及距炉壁 $r/3 \sim r/2$（r 为钢包内半径）处设有吹氩用的透气砖。精炼过程中氩气流量根据不同工位和钢包容量等决定。氩气流量高可达 $3 \sim 4L/(min \cdot t)$，以达到搅拌钢液的目的。包衬为镁碳砖或者镁铬砖、镁铝尖晶石、高铝砖、锆铬砖，根据精炼钢种的工艺要求，采用综合砌砖法。

钢包内熔池深度 H 与熔池直径 D 之比 H/D 是钢包设计时必须要考虑的因素。钢包炉的 H/D 数值影响钢液搅拌效果、钢渣接触面积、包壁渣线带的热负荷、包衬寿命及热损失等。一般精炼炉的熔池深度 H 都比较大，H/D 为 0.9~1.3。从钢液面至钢包口的距离称为钢包炉的自由空间。对非真空处理用的钢包，自由空间的高度小一些，自由空间一般为 500~600mm；真空处理的钢包一般 800~1200mm，有的甚至达 1500mm 或更高。

2. 电弧加热系统

LF 炉所使用的电弧加热系统与电弧炉基本相同，由炉用变压器、短网、电极升降机构、导电横臂、石墨电极所组成。三根石墨电极与钢液间产生的电弧作为热源加热钢液，由于电极通过炉盖孔插入泡沫渣中，故称埋弧加热。此种加热法散热少，可减少电弧光对炉衬热辐射和侵蚀，并可稳定电流。采用埋弧加热方法，与电炉相比，可采用更低的二次电压。为避免电弧对钢包衬的热辐射，三根电极采用紧凑式布置。

3. 炉盖

炉盖用于钢包口密封，以及保持炉内强还原性气氛，防止钢包散热，从而提高加热效率。LF 炉的炉盖为水冷结构，炉盖内层衬有耐火材料。为了防止钢液喷溅而引起的炉盖与钢包的粘连，有的在炉盖下还吊挂一个防溅挡板。整个水冷炉盖在四个点上用可调节的链钩悬挂在门形吊架上，吊架上有升降机构，可根据需要，调整炉盖的位置。有真空脱气系统的 LF 炉，除上述加热盖以外，LF 炉还有一个真空炉盖，与真空系统相连，用来进行钢液脱气。在 LF 炉的两种炉盖上都设有合金加料口、渣料加料装置及测温或取样装置。

4. 加料装置

LF 炉一般在加热包盖上设合金及渣料料斗，通过电子秤称量过的炉料，经溜槽、加料口进入钢包炉内。有真空系统的 LF 炉，一般在真空盖上设合金及渣料的加料装置。其结构与加热包盖上的基本上相同，只是在各接头处均须加上真空密封阀。

5. 扒渣装置

LF 炉精炼功能之一是造还原性白渣精炼。为此，在 LF 炉精炼之前，必须将氧化性炉渣去掉。因此，LF 炉必须具备除渣的功能。除渣的方式有两种：一种是当 LF 炉采用多工位操作时，可在放钢包的钢包车上设置倾动、扒渣装置，当钢包车开到扒渣工位时，即可进行扒渣操作；另一种是如果 LF 炉采用固定位置、炉盖移动形式时，则应把钢包倾动装置设在 LF 炉底座上，在精炼前先扒渣，加新渣料，再加热精炼。

6. 喷粉装置

LF 炉精炼时，常采用喷粉设备对钢液进行脱硫、净化及微合金化等操作。喷粉装置包括钢包盖、一支喷粉用的喷枪和喷粉罐、粉料料仓。先对粉料自动称重及混合，然后通过螺旋给料器送至喷粉罐。喷粉时采用高纯氩气作载流气，流量为 200~400L/min，通常处理时间为 5~10min。

7. 除尘系统

烟尘通过 LF 除尘管汇集到主除尘系统，统一集中处理。

8. 测温取样系统

LF 炉一般都配有自动测温取样设施。自动测温可实现定点测温，所测温度值更具有代表性，可避免人为因素对钢液温度测量产生的波动；同时使用自动测温取样系统，也减轻了工人的劳动负荷。

9. 钢包车控制系统

钢包车是用来运送钢包的。钢包车的运动是由电动机经减速器、联轴器带动车轮传递转矩，其中两个为主动轮，另外两个为从动轮，可以实现大范围的速度调节，在很大范围内获得大转矩。高速轴处设有制动器，并设有行程开关。总的电源线、控制线及氩气管是通过"软线软管"及滑线装置送到钢包车上的。钢包车控制系统主要完成运行、停止、限位控制及称量。

10. 耐火材料

目前钢包壁耐火材料从定形制品向不定形制品发展，其材质有镁碳、铝镁碳、铝-尖晶石浇注料，镁钙系材料也是发展方向。钢包底，特别是迎钢面受钢液冲击部位的耐火材料，由于反复热循环产生裂纹、炉渣渗透，造成结构的剥落，以及钢液侵入冲击砖与包底砖之间接缝处，导致钢包底的损坏。钢包底耐火材料一般用锆英石砖或高铝砖砌筑或高钙镁质干式捣打料。

10.4.2　LF 精炼工艺过程

LF 精炼主要过程如图 10-13 所示。具体生产环节如下：座包→接吹氩管→开通氩气旁通→开车至加热位→观察调整氩气强度→测温，定氧，取样→加入渣料→降电极通电加热→造还原渣→提升电极断电→测温取样→钢液合金成分微调→取样，测温→加热→测温→软吹→喂丝处理→吊包。

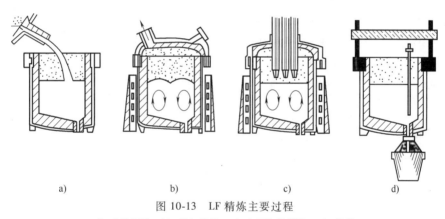

图 10-13　LF 精炼主要过程

a) 盛接钢液　b) 脱气搅拌　c) 电弧加热搅拌　d) 铸件

1. 钢包吹氩

钢包吹氩从出钢开始，一直到钢包吊往 LF 等待工位。此阶段吹氩搅拌的冶金目的包括：促进出钢加入的合金与造渣剂的熔化；均匀熔池温度；去除出钢过程的脱氧产物；加强渣、钢混合，降低钢液中的硫含量。

合适的氩气流量，不但可以提高加热效率，减少热量损耗，而且可以保护电极并减少炉盖粘渣。LF 炉处理过程中实行全程吹氩，分阶段动态控制氩气流量。吹氩时间和吹氩强度对快速化渣、均匀钢液成分、脱硫脱氧、夹杂物上浮有较大影响。

在吊包工位，进行吹氩破壳，氩气流量不宜过大，否则会造成钢液裸露。到加热工位后，适当增大氩气流量，以保证在加热过程中钢液温度基本均匀，但应避免钢液和炉渣大翻。加入渣料和合金后，采用大氩气流量，实现快速化渣以及快速均匀温度和成分。随吹氩流量的增加，LF炉脱硫速率也逐渐增大。氩气搅拌可以促进钢液中的硫向钢渣界面的传质，因而有利于加快脱硫反应的进行。影响搅拌效果的主要因素除喷嘴结构、喷嘴位置外，较重要的一点是氩气搅拌工艺。在实际生产中，当采用底装透气塞的整体吹氩搅拌结构时，随着氩流量的增大，氩气压力也增大，容易造成钢液面裸露，钢液二次氧化，导致钢液中氧和氧化夹杂物增加，从而限制了搅拌强度的进一步增大；而当搅拌能量太小时，则起不到吹氩搅拌去除夹杂物的作用。

2. 钢包到 LF 等待工位

钢包到 LF 等待工位后，接通吹氩管，这时吹氩要保证合适的吹氩量，以避免钢液面裸露，同时保证不要把钢渣溅出钢包。如果出钢量过大或下渣较多，应倒出一部分钢液或下渣。如果渣面吹不开，就要瞬间增大压力吹氩或用事故氩枪吹氩，吹开多孔砖。如果还吹不开，就要进行倒包处理。对于生产铝脱氧的高质量钢，最好在等待工位喂铝，尽早把钢液中的溶解氧全部变成氧化物夹杂，为夹杂物的去除提供较长的时间，降低钢液中的氧含量。

3. 造渣

钢包到加热位置，当要从料仓加料时，应增加氩气流量，吹开渣面，把造渣料加到裸露的钢液面上造精炼渣。其目的包括以下几方面：脱硫；吸收钢液中的夹杂物；防止熔池的二次氧化；防止熔池的热量损失；防止由于电弧辐射造成的耐火材料损失。

造渣料的性质是影响精炼效果的重要因素，精炼渣一般由多种成分组成，其作用见表 10-3。

表 10-3　精炼渣中各组分的作用

组分	作用
CaO	调节渣碱度，作为脱硫剂
SiO_2	调节渣碱度和黏度
Al_2O_3	调整 CaO-SiO_2-Al_2O_3 三元系渣，使之处于低熔点位置
$CaCO_3$	脱硫剂、发泡剂
$MgCO_3$	发泡剂，分解后产生氧化镁对包衬起保护作用
$BaCO_3$	发泡剂、脱硫剂，并可抑制钢液回磷
Na_2CO_3	发泡剂、脱硫剂、助熔剂
K_2CO_3	
Al 粒	强脱氧剂，并且优先与 CaO 脱硫发生氧反应，提高脱硫效果
Si-Fe	脱氧剂，净化钢液
CaF_2	降低渣的熔点，改善渣的流动性
CaC_2	脱氧剂，其脱氧产物使熔渣前期发泡
SiC	
C	
Si-Ca 粉	脱氧剂，使钢中的 Al_2O_3 变性为低熔点铝酸盐夹杂上浮

炉渣氧化性程度取决于渣中 FeO 和 MnO 含量。FeO 含量对脱硫有双重影响。FeO 含量升高，炉渣的流动性变好，有利于脱硫；但 FeO 和 MnO 含量升高，使氧浓度增加，不利于脱硫。渣中 FeO 和 MnO 的质量分数小于 1.0% 时，脱氧较彻底。因此，炉渣氧化性的控制原则是保证炉渣的流动性，降低渣中 FeO 和 MnO 含量。脱氧剂的加入量取决于转炉出钢过程的下渣量，以及渣中 FeO 和 MnO 含量。

随着 CaO 的加入，炉渣碱度升高，渣中 CaO 活度提高，脱硫能力增强。当碱度达到一定值时，随着炉渣碱度增大，渣中 CaO 含量升高，熔渣黏度增大，渣钢界面的硫扩散成为限制环节，使炉渣脱硫的动力学条件变差；再继续提高炉渣碱度，脱硫率反而下降。因此，提高 CaO 利用率的前提是保证炉渣的流动性。

　　渣中加入一定量的萤石能有效地降低炉渣熔点，并且短时间内可以改善炉渣的流动性。但萤石用量过多会使炉渣变稀，加重对炉衬渣线处的侵蚀；当萤石用量偏大时，较稀的炉渣不利于夹杂物的去除；渣中的 CaF_2 含量过高，炉渣的埋弧效果较差，造成钢液吸氮和二次氧化，也使 LF 炉的热效率降低。

　　国内外不少学者对精炼渣的冶金性能做了大量研究，认为不同配比精炼渣的相同点是，基础渣一般多选 CaO-SiO_2-Al_2O_3 系三元相图中低熔点的渣系，如图 10-14 所示。基础渣最重要的作用是控制渣的碱度，对精炼过程的脱硫效果有较大影响。精炼渣的不同点是对基础渣系的微调，根据不同成分所起的作用控制添加剂的种类及含量，以达到预期的精炼效果。例如，将石灰、萤石等按不同比例（如质量比为 5∶1 或 4∶1）分批加入钢包内，加入量为钢液量的 1%～2%；然后用硅铁粉、硅钙粉和铝粉或炭粉，按一定比例混合直接加入钢液面或采取喷吹方法加入钢液中，形成流动性良好的炉渣成分（质量分数）为（60%±5%）CaO-（10%±5%）SiO_2-（30%±5%）Al_2O_3 的还原渣系或者 60% CaO-30% Al_2O_3-10% CaF_2 的还原渣系。

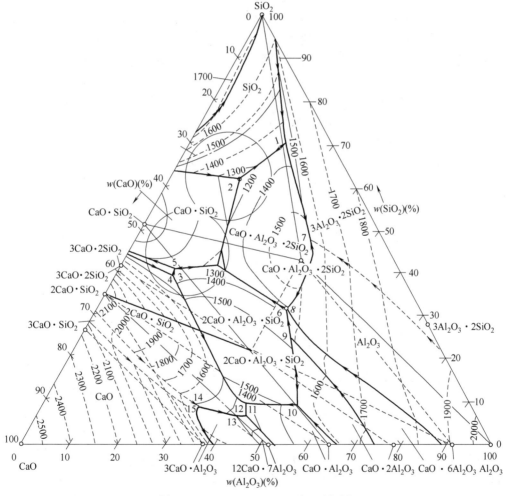

图 10-14　CaO-SiO_2-Al_2O_3 系三元相图

4. 钢包取样

加热及处理渣后（渣基本变白），测温取样分析。

5. 加入合金、均匀化及调整温度

根据出钢加入的合金量及钢包取样分析结果，确定加入的合金量，以达到成品钢要求的成分。加入的合金应按预定的合金收得率改变钢液成分。如果钢液成分未能按加入的合金数量而改变，说明钢液脱氧不完全，应用铝线等脱氧剂脱氧，以确保合金元素的最佳收得率。加入合金后，继续加热并搅拌5min，以确保加入的合金熔化。如果没有得到预期的钢液成分，必须加入新合金，以满足钢种的成分要求。铝随着精炼过程的进行而减少，如果铝迅速降低，表明铝氧化速率很高，这时应补喂铝，降低钢中的溶解氧，保证钢液中铝的稳定性。

6. 夹杂物变质处理。

加料后吹氩搅拌3~6min。吹氩搅拌时间太短不能均匀成分与温度，太长会产生熔池的二次氧化。钢液成分合格后，喂入硅钙线或铁钙线进行夹杂物变质操作。钢的洁净度取决于脱氧产物及其他夹杂物如何被渣吸收，而可浇注性则取决于未被渣吸收的夹杂物的钙处理。采用钙处理的作用，一是对钢液进行深脱氧，二是通过夹杂物变性控制夹杂物的形态和尺寸。向钢液中喂入钙线进行深脱氧，还原钢中金属氧化物，减少钢中氧化物。钙是一种强脱氧剂，并且沸点低（1484℃），进入钢液后很快成为蒸气。在钙蒸气上浮过程中与钢中氧及氧化物作用生成钙的氧化物，降低钢中氧化物含量，有利于钢液中非金属夹杂物的去除，可提高钢的纯洁度。钙有很强的脱氧能力，特别是在含 Al_2O_3 系的顶渣条件下，钙的脱氧能力进一步增强，可以还原脱氧产物中 Al_2O_3 产生的钙铝酸盐液态夹杂。

要获得高洁净度及良好的浇注性能，钢液应在符合成分、流动性好并不打破渣层的情况下，喂入合适的硅钙线或铁钙线吹氩搅拌。最后加入一次合金后应吹氩搅拌5min，再喂线。

7. 浇注

喂入硅钙线或铁钙线后，弱吹氩搅拌时间应大于5min，测温，取样分析最终钢液成分。之后，钢包车开出加热工位，加入钢包发热剂或覆盖剂，取掉吹氩管停止吹氩，并吊往浇注工位等待浇注或进一步真空脱碳处理。

10.4.3 LFV 精炼工艺

由于 LF 法未采用真空，吹氩只是为了搅拌，所以脱气能力小。为了脱气，在原设备上配备真空盖，并配有真空室加料设备。这种带有真空脱气系统的钢包炉，我国仍称为钢包精炼炉，为了区别用 LFV 表示。

1. LFV 法的原理

图 10-15 所示 LFV 法的原理。其原理与 VAD 相同，炉内为还原性气氛，底吹氩气搅拌，大气压下石墨电极埋弧加热，高碱度合成渣精炼，微调合金成分，真空脱气。所不同的是真空和加热分别采用两个包盖，大气压下加热，加合成渣精炼，吹氩搅拌，然后抽真空脱气；而 VAD 的加热和真空同用一个包盖，真空下电弧加热，可以在真空下加合金微调合金成分。

LFV 的真空室有两种结构类型：一种是真空盖与精炼钢包直接用耐热橡胶密封圈密封，即为桶式密封结构，适合于现有厂房条件的中

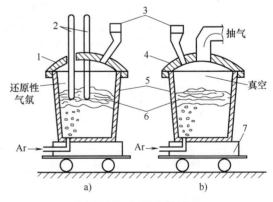

图 10-15 LFV 法的原理

a) 电弧加热 b) 真空处理

1—加热盖 2—电极 3—加料槽 4—真空盖
5—钢包 6—碱性还原渣 7—钢包车

小型 LFV，具有占地面积小、操作较灵活等优点，但对精炼钢包的包口外形尺寸要求比较高；另一种是真空罐与真空罐盖组成一个密闭的真空室，即为罐式密封结构，其优点是较适合于低碳和超低碳钢的精炼，且对钢包没有特殊要求，但占地面积和真空体积相应都比较大。

2. LFV 精炼工艺分类

根据钢种的特性及其质量要求，LFV 的精炼工艺可以分为四类：

1）基本精炼工艺：电炉熔化→脱磷→扒渣→造渣→合金化→出钢→精炼钢包进入 LFV 座包工位→吹氩→加热→调整成分→真空脱气→成分微调→吊包浇注。这种工艺适用于纯净钢的生产，其精炼时间为 50~70min。

2）特殊精炼工艺：电炉熔化，成分分析→去磷→扒渣→出钢→钢包合金化→进入 LFV 加热工位→造渣，加热，吹氩→真空脱气→真空合金化→成分和温度微调→吊包浇注。这种工艺适用于超纯净钢生产，其精炼时间为 70~90min。

3）普通精炼工艺：电炉熔化，成分分析→去磷→扒渣→造渣，合金化→出钢→钢包进 LF（V）座包工位→吹氩，加热→成分和温度调整→吊包浇注。这种工艺适用于一般要求的低合金钢，无真空，其精炼时间为 30min。

4）真空吹氧脱碳工艺：电炉熔化，成分分析→吹氧，脱碳→初还原→调整成分→出钢→钢包除渣→加渣料→加热，吹氩→真空吹氧，脱碳→真空合金化→真空脱气→成分和温度微调→吊包浇注。这种工艺适用于生产低碳和超低碳不锈钢，其精炼时间为 120~150min。

3. LFV 精炼效果

分别采用 LF 炉和 LFV 炉精炼 ZG26CrMoNbTiB 低合金钢，带真空处理的 LFV 工艺，钢中氧的质量分数比 LF 工艺降低约 $8.2 \times 10^{-4}\%$，降低率为 26.3%。真空处理工艺对氮和氢气体的去除对比分别如图 10-16 和图 10-17 所示，经 LFV 处理后钢中氮的质量分数降低 11.7%，氢的质量分数降低 35.2%，效果明显。

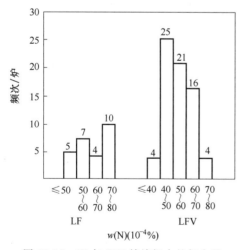

图 10-16　LF 与 LFV 精炼钢中的氮含量

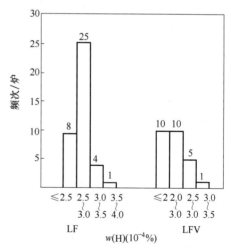

图 10-17　LF 与 LFV 精炼钢中的氢含量

10.5　钢包喷粉精炼法

钢包喷粉精炼法是利用气体将粉料喷入钢包的钢液中进行炉外精炼的技术，其主要作用是脱硫、去除剂改变钢中夹杂物形态、脱氧等，脱硫效果较好。该法具有设备简单、投资少、见效快等特点。喷粉设备可以独立存在，但通常作为一个功能，存在于钢包精炼炉或循环脱气设备系统中。

10.5.1　喷粉设备主要组成

喷粉设备有喷粉罐，喷枪与钢包盖的升降系统，粉料的回收系统，称量，测温及控制系统，载气汇流及输送管道，喷枪的烘烤系统和辅助装置等构成。

（1）喷粉罐（分配器）　根据粉料的特征采用局部流态或全流态输送，对密度较大而流动性好的钙合金粉料，一般采用下出料口，吼口直径为 7~8mm。

（2）喷枪　100 t 以下的钢包，采用单孔喷枪，喷吹管采用内径为 16~19mm 的钢管，出口孔根据喷粉速率选用直径为 8~12mm 的不同喷嘴。喷枪外部保护材料用高铝砖或使用整体浇注料成形的外壳。

（3）载气　载气为氩气或氮气。吹入压力大于钢液静压力加钙蒸气压力，要求保持压力稳定，罐压力为 0.39~0.59MPa，喷枪喷射压力为 0.29 MPa，气体流量为 0.010~0.013m³/s。

10.5.2　喷粉精炼工艺参数

1. 喷粉速率

喷粉速率与脱硫率有密切关系，随着喷入脱硫数量的增加，脱硫效率也有所改善。但喷粉速率过高，会导致粉剂在钢液中反应不完全，钙得不到充分利用。因此，喷粉速率一般控制在 0.25~0.33kg/s。

2. 粉气比

粉气比应适当，以保证粉料能稳定地流态化，一般粉气比应控制在 10 : 1 以上。

3. 送粉量

预熔熔剂的送粉量按 2~4kg/t 钢液，钙合金的送粉量按 1.5~2.5kg/t 钢液。

4. 喷枪插入钢液深度

一般来说，喷枪在钢液中插入深些为好，这样可以延长钙气泡在钢液中的停留时间，有利于脱硫；另一方面，钙气泡上升过程中起搅拌钢液的作用，同时将夹杂物及脱硫产物吸附于气泡壁上带出钢液被熔渣吸收。但插入过深，射流对包底衬侵蚀作用加剧，故以喷枪头离包底 300~400mm 为宜。

5. 粉料种类

粉料一般根据处理目的而定，常用的有 Ca-Si、CaC_2、Al、CaO 等，对粉料粒度也有一定要求。

10.5.3　喷粉精炼效果

1. 脱硫

原始硫的质量分数为 0.02%~0.03% 的钢液，经喷粉处理后，脱硫率一般不低于 50%，最低硫的质量分数达 0.005% 以下。影响脱硫率的因素有钢液中原始硫含量及氧含量、粉剂喷入量、炉渣碱度、喷枪插入深度及喷吹温度等。

2. 脱氧

喷 Ca-Si 粉后，钢液脱氧率不低于 45%，最低的氧含量达 0.001%（质量分数）。

3. 夹杂物数量和形态的变化

钢液经喷 Ca-Si 粉处理，最重要的冶金效果是防止钢中氧化铝和氧化锰夹杂的形成。通过降低硫含量和把锰的硫化物转变为钙的硫化物，来降低裂纹敏感性，并将残余的氧化物夹杂转化为低熔点的球形铝酸钙夹杂。另外，铝酸钙类的夹杂在上浮过程中吸附钢中残余硫，因而经喷硅钙粉处理后，钢中几乎无硫化物类夹杂物。

4. 力学性能改善

采用钢包喷钙处理后，钢中的硫含量低，可明显改善钢的各向异性，特别是改善横向缺口冲击韧性。

参 考 文 献

[1] 中国机械工程学会铸造分会. 铸造手册：第 2 卷 铸钢 [M]. 4 版. 北京：机械工业出版社，2021.

[2] 沈猛，铁金艳，章舟. 铸钢生产实用手册 [M]. 北京：化学工业出版社，2013.

[3] 于家茂，薛修治，金广明. 铸钢件生产指南 [M]. 北京：化学工业出版社，2008.

[4] 祖方遒. 铸件成形原理 [M]. 北京：机械工业出版社，2013.

[5] 蒋涛，雷新荣，吴红丹. 热处理工艺对碳钢硬度的影响 [J]. 热加工工艺，2011，40 (4)：167-171.

[6] 李传栻，赵爱民. 浅谈铸钢的晶粒细化 [J]. 铸造工程，2020，44 (3)：1-9.

[7] 李晓理，张文凤，沈明钢. 热处理工艺对 T8 钢显微组织及硬度的影响 [J]. 辽宁科技大学学报，2014，37 (2)：138-143.

[8] 朱家辉，秦广华，张寅，等. 铸钢国际标准的新进展 [J]. 铸造，2023，72 (12)：1657-1662.

[9] 刘宗昌. 金属固态相变教程 [M]. 北京：冶金工业出版社，2011.

[10] 张宇. 纳米 TiC-TiB2 颗粒对碳素钢组织和性能的影响 [D]. 杭州：浙江理工大学，2023.

[11] 童军，邓宏运，章舟，等. 碳钢、低合金钢铸件生产及应用实例 [M]. 北京：化学工业出版社，2013.

[12] 刘波，戴月红，于明.《通用铸造碳钢和低合金钢铸件》国家标准解读 [J]. 铸造工程，2023，47 (2)：78-82.

[13] 全国铸造标准化技术委员会. 一般工程用铸造碳钢件：GB/T 11352—2009 [S]. 北京：中国标准出版社，2009.

[14] 全国阀门标准化技术委员会. 通用阀门 碳素钢铸件技术条件：GB/T 12229—2005 [S]. 北京：中国标准出版社，2006.

[15] 杨海明. 碳素钢与低合金钢的焊接 [M]. 沈阳：辽宁科学技术出版社，2013.

[16] 甘晓龙，岳江波，杜涛，等. 钛铌微合金化钢强韧化机理研究 [J]. 热加工工艺，2013，42 (22)：89-94.

[17] 潘涛，王小勇，苏航，等. 合金元素 Al 对微 B 处理特厚钢板淬透性及力学性能的影响 [J]. 金属学报，2014，50 (4)：431-438.

[18] 王晓东，陈蕴博，左玲立，等. V-N 微合金化 CrSiMn 系低合金铸钢中的析出行为 [J]. 金属热处理，2021，46 (8)：15-20.

[19] 高志玉，潘涛，王卓，等. 淬透性硼微合金化特厚板钢成分优化设计 [J]. 工程科学学报，2015，37 (4)：447-453.

[20] 王晓东. 钒氮强化新型低合金耐磨铸钢的组织与性能研究 [D]. 北京：中国机械科学研究总院集团有限公司，2023.

[21] 卫心宏，姚国平. 大型铸钢件钛微合金化的研究及应用 [J]. 铸造设备与工艺，2017 (5)：41-43，45.

[22] 张芳，李军平，彭军，等. Nb 微合金化对准贝氏体耐磨铸钢组织和性能的影响 [J]. 金属热处理，2020，45 (12)：205-211.

[23] 傅定发，冷宇，高文理. 微合金元素 Nb 对低碳铸钢强度和冲击韧性的影响 [J]. 材料导报，2018，32 (2)：238-242.

[24] 叶丁，包文兵，李润泉. 碳含量对微合金化铸钢组织与性能的影响 [J]. 中国设备工程，2018 (10)：156-158.

[25] 刘世焱，李明蓉，叶剑，等. 关于低合金铸钢 DI 值控制方法的探讨 [C] //2022 重庆市铸造年会论文集. 重庆：重庆铸造行业协会，重庆市机械工程学会铸造分会，2022.

[26] 侯智伦,赵龙,翟敢超,等. Nb 对高碳铬钼铸钢组织及性能的影响 [J]. 特种铸造及有色合金, 2023, 43 (8): 1105-1110.

[27] 刘永健. 镍、钼及热处理工艺对低合金铸钢组织与性能的影响 [D]. 郑州: 郑州大学, 2021.

[28] 李燕昭. 铌、硼和热处理工艺对低合金高强度铸钢组织和性能的影响 [D]. 郑州: 郑州大学, 2021.

[29] 司岸恒,徐流杰,仝帅武,等. 回火温度对低硫磷 Si-Mn 系低合金铸钢组织及性能的影响 [J]. 铸造技术, 2017, 38 (10): 2377-2379.

[30] 魏胜辉. 微合金化对铸钢组织和力学性能的影响 [D]. 石家庄: 河北科技大学, 2009.

[31] 高备军,李志杰,于大威,等. 稀土在耐低温铁路车辆铸钢件上的应用 [J]. 铸造工程, 2023, 47 (S1): 36-38.

[32] 李媛媛. ZG20SiMn 铸钢的疲劳行为研究 [D]. 沈阳: 沈阳工业大学, 2014.

[33] 王萍. 低成本高强韧低合金铸钢组织与性能研究 [D]. 武汉: 武汉理工大学, 2011.

[34] 翁宇庆,杨才福,尚成嘉. 低合金钢在中国的发展现状与趋势 [J]. 钢铁, 2011, 46 (9): 1-10.

[35] 赵彦刚. 铸造低合金钢的熔炼工艺 [J]. 铸造技术, 2008, 29 (3): 431-432.

[36] 卜恒勇,李红梅,郭建政,等. 合金元素对低合金钢铸造性能的影响 [J]. 特种铸造及有色合金, 2014, 34 (4): 350-353.

[37] 尚长沛,户燕会. 正火对铸态低合金钢组织和性能的影响 [J]. 金属热处理, 2015, 40 (7): 42-44.

[38] 陈博,郝喆,白慧文,等. 不同环境下不锈钢腐蚀类型及研究现状 [J]. 全面腐蚀控制, 2014, 28 (7): 15-19.

[39] 袁军平. 首饰用不锈钢等的镍释放及抗菌改性 [D]. 广州: 暨南大学, 2012.

[40] FU Y, WU X Q, HAN E H, et al. Effects of nitrogen on the passivation of nickel-free high nitrogen and manganese stainless steels in acidic chloride solutions [J]. Electrochimica Acta, 2009, 54 (16): 4005-4014.

[41] 曹楚南. 腐蚀电化学原理 [M]. 2 版. 北京: 化学工业出版社, 2004.

[42] 黄小光. 腐蚀疲劳点蚀演化与裂纹扩展机理研究 [D]. 上海: 上海交通大学, 2013.

[43] 王文涛. 金属材料腐蚀疲劳研究现状 [J]. 轻工科技, 2015, 2: 33-36.

[44] 姜雯. 超级马氏体不锈钢组织性能及逆变奥氏体机制的研究 [D]. 昆明: 昆明理工大学, 2014.

[45] 陆世英. 不锈钢概论 [M]. 北京: 化学工业出版社, 2013.

[46] 肖纪美. 不锈钢的金属学问题 [M]. 2 版. 北京: 冶金工业出版社, 2006.

[47] 胡凯,武明雨,李运刚. 马氏体不锈钢的研究进展 [J]. 铸造技术, 2015, 36 (10): 2394-2400.

[48] 梁冬梅,朱远志,刘光辉. 马氏体时效钢的研究进展 [J]. 金属热处理, 2010, 35 (12): 34-39.

[49] 狄崇祥,李克雷,荆静,等. 回火工艺对铸造马氏体不锈钢组织和性能的影响 [J]. 铸造, 2022, 71 (12): 1499-1504.

[50] 袁彩梅,王国强. 马氏体不锈钢的研究与应用 [J]. 机械工程与自动化, 2012 (4): 99-101.

[51] 金洋帆,臧其玉,张拓,等. Cr13 系铸造马氏体不锈钢铌和碳的合理配比关系 [J]. 钢铁, 2019, 54 (3): 87-95.

[52] 尹航,李金许,宿彦京,等. 马氏体时效钢研究现状与发展 [J]. 钢铁研究学报, 2014, 26 (3): 1-4.

[53] 周永恒. 不同 Cr 含量对超级马氏体不锈钢组织和性能的影响 [D]. 昆明: 昆明理工大学, 2012.

[54] CHARLES J, CHEMELLE P. 双相不锈钢的发展现状及未来市场趋势 [J]. 世界钢铁, 2011, 6: 1-22.

[55] 雷哲缘,汪毅聪,胡骞,等. 组织配分对 2002 双相不锈钢点蚀萌生及扩展的影响 [J]. 中国腐蚀与防护学报, 2021, 41 (6): 837-842.

[56] 郑国华,查小琴,张利娟,等. 铸造双相不锈钢点腐蚀行为研究 [J]. 材料开发与应用, 2017, 32

(4)：101-106.

[57] 朱泽华，张卫东，涂小慧，等. Sigma 相对铸造双相不锈钢组织和性能的影响 [C] // 2017 第四届海洋材料与腐蚀防护大会论文集. 北京：中国腐蚀与防护学会，2017.

[58] 吴自翔，陈祥，刘源，等. 铁素体/马氏体/奥氏体三相不锈钢铸造组织和力学性能研究 [J]. 铸造技术，2022，43（5）：326-331.

[59] 滕长岑. 钢铁材料手册：第 6 卷 耐热钢 [M]. 2 版. 北京：中国标准出版社，2010.

[60] 梁浩宇. 金属材料的高温蠕变特性研究 [D]. 太原：太原理工大学，2013.

[61] 李远士. 几种金属材料的高温氧化、氯化腐蚀 [D]. 大连：大连理工大学，2001.

[62] 段超辉，宁礼奎，祝洋洋，等. 稀土 Ce 对铸造 Cr30Mo2 超级铁素体不锈钢组织与力学性能的影响 [J]. 稀有金属材料与工程，2021，50（9）：3288-3294.

[63] 郭兴伟. 新型马氏体耐热钢的设计与研究 [D]. 哈尔滨：哈尔滨工业大学，2012.

[64] 王树申. 12Cr-W-Mo-Co 马氏体耐热钢组织结构和性能研究 [D]. 北京：北京科技大学，2014.

[65] 刘志良. 高铬铁素体耐热钢热稳定性研究 [D]. 淄博：山东理工大学，2010.

[66] 李阳，杨光，姜周华，等. 铈对 27%Cr 超级铁素体不锈钢凝固组织影响机制研究 [J]. 中国稀土学报，2019，37（1）：57-63.

[67] 刘晨曦. 新型高 Cr 铁素体耐热钢的相变行为研究 [D]. 天津：天津大学，2011.

[68] 逯红果，李化坤，赵国才，等. 铸造 ZG1Cr11Ni2WMoV 马氏体耐热钢中的第二相析出行为 [J]. 材料热处理学报，2020，41（8）：63-67.

[69] 王光辉. Mo 对炼镁还原罐用奥氏体耐热钢组织及性能的影响 [D]. 郑州：郑州大学，2019.

[70] 李德堃，张楠楠，高峰. 耐熔融锌液腐蚀材料的发展现状 [J]. 材料导报 A（综述篇），2014，28（5）：61-64.

[71] 张银辉. 新型奥氏体耐热铸钢合金设计和 N/C 比对其蠕变与凝固行为的影响 [D]. 北京：北京科技大学，2017.

[72] 逯红果，王壮壮，殷凤仕，等. 铸造 ZG1Cr11Ni2WMoV 马氏体耐热钢的显微组织和力学性能 [J]. 材料热处理学报，2018，39（4）：100-106.

[73] 孙荣敏，林澎，陆荣幸，等. 合金元素及热处理工艺对 ZG40Cr25Ni20 耐热钢组织和性能影响 [J]. 科技风，2022（29）：162-165.

[74] 王定祥. 水泥工业用耐热耐磨钢概况 [C] //水泥工业抗磨技术汇编 2013 第六届中国水泥工业耐磨技术研讨会论文集. 成都：新世纪水泥导报杂志社，2013.

[75] 宋延沛，周汉，陈丹萍，等. 铸造耐磨材料的研究应用现状及发展趋势 [J]. 铸造，2022，71（12）：1477-1484.

[76] 孙学贤，张戈，袁林，等. 热处理工艺对低合金耐磨钢组织和硬度的影响 [J]. 内蒙古科技大学学报，2020，39（4）：343-347.

[77] 陈华辉，邢建东，李卫. 耐磨材料应用手册 [M]. 2 版. 北京：机械工业出版社，2012.

[78] 林芷青. 奥氏体基耐磨钢力学性能及磨损机制研究 [D]. 秦皇岛：燕山大学，2022.

[79] 谢敬佩，李卫，宋延沛，等. 耐磨铸钢及熔炼 [M]. 北京：机械工业出版社，2003.

[80] 庄巧玲. 新型耐磨低合金钢衬板的研究与应用 [J]. 中国铸造装备与技术，2020，55（4）：93-95.

[81] 裴中正. 圆锥破碎机衬板用贝-马复相耐磨铸钢热处理工艺及耐磨机理研究 [D]. 北京：北京科技大学，2021.

[82] 计云萍，任慧平，侯敬超，等. 稀土低合金贝氏体耐磨铸钢回火过程中的组织演变 [J]. 稀有金属材料与工程，2018，47（4）：1261-1265.

[83] 荣守范，朱永长. 铸造金属耐磨材料实用手册 [M]. 北京：化学工业出版社，2010.

[84] 符寒光. 耐磨材料 500 问 [M]. 北京：机械工业出版社，2011.

[85] 武兆洋. 大型锤式破碎机锤头用低合金耐磨钢制备工艺研究 [D]. 广州：暨南大学，2022.

[86]　符寒光，邢建东. 耐磨铸件制造技术［M］. 北京：机械工业出版社，2010.

[87]　胡祖尧，邓宏远，章舟. 高锰钢铸造生产及应用实例［M］. 北京：化学工业出版社，2010.

[88]　周平安. 高性价比水泥生产用耐磨材料［M］. 北京：中国建材工业出版社，2014.

[89]　全国铸造标准化技术委员会. 奥氏体锰钢铸件：GB/T 5680—2023［S］. 北京：中国标准出版社，2023.

[90]　全国铸造标准化技术委员会. 铸造高锰钢金相：GB/T 13925—2010［S］. 北京：中国标准出版社，2010.

[91]　陆文华. 铸造合金及熔炼［M］. 北京：机械工业出版社，2012.

[92]　薛正良，朱航宇，常立忠. 特种熔炼［M］. 北京：冶金工业出版社，2018.

[93]　唐庆伟. 高质量铸钢件的冶炼工艺方法研究［J］. 山西冶金，2023，46（9）：63-65.

[94]　章舟，童军. 铸造感应电炉使用指导［M］. 北京：化学工业出版社，2014.

[95]　徐凤娟，王东海，耿军，等. 中频感应熔炼炉升级改造研究［C］//第十四届中国钢铁年会论文集—13 冶金设备与工程技术. 北京：中国金属学会，2023.

[96]　李明. 铸钢件生产技术［M］. 北京：机械工业出版社，2013.

[97]　崔更生. 现代铸钢脱氧及变质处理技术［M］. 北京：化学工业出版社，2013.

[98]　黄平，侯旭东，宋德兰. ZG1Cr18Ni9Ti 的熔炼工艺探索［J］. 青岛理工大学学报，2010，31（2）：78-80.

[99]　李龙飞，林腾昌，梁强，等. 精炼时间对真空感应熔炼 C-HRA-3 合金氧含量及夹杂物特征的影响［J］. 铸造，2023，72（6）：654-660.

[100]　李琨，张乐乐，童斌斌，等. 中频感应炉结构选择及节电途径探讨［J］. 工业加热，2022，51（6）：7-9，19.

[101]　党吉喆. 中频感应熔炼炉炉衬热应力分析与结构优化［D］. 石家庄：河北科技大学，2023.

[102]　王平，胡进林，赵国伟，等. 大型高合金铸钢件生产余料的回收及利用［J］. 中国铸造装备与技术，2023，58（2）：53-57.

[103]　杜西灵，杜磊. 钢铁耐磨铸件铸造技术［M］. 广州：广东科技出版社，2006.

[104]　陆文华，李隆盛，黄良余. 铸造合金及其熔炼［M］. 北京：机械工业出版社，2022.

[105]　周建新. 铸造熔炼过程模拟与炉料优化配比技术［M］. 北京：机械工业出版社，2021.

[106]　田素贵. 合金设计及其熔炼［M］. 北京：冶金工业出版社，2017.

[107]　董中奇，时彦林. 电弧炉炼钢工［M］. 北京：化学工业出版社，2012.

[108]　张士宪，赵晓萍，时彦林. 电弧炉炼钢生产实训［M］. 北京：化学工业出版社，2011.

[109]　董中奇，时彦林，电弧炉炼钢生产［M］. 北京：冶金工业出版社，2013.

[110]　李士琦，孙华，郁健，等. 我国电弧炉炼钢技术的进展讨论［J］. 特殊钢，2010，6：21-25.

[111]　朱荣，何春来，刘润藻，等. 电弧炉炼钢装备技术的发展［J］. 中国冶金. 2010，4：8-16.

[112]　徐立军. 电弧炼钢炉实用工程技术［M］. 北京：冶金工业出版社，2013.

[113]　王子铮. 钢-精炼-连铸钢中夹杂物控制［J］. 代制造技术与装备，2023，59（5）：132-134.

[114]　俞海明. 电炉钢水的炉外精炼技术［M］. 北京：冶金工业出版，2010.

[115]　王宇. 钢包精炼过程熔渣黏度与熔体结构的演变行为［D］. 沈阳：东北大学，2022.

[116]　孙亚峰. 炉外精炼技术在钢铁生产中的应用研究［J］. 冶金管理，2023（19）：40-41.

[117]　高泽平，贺道中. 炉外精炼操作与控制［M］. 北京：冶金工业出版，2013.

[118]　王辉. 炉外精炼工艺技术的发展趋势［C］//2020 冶金智能制造创新实践暨钢铁行业数字化技术应用交流会论文集. 石家庄：河北省金属学会，等，2020.

[119]　邵尉. LF 炉外精炼钙处理的工艺理论与实践［J］. 冶金与材料，2023，43（4）：58-60.

[120]　胡显堂，杨振旺，刘敏. 钢包精炼工艺与设备现状［J］. 铸造技术，2018，39（8）：1861-1864.

[121]　纪洪双，耿耀，曹峤，等. AOD 精炼高品质铸造碳钢的工艺与质量讨论［J］. 铸造工程，2022，46

　　　　　　　（6）：59-63.

[122]　钟华. 炉外精炼技术在钢铁生产中的应用和发展研究 [J]. 冶金与材料, 2023, 43 (2)：1-3.

[123]　赵龙飞. 我国炉外精炼技术现状及对发展炉外精炼技术的研究 [J]. 科技创新导报, 2020, 17
　　　　（15）：107, 109.

[124]　冯亚男. 我国炉外精炼技术的发展前景和趋势分析 [J]. 科技风, 2019 (20)：156.

[125]　李文波. 炉外精炼对中低碳钢钢水纯净度的影响 [J]. 冶金与材料, 2022, 42 (6)：146-
　　　　148, 151.

[126]　高泽平. 炉外精炼教程 [M]. 北京：冶金工业出版, 2011.

[127]　周兰花, 夏玉红. 炉外精炼 500 问 [M]. 北京：化学工业出版社, 2010.

[128]　黄勇. 炉外精炼工艺技术的应用探讨 [J]. 中国金属通报, 2018 (12)：11, 13.

[129]　杨鼎. 炉外精炼过程中硅及杂质元素氧化动力学研究 [D]. 昆明：昆明理工大学, 2020.

[130]　赵琦. 炉外精炼法熔炼优质钢液的生产实践 [J]. 金属加工（热加工）, 2012, 9：23-25.

[131]　李立军, 马宏儒, 王国恩. 低成本炉外精炼技术在铸钢厂的应用 [J]. 金属加工（热加工）, 2010,
　　　　13：69.